建筑表格填写范例及资料归档系列丛书

建筑表格填写范例及资料归档手册
（细部版）
——装饰装修工程

主编单位　北京土木建筑学会

北　京
冶金工业出版社
2015

内 容 提 要

建筑工程资料是在工程建设过程中形成的各种形式的信息记录，是城市建设档案的重要组成部分。工程资料的管理与归档工作，是建筑工程施工的重要组成部分。

本书依据资料管理规程、文件归档以及质量验收系列规范等最新的标准规范要求，并结合装饰装修工程专业特点，以分项工程为对象进行精心编制，整理出每个分项工程应形成的技术资料清单，对各分项工程涉及的资料表格进行了填写范例以及填写说明，极大的方便了读者的使用。本书适用于工程技术人员、检测试验人员、监理单位及建设单位人员应用，也可作为大中专院校、继续教育等培训教材应用。

图书在版编目(CIP)数据

建筑表格填写范例及资料归档手册：细部版．装饰装修工程 / 北京土木建筑学会主编．— 北京：冶金工业出版社，2015.12

（建筑表格填写范例及资料归档系列丛书）

ISBN 978-7-5024-7143-9

Ⅰ．①建… Ⅱ．①北… Ⅲ．①建筑装饰－表格－范例－手册②建筑装饰－技术档案－档案管理－手册 Ⅳ．①TU7-62②G275.3-62

中国版本图书馆 CIP 数据核字（2015）第 272515 号

出 版 人　谭学余
地　　址　北京市东城区嵩祝院北巷 39 号　邮编　100009　电话　(010)64027926
网　　址　www.cnmip.com.cn　电子信箱　yjcbs@cnmip.com.cn
责任编辑　肖　放　美术编辑　李达宁　版式设计　付海燕
责任校对　齐丽香　责任印制　李玉山
ISBN 978-7-5024-7143-9

冶金工业出版社出版发行；各地新华书店经销；北京百善印刷厂印刷
2015 年 12 月第 1 版，2015 年 12 月第 1 次印刷
787mm×1092mm　1/16；32.25 印张；854 千字；509 页
78.00 元

冶金工业出版社　投稿电话　(010)64027932　投稿信箱　tougao@cnmip.com.cn
冶金工业出版社营销中心　电话　(010)64044283　传真　(010)64027893
冶金书店　地址　北京市东四西大街 46 号(100010)　电话　(010)65289081(兼传真)
冶金工业出版社天猫旗舰店　yjgycbs.tmall.com

（本书如有印装质量问题，本社营销中心负责退换）

建筑表格填写范例及资料归档手册（细部版）
——装饰装修工程
编 委 会 名 单

主编单位： 北京土木建筑学会

主要编写人员所在单位：

中国建筑业协会工程建设质量监督与检测分会

中国工程建设标准化协会建筑施工专业委员会

北京万方建知教育科技有限公司

北京筑业志远软件开发有限公司

北京建工集团有限责任公司

北京城建集团有限责任公司

中铁建设集团有限公司

北京住总第六开发建设有限公司

万方图书建筑资料出版中心

主　　审： 吴松勤　葛恒岳

编写人员：

刘建强	申林虎	刘瑞霞	张　渝	杜永杰	谢　旭
徐宝双	姚亚亚	张童舟	裴　哲	赵　伟	郭　冲
刘兴宇	陈昱文	崔　铮	温丽丹	吕珊珊	潘若林
王峰	王　文	郑立波	刘福利	丛培源	肖明武
欧应辉	黄财杰	孟东辉	曾　方	腾　虎	梁泰臣
张义昆	于栓根	张玉海	宋道霞	张　勇	白志忠
李连波	李达宁	叶梦泽	杨秀秀	付海燕	齐丽香
蔡　芳	张凤玉	庞灵玲	曹养闻	王佳林	杜　健

前　言

　　建筑工程资料是在工程建设过程中形成的各种形式的信息记录。它既是反映工程质量的客观见证，又是对工程建设项目进行过程检查、竣工验收、质量评定、维修管理的依据，是城市建设档案的重要组成部分。工程资料实现规范化、标准化管理，可以体现企业的技术水平和管理水平，是展现企业形象的一个窗口，进而提升企业的市场竞争能力，是适应我国工程建设质量管理改革形势的需要。

　　北京土木建筑学会组织建筑施工经验丰富的一线技术人员、专家学者，根据建筑工程现场施工实际以及工程资料表格的填写、收集、整理、组卷和归档的管理工作程序和要求，编制的《建筑表格填写范例及资料归档系列丛书》，包括《细部版．地基与基础工程》、《细部版．主体结构工程》、《细部版．装饰装修工程》和《细部版．机电安装工程》4 个分册，丛书自 2005 年首次出版以来，经过了数次的再版和重印，极大程度地推动了工程资料的管理工作标准化、规范化，深受广大读者和工程技术人员的欢迎。

　　随着最新的《建筑工程资料管理规程》（JGJ/T 185－2009）、《建设工程文件归档规范》（GB 50328－2014）以及《建筑工程施工质量验收统一标准》（GB 50300－2013）和系列质量验收规范的修订更新，对工程资料管理与归档工作提出了更新、更严、更高的要求。为此，北京土木建筑学会组织专家、学者和一线工程技术人员，按照最新标准规范的要求和资料管理与归档规定，重新编写了这套适用于各专业的资料表格填写及归档丛书。

　　本套丛书的编制，依据资料管理规程、文件归档以及质量验收系列规范等最新的标准规范要求，并结合建筑工程专业特点，以分项工程为对象进行精心编制，整理出每个分项工程应形成的技术资料清单，对各分项工程涉及的资料表格进行了填写范例以及填写说明，极大的方便了读者的使用，解决了实际工作中资料杂乱、划分不清楚的问题。

　　本书《建筑表格填写范例及资料归档手册（细部版）——装饰装修工程》，主要涵盖了如下子分部工程：建筑地面工程、抹灰工程、外墙防水工程、门窗工程、吊顶工程、轻质隔墙工程、饰面板工程、饰面砖工程、幕墙工程、涂饰工程、裱糊与软包工程、细部工程，本次编制出版，重点对以下内容进行了针对性的阐述：

　　（1）每个子分部工程增加了施工资料清单，以方便读者对相关资料的齐全性进行核实。

　　（2）按《建筑工程施工质量验收统一标准》（GB 50300－2013）的要求对分部、分项、检验批的质量验收记录做了详细说明。

　　（3）依据最新国家标准规范对全书相关内容进行了更新。

　　本次新版的编制过程中，得到了广大一线工程技术人员、专家学者的大力支持和辛苦劳作，在此一并致以深深谢意。

　　由于编者水平有限，书中内容难免会有疏漏和错误，敬请读者批评和指正，以便再版修订更新。

编　者

2015 年 12 月

目　　录

第 1 章

综　述

1.1 施工资料管理

施工资料是施工单位在工程施工过程中收集或形成的，由参与工程建设各相关方提供的各种记录和资料。主要包括施工、设计（勘察）、试（检）验、物资供应等单位协同形成的各种记录和资料。

1.1.1 施工资料管理的特点

施工资料管理是一项贯穿工程建设全过程的管理，在管理过程中，存在上下级关系、协作关系、约束关系、供求关系等多重关联关系。需要相关单位或部门通利配合与协作，具有综合性、系统化、多元化的特点。

1.1.2 施工资料管理的原则

1. 同步性原则。

施工资料应保证与工程施工同步进行，随工程进度收集整理。

2. 规范性原则。

施工资料所反映的内容要准确，符合现行国家有关工程建设相关规范、标准及行业、地方等规程的要求。

3. 时限性原则。

施工资料的报验报审及验收应有时限的要求。

4. 有效性原则。

施工资料内容应真实有效，签字盖章完整齐全，严禁随意修改。

1.1.3 施工资料的分类

1. 单位工程施工资料按专业划分。

（1）建筑与结构工程

（2）基坑支护与桩基工程

（3）钢结构与预应力工程

（4）幕墙工程

（5）建筑给水排水及供暖工程

（6）建筑电气工程

（7）智能建筑工程

（8）通风与空调工程

（9）电梯工程

（10）建筑节能工程

2. 单位工程施工资料按类别划分。

单位工程施工资料按类别划分，如图1-1所示。

3. 施工管理资料是在施工过程中形成的反映施工组织及监理审批等情况资料的统称。主要内容有：施工现场质量管理检查记录、施工过程中报监理审批的各种报验报审表、施工试验计

一册在手 表格全有 贴近现场 资料无忧

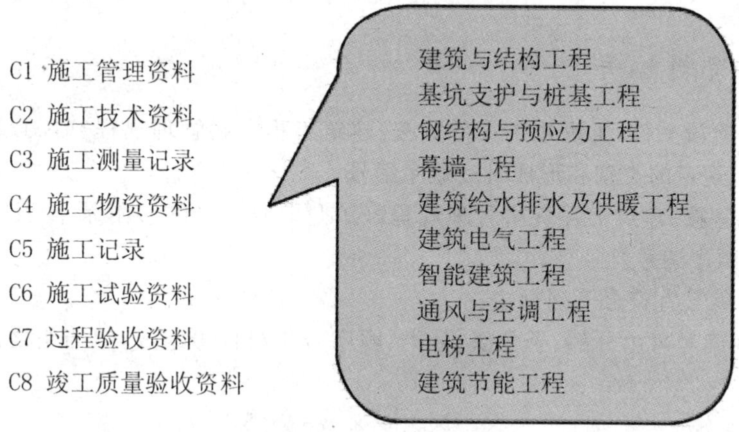

C1 施工管理资料
C2 施工技术资料
C3 施工测量记录
C4 施工物资资料
C5 施工记录
C6 施工试验资料
C7 过程验收资料
C8 竣工质量验收资料

建筑与结构工程
基坑支护与桩基工程
钢结构与预应力工程
幕墙工程
建筑给水排水及供暖工程
建筑电气工程
智能建筑工程
通风与空调工程
电梯工程
建筑节能工程

图1-1 施工资料分类（按类别分）

划及施工日志等。

4. 施工技术资料是在施工过程中形成的,用以指导正确、规范、科学施工的技术文件及反映工程变更情况的各种资料的总称。主要内容有:施工组织设计及施工方案、技术交底记录、图纸会审记录、设计变更通知单、工程变更洽商记录等。

5. 施工测量资料是在施工过程中形成的确保建筑物位置、尺寸、标高和变形量等满足设计要求和规范规定的各种测量成果记录的统称。主要内容有:工程定位测量记录、基槽平面标高测量记录、楼层平面放线及标高抄测记录、建筑物垂直度及标高测量记录、变形观测记录等。

6. 施工物资资料是指反映工程施工所用物资质量和性能是否满足设计和使用要求的各种质量证明文件及相关配套文件的统称。主要内容有:各种质量证明文件、材料及构配件进场检验记录、设备开箱检验记录、设备及管道附件试验记录、设备安装使用说明书、各种材料的进场复试报告、预拌混凝土(砂浆)运输单等。

7. 施工记录资料是施工单位在施工过程中形成的,为保证工程质量和安全的各种内部检查记录的统称。主要内容有:隐蔽工程验收记录、交接检查记录、地基验槽检查记录、地基处理记录、桩施工记录、混凝土浇灌申请书、混凝土养护测温记录、构件吊装记录、预应力筋张拉记录等。

8. 施工试验资料是指按照设计及国家规范标准的要求,在施工过程中所进行的各种检测及测试资料的统称。主要内容有:土工、基桩性能、钢筋连接、埋件(植筋)拉拔、混凝土(砂浆)性能、施工工艺参数、饰面砖拉拔、钢结构焊缝质量检测及水暖、机电系统运转测试报告或测试记录。

9. 过程验收资料是指参与工程建设的有关单位根据相关标准、规范对工程质量是否达到合格做出确认的各种文件的统称。主要内容有:检验批质量验收记录、分项工程质量验收记录、分部(子分部)工程质量验收记录、结构实体检验等。

10. 工程竣工质量验收资料是指工程竣工时必须具备的各种质量验收资料。主要内容有:单位工程竣工预验收报验表、单位(子单位)工程质量竣工验收记录、单位(子单位)工程质量控制资料核查记录、单位(子单位)工程安全和功能检验资料核查及主要功能抽查记录、单位(子单位)工程观感质量检查记录、室内环境检测报告、建筑节能工程现场实体检验报告、工程竣工质量报

一册在手 表格全有 贴近现场 资料无忧

告、工程概况表等。

1.1.4 施工资料编号

1. 工程准备阶段文件、工程竣工文件宜按《建筑工程资料管理规程》(JGJ/T 185－2009)附录 A 表 A.2.1 中规定的类别和形成时间顺序编号。

2. 监理资料宜按《建筑工程资料管理规程》(JGJ/T 185－2009)附录 A 表 A.2.1 中规定的类别和形成时间顺序编号。

3. 施工资料编号宜符合下列规定:

(1)施工资料编号可由分部、子分部、分类、顺序号 4 组代号组成,组与组之间应用横线隔开(图 1-2):

$$\underset{①}{\underline{\times\times}}-\underset{②}{\underline{\times\times}}-\underset{③}{\underline{\times\times}}-\underset{④}{\underline{\times\times\times}}$$

图 1-2 施工资料分类(按类别分)

注:①为分部工程代号,按《建筑工程质量验收统一标准》GB 50300－2013 附录 B 的规定执行。

②为子分部工程代号,按《建筑工程质量验收统一标准》GB 50300－2013 附录 B 的规定执行。

③为资料的类别编号,按《建筑工程资料管理规程》(JGJ/T 185－2009)附录 A 表 A.2.1 的规定执行。

④为顺序号,可根据相同表格、相同检查项目,按形成时间顺序填写。

(2)属于单位工程整体管理内容的资料,编号中的分部、子分部工程代号可用"00"代替;

(3)同一厂家、同一品种、同一批次的施工物资用在两个分部、子分部工程中时,资料编号中的分部、子分部工程代号可按主要使用部位填写。

4. 竣工图宜按《建筑工程资料管理规程》(JGJ/T 185－2009)附录 A 表 A.2.1 中规定的类别和形成时间顺序编号。

5. 工程资料的编号应及时填写,专用表格的编号应填写在表格右上角的编号栏中;非专用表格应在资料右上角的适当位置注明资料编号。

1.2 施工资料的形成

1. 施工技术及管理资料的形成(图 1-3)。

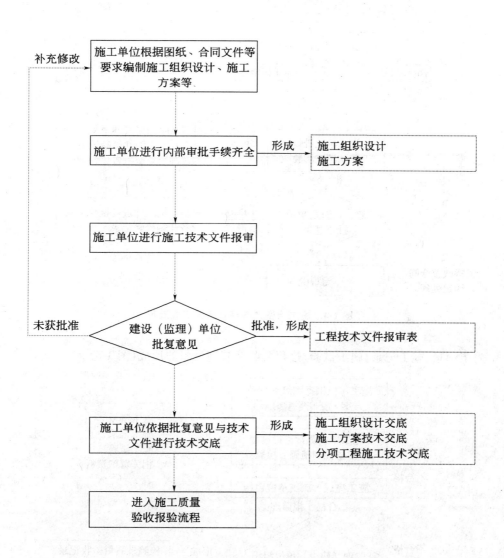

图 1-3 施工技术及管理资料的形成流程

2. 施工物资及管理资料的形成(图1-4)。

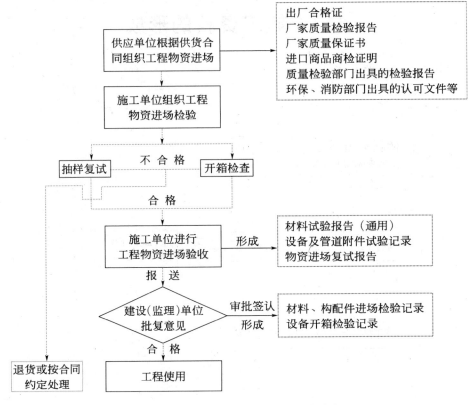

图1-4 施工物资及管理资料的形成流程

3. 施工测量、施工记录、施工试验、过程验收及管理资料的形成(图1-5)。

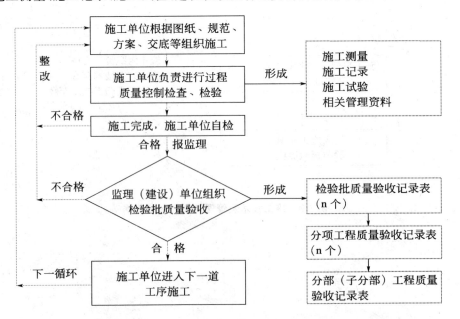

图1-5 施工测量、施工记录、施工试验、过程验收及管理资料的形成流程

4. 工程竣工质量验收资料的形成(图 1-6)。

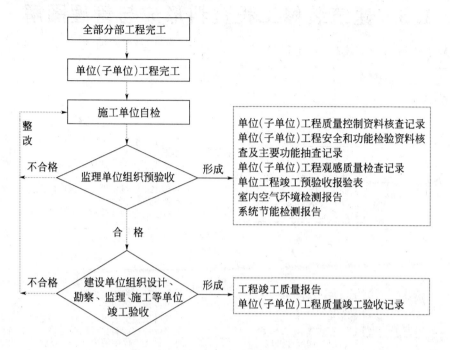

图 1-6 工程竣工质量验收资料的形成流程

1.3 建筑装修工程资料形成与管理图解

1. 抹灰工程资料管理流程(图 1-7)

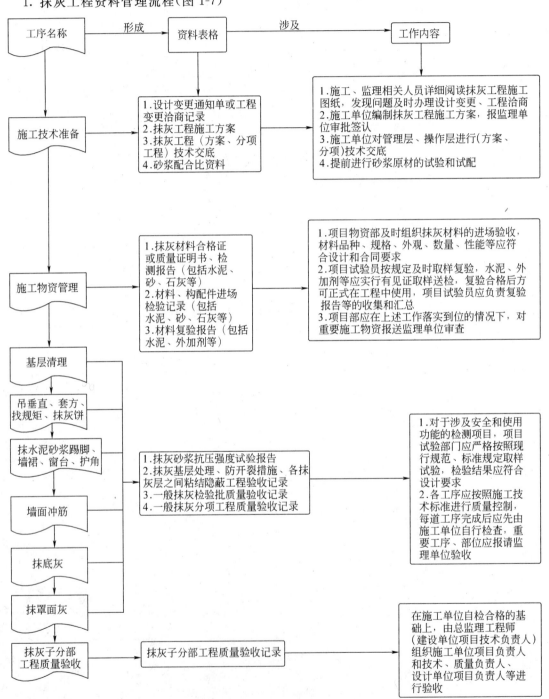

图 1-7 抹灰工程资料管理流程

(以一般抹灰为例)

说明:抹灰工程施工前,主体结构分部工程应通过质量验收。检查填充墙是否整修完毕,门窗框、水暖、电气管线、消火栓箱位置等是否准确。

2. 门窗工程资料管理流程(图1-8)

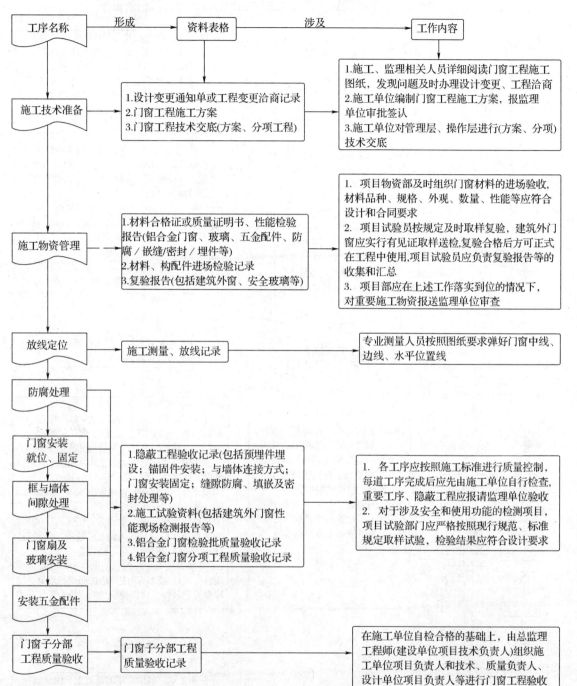

图1-8 门窗工程资料管理流程

(以铝合金门窗安装工程为例)

说明:门窗工程施工前,主体结构分部工程应通过质量验收。检查门窗洞口尺寸及标高是否符合设计要求;预埋件数量、位置及埋设方法是否符合设计要求。

3. 饰面板工程资料管理流程(图 1-9)

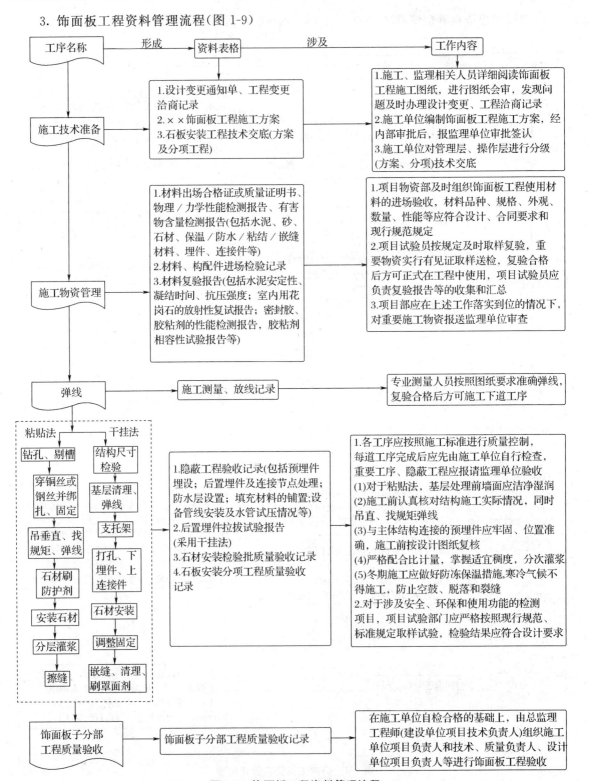

图 1-9　饰面板工程资料管理流程

(以石板安装工程为例)

说明:饰面板工程施工前,应由承接方与完成方进行交接检查,检查顶棚和墙体抹灰是否完成,基底含水率是否达到装饰要求,水电及设备、墙上预留埋件是否安装完毕。

4. 玻璃幕墙工程资料管理流程(图 1-10)

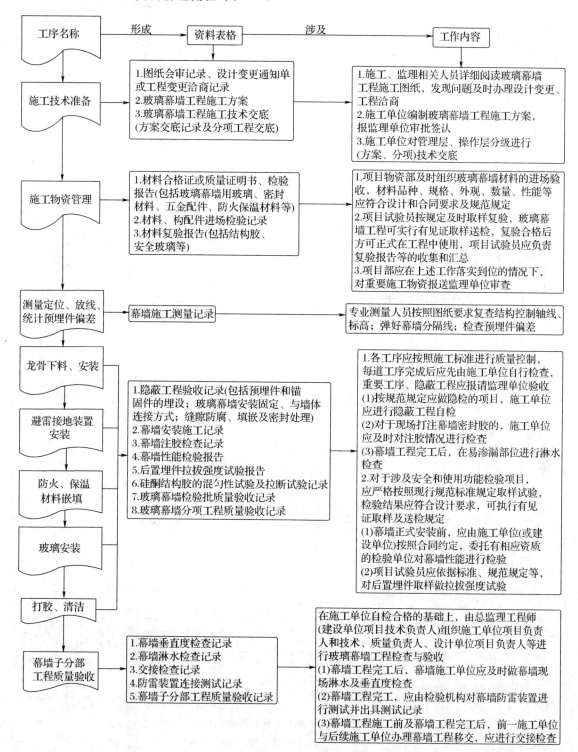

图 1-10　玻璃幕墙工程资料管理流程

说明:玻璃幕墙工程施工前,主体结构分部工程应通过质量验收。可能对幕墙造成严重污染的分项工程应完成;土建已移交控制线和基准线。

5.细部工程资料管理流程(图 1-11)

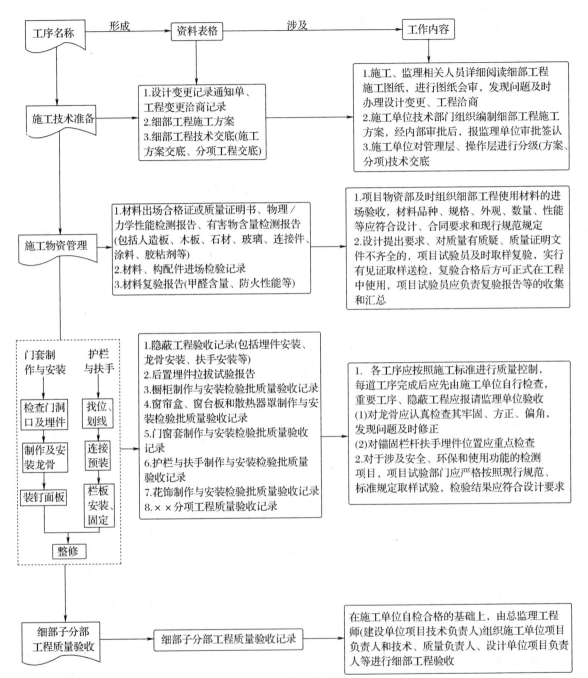

图 1-11 细部工程资料管理流程

(以护栏与扶手、木质门窗套制作与安装为例)

说明:细部工程施工前,应由承接方与完成方对门窗洞口长宽尺寸、垂直度、平整度、连接件位置、墙面及地面抹灰等进行交接检查。

第 2 章

建筑地面工程

2.0 地面工程资料应参考的标准及规范清单

1.《建筑装饰装修工程质量验收规范》GB 50210—2001

2.《建筑工程施工质量验收统一标准》GB 50300—2013

3.《住宅装饰装修工程施工规范》GB 50327—2001

4.《建筑地面工程施工质量验收规范》GB 50209—2010

5.《建筑地面设计规范》GB 50037—2013

6.《建筑设计防火规范》GB 50016—2014

7.《混凝土结构工程施工质量验收规范》GB 50204—2015

8.《通用硅酸盐水泥》GB 175—2007

9.《混凝土外加剂》GB 8076—2008

10.《混凝土外加剂应用技术规范》GB 50119—2013

11.《民用建筑工程室内环境污染控制规范(2013版)》GB 50325—2010

12.《建筑石油沥青》GB/T 494—2010

13.《石油沥青纸胎油毡》GB 326—2007

14.《白色硅酸盐水泥》GB/T 2015—2005

15.《室内装饰装修材料 胶粘剂中有害物质限量》GB 18583—2008

16.《建筑内部装修设计防火规范》GB50222—1995(2001年修订版)

17.《室内装饰装修材料 地毯、地毯衬垫及地毯胶粘剂有害物质释放限量》GB 18587—2001

18.《木结构工程施工质量验收规范》GB 50206—2012

19.《实木地板 第1部分:技术要求》GB/T 15036.1—2009

20.《实木地板 第2部分:检验方法》GB/T 15036.2—2009

21.《浸渍纸层压木质地板》GB/T 18102—2007

22.《实木复合地板》GB/T 18103—2013

23.《土工试验方法标准(2007版)》GB/T 50123—1999

24.《天然花岗石建筑板材》GB/T 18601—2009

25.《建设用砂》GB/T 14684—2011

26.《北京市建筑工程施工安全操作》DBJ01—62—2002

27.《建筑工程资料管理规程》DBJ 01—51—2003

28.《人工砂应用技术规程》DBJ/T 01—65—2002

29.《建筑安装分项工程施工工艺流程》DBJ/T 01—26—2003

30.《高级建筑装饰工程质量验收标准》DBJ/T 01—27—2003

31.《建筑工程冬期施工规程》JGJ/T 104—2011

32.《建筑机械使用安全技术规程》JGJ 33—2012

33.《施工现场临时用电安全技术规范》JGJ 46—2005

34.《建筑施工高处作业安全技术规范》JGJ 80—1991

35.《普通混凝土用砂、石质量及检验方法标准》JGJ 52—2006

36.《混凝土用水标准》JGJ 63—2006

37.《建筑材料放射性核素限量》GB 6566—2010

38.《天然大理石建筑板材》GB/T 19766—2005

39.《竹地板》GB/T 20240—2006

40.《建筑工程资料管理规程》JGJ/T 185—2009

2.1 基层铺设

2.1.1 基层铺设资料列表

1. 基土

(1)施工技术资料

1)工程技术文件报审表

2)建筑地面工程施工方案

3)技术交底记录

①建筑地面工程施工方案技术交底记录

②基土工程技术交底记录

4)图纸会审记录、设计变更通知单、工程洽商记录

(2)施工记录

1)基底清理隐蔽工程验收记录

2)施工检查记录

3)基土土质记录

4)软弱土层处理记录

(3)施工试验记录及检测报告

1)土工击实试验报告

2)回填土试验报告

(4)施工质量验收记录

1)基土检验批质量验收记录

2)基层铺设分项工程质量验收记录

3)分项/分部工程施工报验表

2. 灰土垫层

(1)施工技术资料

1)工程技术文件报审表

2)建筑地面工程施工方案

3)技术交底记录

①建筑地面工程施工方案技术交底记录

②灰土垫层工程技术交底记录

4)图纸会审记录、设计变更通知单、工程洽商记录

(2)施工物资资料

1)熟化石灰(粉煤灰)质量合格证明文件

一册在手 表格全有 贴近现场 资料无忧

2)材料进场检验记录

3)工程物资进场报验表

(3)施工记录

1)隐蔽工程验收记录

2)施工检查记录

(4)施工试验记录及检测报告

1)灰土配合比试验报告

2)灰土击实试验报告

3)灰土各施工层干密度试验报告

(5)施工质量验收记录

1)灰土垫层检验批质量验收记录

2)基层铺设分项工程质量验收记录

3)分项/分部工程施工报验表

3. 砂垫层和砂石垫层

(1)施工技术资料

1)工程技术文件报审表

2)建筑地面工程施工方案

3)技术交底记录

①建筑地面工程施工方案技术交底记录

②砂垫层和砂石垫层工程技术交底记录

4)图纸会审记录、设计变更通知单、工程洽商记录

(2)施工物资资料

1)砂试验报告,级配砂石试验报告(碎(卵)石试验报告)

2)材料进场检验记录

3)工程物资进场报验表

(3)施工记录

1)隐蔽工程验收记录

2)施工检查记录

(4)施工试验记录及检测报告

1)砂石(砂)击实试验报告

2)砂垫层和砂石垫层分层干密度(或贯入度)试验报告(或试验记录)、取样点位图

(5)施工质量验收记录

1)砂垫层和砂石垫层检验批质量验收记录

2)基层铺设分项工程质量验收记录

3)分项/分部工程施工报验表

4. 碎石垫层和碎砖垫层

(1)施工技术资料

1)工程技术文件报审表

2)建筑地面工程施工方案

3)技术交底记录

①建筑地面工程施工方案技术交底记录

②碎石垫层和碎砖垫层工程技术交底记录

4）图纸会审记录、设计变更通知单、工程洽商记录

（2）施工物资资料

1）碎石、碎砖质量合格证明文件

2）材料进场检验记录

3）工程物资进场报验表

（3）施工记录

1）隐蔽工程验收记录

2）施工检查记录

（4）施工试验记录及检测报告

碎石、碎砖垫层分层密实度试验报告（或试验记录）

（5）施工质量验收记录

1）碎石垫层和碎砖垫层检验批质量验收记录

2）基层铺设分项工程质量验收记录

3）分项/分部工程施工报验表

5. 三合土垫层和四合土垫层

（1）施工技术资料

1）工程技术文件报审表

2）建筑地面工程施工方案

3）技术交底

①建筑地面工程施工方案技术交底记录

②三合土垫层和四合土垫层工程技术交底记录

4）图纸会审记录、设计变更通知单、工程洽商记录

（2）施工物资资料

1）水泥产品合格证、出厂检验报告、水泥试验报告

2）熟化石灰质量合格证明文件

3）砂试验报告

4）碎砖质量合格证明文件

5）材料进场检验记录

6）工程物资进场报验表

（3）施工记录

1）隐蔽工程验收记录

2）施工检查记录

（4）施工试验记录及检测报告

三合土、四合土配合比试验报告

（5）施工质量验收记录

1）三合土垫层和四合土垫层检验批质量验收记录

2）基层铺设分项工程质量验收记录

3）分项/分部工程施工报验表

一册在手　表格全有　贴近现场　资料无忧

6. 炉渣垫层

(1)施工技术资料

1)工程技术文件报审表

2)建筑地面工程施工方案

3)技术交底记录

①建筑地面工程施工方案技术交底记录

②炉渣垫层工程技术交底记录

4)图纸会审记录、设计变更通知单、工程洽商记录

(2)施工物资资料

1)水泥产品合格证、出厂检验报告、水泥试验报告

2)熟化石灰质量合格证明文件

3)材料进场检验记录

4)工程物资进场报验表

(3)施工记录

1)隐蔽工程验收记录

2)施工检查记录

(4)施工试验记录及检测报告

炉渣垫层的拌合料配合比试验报告

(5)施工质量验收记录

1)炉渣垫层检验批质量验收记录

2)基层铺设分项工程质量验收记录

3)分项/分部工程施工报验表

7. 水泥混凝土垫层和陶粒混凝土垫层

(1)施工技术资料

1)工程技术文件报审表

2)建筑地面工程施工方案

3)技术交底记录

①建筑地面工程施工方案技术交底记录

②水泥混凝土垫层和陶粒混凝土垫层工程技术交底记录

4)图纸会审记录、设计变更通知单、工程洽商记录

(2)施工物资资料

1)水泥产品合格证、出厂检验报告、水泥试验报告

2)砂试验报告,碎(卵)石试验报告

3)陶粒出厂合格证

4)材料进场检验记录

5)工程物资进场报验表

(3)施工记录

1)隐蔽工程验收记录

2)施工检查记录

3)相关混凝土的施工记录(主要包括:混凝土原材料称量记录、混凝土坍落度现场检查记录、

混凝土浇灌申请书、混凝土工程施工记录等)

(4)施工试验记录及检测报告

1)混凝土抗压强度报告目录

2)混凝土配合比试验报告(或配合比通知单)

3)混凝土抗压强度试验报告

4)陶粒混凝土配合比试验报告(或配合比通知单)

5)陶粒混凝土抗压强度试验报告

6)混凝土试块强度统计、评定记录

(5)施工质量验收记录

1)水泥混凝土垫层和陶粒混凝土垫层检验批质量验收记录

2)基层铺设分项工程质量验收记录

3)分项/分部工程施工报验表

8. 找平层

(1)施工技术资料

1)工程技术文件报审表

2)建筑地面工程施工方案

3)技术交底记录

①建筑地面工程施工方案技术交底记录

②找平层工程技术交底记录

4)图纸会审记录、设计变更通知单、工程洽商记录

(2)施工物资资料

1)水泥产品合格证、出厂检验报告、水泥试验报告

2)砂试验报告,碎(卵)石试验报告

3)外加剂质量证明文件、外加剂试验报告

4)材料进场检验记录

5)工程物资进场报验表

(3)施工记录

1)找平层施工隐蔽工程验收记录

2)施工检查记录

3)相关细石混凝土的施工记录(主要包括:细石混凝土浇灌申请书、细石混凝土工程施工记录等)

4)立管、套管、地漏处蓄水、泼水检验记录

(4)施工试验记录及检测报告

1)砂浆配合比试验报告(或配合比通知单)

2)砂浆抗压强度试验报告

3)混凝土配合比试验报告(或配合比通知单)

4)混凝土抗压强度试验报告

5)混凝土试块强度统计、评定记录

(5)施工质量验收记录

1)找平层检验批质量验收记录

2)基层铺设分项工程质量验收记录

3)分项/分部工程施工报验表

(6)分户验收记录

地面找平层质量分户验收记录表

9. 隔离层

(1)施工技术资料

1)工程技术文件报审表

2)建筑地面工程施工方案

3)技术交底记录

①建筑地面工程施工方案技术交底记录

②隔离层工程技术交底记录

4)图纸会审记录、设计变更通知单、工程洽商记录

(2)施工物资资料

1)防水卷材产品合格证书、性能检测报告、产品性能和使用说明书、防水卷材试验报告

2)防水涂料产品合格证书、性能检测报告、产品性能和使用说明书、防水涂料试验报告

3)防水材料配套材料质量证明文件

4)防水卷材外观检查记录

5)水泥产品合格证、出厂检验报告、水泥试验报告,砂试验报告,碎(卵)石试验报告

6)防渗外加剂质量证明文件、外加剂试验报告

7)材料进场检验记录

8)工程物资进场报验表

(3)施工记录

1)隔离层基层、隔离层施工隐蔽工程验收记录

2)施工检查记录

3)隔离层防水工程试水检查记录

(4)施工试验记录及检测报告

1)水泥类防水隔离层防水等级检测报告

2)(水泥类防水隔离层)砂浆配合比通知单、砂浆抗压强度试验报告

3)(水泥类防水隔离层)混凝土配合比通知单,混凝土抗压强度试验报告

4)混凝土试块强度统计、评定记录

(5)施工质量验收记录

1)隔离层检验批质量验收记录

2)基层铺设分项工程质量验收记录

3)分项/分部工程施工报验表

(6)分户验收记录

地面隔离层质量分户验收记录表

10. 填充层

(1)施工技术资料

1)工程技术文件报审表

2)建筑地面工程施工方案

一册在手 表格全有 贴近现场 资料无忧

3)技术交底记录

①建筑地面工程施工方案技术交底记录

②填充层工程技术交底记录

4)图纸会审记录、设计变更通知单、工程洽商记录

(2)施工物资资料

1)水泥、陶粒等质量合格证明文件

2)松散材料质量合格证明文件

3)板、块状材料质量合格证明文件

4)钢筋质量证明书或产品合格证、出厂检验报告、钢筋试验报告

5)材料进场检验记录

6)工程物资进场报验表

(3)施工记录

1)隐蔽工程验收记录

2)施工检查记录

3)填充层泼水检查记录

(4)施工试验记录及检测报告

填充层材料配合比试验报告

(5)施工质量验收记录

1)填充层检验批质量验收记录

2)基层铺设分项工程质量验收记录

3)分项/分部工程施工报验表

11. 绝热层

(1)施工技术资料

1)工程技术文件报审表

2)建筑地面工程施工方案

3)技术交底记录

①建筑地面工程施工方案技术交底记录

②绝热层工程技术交底记录

4)图纸会审记录、设计变更通知单、工程洽商记录

(2)施工物资资料

1)绝热层材料出厂合格证、出厂检验报告、型式检验报告

2)绝热层材料复试报告

3)水泥产品合格证、出厂检验报告、水泥试验报告,砂试验报告,碎(卵)石试验报告

4)钢筋质量证明书或产品合格证、出厂检验报告、钢筋试验报告

5)材料进场检验记录

6)工程物资进场报验表

(3)施工记录

1)防水、防潮隔离层施工隐蔽工程验收记录

2)绝热层施工隐蔽工程验收记录

3)施工检查记录

(4)施工试验记录及检测报告

1)砂浆配合比试验报告(或配合比通知单)

2)砂浆抗压强度试验报告

3)混凝土配合比试验报告(或配合比通知单)

4)混凝土抗压强度试验报告

5)混凝土试块强度统计、评定记录

(5)施工质量验收记录

1)绝热层检验批质量验收记录

2)基层铺设分项工程质量验收记录

3)分项/分部工程施工报验表

一册在手 表格全有 贴近现场 资料无忧

2.1.2　基层铺设资料填写范例及说明

1.基土

工程技术文件报审表			资料编号	×××

工程名称	××办公楼工程	日　期	2015 年×月×日

现报上关于　　　　建筑地面工程施工方案　　　　工程技术文件,请予以审定。

序号	类　别	编制人	册　数	页　数
1	C2	×××	1	36

编制单位名称:××建设集团有限公司

技术负责人(签字):×××　　　　　　　　　　　　　申报人(签字):×××

施工单位审核意见:

　　我方已编制完成了"××办公楼工程建筑地面工程施工方案",并经相关技术负责人审查批准,请予以审定。

有□ / ☑无 附页

施工单位名称:××建设集团有限公司　　审核人(签字):×××　　审核日期:2015 年×月×日

监理单位审核意见:

　　该施工方案对本子分部工程的特点分析充分、可操作性强、质量保证措施切实可行、方案内容充分详实,同意按此施工方案进行施工。

审定结论:　　　☑同意　　　□修改后再报　　　□重新编制

监理单位名称:××工程建设监理有限公司　　总监理工程师(签字):×××　　日期:2015 年×月×日

本表由施工单位填报,监理单位签署审批意见。

一册在手　表格全有　贴近现场　资料无忧

图纸会审记录

			资料编号	×××

工程名称	××办公楼工程	日　期	2015 年 10 月 13 日
地　点	基建处会议室	专业名称	建　筑

序　号	图　号	图纸问题	图纸问题交底
1	建施－1	建筑说明中第十一条防水卷材为何种材料？厚度与层数设计上是否有要求？	防水材料另定
2	建施－8、建施－15	建施－15 中 4♯楼梯 2－2 剖面标高为 9.75 与建施－8 不符	以建施－8 中标高 9.65 为准
3	建施－14	在汽车坡道墙体与主体结构墙体相邻处，两墙体外侧防水层如何做？	具体商定
4	建施－4、结施－4	建施－4 中⑫～⑬/Ⓔ～Ⓕ轴处暗柱尺寸和结施－4 不符。	按结施－4 施工
5	建施－5	门窗表中给出的甲级 FM0822 图纸中标的是乙级	应为乙级 FM0822
6	建施－5	门窗表中序号为 7、8、16、17、53、54、55、90 的门窗代号和尺寸不一致	序号为 7、8、16、17、90 以门窗代号为准；53、54 以给出尺寸为准
7	建施－1	门厅门是否由厂家设计制作	由厂家设计制作
8	建施－19	消防水池内防水施工，空气不流通，有些材料容易造成人身事故，可否采用对身体无害的材料？	做法改为环氧涂层，详见设计变更
9	建施－16	电梯基坑比其他部位低，但无集水坑，无法排水	待定
10	建施－8	①（②）详图中标高 6.900 是否有误？	应为 10.200
11	建施－2	装修表中各层办公室等房间顶棚做法选用棚 2 还是棚 4？	见二次装修
12	建施－2	装修表中有内墙 5、8 做法，而材料做法表中无内墙 5、8 的详细做法。	内墙做法 5、8 改为 4、7
13	建施－2	材料做法表中，基础垫层混凝土强度等级为 C15，而结施－1 中基础垫层混凝土强度等级为 C20，以哪个为准？	以 C15 为准
14	建施－14	⑫～⑬/Ⓓ轴处沉降缝成品止水带是否用橡胶材料？何种形式？	见 88J6－1－93－2

签字栏	建设单位	监理单位	设计单位	施工单位
	×××	×××	×××	×××

本表由施工单位整理、汇总。

单位编号:00423

土工击实试验报告

(2015) 量认 (国) 字 (U0375) 号

资料编号	×××
试验编号	TS10－0001
委托编号	2015－01838

工程名称及部位	××办公楼工程	试样编号	001
委托单位	××建设集团有限公司××项目部	试验委托人	×××
结构类型	框架剪力墙	填土部位	基础肥槽、地下一层顶板
要求压实系数 (λ_C)	0.97	土样种类	2:8灰土
来样日期	2015 年 1 月 23 日	试验日期	2015 年 1 月 27 日

试验结果	最优含水量(ω_{op})＝ 18.2%
	最大干密度(ρ_{dmax})＝ 1.72g/cm³
	控制指标(控制干密度) 最大干密度×要求压实系数＝1.67g/cm³

结论:

依据 GB/T 50123 标准,最佳含水量为 18.2%,最大干密度为 1.72g/cm³,控制干密度为1.67g/cm³。

批 准	×××	审 核		试 验	×××
试验单位		××工程检测试验有限公司			
报告日期		2015 年 1 月 28 日			

本表由检测机构提供。

一册在手 表格全有 贴近现场 资料无忧

单位编号:00423

CMA 回填土试验报告		资料编号	×× ×
		试验编号	CL10－0059
(2015) 量认(国)字(U0375)号		委托编号	2015－03180

工程名称及施工部位	××办公楼工程　基础肥槽(－2.830～－1.330)		
委托单位	××建设集团有限公司××项目部	试验委托人	×××
要求压实系数 (λ_c)	0.97	回填土种类	2:8灰土
控制干密度 (ρ_d)	1.67g/cm³	试验日期	2015年2月27日

点号　　项目　　步数	1	2						
	实测干密度(g/cm³)							
	实测压实系数							
27	1.67	1.67						
	0.97	0.97						
28	1.67	1.68						
	0.97	0.98						
29	1.69	1.67						
	0.98	0.97						
30	1.69	1.70						
	0.98	0.99						
31	1.68	1.69						
	0.98	0.98						
32	1.68	1.67						
	0.98	0.97						
33	1.69	1.69						
	0.98	0.98						
34	1.70	1.68						
	0.99	0.98						
35	1.67	1.67						
	0.97	0.97						
36	1.68	1.67						
	0.98	0.97						

取样位置简图:(附)

　　见附图

结论:

　　该2:8灰土符合设计要求

批　　准	×××	审　核	×××	试　验	×××
试验单位					
报告日期		2015年3月7日			

本表由检测机构提供。

一册在手　表格全有　贴近现场　资料无忧

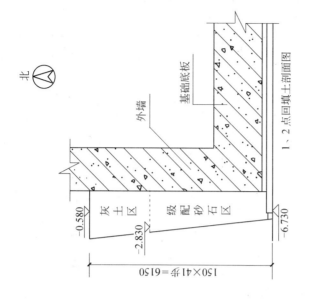

1、2 点回填土剖面图

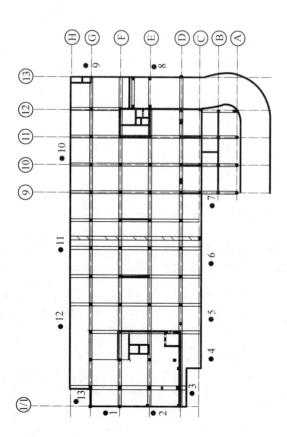

基础肥槽回填土取点平面布置图

说明：

1. 1、2 点基础肥槽回填，−6.73～−2.83m 采用级配砂石；−2.83～−0.58m 采用 2：8 灰土。

2. 回填土的分层厚度为虚铺 200mm，夯实后为 150mm。

一册在手

表格全有

贴近现场

资料无忧

基土检验批质量验收记录

单位(子单位)工程名称	××大厦	分部(子分部)工程名称	建筑装饰装修/建筑地面	分项工程名称	基层铺设
施工单位	××建筑有限公司	项目负责人	赵斌	检验批容量	20间
分包单位	××建筑装饰工程有限公司	分包单位项目负责人	王阳	检验批部位	一层1～10/A～E轴基土
施工依据	××大厦装饰装修施工方案		验收依据	《建筑地面工程施工质量验收规范》GB50209-2010	

		验收项目	设计要求及规范规定	最小/实际抽样数量	检查记录	检查结果
主控项目	1	基土土料	第4.2.5条	/	检验合格,记录编号××××	√
	2	I类建筑基土的氡浓度	第4.2.6条	/	检验合格,记录编号××××	√
	3	基土密实及压实系数	第4.2.7条	/	检验合格,记录编号××××	√
一般项目	1	表面平整度	15mm	3/3	抽查3处,合格3处	100%
	2	标高	0,-50mm	3/3	抽查3处,合格3处	100%
	3	坡度	≤2/1000L,且≤30mm	3/3	抽查3处,合格3处	100%
	4	厚度	≤1/10H,且≤20mm	3/3	抽查3处,合格3处	100%
施工单位检查结果	符合要求 专业工长:高建云 项目专业质量检查员:云世洁 2015年××月××日					
监理单位验收结论	合格 专业监理工程师:刘东 2015年××月××日					

一册在手 表格全有 贴近现场 资料无忧

《基土检验批质量验收记录》填写说明

1. 填写依据

(1)《建筑地面工程施工质量验收规范》GB 50209－2010。

(2)《建筑工程施工质量验收统一标准》GB 50300－2013。

2. 规范摘要

以下内容摘录自《建筑地面工程施工质量验收规范》GB 50209－2010。

地面验收基本要求

(1)建筑地面工程施工质量的检验,应符合下列规定:

1)基层(各构造层)和各类面层的分项工程的施工质量验收应按每一层次或每层施工段(或变形缝)划分检验批,高层建筑的标准层可按每三层(不足三层按三层计)划分检验批;

2)每检验批应以各子分部工程的基层(各构造层)和各类面层所划分的分项工程按自然间(或标准间)检验,抽查数量应随机检验不应少于 3 间;不足 3 间,应全数检查;其中走廊(过道)应以 10 延米为 1 间,工业厂房(按单跨计)、礼堂、门厅应以两个轴线为 1 间计算;

3)有防水要求的建筑地面子分部工程的分项工程施工质量每检验批抽查数量应按其房间总数随机检验不应少于 4 间,不足 4 间,应全数检查。

(2)建筑地面工程的分项工程施工质量检验的主控项目,应达到《建筑地面工程施工质量验收规范》GB 50209－2010 规定的质量标准,认定为合格;一般项目 80％以上的检查点(处)符合《建筑地面工程施工质量验收规范》GB 50209－2010 规定的质量要求,其他检查点(处)不得有明显影响使用,且最大偏差值不超过允许偏差值的 50％为合格。凡达不到质量标准时,应按现行国家标准《建筑工程施工质量验收统一标准》GB 50300 的规定处理。

(3)基层的标高、坡度、厚度等应符合设计要求。基层表面应平整,其允许偏差和检验方法应符合表 2-1 的规定。

基土

(1)地面应铺设在均匀密实的基土上。土层结构被扰动的基土应进行换填,并予以压实。压实系数应符合设计要求。

(2)对软弱土层应按设计要求进行处理。

(3)填土应分层摊铺、分层压(夯)实、分层检验其密实度。填土质量应符合现行国家标准《建筑地基基础工程施工质量验收规范》GB 50202 的有关规定。

(4)填土时应为最优含水量。重要工程或大面积的地面填土前,应取土样,按击实试验确定最优含水量与相应的最大干密度。

主控项目

(1)基土不应用淤泥、腐殖土、冻土、耕植土、膨胀土和建筑杂物作为填土,填土土块的粒径不应大于 50mm。

检验方法:观察检查和检查土质记录。

检查数量:按《建筑地面工程施工质量验收规范》GB 50209－2010 第 3.0.21 条规定的检验批检查。

表2-1

基层表面的允许偏差和检验方法

项次	项目	允许偏差(mm)														检验方法
		基土	垫层			垫层地板		找平层				填充层		隔离层	绝热层	
		土	砂,砂石,碎石,碎砖	灰土,三合土,四合土,炉渣,水泥混凝土,陶粒混凝土	木搁栅	拼花实木地板,拼花实木复合地板,软木类地板面层	其他种类面层	用胶粘结合料做结合层铺设板块面层	用水泥砂浆做结合层铺设板块面层	用胶粘剂做结合层铺设拼花木板、浸渍纸层压木质地板、实木复合地板、竹地板、软木地板面层	金属板面层	松散材料	板、块材料	防水,防潮,防油渗	板块材料,浇筑材料,喷涂材料	
1	表面平整度	15	15	10	3	3	5	5	5	2	3	7	5	3	4	用2m靠尺和楔形塞尺检查
2	标高	0 −50	±20	±10	±5	±5	±8	±8	±8	±4	±4	±4	±4	±4	±4	用水准仪检查
3	坡度	不大于房间相应尺寸的2/1000,且不大于30														用坡度尺检查
4	厚度	在个别地方不大于设计厚度的1/10,且不大于20														用钢尺检查

(2)Ⅰ类建筑基土的氡浓度应符合现行国家标准《民用建筑工程室内环境污染控制规范》GB 50325 的规定。

检验方法:检查检测报告。

检查数量:同一工程、同一土源地点检查一组。

(2)基土应均匀密实,压实系数应符合设计要求,设计无要求时,不应小于 0.9。

检验方法:观察检查和检查试验记录。

检查数量:按《建筑地面工程施工质量验收规范》GB 50209－2010 第 3.0.21 条规定的检验批检查。

一般项目

(1)基土表面的允许偏差应符合表 2-1 的规定。

检验方法:按表 2-1 中的检验方法检验。

检查数量:按《建筑地面工程施工质量验收规范》GB 50209－2010 第 3.0.21 条规定的检验批和第 3.0.22 条的规定检查。

一册在手　表格全有　贴近现场　资料无忧

2. 灰土垫层

材料、构配件进场检验记录					编　号	×××	
工程名称		××工程			检验日期	2015 年 4 月 27 日	
序号	名　称	规格型号	进场数量	生产厂家 合格证号	检验项目	检验结果	备　注
1	石灰	Ⅱ级	××t	××建材有限公司 ×××	查验材质合格证,外观检查	合格	
检验结论: 　　经检查,符合设计和规范要求,同意验收。							
签字栏	建设(监理)单位		施工单位	××建筑装饰装修工程有限公司			
			专业质检员	专业工长		检验员	
	×××		×××	×××		×××	

本表由施工单位填写并保存。

一册在手　表格全有　贴近现场　资料无忧

工程物资进场报验表		编　号	×××
工 程 名 称	××工程	日　期	2015 年 4 月 27 日

现报上关于＿＿＿＿＿＿＿灰土垫层＿＿＿＿＿＿工程的物资进场检验记录,该批物资经我方检验符合设计、规范及合约要求,请予以批准使用。

物资名称	主要规格	单 位	数 量	选样报审表编号	使用部位
石灰	Ⅱ级	t	××		一层

附件：　　名　称　　　　　　　　　　页　数　　　　　　　编　号

1. ☑ 出厂合格证　　　　　　　　　　1 页　　　　　　　×××
2. □ 厂家质量检验报告　　　　　　＿＿页　　　　　　＿＿＿
3. □ 厂家质量保证书　　　　　　　＿＿页　　　　　　＿＿＿
4. □ 商检证　　　　　　　　　　　＿＿页　　　　　　＿＿＿
5. ☑ 进场检验记录　　　　　　　　1 页　　　　　　　×××
6. □ 进场复试报告　　　　　　　　＿＿页　　　　　　＿＿＿
7. □ 备案情况　　　　　　　　　　＿＿页　　　　　　＿＿＿
8. □　　　　　　　　　　　　　　＿＿页

申报单位名称:××建筑装饰装修工程有限公司　　　申报人(签字):×××

施工单位检验意见:

　　报验的工程材料的质量证明文件齐全,进场检验合格,同意报项目监理部审批。

☑有 / □无 附页

施工单位名称:××建设工程有限公司　　技术负责人(签字):×××　　审核日期:2015 年 4 月 27 日

验收意见:

　　1. 物资质量控制资料齐全、有效。

　　2. 材料检验合格。

　　同意承包单位检验意见,该批物资可以进场使用于本工程指定部位。

审定结论:　　☑同意　　　□补报资料　　　□重新检验　　　□退场

监理单位名称:××建设监理有限公司　　监理工程师(签字):×××　　验收日期:2015 年 4 月 27 日

本表由施工单位填报,建设单位、监理单位、施工单位各存一份。

一册在手　表格全有　贴近现场　资料无忧

土工击实试验报告		编 号	×××
		试验编号	2015—×××
		委托编号	2015—×××

工程名称及部位	××工程 垫层	试样编号	001
委托单位	××建设工程有限公司第×项目部	试验委托人	×××
结构类型	全现浇剪力墙	填土部位	①～⑮/Ⓐ～Ⓖ轴
要求压实系数 (λ_C)	0.95	土样种类	灰土
来样日期	2015 年 5 月 20 日	试验日期	2015 年 5 月 21 日

试验结果	最优含水率(ω_{op})＝17.2％
	最大干密度(ρ_{dmax})＝1.68g/cm³
	控制指标(控制干密度) 最大干密度×要求压实系数＝1.60g/cm³

结论:

依据 GB/T 50123—1999 标准,最佳含水率为 17.2％,最大干密度为 1.68g/cm³,控制干密度为 1.60g/cm³。

批 准	×××	审 核	×××	试 验	×××
试验单位	××公司试验室(单位章)				
报告日期	2015 年 5 月 21 日				

本表由建设单位、施工单位、城建档案馆各保存一份。

回填土试验报告		编　号	×××
		试验编号	2015—×××
		委托编号	2015—×××

工程名称及施工部位	××工程　一层①～⑮/Ⓐ～Ⓖ轴垫层		
委托单位	××建设工程有限公司第×项目部	试验委托人	×××
要求压实系数 （λc）	0.95	回填土种类	3：7灰土
控制干密度 （ρd）	1.55g/cm³	试验日期	2015 年 5 月 23 日

点　号 项　目 步　数	1	2									
	实测干密度（g/cm³）										
	实测压实系数										
1	1.62	1.59									
	0.97	0.95									
2	1.60	1.61									
	0.96	0.96									
3	1.59	1.63									
	0.95	0.98									
4	1.64	1.63									
	0.98	0.98									
5	1.61	1.62									
	0.96	0.97									
6	1.59	1.60									
	0.95	0.96									
7	1.61	1.59									
	0.96	0.95									

取样位置简图（附图）

　　（略）。

结论

　　灰土干密度符合设计要求。

批　准	×××	审　核	×××	试　验	×××
试验单位	××公司试验室（单位章）				
报告日期	2015 年 5 月 24 日				

本表由建设单位、施工单位、城建档案馆各保存一份。

一册在手　表格全有　贴近现场　资料无忧

灰土垫层检验批质量验收记录

03010102001

单位(子单位)工程名称	××大厦	分部(子分部)工程名称	建筑装饰装修/建筑地面	分项工程名称	基层铺设
施工单位	××建筑有限公司	项目负责人	赵斌	检验批容量	20 间
分包单位	××建筑装饰工程有限公司	分包单位项目负责人	王阳	检验批部位	一层 1～10/A～E 轴垫层
施工依据	××大厦装饰装修施工方案		验收依据	《建筑地面工程施工质量验收规范》GB50209-2010	

		验收项目	设计要求及规范规定	最小/实际抽样数量	检查记录	检查结果
主控项目	1	灰土体积比	设计要求3:7	/	检验合格,记录编号××××	√
一般项目	1	灰土材料质量	第4.3.7条	/	检验合格,记录编号××××	√
	2	表面平整度	10mm	3/3	抽查3处,合格3处	100%
		标高	±10mm	3/3	抽查3处,合格3处	100%
		坡度	≤2/1000L,且≤30mm	3/3	抽查3处,合格3处	100%
		厚度	≤1/10H,且≤20mm	3/3	抽查3处,合格3处	100%
施工单位检查结果	符合要求 专业工长: 高峻云 项目专业质量检查员: 张德锋 2015 年××月××日					
监理单位验收结论	合格 专业监理工程师: 刘东 2015 年××月××日					

《灰土垫层检验批质量验收记录》填写说明

1. 填写依据

(1)《建筑地面工程施工质量验收规范》GB50209－2010。

(2)《建筑工程施工质量验收统一标准》GB50300－2013。

2. 规范摘要

以下内容摘录自《建筑地面工程施工质量验收规范》GB50209－2010。

地面验收基本要求参见"基土检验批质量验收记录"验收要求的相关内容。

(1)灰土垫层应采用熟化石灰与黏土(或粉质黏土、粉土)的拌和料铺设,其厚度不应小于 100mm。

(2)熟化石灰粉可采用磨细生石灰,亦可用粉煤灰代替。

(3)灰土垫层应铺设在不受地下水浸泡的基土上。施工后应有防止水浸泡的措施。

(4)灰土垫层应分层夯实,经湿润养护、晾干后方可进行下一道工序施工。

(5)灰土垫层不宜在冬季施工。当必须在冬期施工时,应采取可靠措施。

主控项目

灰土体积比应符合设计要求。

检验方法:观察检查和检查配合比试验报告。

检查数量:同一工程、同一体积比检查一次。

一般项目

(1)熟化石灰颗粒粒径不应大于 5mm;黏土(或粉质黏土、粉土)内不得含有有机物质,颗粒粒径不应大于 16mm。

检验方法:观察检查和检查质量合格证明文件。

检查数量:按《建筑地面工程施工质量验收规范》GB 50209－2010 第 3.0.21 条规定的检验批检查。

(2)灰土垫层表面的允许偏差应符合表 2-1 的规定。

检验方法:按表 2-1 中的检验方法检验。

检查数量:按《建筑地面工程施工质量验收规范》GB 50209－2010 第 3.0.21 条规定的检验批和第 3.0.22 条的规定检查。

一册在手　表格全有　贴近现场　资料无忧

<u>灰土垫层</u> 分项工程质量验收记录

单位(子单位)工程名称	××工程		结构类型	框架剪力墙
分部(子分部)工程名称	地面		检验批数	2
施工单位	××建设工程有限公司		项目经理	×××
分包单位	××建筑装饰装修工程有限公司		分包项目经理	×××

序号	检验批名称及部位、区段	施工单位检查评定结果	监理(建设)单位验收结论
1	首层室外地面灰土垫层	√	
2	首层室内地面灰土垫层	√	
			验收合格
检查结论	首层室内外地面灰土垫层分项工程符合《建筑地面工程施工质量验收规范》(GB 50209—2010)的要求。 项目专业技术负责人:××× 2015 年 5 月 27 日	验收结论	同意施工单位检查结论,验收合格。 监理工程师:××× (建设单位项目专业技术负责人) 2015 年 5 月 28 日

一册在手 表格全有 贴近现场 资料无忧

分项/分部工程施工报验表

	编　号	×× ×
工程名称　×× 商住楼工程	日　期	2015 年 7 月 2 日

现我方已完成＿＿＿＿／＿＿＿＿(层)＿＿＿／＿＿＿轴(轴线或房间)＿＿＿／＿＿＿(高程)

＿＿＿＿＿／＿＿＿＿＿(部位)的＿＿＿＿灰土垫层＿＿＿＿工程,经我方检验符合设计、规范要

求,请予以验收。

附件:　　　名　称　　　　　　　　　页　数　　　　　　　　编　号

1.□质量控制资料汇总表　　　　　　＿＿＿页　　　　＿＿＿＿＿＿＿＿＿

2.□隐蔽工程验收记录　　　　　　　＿＿＿页　　　　＿＿＿＿＿＿＿＿＿

3.□预检记录　　　　　　　　　　　＿＿＿页　　　　＿＿＿＿＿＿＿＿＿

4.□施工记录　　　　　　　　　　　＿＿＿页　　　　＿＿＿＿＿＿＿＿＿

5.□施工试验记录　　　　　　　　　＿＿＿页　　　　＿＿＿＿＿＿＿＿＿

6.□分部(子分部)工程质量验收记录　＿＿＿页　　　　＿＿＿＿＿＿＿＿＿

7.☑分项工程质量验收记录　　　　　＿×＿页　　　　＿×× ×＿＿＿＿

8.□＿＿＿＿＿＿＿＿＿＿＿＿　　　＿＿＿页　　　　＿＿＿＿＿＿＿＿＿

9.□＿＿＿＿＿＿＿＿＿＿＿＿　　　＿＿＿页　　　　＿＿＿＿＿＿＿＿＿

10.□＿＿＿＿＿＿＿＿＿＿＿　　　＿＿＿页　　　　＿＿＿＿＿＿＿＿＿

质量检查员(签字):×× ×

施工单位名称:×× 建设工程有限公司　　　　技术负责人(签字):×× ×

审查意见:

　1.所报附件材料真实、齐全、有效。

　2.所报检验批实体工程质量符合规范和设计要求。

审查结论:　　　　　☑合格　　　　　　　□不合格

监理单位名称:×× 建设监理有限公司　　(总)监理工程师(签字):×× ×　审查日期:2015 年 7 月 3 日

本表由施工单位填报,监理单位、施工单位各存一份。分项、分部工程不合格,应填写《不合格项处置记录》,分部工程应由总监理工程师签字。

一册在手　表格全有　贴近现场　资料无忧

3. 砂垫层和砂石垫层

隐蔽工程验收记录		编 号	×××
工程名称	××工程		
隐检项目	地面工程(砂石垫层)	隐检日期	2015 年×月×日
隐检部位	一层地面 ①～⑫/Ⓑ～Ⓗ轴线		−6.900m 标高

隐检依据:施工图图号<u>　　建施−2　技术交底　　</u>,设计变更/洽商(编号<u>　　　/　　　</u>)及有关国家现行标准等。

主要材料名称及规格/型号:<u>　　天然级配砂石　　　　　</u>。

隐检内容:

1. 砂石垫层下的基层土层已按设计要求施工并验收合格。

2. 基底杂物、浮土已清理干净,砂石粒径为××mm,含水量、级配均符合要求。

3. 铺筑砂石垫层分层摊铺,每层砂石厚度为 200mm,摊铺后随之耙平,并夯压密实。

4. 表面拉线找平。

申报人:×××

检查意见:

经检查,上述内容均符合设计要求和《建筑地面工程施工质量验收规范》(GB 50209−2010)的规定。

检查结论: ☑同意隐蔽 □不同意,修改后进行复查

复查结论:

复查人: 复查日期:

签字栏	建设(监理)单位	施工单位	××建筑工程公司	
		专业技术负责人	专业质检员	专业工长
	×××	×××	×××	×××

本表由施工单位填写,建设单位、施工单位、城建档案馆各保存一份。

一册在手 表格全有 贴近现场 资料无忧

砂垫层和砂石垫层检验批质量验收记录

03010103001

单位（子单位）工程名称	××大厦		分部（子分部）工程名称	建筑装饰装修/建筑地面	分项工程名称	基层铺设
施工单位	××建筑有限公司		项目负责人	赵斌	检验批容量	20 间
分包单位	××建筑装饰工程有限公司		分包单位项目负责人	王阳	检验批部位	一层 1～10/A～E 轴垫层
施工依据	××大厦装饰装修施工方案			验收依据	《建筑地面工程施工质量验收规范》GB50209-2010	

		验收项目	设计要求及规范规定	最小/实际抽样数量	检查记录	检查结果
主控项目	1	砂和砂石质量	第4.4.3条	/	质量证明文件齐全，试验合格，报告编号××××	√
	2	垫层干密度（或贯入度）	设计要求	/	检验合格，记录编号××××	√
一般项目	1	垫层表面质量	第4.4.5条	3/3	抽查3处，合格3处	100%
	2	表面平整度	15mm	3/3	抽查3处，合格3处	100%
		标高	±20mm	3/3	抽查3处，合格3处	100%
		坡度	≤2/1000L，且≤30mm	3/3	抽查3处，合格3处	100%
		厚度	≤1/10H，且≤20mm	3/3	抽查3处，合格3处	100%

施工单位检查结果	符合要求 专业工长：　　高发云 项目专业质量检查员： 2015 年××月××日
监理单位验收结论	合格 专业监理工程师：　　刘东 2015 年××月××日

一册在手　表格全有　贴近现场　资料无忧

《砂垫层和砂石垫层检验批质量验收记录》填写说明

1. 填写依据

(1)《建筑地面工程施工质量验收规范》GB50209—2010。

(2)《建筑工程施工质量验收统一标准》GB50300—2013。

2. 规范摘要

以下内容摘录自《建筑地面工程施工质量验收规范》GB50209—2010。

地面验收基本要求参见"基土检验批质量验收记录"验收要求的相关内容。

(1)灰土垫层

(2)砂垫层和砂石垫层

1)砂垫层厚度不应小于60mm;砂石垫层厚度不应小于100mm。

2)砂石应选用天然级配材料。铺设时不应有粗细颗粒分离现象,压(夯)至不松动为止。

主控项目

1)砂和砂石不应含有草根等有机杂质;砂应采用中砂;石子最大粒径不应大于垫层厚度的2/3。

检验方法:观察检查和检查质量合格证明文件。

检查数量:按《建筑地面工程施工质量验收规范》GB 50209—2010第3.0.21条规定的检验批检查。

2)砂垫层和砂石垫层的干密度(或贯入度)应符合设计要求。

检验方法:观察检查和检查试验记录。

检查数量:按《建筑地面工程施工质量验收规范》GB 50209—2010第3.0.21条规定的检验批检查。

一般项目

1)表面不应有砂窝、石堆等现象。

检验方法:观察检查。

检查数量:按《建筑地面工程施工质量验收规范》GB 50209—2010第3.0.21条规定的检验批检查。

2)砂垫层和砂石垫层表面的允许偏差应符合表2-1的规定。

检验方法:按表2-1中的检验方法检验。

检查数量:按《建筑地面工程施工质量验收规范》GB 50209—2010第3.0.21条规定的检验批和第3.0.22条的规定检查。

一册在手 表格全有 贴近现场 资料无忧

4. 碎石垫层和碎砖垫层

碎石垫层和碎砖垫层检验批质量验收记录

03010104001

单位（子单位）工程名称		××大厦	分部（子分部）工程名称	建筑装饰装修/建筑地面	分项工程名称	基层铺设
施工单位		××建筑有限公司	项目负责人	赵斌	检验批容量	20 间
分包单位		××建筑装饰工程有限公司	分包单位项目负责人	王阳	检验批部位	一层 1~10/A~E 轴垫层
施工依据		××大厦装饰装修施工方案		验收依据	《建筑地面工程施工质量验收规范》GB50209-2010	

		验收项目	设计要求及规范规定	最小/实际抽样数量	检查记录	检查结果
主控项目	1	材料质量	第4.5.3条	/	质量证明文件齐全，通过进场验收	√
	2	垫层密实度	设计要求90%	/	检验合格，记录编号×××	√
一般项目	1	表面平整度	15mm	/3	抽查3处，合格3处	100%
		标高	±20mm	/3	抽查3处，合格3处	100%
		坡度	≤2/1000L，且≤30mm	/3	抽查3处，合格3处	100%
		厚度	≤1/10H，且≤20mm	/3	抽查3处，合格3处	100%

施工单位检查结果	符合要求 专业工长： 项目专业质量检查员： 2015年××月××日
监理单位验收结论	合格 专业监理工程师： 2015年××月××日

一册在手 表格全有 贴近现场 资料无忧

《碎石垫层和碎砖垫层检验批质量验收记录》填写说明

1. 填写依据

(1)《建筑地面工程施工质量验收规范》GB50209－2010。

(2)《建筑工程施工质量验收统一标准》GB50300－2013。

2. 规范摘要

以下内容摘录自《建筑地面工程施工质量验收规范》GB50209－2010。

地面验收基本要求参见"基土检验批质量验收记录验收要求的相关内容。

(1)灰土垫层

(2)碎石垫层和碎砖垫层

1)碎石垫层和碎砖垫层厚度不应小于100mm。

2)垫层应分层压(夯)实,达到表面坚实、平整。

主控项目

1)碎石的强度应均匀,最大粒径不应大于垫层厚度的2/3;碎砖不应采用风化、酥松、夹有有机杂质的砖料,颗粒粒径不应大于60mm。

检验方法:观察检查和检查质量合格证明文件。

检查数量:按《建筑地面工程施工质量验收规范》GB 50209－2010第3.0.21条规定的检验批检查。

2)碎石、碎砖垫层的密实度应符合设计要求。

检验方法:观察检查和检查试验记录。

检查数量:按《建筑地面工程施工质量验收规范》GB 50209－2010第3.0.21条规定的检验批检查。

一般项目

碎石、碎砖垫层的表面允许偏差应符合表2-1的规定。

检验方法:按表2-1中的检验方法检验。

检查数量:按《建筑地面工程施工质量验收规范》GB 50209－2010第3.0.21条规定的检验批和第3.0.22条的规定检查。

一册在手 表格全有 贴近现场 资料无忧

5. 三合土垫层和四合土垫层

三合土垫层和四合土垫层检验批质量验收记录

03010105<u>001</u>

单位（子单位）工程名称	××大厦	分部（子分部）工程名称	建筑装饰装修/建筑地面	分项工程名称	基层铺设
施工单位	××建筑有限公司	项目负责人	赵斌	检验批容量	20 间
分包单位	××建筑装饰工程有限公司	分包单位项目负责人	王阳	检验批部位	层 1～10/A～E 轴垫层
施工依据	××大厦装饰装修施工方案		验收依据	《建筑地面工程施工质量验收规范》GB50209-2010	

		验收项目	设计要求及规范规定	最小/实际抽样数量	检查记录	检查结果
主控项目	1	材料质量	第4.6.3条	/	质量证明文件齐全，通过进场验收	√
	2	体积比	设计要求3:7	/	检验合格，记录编号××××	√
一般项目	1	表面平整度	10mm	3/3	抽查3处，合格3处	100%
	2	标高	±10mm	3/3	抽查3处，合格3处	100%
	3	坡度	≤2/1000L，且≤30mm	3/3	抽查3处，合格3处	100%
	4	厚度	≤1/10H，且≤20mm	3/3	抽查3处，合格3处	100%
施工单位检查结果	符合要求　　　　　　　专业工长：高庆元　　　项目专业质量检查员：张民生　　　2015 年××月××日					
监理单位验收结论	合格　　　　　　　　　专业监理工程师：刘东　　　2015 年××月××日					

一册在手　表格全有　贴近现场　资料无忧

《三合土垫层和四合土垫层检验批质量验收记录》填写说明

1. 填写依据

1)《建筑地面工程施工质量验收规范》GB50209—2010。

2)《建筑工程施工质量验收统一标准》GB50300—2013。

2. 规范摘要

以下内容摘录自《建筑地面工程施工质量验收规范》GB50209—2010。

地面验收基本要求参见"基土检验批质量验收记录验收要求的相关内容。

(1)三合土垫层应采用石灰、砂(可掺入少量黏土)与碎砖的拌和料铺设,其厚度不应小于100mm;四合土垫层应采用水泥、石灰、砂(可掺少量黏土)与碎砖的拌和料铺设,其厚度不应小于80mm。

(2)三合土垫层和四合土垫层均应分层夯实。

主控项目

(1)水泥宜采用硅酸盐水泥、普通硅酸盐水泥;熟化石灰颗粒粒径不应大于5mm;砂应用中砂,并不得含有草根等有机物质;碎砖不应采用风化、酥松和有机杂质的砖料,颗粒粒径不应大于60mm。

检验方法:观察检查和检查质量合格证明文件。

检查数量:按《建筑地面工程施工质量验收规范》GB 50209—2010第3.0.21条规定的检验批检查。

(2)三合土、四合土的体积比应符合设计要求。

检验方法:观察检查和检查配合比试验报告。

检查数量:同一工程、同一体积比检查一次。

一般项目

三合土垫层和四合土垫层表面的允许偏差应符合表2-1的规定。

检验方法:按表2-1中的检验方法检验。

检查数量:按《建筑地面工程施工质量验收规范》GB 50209—2010第3.0.21条规定的检验批和第3.0.22条的规定检查。

6. 炉渣垫层

炉渣垫层检验批质量验收记录

03010106001

单位（子单位）工程名称	××大厦	分部（子分部）工程名称	建筑装饰装修/建筑地面	分项工程名称	基层铺设
施工单位	××建筑有限公司	项目负责人	赵斌	检验批容量	20 间
分包单位	××建筑装饰工程有限公司	分包单位项目负责人	王阳	检验批部位	一层 1～10/A～E 轴垫层
施工依据	××大厦装饰装修施工方案		验收依据	《建筑地面工程施工质量验收规范》GB50209-2010	

		验收项目	设计要求及规范规定	最小/实际抽样数量	检查记录	检查结果
主控项目	1	材料质量	第4.7.5条	/	质量证明文件齐全，通过进场验收	√
	2	垫层体积比	设计要求1:6	/	检验合格，记录编号××××	√
一般项目	1	垫层与下一层粘结	第4.7.7条	3/3	抽查3处，合格3处	100%
	2	表面平整度	10mm	3/3	抽查3处，合格3处	100%
		标高	±10mm	3/3	抽查3处，合格3处	100%
		坡度	≤2/1000L，且≤30mm	3/3	抽查3处，合格3处	100%
		厚度	≤1/10H，且≤20mm	3/3	抽查3处，合格3处	100%

施工单位检查结果	符合要求　专业工长：　项目专业质量检查员：　2015年××月××日
监理单位验收结论	合格　专业监理工程师：　2015年××月××日

《炉渣垫层检验批质量验收记录》填写说明

1. 填写依据

(1)《建筑地面工程施工质量验收规范》GB50209—2010。

(2)《建筑工程施工质量验收统一标准》GB50300—2013。

2. 规范摘要

以下内容摘录自《建筑地面工程施工质量验收规范》GB50209—2010。

地面验收基本要求参见"基土检验批质量验收记录"的验收要求的相关内容。

(1)炉渣垫层应采用炉渣或水泥与炉渣或水泥、石灰与炉渣的拌和料铺设,其厚度不应小于80mm。

(2)炉渣或水泥炉渣垫层的炉渣,使用前应浇水闷透;水泥石灰炉渣垫层的炉渣,使用前应用石灰浆或用熟化石灰浇水拌和闷透;闷透时间均不得少于5d。

(3)在垫层铺设前,其下一层应湿润;铺设时应分层压实,表面不得有泌水现象。铺设后应养护,待其凝结后方可进行下一道工序施工。

(4)炉渣垫层施工过程中不宜留施工缝。当必须留缝时,应留直槎,并保证间隙处密实,接槎时应先刷水泥浆,再铺炉渣拌和料。

主控项目

(1)炉渣内不应含有有机杂质和未燃尽的煤块,颗粒粒径不应大于40mm,且颗粒粒径在5mm及其以下的颗粒,不得超过总体积的40%;熟化石灰颗粒粒径不应大于5mm。

检验方法:观察检查和检查质量合格证明文件。

检查数量:按《建筑地面工程施工质量验收规范》GB 50209—2010第3.0.21条规定的检验批检查。

(2)炉渣垫层的体积比应符合设计要求。

检验方法:观察检查和检查配合比试验报告。

检查数量:同一工程、同一体积比检查一次。

一般项目

(1)炉渣垫层与其下一层结合应牢固,不应有空鼓和松散炉渣颗粒。

检验方法:观察检查和用小锤轻击检查。

检查数量:按《建筑地面工程施工质量验收规范》GB 50209—2010第3.0.21条规定的检验批检查。

(2)炉渣垫层表面的允许偏差应符合表2-1的规定。

检验方法:按表2-1中的检验方法检验。

检查数量:按《建筑地面工程施工质量验收规范》GB 50209—2010第3.0.21条规定的检验批和第3.0.22条的规定检查。

7. 水泥混凝土垫层和陶粒混凝土垫层

水泥混凝土垫层和陶粒混凝土垫层检验批质量验收记录

03010107001

单位（子单位）工程名称	××大厦	分部（子分部）工程名称	建筑装饰装修/建筑地面	分项工程名称	基层铺设
施工单位	××建筑有限公司	项目负责人	赵斌	检验批容量	20 间
分包单位	××建筑装饰工程有限公司	分包单位项目负责人	王阳	检验批部位	一层 1~10/A~E 轴垫层
施工依据	××大厦装饰装修施工方案		验收依据	《建筑地面工程施工质量验收规范》GB50209-2010	

		验收项目	设计要求及规范规定	最小/实际抽样数量	检查记录	检查结果
主控项目	1	材料质量	第4.8.8条	/1	质量证明文件齐全，通过进场验收	√
	2	混凝土强度等级	设计要求C15	/	检验合格，记录编号××××	√
一般项目	1	表面平整度	10mm	3/3	抽查3处，合格3处	100%
	2	标高	±10mm	3/3	抽查3处，合格3处	100%
	3	坡度	≤2/1000L，且≤30mm	3/3	抽查3处，合格3处	100%
	4	厚度	≤1/10H，且≤20mm	3/3	抽查3处，合格3处	100%
施工单位检查结果		符合要求	专业工长： 项目专业质量检查员： 2015年××月××日			
监理单位验收结论		合格	专业监理工程师： 2015年××月××日			

《水泥混凝土垫层和陶粒混凝土垫层检验批质量验收记录》填写说明

1. 填写依据

(1)《建筑地面工程施工质量验收规范》GB50209—2010。

(2)《建筑工程施工质量验收统一标准》GB50300—2013。

2. 规范摘要

以下内容摘录自《建筑地面工程施工质量验收规范》GB50209—2010。

地面验收基本要求参见"基土检验批质量验收记录"的验收要求的相关内容。

(1)水泥混凝土垫层和陶粒混凝土垫层应铺设在基土上。当气温长期处于0℃以下,设计无要求时,垫层应设置缩缝的位置、嵌缝做法等应与面层伸、缩缝相一致,并应符合《建筑地面工程施工质量验收规范》GB 50209—2010第3.0.16条的规定。

(2)水泥混凝土垫层的厚度不应小于60mm;陶粒混凝土垫层的厚度不应小于80mm。

(3)垫层铺设前,当为水泥类基层时,其下一层表面应湿润。

(4)室内地面的水泥混凝土垫层和陶粒混凝土垫层,应设置纵向缩缝和横向缩缝;纵向缩缝、横向缩缝的间距均不得大于6m。

(5)垫层的纵向缩缝应做平头缝或加肋板平头缝。当垫层厚度大于150mm时,可做企口缝。横向缩缝应做假缝。平头缝和企口缝的缝间不得放置隔离材料,浇筑时应互相紧贴。企口缝尺寸应符合设计要求,假缝宽度宜为5~20mm,深度宜为垫层厚度的1/3,填缝材料应与地面变形缝的填缝材料相一致。

(6)工业厂房、礼堂、门厅等大面积水泥混凝土、陶粒混凝土垫层应分区段浇筑。分区段应结合变形缝位置、不同类型的建筑地面连接处和设备基础的位置进行划分,并应与设置的纵向、横向缩缝的间距相一致。

(7)水泥混凝土、陶粒混凝土施工质量检验尚应符合国家现行标准《混凝土结构工程施工质量验收规范》GB 50204和《轻骨料混凝土技术规程》JGJ 51的有关规定。

主控项目

(1)水泥混凝土垫层和陶粒混凝土垫层采用的粗骨料,其最大粒径不应大于垫层厚度的2/3,含泥量不应大于3%;砂为中粗砂,其含泥量不应大于3%。陶粒中粒径小于5mm的颗粒含量应小于10%;粉煤灰陶粒中大于15mm的颗粒含量不应大于5%;陶粒中不得混夹杂物或黏土块。陶粒宜选用粉煤灰陶粒、页岩陶粒等。

检验方法:观察检查和检查质量合格证明文件。

检查数量:同一工程、同一强度等级、同一配合比检查一次。

(2)水泥混凝土和陶粒混凝土的强度等级应符合设计要求。陶粒混凝土的密度应在800kg/m³~1400kg/m³之间。

检验方法:检查配合比试验报告和强度等级检测报告。

检查数量:配合比试验报告按同一工程、同一强度等级、同一配合比检查一次;强度等级检测报告按《建筑地面工程施工质量验收规范》GB 50209—2010第3.0.19条的规定检查。

一般项目

水泥混凝土垫层和陶粒混凝土垫层表面的允许偏差应符合表2-1的规定。

检验方法:按表2-1中的检验方法检验。

检查数量:按《建筑地面工程施工质量验收规范》GB 50209—2010第3.0.21条规定的检验批和第3.0.22条的规定检查。

8. 找平层

<table>
<tr><td colspan="3" style="text-align:center">隐蔽工程验收记录</td><td style="text-align:center">编　号</td><td style="text-align:center">×××</td></tr>
<tr><td style="text-align:center">工程名称</td><td colspan="4" style="text-align:center">××工程</td></tr>
<tr><td style="text-align:center">隐检项目</td><td colspan="2" style="text-align:center">地面工程(找平层)</td><td style="text-align:center">隐检日期</td><td style="text-align:center">2015 年×月×日</td></tr>
<tr><td style="text-align:center">隐检部位</td><td colspan="4" style="text-align:center">一层地面　　①～⑦/⑧～⑥轴线　　1.610m 标高</td></tr>
</table>

隐检依据:施工图图号　__建施 1、建施 12__　,设计变更/洽商(编号　__／__　)及有关国家现行标准等。

　主要材料名称及规格/型号:　__普通水泥 P·O 42.5,中砂__　。

隐检内容:

　1. 水泥有出厂合格证、检测报告和复试报告,砂有试验报告,均合格。

　2. 找平层下的基层已按设计要求施工完成并验收合格。

　3. 20mm 厚 1:2 水泥砂浆找平层表面平整清洁、干燥,无起砂、起壳、裂纹、麻面、油污。

　4. 找平层的标高与坡度符合设计要求。

申报人:×××

检查意见:

　经检查,上述内容均符合设计要求和《建筑地面工程施工质量验收规范》(GB 50209-2010)的规定。

检查结论:　　☑同意隐蔽　　□不同意,修改后进行复查

复查结论:

复查人:　　　　　　　　　　　　　　　　　　　　　　复查日期:

<table>
<tr><td rowspan="2" style="text-align:center">签
字
栏</td><td rowspan="2" style="text-align:center">建设(监理)单位</td><td style="text-align:center">施工单位</td><td colspan="2" style="text-align:center">××建设工程有限公司</td></tr>
<tr><td style="text-align:center">专业技术负责人</td><td style="text-align:center">专业质检员</td><td style="text-align:center">专业工长</td></tr>
<tr><td style="text-align:center">×××</td><td style="text-align:center">×××</td><td style="text-align:center">×××</td><td style="text-align:center">×××</td></tr>
</table>

本表由施工单位填写,建设单位、施工单位、城建档案馆各保存一份。

一册在手　表格全有　贴近现场　资料无忧

找平层检验批质量验收记录

03010108 **001**

单位(子单位)工程名称		××大厦	分部(子分部)工程名称	建筑装饰装修/建筑地面	分项工程名称	基层铺设
施工单位		××建筑有限公司	项目负责人	赵斌	检验批容量	20 间
分包单位		××建筑装饰工程有限公司	分包单位项目负责人	王阳	检验批部位	二层楼面1～10/A～E轴找平层
施工依据		××大厦装饰装修施工方案		验收依据	《建筑地面工程施工质量验收规范》GB50209-2010	

		验收项目		设计要求及规范规定	最小/实际抽样数量	检查记录	检查结果
主控项目	1	材料质量		第4.9.6条	/	质量证明文件齐全,通过进场验收	√
	2	配合比或强度等级		第4.9.7条	/	检验合格,记录编号××××	√
	3	有防水要求套管地漏		第4.9.8条	4/4	抽查4处,合格4处	√
	4	有防静电要求的整体面层的找平层		第4.9.9条	4/4	抽查4处,合格4处	√
一般项目	1	找平层与下层结合		第4.9.10条	4/4	抽查4处,合格4处	100%
	2	找平层表面质量		第4.9.11条	4/4	抽查4处,合格4处	100%
	3	用胶结料做结合层,铺设板块面层	表面平整度	3mm	/	/	
			标高	±5mm	/		
		用水泥砂浆做结合层,铺设板块面层	表面平整度	5mm	/	/	
			标高	±8mm	/		
		用胶粘剂做结合层,铺设拼花木板、浸渍纸层压木质地板、实木复合地板、竹地板、软木地板面层	表面平整度	2mm	/	/	
			标高	±4mm	/		
		金属板面层	表面平整度	3mm	4/4	抽查4处,合格4处	100%
			标高	±4mm	4/4	抽查4处,合格4处	100%
	4	坡度		≤2/1000L,且≤30mm	4/4	抽查4处,合格4处	100%
	5	厚度		≤1/10H,且≤20mm	4/4	抽查4处,合格4处	100%
施工单位检查结果		符合要求 专业工长: 项目专业质量检查员: 高爱云 张世峰 2015 年××月××日					
监理单位验收结论		合格 专业监理工程师: 刘东 2015 年××月××日					

《找平层检验批质量验收记录》填写说明

1. 填写依据

(1)《建筑地面工程施工质量验收规范》GB50209—2010。

(2)《建筑工程施工质量验收统一标准》GB50300—2013。

2. 规范摘要

以下内容摘录自《建筑地面工程施工质量验收规范》GB50209—2010。

地面验收基本要求参见"基土检验批质量验收记录"的验收要求的相关内容。

(1)找平层宜采用水泥砂浆或水泥混凝土铺设。当找平层厚度小于 30mm 时,宜用水泥砂浆做找平层;当找平层厚度不小于 30mm 时,宜用细石混凝土做找平层。

(2)找平层铺设前,当其下一层有松散填充料时,应予铺平振实。

(3)有防水要求的建筑地面工程,铺设前必须对立管、套管和地漏与楼板节点之间进行密封处理,并应进行隐蔽验收;排水坡度应符合设计要求。

(4)在预制钢筋混凝土板上铺设找平层前,板缝填嵌的施工应符合下列要求:

1)预制钢筋混凝土板相邻缝底宽不应小于 20mm;

2)填嵌时,板缝内应清理干净,保持湿润;

3)填缝应采用细石混凝土,其强度等级不应小于 C20。填缝高度应低于板面 10～20mm,且振捣密实;填缝后应养护。当填缝混凝土的强度等级达到 C15 后方可继续施工;

4)当板缝底宽大于 40mm 时,应按设计要求配置钢筋。

(5)在预制钢筋混凝土板上铺设找平层时,其板端应按设计要求做防裂的构造措施。

主控项目

(1)找平层采用碎石或卵石的粒径不应大于其厚度的 2/3,含泥量不应大于 2%;砂为中粗砂,其含泥量不应大于 3%。

检验方法:观察检查和检查质量合格证明文件。

检查数量:同一工程、同一强度等级、同一配合比检查一次。

(2)水泥砂浆体积比、水泥混凝土强度等级应符合设计要求,且水泥砂浆体积比不应小于 1:3(或相应强度等级);水泥混凝土强度等级不应小于 C15。

检验方法:观察检查和检查配合比试验报告、强度等级检测报告。

检查数量:配合比试验报告按同一工程、同一强度等级、同一配合比检查一次;强度等级检测报告按《建筑地面工程施工质量验收规范》GB 50209—2010 第 3.0.19 条的规定检查。

(3)有防水要求的建筑地面工程的立管、套管、地漏处不应渗漏,坡向应正确、无积水。

检验方法:观察检查和蓄水、泼水检验及坡度尺检查。

检查数量:按《建筑地面工程施工质量验收规范》GB 50209—2010 第 3.0.21 条规定的检验批检查。

(4)在有防静电要求的整体面层的找平层施工前,其下敷设的导电地网系统应与接地引下线和地下接电体有可靠连接,经电性能检测且符合相关要求后进行隐蔽工程验收。

检验方法:观察检查和检查质量合格证明文件。

检查数量:按《建筑地面工程施工质量验收规范》GB 50209—2010 第 3.0.21 条规定的检验批检查。

一般项目

(1)找平层与其下一层结合应牢固,不应有空鼓。

检验方法:用小锤轻击检查。

检查数量:按《建筑地面工程施工质量验收规范》GB 50209－2010 第 3.0.21 条规定的检验批检查。

(2)找平层表面应密实,不应有起砂、蜂窝和裂缝等缺陷。

检验方法:观察检查。

检查数量:按《建筑地面工程施工质量验收规范》GB 50209－2010 第 3.0.21 条规定的检验批检查。

(3)找平层的表面允许偏差应符合表 2-1 的规定。

检验方法:按表 2-1 中的检验方法检验。

检查数量:按《建筑地面工程施工质量验收规范》GB 50209－2010 第 3.0.21 条规定的检验批和第 3.0.22 条的规定检查。

9. 隔离层

		编　　号	×××

防水涂料试验报告

		试验编号	2015－×××
		委托编号	2015－×××

工程名称及部位	××工程　　　1~4层厕浴间		试件编号	002
委托单位	××建设工程有限公司第×项目部		试验委托人	×××
种类、型号	单组分聚氨酯防水涂料		生产厂	××防水材料有限公司
代表数量	2t	来样日期　2015年7月21日	试验日期	2015年7月24日

试验结果	一、延伸性	/ mm			
	二、拉伸强度	1.93MPa			
	三、断裂伸长率	420%			
	四、粘结性	/ MPa			
	五、耐热度	温度(℃)	/	评定	/
	六、不透水性	合格			
	七、柔韧性(低温)	温度(℃)	－30	评定	合格
	八、固体含量	96%			
	九、其他				

结论:
　依据 GB/T 19250－2013 标准,符合聚氨酯防水涂料合格品要求。

批　准	×××	审　核	×××	试　验	×××
试验单位	××中心试验室(单位章)				
报告日期	2015年7月26日				

本表由试验单位提供,建设单位、施工单位各保存一份。

《防水涂料试验报告》填写说明

【相关规定及要求】

防水涂料主要包括水性沥青基防水涂料、聚氨酯防水涂料、溶剂型橡胶沥青防水涂料等。

1. 水性沥青基防水涂料按乳化剂、成品外观和施工工艺的差别分为水性沥青基厚质防水涂料和水性沥青基薄质防水涂料两类。

(1) AE－1 类:水性沥青基厚质防水涂料,按其采用矿物乳化剂不同,又分为:

1) AE－1－A　水性石棉沥青防水涂料。

2) AE－1－B　膨润土沥青乳液。

3) AE－1－C　石灰乳化沥青。

(2) AE－2 类:水性沥青基薄质防水涂料,按其采用的化学乳化剂不同,又分为:

1) AE－2－a　氯丁胶乳沥青。

2) AE－2－b　水乳性再生胶沥青涂料。

3) AE－2－c　用化学乳化剂配制的乳化沥青。

(3) 水性沥青基防水涂料的物理性能指标应满足表 2-2 的要求。

表 2-2　　　　　　　　　　　水性沥青基防水涂料的物理性能指标

项　目		质量指标			
		AE－1 类		AE－2 类	
		一等品	合格品	一等品	合格品
外　观		搅拌后为黑色或黑灰色均质膏体或黏稠体,搅匀和分散在水溶液中无沥青丝	搅拌后为黑色或黑灰色均质膏体或黏稠体,搅匀和分散在水溶液中无明显沥青丝	搅拌后为黑色或蓝褐色均质液体,搅拌棒上不粘附任何颗粒	搅拌后为黑色或蓝褐色液体,搅拌棒上不粘附明显颗粒
固体含量(%)不小于		50		43	
延伸性(mm)不小于	无处理	5.5	4.0	6.0	4.5
	处理后	4.0	3.0	4.5	3.5
柔韧性		(5±1)℃	(10±1)℃	(－15±1)℃	(－10±1)℃
		无裂纹、断裂			
耐热性		无流淌、起泡和滑动			
粘结性(MPa)不小于		0.20			
不透水性		不渗水			
抗冻性		20 次无开裂			

注:试件参考涂布量与工程施工用量相同:AE－1 类为 $8kg/m^2$,AE－2 类为 $2.5kg/m^2$ 。

一册在手　表格全有　贴近现场　资料无忧

2. 聚氨酯防水涂料按等级分类可分为一等品和合格品两类。其物理性能指标应符合表 2-3 的规定。

表 2-3　　　　　　　　　　　　　　聚氨酯防水涂料物理性能指标

序号	项 目		一等品	合格品
1	拉伸强度（MPa）	无处理大于	2.45	1.65
		加热处理	无处理值的 80%～150%	不小于无处理值的 80%
		紫外线处理	无处理值的 80%～150%	不小于无处理值的 80%
		碱处理	无处理值的 60%～150%	不小于无处理值的 60%
		酸处理	无处理值的 80%～150%	不小于无处理值的 80%
2	断裂时的延伸率（%）大于	无处理	450	350
		加热处理	300	200
		紫外线处理	300	200
		碱处理	300	200
		酸处理	300	200
3	加热伸缩率（%）小于	伸长	1	
		缩短	4	6
4	拉伸时的老化	加热处理	无裂缝及变形	
		紫外线处理	无裂缝及变形	
5	低温柔性（℃）	无处理	−35 无裂纹	−30 无裂纹
		加热处理	−30 无裂纹	−25 无裂纹
		紫外线处理	−30 无裂纹	−25 无裂纹
		碱处理	−30 无裂纹	−25 无裂纹
		酸处理	−30 无裂纹	−25 无裂纹
6	不透水性 0.3MPa,30min		不 渗 漏	
7	固体含量（%）		≥94	
8	适用时间（min）		≥20　粘度不大于 10^5 MPa·s	
9	涂膜表干时间（h）		≤4　不粘手	
10	涂膜实干时间（h）		≤12　无粘着	

3. 溶剂型橡胶沥青防水涂料按产品的抗裂性、低温柔性分为一等品（B）和合格品（C）。其物

一册在手　表格全有　贴近现场　资料无忧

理力学性能应符合表 2-4 的规定。

表 2-4   **溶剂性橡胶沥青防水涂料物理力学性能**

项　目		技术指标	
		一等品	合格品
固体含量(%)　≥		48	
抗裂性	基层裂缝(mm)	0.3	0.2
	涂膜状态	无裂纹	
低温柔性(φ10mm,2h)		−15℃	−10℃
		无裂纹	
粘结性(MPa)　≥		0.20	
耐热性(80℃,5h)		无流淌、鼓包、滑动	
不透水性(0.2MPa,30min)		不渗水	

　　4. 防水涂料必须有出厂质量合格证、有相应资质等级检测部门出具的检测报告、产品性能和使用说明书。防水涂料进场后应进行外观检查,合格后按规定取样复试,并实行有见证取样和送检。

【检验方法】

　　防水涂料试验报告：

　　(1)试验报告必须填写报告日期,以检查是否为先试验后施工。

　　(2)将试验结果与性能指标对比,以确定其是否符合规范的技术要求。不合格的材料应有去向说明,且不能用在工程上。

防水卷材试验报告		编　　号	×××	
		试验编号	2015－×××	
		委托编号	2015－×××	
工程名称及部位	××工程　地面	试件编号	003	
委托单位	××项目部	试验委托人	×××	
种类、等级、牌号	SBS弹性体沥青卷材复合胎 Ⅰ型　2mm	生产厂	××防水材料厂	
代表数量	1000m²	来样日期	2015年8月13日	试验日期	2015年8月15日

试验结果	一、拉伸试验		1. 拉力	纵	470N	横	421N
			2. 拉伸强度	纵	／ MPa	横	／ MPa
	二、断裂伸长率(延伸率)			纵	／ %	横	／ %
	三、耐热度		温度(℃)	90	评定	合格	
	四、不透水性		合格				
	五、柔韧性(低温柔性、低温弯折性)		温度(℃)	－18	评定	合格	
	六、其他		／				

结论：
　　依据 DBJ 01－53－2001 标准,符合 SBS 改性沥青复合胎防水卷材Ⅰ型要求。

批　准	×××	审　核	×××	试　验	×××
试验单位	××公司试验室(单位章)				
报告日期	2015年8月18日				

本表由试验单位提供,建设单位、施工单位各保存一份。

<h1 align="center">《防水卷材试验报告》填写说明</h1>

【相关规定及要求】

防水卷材包括石油沥青纸胎油毡油纸、弹性体改性沥青防水卷材、塑性体改性沥青防水卷材、聚氯乙烯防水卷材、氯化聚乙烯防水卷材、高分子防水材料片材。

1. 石油沥青纸胎油毡、油纸:石油沥青纸胎油毡(以下简称油毡)系采用低软化点石油沥青浸渍原纸,然后用高软化点石油沥青涂盖油纸两面,再涂或撒隔离材料所制成的一种纸胎防水卷材。

石油沥青油纸(简称油纸)系采用低软化点石油沥青浸渍原纸所制成的一种无涂盖层的纸胎防水卷材。

(1) 油毡按浸涂材料总量和物理性能分为合格品、一等品、优等品。

(2) 油毡按所用隔离材料分为粉状面油毡和片状面油毡两个品种。

2. 弹性体改性沥青防水卷材:弹性体改性沥青防水卷材是用聚酯毡或玻纤毡为胎基、苯乙烯—丁二烯—苯乙烯(SBS)热塑性弹性体作改性剂,两面覆以隔离材料所制成的建筑防水卷材(简称"SBS"卷材)。

(1) 按胎基分为聚酯胎(PY)和玻纤胎(G)两类。

(2) 按上表面隔离材料分为聚乙烯膜(PE)、细砂(S)与矿物粒(片)料(M)三种。

(3) 按物理力学性能分为Ⅰ型和Ⅱ型。

(4) 按卷材不同,胎基不同,上表面材料分为六个品种,见表2-5。

表2-5 卷材品种

上 表 面 材 料 \ 胎 基	聚酯胎	玻纤胎
聚乙烯膜	PY—PE	G—PE
细砂	PY—S	G—S
矿物粒(片)料	PY—M	G—M

3. 塑性体改性沥青防水卷材:塑性体改性沥青防水卷材是以聚酯毡或玻纤毡为胎基、无规聚丙烯(APP)或聚烯烃类聚合物(APAO、APO)作改性剂,两面覆以隔离材料所制成的建筑防水卷材(统称"APP"卷材)。

其类型同弹性体改性沥青防水卷材。

4. 聚氯乙烯防水卷材:聚氯乙烯(PVC)防水卷材是以聚氯乙烯树脂为主要原料并加以适量的添加物制造的匀质防水卷材。

卷材根据其基料的组成及其特性分为两种类型:

(1) S型:以煤焦油与聚氯乙烯树脂混溶料为基料的柔性卷材。

(2) P型:以增塑聚氯乙烯为基料的塑性卷材。

5. 氯化聚乙烯防水卷材:氯化聚乙烯防水卷材是以氯化聚乙烯树脂为主要原料加入适量的添加物制成的非硫化型防水卷材。

卷材分两个类型:

Ⅰ型——非增强氯化聚乙烯防水卷材。

Ⅱ型——增强氯化聚乙烯防水卷材。

一册在手 表格全有 贴近现场 资料无忧

6. 高分子防水材料片材:高分子防水材料片材是以高分子材料为主要材料,以压延法或挤出法生产的均质片材(以下简称均质片)及以高分子材料复合(包括带织物加强层)的复合片材(以下简称复合片)。主要用于建筑物屋面防水及地下工程的防水。

片材的分类如表 2-6 所示。

表 2-6 片材的分类

分　类		代　号	主要原材料
均质片	硫化橡胶类	JL1	三元乙丙橡胶
		JL2	橡胶(橡塑)共混
		JL3	氯丁橡胶、氯磺化聚乙烯、氯化聚乙烯等
		JL4	再生胶
	非硫化橡胶类	JF1	三元乙丙橡胶
		JF2	橡塑共混
		JF3	氯化聚乙烯
	树脂类	JS1	聚氯乙烯等
		JS2	乙烯醋酸乙烯、聚乙烯等
		JS3	乙烯醋酸乙烯改性沥青共混等
复合片	硫化橡胶类	FL	乙丙、丁基、氯丁橡胶、氯磺化聚乙烯等
	非硫化橡胶类	FF	氯化聚乙烯、乙丙、丁基、氯丁橡胶、氯磺化聚乙烯等
	树脂类	FS1	聚氯乙烯等
		FS2	聚乙烯等

7. 防水材料必须有出厂质量合格证、有相应资质等级检测部门出具的检测报告、产品性能和使用说明书。防水材料进场后应进行外观检查,合格后按规定取样复试,并实行有见证取样和送检。

8. 质量不合格或不符合设计要求的防水材料不允许在工程中使用。

9. 新型防水材料,应有相关部门、单位的鉴定文件,并有专门的施工工艺操作规程和有代表性的抽样试验记录。

10. 施工单位应有资质等级证书、营业执照、施工许可证和操作者上岗证,须加盖红章(使用沥青玛瑞脂作为粘结材料,应有配合比通知单和试验报告)。

【检验方法】

1. 产品质量合格证:检查其内容是否齐全,包括:生产厂、种类、等级、型号(牌号)、各项试验指标、编号、出厂日期、厂检验部门印章,以证明其质量是否符合标准。

2. 防水卷材试验报告:

(1)检查报告单上各项目是否齐全、准确、无未了项,试验室签字盖章是否齐全;检查试验编号是否填写;试验数据是否真实,将试验结果与性能指标对比,以确定其是否符合规范技术要求。

不合格的材料不能用在工程上。若发现问题应及时取双倍试样做复试,并将复试合格单或处理结论附于此单后一并存档,同时核查试验结论。

(2) 检查各试验单代表数量总和是否与总需求量相符。

(3) 应与其他施工资料对应一致,交圈吻合,相关资料有:施工记录(隐检记录、地下工程防水效果检查记录、防水工程试水检查记录)、检验批质量验收记录、施工日志(防水施工)、施工组织设计、施工方案、技术交底、洽商等。

一册在手 表格全有 贴近现场 资料无忧

防水卷材外观检查记录

		编　　号	×××

工程名称及使用部位		××工程　地面		
卷材名称及规格	SBS 弹性体沥青卷材复合胎Ⅰ型 2mm	卷材种类	高聚物改性沥青防水卷材	
进场数量	1000m²	进场时间	2015 年×月×日	
抽检数量	5 卷	抽检时间	2015 年×月×日	

卷材种类	序号	检查项目	外观质量要求	检查结论	备注
沥青防水卷材	1	孔洞、硌伤	不允许		
	2	露胎、涂盖不均	不允许		
	3	折纹、褶皱	距卷芯 1000mm 以外,长度不应大于 100mm		
	4	裂纹	距卷芯 1000mm 以外,长度不应大于 10mm		
	5	裂口、缺边	边缘裂口小于 20mm,缺边长度小于 50mm,深度小于 20mm		
	6	每卷卷材的接头	不超过一处,较短的一段不应小于 2500mm,接头处应加长 150mm		
高聚物改性沥青防水卷材	1	孔洞、缺边、裂口	不允许	符合要求	
	2	边缘不整齐	不超过 10mm	符合要求	
	3	胎本露白、未浸透	不允许	符合要求	
	4	撒布材料粒度、颜色	均匀	符合要求	
	5	每卷卷材的接头	不超过一处,较短的一段不应小于 1000mm,接头处应加长 150mm	符合要求	
合成高分子防水卷材	1	折痕	每卷不超过 2 处,总长度不超过 20mm		
	2	杂质	大于 0.5 颗粒不允许,每 1m² 不超过 9mm²		
	3	胶块	每卷不超过 6 处,每处面积不大于 4mm²		
	4	凹痕	每卷不超过 6 处,深度不超过本身厚度的 30%,树脂类深度不超过 15%		
	5	每卷卷材的接头	橡胶类每 20m 不超过 1 处,较短的一段不应小于 3000mm,接头处应加长 150mm;树脂类 20m 长度内不允许有接头		

签字	施工单位	××建设集团有限公司××项目部		
	技术负责人	材料负责人		检查人
	×××	×××		×××

本表由施工单位填写并保存。

<table>
<tr><td colspan="3" align="center">隐蔽工程验收记录</td><td align="center">编　号</td><td align="center">×××</td></tr>
<tr><td align="center">工程名称</td><td colspan="4" align="center">××工程</td></tr>
<tr><td align="center">隐检项目</td><td colspan="2" align="center">地面工程(隔离层)</td><td align="center">隐检日期</td><td align="center">2015 年×月×日</td></tr>
<tr><td align="center">隐检部位</td><td colspan="4" align="center">一层厕浴间地面　①～⑫/Ⓐ～Ⓖ轴线　－1.100m 标高</td></tr>
</table>

隐检依据:施工图图号＿＿＿＿建施1、建施29＿＿＿＿,设计变更/洽商(编号＿＿＿＿＿/＿＿＿＿)及有关国家现行标准等。

主要材料名称及规格/型号:＿＿＿单组份聚氨酯防水涂料　Ⅰ型＿＿＿＿＿＿＿。

隐检内容:

1.单组份聚氨酯涂料有出厂合格证、检测报告、使用说明书,进场复试报告,合格。

2.涂膜防水层施工前,基层干燥,含水率小于9%。

3.涂刷底胶,涂刷量为 0.3kg/m²,涂刷后干燥 3h 以上。

4.细部附加层处理。对管根、阴阳角等细部节点处,做一布二油防水附加层。其宽度和上返高度大于 250mm。

5.涂膜防水层施工分三道涂层铺设,其施工方法、铺设厚度、间隔时间等均符合要求。

申报人:×××

检查意见:

经检查,符合设计要求和《建筑地面工程施工质量验收规范》(GB 50209－2010)的规定。可进行下道工序施工。

检查结论:　☑同意隐蔽　　□不同意,修改后进行复查

复查结论:

复查人:　　　　　　　　　　　　　　　　　　复查日期:

<table>
<tr><td rowspan="3" align="center">签字栏</td><td rowspan="2" align="center">建设(监理)单位</td><td align="center">施工单位</td><td colspan="2" align="center">××建设工程有限公司</td></tr>
<tr><td align="center">专业技术负责人</td><td align="center">专业质检员</td><td align="center">专业工长</td></tr>
<tr><td align="center">×××</td><td align="center">×××</td><td align="center">×××</td><td align="center">×××</td></tr>
</table>

本表由施工单位填写,建设单位、施工单位、城建档案馆各保存一份。

隐蔽工程验收记录		编 号	×××
工程名称	××工程		
隐检项目	室内厕浴间、洗衣机房卷材防水	隐检日期	2015年×月×日
隐检部位	一层 ①~⑨/ⓐ~ⓖ轴线 13.00m标高		

隐检依据:施工图图号<u>建施-01 施工方案</u>,设计变更/洽商(编号 <u>／</u>)及有关国家现行标准等。

主要材料名称及规格/型号:<u>聚氯乙烯防水卷材 W 类</u>。

隐检内容:

1.聚氯乙烯防水卷材有出厂合格证、检测报告、使用说明,进场复试报告,合格。

2.基层表面平整,有找平坡度,无空鼓、起砂等缺陷。基层含水率小于9％,符合施工要求。

3.防水隔离层采用掺入防水剂的水泥混凝土制成。

4.防水层从地面延伸到墙面,高出地面1.8m。

5.卷材接缝及收头用密封膏封平。

申报人:×××

检查意见:

检查室内厕浴间、洗衣机房卷材防水层铺贴均匀平整,卷材接缝及收头粘结牢固,符合设计和《建筑地面工程施工质量验收规范》(GB 50209-2010)的相关要求,同意进行下道工序。

检查结论: ☑同意隐蔽 □不同意,修改后进行复查

复查结论:

复查人: 复查日期:

签字栏	建设(监理)单位	施工单位	××建设工程有限公司	
		专业技术负责人	专业质检员	专业工长
	×××	×××	×××	×××

本表由施工单位填写,建设单位、施工单位、城建档案馆各保存一份。

一册在手 表格全有 贴近现场 资料无忧

隔离层检验批质量验收记录

03010109 **001**

单位(子单位)工程名称	××大厦	分部(子分部)工程名称	建筑装饰装修/建筑地面	分项工程名称	基层铺设
施工单位	××建筑有限公司	项目负责人	赵斌	检验批容量	10间
分包单位	××建筑装饰工程有限公司	分包单位项目负责人	王阳	检验批部位	二层楼面1～10/A～E轴隔离层
施工依据	××大厦装饰装修施工方案		验收依据	《建筑地面工程施工质量验收规范》GB50209-2010	

		验收项目		设计要求及规范规定	最小/实际抽样数量	检查记录	检查结果
主控项目	1	材料质量		第4.10.9条	/	质量证明文件齐全,通过进场验收	√
	2	材料进场复验		第4.10.10条	/	见证试验合格,报告编号××××	√
	3	隔离层设置要求		第4.10.11条	4/4	抽查4处,合格4处	√
	4	水泥类隔离层防水性能		第4.10.12条	/	见证试验合格,报告编号××××	√
	5	防水层防水要求		第4.10.13条	/	见证试验合格,报告编号××××	√
一般项目	1	隔离层厚度		设计要求	4/4	抽查4处,合格4处	100%
	2	隔离层与下层粘结		第4.10.15条	4/4	抽查4处,合格4处	100%
	3	防水涂层		第4.10.15条	4/4	抽查4处,合格4处	100%
	4	防水、防潮、防油渗	表面平整度	3mm	4/4	抽查4处,合格4处	100%
			标高	±4mm	4/4	抽查4处,合格4处	100%
			坡度	≤2/1000L,且≤30mm	4/4	抽查4处,合格4处	100%
			厚度	≤1/10H,且≤20mm	4/4	抽查4处,合格4处	100%
施工单位检查结果		符合要求 专业工长: 高登云 项目专业质量检查员: 张凌 2015年××月××日					
监理单位验收结论		合格 专业监理工程师: 刘东 2015年××月××日					

一册在手 表格全有 贴近现场 资料无忧

《隔离层检验批质量验收记录》填写说明

1. 填写依据

(1)《建筑地面工程施工质量验收规范》GB 50209－2010。

(2)《建筑工程施工质量验收统一标准》GB 50300－2013。

2. 规范摘要

以下内容摘录自《建筑地面工程施工质量验收规范》GB 50209－2010。

地面验收基本要求参见"基土检验批质量验收记录"的验收要求的相关内容。

(1)隔离层材料的防水、防油渗性能应符合设计要求。

(2)隔离层的铺设层数（或道数）、上翻高度应符合设计要求。有种植要求的地面隔离层的防根穿刺等应符合现行行业标准《种植屋面工程技术规程》JGJ 155 的有关规定。

(3)在水泥类找平层上铺设卷材类、涂料类防水、防油渗隔离层时，其表面应坚固、洁净、干燥。铺设前，应涂刷基层处理剂。基层处理剂应采用与卷材性能相容的配套材料或采用与涂料性能相容的同类涂料的底子油。

(4)当采用掺有防渗外加剂的水泥类隔离层时，其配合比、强度等级、外加剂的复合掺量等应符合设计要求。

(5)铺设隔离层时，在管道穿过楼板面四周，防水、防油渗材料应向上铺涂，并超过套管的上口；在靠近柱、墙处，应高出面层 200～300mm 或按设计要求的高度铺涂。阴阳角和管道穿过楼板面的根部应增加铺涂附加防水、防油渗隔离层。

(6)隔离层兼作面层时，其材料不得对人体及环境产生不利影响，并应符合现行国家标准《食品安全性毒理学评价程序和方法》GB 15193 和《生活饮用水卫生标准》GB 5749 的有关规定。

(7)防水隔离层铺设后，应按《建筑地面工程施工质量验收规范》GB 50209－2010 第 3.0.24 条的规定进行蓄水检验，并做记录。

(8)隔离层施工质量检验还应符合现行国家标准《屋面工程质量验收规范》GB 50207 的有关规定。

主控项目

(1)隔离层材料应符合设计要求和国家现行有关标准的规定。

检验方法：观察检查和检查型式检验报告、出厂检验报告、出厂合格证。

检查数量：同一工程、同一材料、同一生产厂家、同一型号、同一规格、同一批号检查一次。

(2)卷材类、涂料类隔离层材料进入施工现场，应对材料的主要物理性能指标进行复验。

检验方法：检查复验报告。

检查数量：执行现行国家标准《屋面工程质量验收规范》GB 50207 的有关规定。

(3)厕浴间和有防水要求的建筑地面必须设置防水隔离层。楼层结构必须采用现浇混凝土或整块预制混凝土板，混凝土强度等级不应小于 C20；房间的楼板四周除门洞外应做混凝土翻边，高度不应小于 200mm，宽同墙厚，混凝土强度等级不应小于 C20。施工时结构层标高和预留孔洞位置应准确，严禁乱凿洞。

检验方法：观察和钢尺检查。

检查数量：按《建筑地面工程施工质量验收规范》GB 50209－2010 第 3.0.21 条规定的检验批检查。

一册在手　表格全有　贴近现场　资料无忧

(4)水泥类防水隔离层的防水等级和强度等级应符合设计要求。

检验方法:观察检查和检查防水等级检测报告、强度等级检测报告。

检查数量:防水等级检测报告、强度等级检测报告均按《建筑地面工程施工质量验收规范》GB 50209—2010 第 3.0.19 条的规定检查。

(5)防水隔离层严禁渗漏,排水的坡向应正确、排水通畅。

检验方法:观察检查和蓄水、泼水检验、坡度尺检查及检查验收记录。

检查数量:按《建筑地面工程施工质量验收规范》GB 50209—2010 第 3.0.21 条规定的检验批检查。

一般项目

(1)隔离层厚度应符合设计要求。

检验方法:观察检查和用钢尺、卡尺检查。

检查数量:按《建筑地面工程施工质量验收规范》GB 50209—2010 第 3.0.21 条规定的检验批检查。

(2)隔离层与其下一层应粘结牢固,不应有空鼓;防水涂层应平整、均匀,无脱皮、起壳、裂缝、鼓泡等缺陷。

检验方法:用小锤轻击检查和观察检查。

检查数量:按《建筑地面工程施工质量验收规范》GB 50209—2010 第 3.0.21 条规定的检验批检查。

(3)隔离层表面的允许偏差应符合表 2-1 的规定。

检验方法:按表 2-1 中的检验方法检验。

检查数量:按《建筑地面工程施工质量验收规范》GB 50209—2010 第 3.0.21 条规定的检验批和第 3.0.22 条的规定检查。

地面隔离层质量分户验收记录表

单位工程名称	××住宅楼		结构类型	框架	层数	地下1层、地上10层
验收部位(房号)	4单元503室		户型	三室两厅一卫	检查日期	2015年×月×日
建设单位	××房地产开发有限公司	参检人员姓名	×××	职务		建设单位代表
总包单位	××建设集团有限公司	参检人员姓名	×××	职务		质量检查员
分包单位	××建筑装饰装修工程有限公司	参检人员姓名	×××	职务		质量检查员
监理单位	××建设监理有限公司	参检人员姓名	×××	职务		土建监理工程师

施工执行标准名称及编号			《建筑地面工程施工工艺标准》(QB×××—2006)			

施工质量验收规范的规定(GB 50209—2010)				施工单位检查评定记录	监理(建设)单位验收记录

主控项目	1	材料质量		第4.10.9条	材料进场复验报告三份,材料质量合格						合格
	2	隔离层设置要求		第4.10.11条	混凝土翻边高度200mm,符合设计要求						合格
	3	水泥类隔离层防水性能		第4.10.12条	/						/
	4	防水层防水要求		第4.10.13条	蓄水、泼水检验记录1份编号(×××)						合格
一般项目	1	隔离层厚度		设计要求	隔离层厚度符合设计要求						合格
	2	隔离层与下层粘结		第4.10.15条	隔离层与下一层粘结牢固,无空鼓						合格
	3	防水涂层		第4.10.15条	防水涂层符合设计要求						合格
	4	允许偏差	表面平整度	3mm	2	2	1	2	2		合格
	5		标高	±4mm	-2	3	-1	1	2	-2	合格
	6		坡度	2/1000L,且≤30mm	2	4	3				合格
	7		厚度	≤1/10H,且≤20mm	5	4	4				合格

复查记录	监理工程师(签章):　　　年　月　日
	建设单位专业技术负责人(签章):　　　年　月　日

施工单位 检查评定结果	经检查,主控项目、一般项目均符合设计和《建筑地面工程施工质量验收规范》(GB 50209—2010)的规定。 总包单位质量检查员(签章):×××　2015年×月×日 分包单位质量检查员(签章):×××　2015年×月×日
监理单位 验收结论	验收合格。 监理工程师(签章):×××　2015年×月×日
建设单位 验收结论	验收合格。 建设单位专业技术负责人(签章):×××　2015年×月×日

一册在手　表格全有　贴近现场　资料无忧

10. 填充层

填充层检验批质量验收记录

03010110 **001**

单位(子单位)工程名称	××大厦		分部(子分部)工程名称	建筑装饰装修/建筑地面	分项工程名称	基层铺设
施工单位	××建筑有限公司		项目负责人	赵斌	检验批容量	10间
分包单位	××建筑装饰工程有限公司		分包单位项目负责人	王阳	检验批部位	二层楼面1～10/A～E轴填充层
施工依据	××大厦装饰装修施工方案			验收依据	《建筑地面工程施工质量验收规范》GB50209-2010	

		验收项目		设计要求及规范规定	最小/实际抽样数量	检查记录	检查结果
主控项目	1	材料质量		第4.11.7条	/	质量证明文件齐全,通过进场验收	√
	2	厚度、配合比		设计要求	/	试验合格,报告编号××××	√
	3	对填充材料接缝有密闭要求的应密封良好		第4.11.9条	3/3	抽查3处,合格3处	√
一般项目	1	填充层铺设		第4.11.10条	3/3	抽查3处,合格3处	100%
	2	填充层坡度		第4.11.11条	3/3	抽查3处,合格3处	100%
	3	允许偏差	表面平整度 板、块材料	5mm	3/3	抽查3处,合格3处	100%
			松散材料	7mm	3/3	抽查3处,合格3处	100%
			标高	±4mm	3/3	抽查3处,合格3处	100%
			坡度	≤2/1000L,且≤30mm	3/3	抽查3处,合格3处	100%
			厚度	≤1/10H,且≤20mm	3/3	抽查3处,合格3处	100%

施工单位检查结果	符合要求 专业工长: 项目专业质量检查员: 高登云 张强 2015年××月××日
监理单位验收结论	合格 专业监理工程师: 刘东 2015年××月××日

《填充层检验批质量验收记录》填写说明

1. 填写依据

(1)《建筑地面工程施工质量验收规范》GB 50209－2010。

(2)《建筑工程施工质量验收统一标准》GB 50300－2013。

2. 规范摘要

以下内容摘录自《建筑地面工程施工质量验收规范》GB 50209－2010。

填充层验收要求参见"基土检验批质量验收记录"的验收要求的相关内容。

(1)填充层材料的密度应符合设计要求。

(2)填充层的下一层表面应平整。当为水泥类时,尚应洁净、干燥,并不得有空鼓、裂缝和起砂等缺陷。

(3)采用松散材料铺设填充层时,应分层铺平拍实;采用板、块状材料铺设填充层时,应分层错缝铺贴。

(4)有隔声要求的楼面,隔声垫在柱、墙面的上翻高度应超出楼面 20mm,且应收口于踢脚线内。地面上有竖向管道时,隔声垫应包裹管道四周,高度同卷向柱、墙面的高度。隔声垫保护膜之间应错缝搭接,搭接长度应大于 100mm,并用胶带等封闭。

(5)隔声垫上部应设置保护层,其构造做法应符合设计要求。当设计无要求时,混凝土保护层厚度不应小于 30mm,内配间距不大于 200mm×200mm 的 φ6mm 钢筋网片。

(6)有隔声要求的建筑地面工程尚应符合现行国家标准《建筑隔声评价标准》GB/T 50121、《民用建筑隔声设计规范》GB 50118 的有关要求。

主控项目

(1)填充层材料应符合设计要求和国家现行有关标准的规定。

检验方法:观察检查和检查质量合格证明文件。

检查数量:同一工程、同一材料、同一生产厂家、同一型号、同一规格、同一批号检查一次。

(2)填充层的厚度、配合比应符合设计要求。

检验方法:用钢尺检查和检查配合比试验报告。

检查数量:按《建筑地面工程施工质量验收规范》GB 50209－2010 第 3.0.21 条规定的检验批检查。

(3)对填充材料接缝有密闭要求的应密封良好。

检验方法:观察检查。

检查数量:按《建筑地面工程施工质量验收规范》GB 50209－2010 第 3.0.21 条规定的检验批检查。

一般项目

(1)松散材料填充层铺设应密实;板块状材料填充层应压实、无翘曲。

检验方法:观察检查。

检查数量:按《建筑地面工程施工质量验收规范》GB 50209－2010 第 3.0.21 条规定的检验批检查。

(2)填充层的坡度应符合设计要求,不应有倒泛水和积水现象。

检验方法:观察和采用泼水或用坡度尺检查。

　　检查数量:按《建筑地面工程施工质量验收规范》GB 50209—2010 第 3.0.21 条规定的检验批检查。

　　(3)填充层表面的允许偏差应符合表 2-1 的规定。

　　检验方法:按表 2-1 中的检验方法检验。

　　检查数量:按《建筑地面工程施工质量验收规范》GB 50209—2010 第 3.0.21 条规定的检验批和第 3.0.22 条的规定检查。

　　(4)用作隔声的填充层,其表面允许偏差应符合表 2-1 中隔离层的规定。

　　检验方法:按表 2-1 中隔离层的检验方法检验。

　　检查数量:按《建筑地面工程施工质量验收规范》GB 50209—2010 第 3.0.21 条规定的检验批和第 3.0.22 条的规定检查。

11. 绝热层

绝热层检验批质量验收记录

单位（子单位）工程名称			××大厦		分部（子分部）工程名称	建筑装饰装修/建筑地面	分项工程名称	基层铺设
施工单位			××建筑有限公司		项目负责人	赵斌	检验批容量	20 间
分包单位			××建筑装饰工程有限公司		分包单位项目负责人	王阳	检验批部位	二层楼面 1～10/A～E 轴
施工依据			××大厦装饰装修施工方案			验收依据	《建筑地面工程施工质量验收规范》GB50209-2010	
		验收项目		设计要求及规范规定	最小/实际抽样数量	检查记录		检查结果
主控项目	1	材料质量		第4.12.10条	1/1	质量证明文件齐全，通过进场验收		√
	2	材料进场复验		第4.12.11条	1/1	见证试验合格，报告编号××××		√
	3	铺设质量		第4.12.12条	3/3	抽查3处，合格3处		√
一般项目	1	绝热层厚度		第4.12.13条	3/3	抽查3处，合格3处		100%
	2	绝缘层的表面质量		第4.12.14条	3/3	抽查3处，合格3处		100%
	3	允许偏差	板块材料、浇筑材料、喷涂材料	表面平整度	4mm	3/3	抽查3处，合格3处	100%
				厚度	±4mm	3/3	抽查3处，合格3处	100%
				坡度	≤2/1000L，且≤30mm	3/3	抽查3处，合格3处	100%
				厚度	≤1/10H，且≤20mm	3/3	抽查3处，合格3处	100%
施工单位检查结果			符合要求 专业工长： 项目专业质量检查员： 2015 年××月××日					
监理单位验收结论			合格 专业监理工程师： 2015 年××月××日					

《绝热层检验批质量验收记录》填写说明

1. 填写依据

(1)《建筑地面工程施工质量验收规范》GB 50209－2010。

(2)《建筑工程施工质量验收统一标准》GB 50300－2013。

2. 规范摘要

以下内容摘录自《建筑地面工程施工质量验收规范》GB 50209－2010。

绝热层验收要求参见"基土检验批质量验收记录"的验收要求的相关内容。

(1)绝热层材料的性能、品种、厚度、构造做法应符合设计要求和国家现行有关标准的规定。

(2)建筑物室内接触基土的首层地面应增设水泥混凝土垫层后方可铺设绝热层,垫层的厚度及强度等级应符合设计要求。首层地面及楼层楼板铺设绝热层前,表面平整度宜控制在 3mm 以内。

(3)有防水、防潮要求的地面,宜在防水、防潮隔离层施工完毕并验收合格后再铺设绝热层。

(4)穿越地面进入非采暖保温区域的金属管道应采取隔断热桥的措施。

(5)绝热层与地面面层之间应设有水泥混凝土结合层,构造做法及强度等级应符合设计要求。设计无要求时,水泥混凝土结合层的厚度不应小于 30mm,层内应设置间距不大于 200mm×200mm 的 φ6mm 钢筋网片。

(6)有地下室的建筑,地上、地下交界部位楼板的绝热层应采用外保温做法,绝热层表面应设有外保护层。外保护层应安全、耐候,表面应平整、无裂纹。

(7)建筑物勒脚处绝热层的铺设应符合设计要求。设计无要求时,应符合下列规定:

1)当地区冻土深度不大于 500mm 时,应采用外保温做法;

2)当地区冻土深度大于 500mm 且不大于 1000mm 时,宜采用内保温做法;

3)当地区冻土深度大于 1000mm 时,应采用内保温做法;

4)当建筑物的基础有防水要求时,宜采用内保温做法;

5)采用外保温做法的绝热层,宜在建筑物主体结构完成后再施工。

(8)绝热层的材料不应采用松散型材料或抹灰浆料。

(9)绝热层施工质量检验尚应符合现行国家标准《建筑节能工程施工质量验收规范》GB 50411 的有关规定。

主控项目

(1)绝热层材料应符合设计要求和国家现行有关标准的规定。

检验方法:观察检查和检查型式检验报告、出厂检验报告、出厂合格证。

检查数量:同一工程、同一材料、同一生产厂家、同一型号、同一规格、同一批号检查一次。

(2)绝热层材料进入施工现场时,应对材料的导热系数、表观密度、抗压强度或压缩强度、阻燃性进行复验。

检验方法:检查复验报告。

检查数量:同一工程、同一材料、同一生产厂家、同一型号、同一规格、同一批号复验一组。

(3)绝热层的板块材料应采用无缝铺贴法铺设,表面应平整。

检验方法:观察检查、锲形塞尺检查。

检查数量:按《建筑地面工程施工质量验收规范》GB 50209－2010 第 3.0.21 条规定的检验

一册在手 表格全有 贴近现场 资料无忧

批检查。

一般项目

(1)绝热层的厚度应符合设计要求,不应出现负偏差,表面应平整。

检验方法:直尺或钢尺检查。

检查数量:按《建筑地面工程施工质量验收规范》GB 50209－2010 第 3.0.21 条规定的检验批检查。

(2)绝热层表面应无开裂。

检验方法:观察检查。

检查数量:按《建筑地面工程施工质量验收规范》GB 50209－2010 第 3.0.21 条规定的检验批检查。

(3)绝热层与地面面层之间的水泥混凝土结合层或水泥砂浆找平层,表面应平整,允许偏差应符合表 2-1 中"找平层"的规定。

检验方法:按表 2-1 中"找平层"的检验方法检验。

检查数量:按《建筑地面工程施工质量验收规范》GB 50209－2010 第 3.0.21 条规定的检验批和第 3.0.22 条的规定检查。

一册在手　表格全有　贴近现场　资料无忧

2.2 整体面层铺设

2.2.1 整体面层铺设资料列表

1. 水泥混凝土面层

(1)施工技术资料

1)工程技术文件报审表

2)建筑地面工程施工方案

3)建筑地面工程施工方案技术交底记录

4)水泥混凝土面层工程技术交底记录

5)图纸会审记录、设计变更通知单、工程洽商记录

(2)施工物资资料

1)水泥产品合格证、出厂检验报告、水泥试验报告

2)砂试验报告,碎(卵)石试验报告

3)外加剂质量证明文件、外加剂试验报告、配合比试验报告

4)钢筋质量证明书或产品合格证、出厂检验报告、钢筋试验报告(面层内有钢筋网片时)

5)材料进场检验记录

6)工程物资进场报验表

(3)施工记录

1)(面层内有钢筋网片时)钢筋网片绑扎隐蔽工程验收记录

2)施工检查记录

3)相关混凝土的施工记录(主要包括:混凝土浇灌申请书、混凝土工程施工记录等)

4)水泥混凝土面层泼水检验记录

(4)施工试验记录及检测报告

1)混凝土配合比试验报告(或配合比通知单)

2)混凝土试块抗压强度试验报告

3)混凝土试块强度统计、评定记录

(5)施工质量验收记录

1)水泥混凝土面层检验批质量验收记录

2)整体面层铺设分项工程质量验收记录

3)分项/分部工程施工报验表

(6)分户验收记录

地面水泥混凝土面层质量分户验收记录表

2. 水泥砂浆面层

(1)施工技术资料

1)工程技术文件报审表

2)建筑地面工程施工方案

3)建筑地面工程施工方案技术交底记录

4)水泥砂浆面层工程技术交底记录

5)图纸会审记录、设计变更通知单、工程洽商记录

（2）施工物资资料

1)水泥产品合格证、出厂检验报告、水泥试验报告

2)砂试验报告

3)外加剂质量证明文件、外加剂试验报告、配合比试验报告

4)材料进场检验记录

5)工程物资进场报验表

（3）施工记录

1)施工检查记录

2)相关混凝土的施工记录（主要包括：混凝土浇灌申请书、混凝土工程施工记录等）

3)水泥混凝土面层泼水检验记录

（4）施工试验记录及检测报告

1)砂浆配合比试验报告（或配合比通知单）

2)砂浆试块抗压强度试验报告

3)砂浆试块强度统计、评定记录

（5）施工质量验收记录

1)水泥砂浆面层检验批质量验收记录

2)整体面层铺设分项工程质量验收记录

3)分项/分部工程施工报验表

（6）分户验收记录

地面水泥砂浆面层质量分户验收记录表

3.水磨石面层

（1）施工技术资料

1)工程技术文件报审表

2)建筑地面工程施工方案

3)建筑地面工程施工方案技术交底记录

4)水磨石面层工程技术交底记录

5)图纸会审记录、设计变更通知单、工程洽商记录

（2）施工物资资料

1)水泥产品合格证、出厂检验报告、水泥试验报告

2)砂试验报告

3)外加剂质量证明文件、外加剂试验报告、配合比试验报告

4)材料进场检验记录

5)工程物资进场报验表

（3）施工记录

1)基层处理隐蔽工程验收记录

2)施工检查记录

（4）施工试验记录及检测报告

1)砂浆配合比试验报告（或配合比通知单）

一册在手　表格全有　贴近现场　资料无忧

2)砂浆抗压强度试验报告

3)水磨石面层拌合料配合比试验报告(或配合比通知单)

4)防静电水磨石面层接地电阻和表面电阻检测报告

(5)施工质量验收记录

1)水磨石面层检验批质量验收记录

2)整体面层铺设分项工程质量验收记录

3)分项/分部工程施工报验表

4.硬化耐磨面层

(1)施工技术资料

1)工程技术文件报审表

2)建筑地面工程施工方案

3)建筑地面工程施工方案技术交底记录

4)硬化耐磨面层工程技术交底记录

5)图纸会审记录、设计变更通知单、工程洽商记录

(2)施工物资资料

1)水泥产品合格证、出厂检验报告、水泥试验报告

2)砂试验报告

3)石粒出厂合格证,颜料产品合格证

4)材料进场检验记录

5)工程物资进场报验表

(3)施工记录

1)混凝土基层或砂浆基层、结合层隐蔽工程验收记录

2)施工检查记录

3)硬化耐磨面层泼水检验记录

(4)施工试验记录及检测报告

1)相关砂浆基层的砂浆配合比通知单、砂浆抗压强度试验报告等

2)相关混凝土基层的混凝土配合比通知单、混凝土抗压强度试验报告等

3)硬化耐磨面层拌合料配合比试验报告(或配合比通知单)

4)硬化耐磨面层强度等级检测报告

5)硬化耐磨面层耐磨性能检测报告

(5)施工质量验收记录

1)硬化耐磨面层检验批质量验收记录

2)整体面层铺设分项工程质量验收记录

3)分项/分部工程施工报验表

5.防油渗面层

(1)施工技术资料

1)工程技术文件报审表

2)建筑地面工程施工方案

3)建筑地面工程施工方案技术交底记录

4)防油渗面层工程技术交底记录

一册在手 表格全有 贴近现场 资料无忧

5)图纸会审记录、设计变更通知单、工程洽商记录

(2)施工物资资料

1)水泥产品合格证、出厂检验报告、水泥试验报告

2)砂试验报告,碎石试验报告

3)外加剂产品合格证、性能检测报告、环保检测报告、外加剂试验报告

4)防油渗涂料产品合格证、性能检测报告、环保检测报告

5)材料进场检验记录

6)工程物资进场报验表

(3)施工记录

1)基层处理、做防油渗隔离层隐蔽工程验收记录

2)施工检查记录

3)防油渗面层泼水检验记录

(4)施工试验记录及检测报告

1)防油渗混凝土配合比试验报告(或配合比通知单)

2)防油渗混凝土抗压强度试验报告

3)防油渗混凝土试块强度统计、评定记录

4)防油渗混凝土抗渗试验报告

5)防油渗涂料粘结强度检测报告

(5)施工质量验收记录

1)防油渗面层检验批质量验收记录

2)整体面层铺设分项工程质量验收记录

3)分项/分部工程施工报验表

6. 不发火(防爆)面层

(1)施工技术资料

1)工程技术文件报审表

2)建筑地面工程施工方案

3)建筑地面工程施工方案技术交底记录

4)不发火(防爆)面层工程技术交底记录

5)图纸会审记录、设计变更通知单、工程洽商记录

(2)施工物资资料

1)水泥产品合格证、出厂检验报告、水泥试验报告

2)砂试验报告,碎石试验报告(含不发火性试验)

3)材料、构配件进场检验记录

4)工程物资进场报验表

(3)施工记录

施工检查记录

(4)施工试验记录及检测报告

1)不发火(防爆)面层材料配合比试验报告(或配合比通知单)

2)不发火(防爆)面层强度等级检测报告

3)不发火混凝土试件不发火性试验报告

一册在手 表格全有 贴近现场 资料无忧

(5)施工质量验收记录

1)不发火(防爆)面层工程检验批质量验收记录

2)整体面层铺设分项工程质量验收记录

3)分项/分部工程施工报验表

7. 自流平面层

(1)施工技术资料

1)工程技术文件报审表

2)建筑地面工程施工方案

3)建筑地面工程施工方案技术交底记录

4)自流平面层工程技术交底记录

5)图纸会审记录、设计变更通知单、工程洽商记录

(2)施工物资资料

1)自流平面层的铺涂材料型式检验报告、出厂检验报告、出厂合格证

2)自流平面层的涂料有害物质限量检测报告

3)自流平水泥出厂合格证

4)材料进场检验记录

5)工程物资进场报验表

(3)施工记录

1)自流平面层的基层、各构造层隐蔽工程验收记录

2)施工检查记录

(4)施工试验记录及检测报告

1)自流平面层材料配合比通知单

2)自流平面层的基层强度等级检测报告

(5)施工质量验收记录

1)自流平面层检验批质量验收记录

2)整体面层铺设分项工程质量验收记录

3)分项/分部工程施工报验表

8. 涂料面层

(1)施工技术资料

1)工程技术文件报审表

2)建筑地面工程施工方案

3)建筑地面工程施工方案技术交底记录

4)涂料面层工程技术交底记录

5)图纸会审记录、设计变更通知单、工程洽商记录

(2)施工物资资料

1)树脂型涂料型式检验报告、出厂检验报告、出厂合格证

2)树脂型涂料有害物质限量检测报告

3)材料进场检验记录

4)工程物资进场报验表

(3)施工记录

1）涂料面层的基层隐蔽工程验收记录

2）施工检查记录

（4）施工质量验收记录

1）涂料面层检验批质量验收记录

2）整体面层铺设分项工程质量验收记录

3）分项/分部工程施工报验表

9. 塑胶面层

（1）施工技术资料

1）工程技术文件报审表

2）建筑地面工程施工方案

3）建筑地面工程施工方案技术交底记录

4）塑胶面层工程技术交底记录

5）图纸会审记录、设计变更通知单、工程洽商记录

（2）施工物资资料

1）现浇型塑胶材料或塑胶卷材型式检验报告、出厂检验报告、出厂合格证

2）材料进场检验记录

3）工程物资进场报验表

（3）施工记录

1）塑胶面层的基层隐蔽工程验收记录

2）施工检查记录

（4）施工试验记录及检测报告

1）现浇型塑胶面层材料配合比试验报告（或配合比通知单）

2）现浇型塑胶面层成品试件检测报告

（5）施工质量验收记录

1）塑胶面层检验批质量验收记录

2）整体面层铺设分项工程质量验收记录

3）分项/分部工程施工报验表

10. 地面辐射供暖水泥混凝土面层

（1）施工技术资料

1）工程技术文件报审表

2）建筑地面工程施工方案

3）建筑地面工程施工方案技术交底记录

4）水泥混凝土面层工程技术交底记录

5）图纸会审记录、设计变更通知单、工程洽商记录

（2）施工物资资料

1）水泥产品合格证、出厂检验报告、水泥试验报告

2）砂试验报告，碎（卵）石试验报告

3）外加剂质量证明文件、外加剂试验报告、配合比试验报告

4）钢筋质量证明书或产品合格证、出厂检验报告、钢筋试验报告（面层内有钢筋网片时）

5）材料进场检验记录

一册在手 表格全有 贴近现场 资料无忧

6)工程物资进场报验表

(3)施工记录

1)(面层内有钢筋网片时)钢筋网片绑扎隐蔽工程验收记录

2)施工检查记录

3)相关混凝土的施工记录(主要包括:混凝土浇灌申请书、混凝土工程施工记录等)

4)水泥混凝土面层泼水检验记录

(4)施工试验记录及检测报告

1)混凝土配合比试验报告(或配合比通知单)

2)混凝土试块抗压强度试验报告

3)混凝土试块强度统计、评定记录

(5)施工质量验收记录

1)地面辐射供暖水泥混凝土面层检验批质量验收记录

2)整体面层铺设分项工程质量验收记录

3)分项/分部工程施工报验表

11. 地面辐射供暖水泥砂浆面层

(1)施工技术资料

1)工程技术文件报审表

2)建筑地面工程施工方案

3)建筑地面工程施工方案技术交底记录

4)水泥砂浆面层工程技术交底记录

5)图纸会审记录、设计变更通知单、工程洽商记录

(2)施工物资资料

1)水泥产品合格证、出厂检验报告、水泥试验报告

2)砂试验报告

3)外加剂质量证明文件、外加剂试验报告、配合比试验报告

4)材料进场检验记录

5)工程物资进场报验表

(3)施工记录

1)施工检查记录

2)相关混凝土的施工记录(主要包括:混凝土浇灌申请书、混凝土工程施工记录等)

3)水泥混凝土面层泼水检验记录

(4)施工试验记录及检测报告

1)砂浆配合比试验报告(或配合比通知单)

2)砂浆试块抗压强度试验报告

3)砂浆试块强度统计、评定记录

(5)施工质量验收记录

1)地面辐射供暖水泥砂浆面层检验批质量验收记录

2)整体面层铺设分项工程质量验收记录

3)分项/分部工程施工报验表

一册在手 表格全有 贴近现场 资料无忧

2.2.2　整体面层铺设资料填写范例及说明

1. 水泥混凝土面层

混凝土配合比申请单				资料编号	×××
				委托编号	2015－5287
工程名称及部位	××办公楼工程　地下一层③～⑧/⑧～⑪轴外墙				
委托单位	××建设集团有限公司××项目部		试验委托人	×××	
设计强度等级	C35P8		要求坍落度	160±20mm	
其他技术要求	/				
搅拌方法	机械	浇捣方法	机械	养护方法	标准养护
水泥品种及强度等级	P·O 42.5	厂别牌号	太行山　前景	试验编号	2015－00113
砂产地及种类	龙凤山　中砂			试验编号	2015－0056
石产地及种类	三河　碎石	最大粒径	25mm	试验编号	2015－0079
外加剂名称	JSP－Ⅳ　UEA			试验编号	2015Y－032　2015－0010
掺合料名称	Ⅰ级粉煤灰			试验编号	2015－0098
申请日期	2015 年 8 月 14 日	使用日期	2015 年 8 月 14 日	联系电话	×××××××

混凝土配合比通知单
表 C6－7

配合比编号	2015－5287
试配编号	2015－00065

强度等级	C35P8	水胶比	0.4	水灰比	0.41	砂率	40%
材料名称 项目	水泥	水	砂	石	外加剂 JSP－Ⅳ	掺合料 粉煤灰	其他 UEA
每 m³ 用量 (kg/m³)	363	180	706	1060	13.62	64	27
每盘用量(kg)	363	180	706	1060	13.62	64	27
混凝土碱含量 (kg/m³)	1.89						
	注：此栏只有遇Ⅱ类工程(按京建科[1999]230 号规定分类)时填写						

说明：本配合比所使用材料均为干材料,使用单位应根据材料含水情况随时调整。

批　准	审　核	试　验
×××	×××	×××
报告日期	2015 年 2 月 1 日	

本表由检测机构提供。

混凝土浇灌申请书

		资料编号	×× ×
工程名称	××办公楼工程	申请浇灌日期	2015 年 9 月 14 日 20：36
申请浇灌部位	地下一层③~⑧/⑧~⑭轴外墙	申请方量(m³)	46
技术要求	坍落度 160±20mm	强度等级	C35P8
搅拌方式 (搅拌站名称)	××预拌混凝土供应中心	申请人	×× ×

依据：施工图纸(施工图纸号 ＿＿＿＿＿结施－4、结施－5＿＿＿＿＿)、
　　　设计变更/洽商(编号 ＿＿＿＿＿＿/＿＿＿＿＿＿)和有关规范、规程。

施 工 准 备 检 查	专业工长 (质量员)签字	备 注
1.隐检情况：☑已　□未完成隐检。	×× ×	
2.模板检验批：☑已　□未完成验收。	×× ×	
3.水电预埋情况：☑已　□未完成并未经检查。	×× ×	
4.施工组织情况：☑已　□未完备。	×× ×	
5.机械设备准备情况：☑已　□未准备。	×× ×	
6.保温及有关准备：☑已　□未准备。	×× ×	

审批意见：
　　原材料、机械设备及施工人员已就位。
　　施工方案及技术交底工作已落实。
　　计量设备已准备完毕。
　　各种隐检、水电预埋工作已完成。

审批结论：　☑ 同意浇筑　　□ 整改后自行浇筑　　□ 不同意,整改后重新申请
审批人：　×× ×　　　　　　　　　　　　审批日期：　2015 年 9 月 14 日
施工单位名称：××建设集团有限公司

1.本表由施工单位填写。

2.“技术要求”栏应依据混凝土合同的具体要求填写。

一册在手　表格全有　贴近现场　资料无忧

水泥混凝土面层检验批质量验收记录

03010201 <u>001</u>

单位（子单位）工程名称	××大厦		分部（子分部）工程名称	建筑装饰装修/建筑地面	分项工程名称		整体面层铺设
施工单位	××建筑有限公司		项目负责人	赵斌	检验批容量		20间
分包单位	××建筑装饰工程有限公司		分包单位项目负责人	王阳	检验批部位		二层楼面1～10/A～E轴面层
施工依据	××大厦装饰装修施工方案		验收依据		《建筑地面工程施工质量验收规范》GB50209-2010		

		验收项目	设计要求及规范规定	最小/实际抽样数量	检查记录	检查结果
主控项目	1	骨料粒径	第5.2.3条	1/1	质量证明文件齐全，通过进场验收	√
	2	外加剂的技术性能、品种和掺量	第5.2.4条	1/1	质量证明文件齐全，通过进场验收	√
	3	面层强度等级	设计要求C35	/	试验合格，报告编号×××	√
	4	面层与下一层结合	第5.2.6条	3/3	抽查3处，合格3处	√
一般项目	1	表面质量	第5.2.7条	3/3	抽查3处，合格3处	100%
	2	表面坡度	第5.2.8条	3/3	抽查3处，合格3处	100%
	3	踢脚线与墙面结合	第5.2.9条	3/3	抽查3处，合格3处	100%
	4 楼梯、台阶踏步	踏步尺寸及面层质量	第5.2.10条	3/3	抽查3处，合格3处	100%
		楼层梯段相邻踏步高度差	10mm	3/3	抽查3处，合格3处	100%
		每踏步两端宽度差	10mm	3/3	抽查3处，合格3处	100%
		旋转楼梯踏步两端宽度	5mm	3/3	抽查3处，合格3处	100%
	5 面层允许偏差	表面平整度	5mm	3/3	抽查3处，合格3处	100%
		踢脚线上口平直	4mm	3/3	抽查3处，合格3处	100%
		缝格平直	3mm	3/3	抽查3处，合格3处	100%

施工单位检查结果	符合要求 专业工长：高爱云 项目专业质量检查员：张代芳 2015年××月××日
监理单位验收结论	合格 专业监理工程师：刘东 2015年××月××日

《水泥混凝土面层检验批质量验收记录》填写说明

1. 填写依据

(1)《建筑地面工程施工质量验收规范》GB 50209－2010。

(2)《建筑工程施工质量验收统一标准》GB 50300－2013。

2. 规范摘要

以下内容摘录自《建筑地面工程施工质量验收规范》GB 50209－2010。

地面验收基本要求参见"基土检验批质量验收记录"的验收要求的相关内容。

整体面层的允许偏差和检验方法应符合表 2-7 的规定。

表 2-7　　　　　　　　　　　整体面层的允许偏差和检验方法

项次	项目	允许偏差(mm)									检验方法
		水泥混凝土面层	水泥砂浆面层	普通水磨石面层	高级水磨石面层	硬化耐磨面层	防油渗混凝土和不发火(防爆)面层	自流平面层	涂料面层	塑胶面层	
1	表面平整度	5	4	3	2	4	5	2	2	2	用 2m 靠尺和楔形塞尺检查
2	隔脚线上口平直	4	4	3	3	4	4	3	3	3	拉 5m 线和用钢尺检查
3	缝格顺直	3	3	3	2	3	3	2	2	2	

水泥混凝土面层

(1)水泥混凝土面层厚度应符合设计要求。

(2)水泥混凝土面层铺设不得留施工缝。当施工间隙超过允许时间规定时,应对接搓处进行处理。

主控项目

(1)水泥混凝土采用的粗骨料,最大粒径不应大于面层厚度的 2/3,细石混凝土面层采用的石子粒径不应大于 16mm。

检验方法:观察检查和检查质量合格证明文件。

检查数量:同一工程、同一强度等级、同一配合比检查一次。

(2)防水水泥混凝土中掺入的外加剂的技术性能应符合国家现行有关标准的规定,外加剂的品种和掺量应经试验确定。

检验方法:检查外加剂合格证明文件和配合比试验报告。

检查数量:同一工程、同一品种、同一掺量检查一次。

(3)面层的强度等级应符合设计要求,且强度等级不应小于 C20。

检验方法:检查配合比试验报告和强度等级检测报告。

检查数量:配合比试验报告按同一工程、同一强度等级、同一配合比检查一次;强度等级检测

一册在手　表格全有　贴近现场　资料无忧

报告按《建筑地面工程施工质量验收规范》GB 50209—2010 第 3.0.19 的规定检查。

(4)面层与下一层应结合牢固,且应无空鼓和开裂。当出现空鼓时,空鼓面积不应大于 400cm²,且每自然间或标准间不应多于 2 处。

检验方法:用小锤轻击检查。

检查数量:按《建筑地面工程施工质量验收规范》GB 50209—2010 第 3.0.12 条规定的检验批检查。

一般项目

(1)面层表面应洁净,不应有裂纹、脱皮、麻面、起砂等缺陷。

检验方法:观察检查。

检查数量:按《建筑地面工程施工质量验收规范》GB 50209—2010 第 3.0.21 条规定的检验批检查。

(2)面层表面的坡度应符合设计要求,不应有倒泛水和积水现象。

检验方法:观察和采用泼水或用坡度尺检查。

检查数量:按《建筑地面工程施工质量验收规范》GB 50209—2010 第 3.0.21 条规定的检验批检查。

(3)踢脚线与柱、墙面应紧密结合,踢脚线高度和出柱、墙厚度应符合设计要求且均匀一致。当出现空鼓时,局部空鼓长度不应大于 300mm,且每自然间或标准间不应多于 2 处。

检验方法:用小链轻击、钢尺和观察检查。

检查数量:按《建筑地面工程施工质量验收规范》GB 50209—2010 第 3.0.21 条规定的检验批检查。

(4)楼梯、台阶踏步的宽度、高度应符合设计要求。楼层梯段相邻踏步高度差不应大于 10mm;每踏步两端宽度差不应大于 10mm,旋转楼梯梯段的每踏步两端宽度的允许偏差不应大于 5mm。踏步面层应做防滑处理,齿角应整齐,防滑条应顺直、牢固。

检验方法:观察和用钢尺检查。

检查数量:按《建筑地面工程施工质量验收规范》GB 50209—2010 第 3.0.21 条规定的检验批检查。

(5)水泥混凝土面层的允许偏差应符合《建筑地面工程施工质量验收规范》GB 50209—2010 表 5.1.7 的规定。

检验方法:按《建筑地面工程施工质量验收规范》GB 50209—2010 表 5.1.7 中的检验方法检验。

检查数量:按《建筑地面工程施工质量验收规范》GB 50209—2010 第 3.0.21 条规定的检验批和第 3.0.22 条的规定检查。

一册在手　表格全有　贴近现场　资料无忧

<u>整体面层铺设</u> 分项工程质量验收记录

单位(子单位)工程名称	××工程	结构类型	框架剪力墙
分部(子分部)工程名称	建筑地面	检验批数	4
施工单位	××建设工程有限公司	项目经理	×××
分包单位	××建筑装饰装修工程有限公司	分包项目经理	×××

序号	检验批名称及部位、区段	施工单位检查评定结果	监理(建设)单位验收结论
1	一层⑤~⑨/ⓒ~Ⓕ轴地面	✓	
2	二层⑤~⑨/ⓒ~Ⓕ轴地面	✓	
3	三层⑤~⑨/ⓒ~Ⓕ轴地面	✓	
4	四层⑤~⑨/ⓒ~Ⓕ轴地面	✓	
			验收合格

说明:

检查结论	地上一至四层⑤~⑨/ⓒ~Ⓕ轴地面施工质量符合《建筑地面工程施工质量验收规范》(GB 50209—2010)的要求,水泥混凝土整体面层分项工程合格。 项目专业技术负责人:××× 　　　　　　　　　　　2015年×月×日	验收结论	同意施工单位检查结论,验收合格。 监理工程师:××× (建设单位项目专业技术负责人) 　　　　　　　2015年×月×日

注:地基基础、主体结构工程的分项工程质量验收不填写"分包单位"、"分包项目经理"。

分项/分部工程施工报验表		编　号	×××
工 程 名 称	××工程	日　期	2015 年×月×日

现我方已完成＿＿＿＿/＿＿＿＿（层）＿＿/＿＿轴（轴线或房间）＿＿＿/＿＿（高

程）＿＿＿/＿＿＿（部位）的＿＿＿＿水泥混凝土整体面层＿＿＿＿工程,经我方检验符

合设计、规范要求,请予以验收。

附件:　　名　称	页　数	编　号
1.□质量控制资料汇总表	＿＿页	
2.□隐蔽工程验收记录	＿＿页	
3.□预检记录	＿＿页	
4.□施工记录	＿＿页	
5.□施工试验记录	＿＿页	
6.□分部(子分部)工程质量验收记录	＿＿页	
7.☑分项工程质量验收记录	1 页	×××
8.□＿＿＿＿＿＿	＿＿页	
9.□＿＿＿＿＿＿	＿＿页	
10.□＿＿＿＿＿	＿＿页	

质量检查员(签字):×××

施工单位名称:××建筑装饰装修工程有限公司　　　技术负责人(签字):×××

审查意见:

　1. 所报附件材料真实、齐全、有效。

　2. 所报分项工程实体工程质量符合规范和设计要求。

审查结论:　　　　　　☑合格　　　　　　□不合格

监理单位名称:××建设监理有限公司　　(总)监理工程师(签字):×××　审查日期:2015 年×月×日

本表由施工单位填报,监理单位、施工单位各存一份。分项、分部工程不合格,应填写《不合格项处置记录》,分部工程应由总监理工程师签字。

一册在手　表格全有　贴近现场　资料无忧

2. 水泥砂浆面层

水泥砂浆面层检验批质量验收记录

03010202 **001**

单位(子单位)工程名称		××大厦	分部(子分部)工程名称	建筑装饰装修/建筑地面	分项工程名称		整体面层铺设
施工单位		××建筑有限公司	项目负责人	赵斌	检验批容量		20间
分包单位		××建筑装饰工程有限公司	分包单位项目负责人	王阳	检验批部位		二层楼面 1~10/A~E 轴面层
施工依据		××大厦装饰装修施工方案		验收依据	《建筑地面工程施工质量验收规范》GB50209-2010		

		验收项目	设计要求及规范规定	最小/实际抽样数量	检查记录	检查结果
主控项目	1	水泥质量	第5.3.2条	1/1	质量证明文件齐全,试验合格,报告编号××××	√
	2	外加剂的技术性能、品种和掺量	第5.3.3条	1/1	试验合格,报告编号××××	√
	3	体积比和强度	第5.3.4条	/	质量证明文件齐全,试验合格,报告编号××××	√
	4	有排水要求的地面	第5.3.5条	4/4	抽查4处,合格4处	√
	5	面层与下一层结合	第5.3.6条	4/4	抽查4处,合格4处	√
一般项目	1	坡度	第5.3.7条	4/4	抽查4处,合格4处	100%
	2	表面质量	第5.3.8条	4/4	抽查4处,合格4处	100%
	3	踢脚线与墙面结合	第5.3.9条	4/4	抽查4处,合格4处	100%
	4	楼梯、台阶踏步 踏步尺寸及面层质量	第5.3.10条	4/4	抽查4处,合格4处	100%
		楼层梯段相邻踏步高度差	10mm	4/4	抽查4处,合格4处	100%
		每踏步两端宽度差	10mm	4/4	抽查4处,合格4处	100%
		旋转楼梯踏步两端宽度	5mm	4/4	抽查4处,合格4处	100%
	3	允许偏差 表面平整度	4mm	4/4	抽查4处,合格4处	100%
		踢脚线上口平直	4mm	4/4	抽查4处,合格4处	100%
		缝格顺直	3mm	4/4	抽查4处,合格4处	100%
施工单位检查结果		符合要求 专业工长: 项目专业质量检查员: 高爱云 张世涛 2015年××月××日				
监理单位验收结论		合格 专业监理工程师: 刘东 2015年××月××日				

一册在手 表格全有 贴近现场 资料无忧

《水泥砂浆面层检验批质量验收记录》填写说明

1. 填写依据

(1)《建筑地面工程施工质量验收规范》GB 50209—2010。

(2)《建筑工程施工质量验收统一标准》GB 50300—2013。

2. 规范摘要

以下内容摘录自《建筑地面工程施工质量验收规范》GB 50209—2010。

地面验收基本要求参见"基土检验批质量验收记录"的验收要求的相关内容。

整体面层的允许偏差和检验方法应符合表 2-7 的规定。

水泥砂浆面层的厚度应符合设计要求。

主控项目

(1)水泥宜采用硅酸盐水泥、普通硅酸盐水泥,不同品种、不同强度等级的水泥不应混用;砂应为中粗砂,当采用石屑时,其粒径应为 1~5mm,且含泥量不应大于 3%;防水水泥砂浆采用的砂或石屑,其含泥量不应大于 1%。

检验方法:观察检查和检查质量合格证明文件。

检查数量:同一工程、同一强度等级、同一配合比检查一次。

(2)防水水泥砂浆中掺入的外加剂的技术性能应符合国家现行有关标准的规定,外加剂的品种和掺量应经试验确定。

检验方法:观察检查和检查质量合格证明文件、配合比试验报告。

检查数量:同一工程、同一强度等级、同一配合比、同一外加剂品种、同一掺量检查一次。

(3)水泥砂浆的体积比(强度等级)应符合设计要求,且体积比为 1:2,强度等级不应小于 M15。

检验方法:检查强度等级检测报告。

检查数量:按《建筑地面工程施工质量验收规范》GB 50209—2010 第 3.0.19 条的规定检查。

(4)有排水要求的水泥砂浆地面,坡向应正确、排水通畅;防水水泥砂浆面层不应渗漏。

检验方法:观察检查和蓄水、泼水检验或坡度尺检查及检查检验记录。

检查数量:按《建筑地面工程施工质量验收规范》GB 50209—2010 第 3.0.21 条规定的检验批检查。

(5)面层与下一层应结合牢固,且应无空鼓和开裂。当出现空鼓时,空鼓面积不应大于 400cm^2 且每自然间或标准间不应多于 2 处。

检验方法:用小锤轻击检查。

检查数量:按《建筑地面工程施工质量验收规范》GB 50209—2010 第 3.0.21 条规定的检验批检查。

一般项目

(1)面层表面的坡度应符合设计要求,不应有倒泛水和积水现象。

检验方法:观察和采用泼水或坡度尺检查。

检查数量:按《建筑地面工程施工质量验收规范》GB 50209—2010 第 3.0.21 条规定的检验批检查。

(2)面层表面应洁净,不应有裂纹、脱皮、麻面、起砂等现象。

一册在手　表格全有　贴近现场　资料无忧

检验方法:观察检查。

检查数量:按《建筑地面工程施工质量验收规范》GB 50209－2010 第 3.0.21 条规定的检验批检查。

(3)踢脚线与柱、墙面应紧密结合,踢脚线高度及出柱、墙厚度应符合设计要求且均匀一致。当出现空鼓时,局部空鼓长度不应大于 300mm,且每自然间或标准间不应多于 2 处。

检验方法:用小锤轻击、钢尺和观察检查。

检查数量:按《建筑地面工程施工质量验收规范》GB 50209－2010 第 3.0.21 条规定的检验批检查。

(4)楼梯、台阶踏步的宽度、高度应符合设计要求。楼层梯段相邻踏步高度差不应大于 10mm;每踏步两端宽度差不应大于 10mm,旋转楼梯梯段的每踏步两端宽度的允许偏差不应大于 5mm。踏步面层应做防滑处理,齿角应整齐,防滑条应顺直、牢固。

检验方法:观察和用钢尺检查。

检查数量:按《建筑地面工程施工质量验收规范》GB 50209－2010 第 3.0.21 条规定的检验批检查。

(5)水泥砂浆面层的允许偏差应符合《建筑地面工程施工质量验收规范》GB 50209－2010 表 5.1.7 的规定。

检验方法:按《建筑地面工程施工质量验收规范》GB 50209－2010 表 5.1.7 中的检验方法检验。

检查数量:按《建筑地面工程施工质量验收规范》GB 50209－2010 第 3.0.21 条规定的检验批和第 3.0.22 条的规定检查。

一册在手 表格全有 贴近现场 资料无忧

3. 水磨石面层

水磨石面层检验批质量验收记录

03010203 001

单位（子单位）工程名称			××大厦	分部（子分部）工程名称		建筑装饰装修/建筑地面	分项工程名称		整体面层铺设
施工单位			××建筑有限公司	项目负责人		赵斌	检验批容量		20 间
分包单位			××建筑装饰工程有限公司	分包单位项目负责人		王阳	检验批部位		二层楼面 1～10/A～E 轴面层
施工依据			××大厦装饰装修施工方案	验收依据		《建筑地面工程施工质量验收规范》GB50209-2010			

		验收项目		设计要求及规范规定	最小/实际抽样数量	检查记录	检查结果
主控项目	1	材料质量		第5.4.8条	1/1	质量证明文件齐全，试验合格，报告编号××××	√
	2	拌合料体积比（水泥:石料）		1:1.5～1:2.5	1/1	试验合格，报告编号××××	√
	3	防静电面层		第5.4.10条	3/3	抽查3处，合格3处	√
	4	面层与下一层结合		第5.4.11条	3/3	抽查3处，合格3处	√
一般项目	1	面层表面质量		第5.4.12条	3/3	抽查3处，合格3处	100%
	2	踢脚线		第5.4.13条	3/3	抽查3处，合格3处	100%
	3	楼梯、台阶踏步	踏步尺寸及面层质量	第5.4.14条	3/3	抽查3处，合格3处	100%
			楼层梯段相邻踏步高度差	10mm	3/3	抽查3处，合格3处	100%
			每踏步两端宽度差	10mm	3/3	抽查3处，合格3处	100%
			旋转楼梯踏步两端宽度	5mm	3/3	抽查3处，合格3处	100%
	4	允许偏差	表面平整度 高级水磨石	2mm	3/3	抽查3处，合格3处	100%
			表面平整度 普通水磨石	3mm	/	/	
			踢脚线上口平直	4mm	3/3	抽查3处，合格3处	100%
			缝格平直 高级水磨石	2mm	3/3	抽查3处，合格3处	100%
			缝格平直 普通水磨石	3mm	/	/	

施工单位检查结果	符合要求	专业工长：高庆云 项目专业质量检查员：张长春 2015 年××月××日
监理单位验收结论	合格	专业监理工程师：刘东 2015 年××月××日

《水磨石面层检验批质量验收记录》填写说明

1. 填写依据

(1)《建筑地面工程施工质量验收规范》GB 50209—2010。

(2)《建筑工程施工质量验收统一标准》GB 50300—2013。

2. 规范摘要

以下内容摘录自《建筑地面工程施工质量验收规范》GB 50209—2010。

地面验收基本要求参见"基土检验批质量验收记录"的验收要求的相关内容。

整体面层的允许偏差和检验方法应符合表2-7的规定。

(1)水磨石面层应采用水泥与石粒拌和料铺设,有防静电要求时,拌和料内应按设计要求掺入导电材料。面层厚度除有特殊要求外,宜为12～18mm,且宜按石粒粒径确定。水磨石面层的颜色和图案应符合设计要求。

(2)白色或浅色的水磨石面层应采用白水泥;深色的水磨石面层宜采用硅酸盐水泥、普通硅酸盐水泥或矿渣硅酸盐水泥;同颜色的面层应使用同一批水泥。同一彩色面层应使用同厂、同批的颜料;其掺入量宜为水泥重量的3%～6%或由试验确定。

(3)水磨石面层的结合层采用水泥砂浆时,强度等级应符合设计要求且不应小于M10,稠度宜为30～35mm。

(4)防静电水磨石面层中采用导电金属分格条时,分格条应经绝缘处理,且十字交叉处不得碰接。

(5)普通水磨石面层磨光遍数不应少于3遍。高级水磨石面层的厚度和磨光遍数应由设计确定。

(6)水磨石面层磨光后,在涂草酸和上蜡前,其表面不得污染。

(7)防静电水磨石面层应在表面经清净、干燥后,在表面均匀涂抹一层防静电剂和地板蜡,并应作抛光处理。

主控项目

(1)水磨石面层的石粒应采用白云石、大理石等岩石加工而成,石粒应洁净无杂物,其粒径除特殊要求外应为6～16mm;颜料应采用耐光、耐碱的矿物原料,不得使用酸性颜料。

检验方法:观察检查和检查席量合格证明文件。

检查数量:同一工程、同一体积比检查一次。

(2)水磨石面层拌和料的体积比应符合设计要求,且水泥与石粒的比例应为1∶1.5～1∶2.5。

检验方法:检查配合比试验报告。

检查数量:同一工程、同一体积比检查一次。

(3)防静电水磨石面层应在施工前及施工完成表面干燥后进行接地电阻和表面电阻检测,并应作好记录。

检验方法:检查施工记录和检测报告。

检查数量:按《建筑地面工程施工质量验收规范》GB 50209—2010第3.0.21条规定的检验批检查。

(4)面层与下一层结合应牢固,且应无空鼓、裂纹。当出现空鼓时,空鼓面积不应大于

400cm²,且每自然间或标准间不应多于 2 处。

检验方法:用小锤轻击检查。

检查数量:按《建筑地面工程施工质量验收规范》GB 50209－2010 第 3.0.21 条规定的检验批检查。

一般项目

(1)面层表面应光滑,且应无裂纹、砂眼和磨痕;石粒应密实,显露应均匀;颜色图案应一致,不混色;分格条应牢固、顺直和清晰。

检验方法:观察检查。

检查数量:按《建筑地面工程施工质量验收规范》GB 50209－2010 第 3.0.21 条规定的检验批检查。

(2)踢脚线与柱、墙面应紧密结合,踢脚线高度及出柱、墙厚度应符合设计要求且均匀一致。当出现空鼓时,局部空鼓长度不应大于 300mm,且每自然间或标准间不应多于 2 处。

检验方法:用小锤轻击、钢尺和观察检查。

检查数量:按《建筑地面工程施工质量验收规范》GB 50209－2010 第 3.0.21 条规定的检验批检查。

(3)楼梯、台阶踏步的宽度、高度应符合设计要求。楼层梯段相邻踏步高度差不应大于10mm;每踏步两端宽度差不应大于 10mm,旋转楼梯梯段的每踏步两端宽度的允许偏差不应大于 5mm。踏步面层应做防滑处理,齿角应整齐,防滑条应顺直、牢固。

检验方法:观察和用钢尺检查。

检查数量:按《建筑地面工程施工质量验收规范》GB 50209－2010 第 3.0.21 条规定的检验批检查。

(4)水磨石面层的允许偏差应符合《建筑地面工程施工质量验收规范》GB 50209－2010 表5.1.7 的规定。

检验方法:按《建筑地面工程施工质量验收规范》GB 50209－2010 表 5.1.7 中的检验方法检验。

检查数量:按《建筑地面工程施工质量验收规范》GB 50209－2010 第 3.0.21 条规定的检验批和第 3.0.22 条的规定检查。

一册在手　表格全有　贴近现场　资料无忧

4. 硬化耐磨面层

硬化耐磨面层检验批质量验收记录

03010204 001

单位(子单位)工程名称		××大厦	分部(子分部)工程名称	建筑装饰装修/建筑地面	分项工程名称	整体面层铺设
施工单位		××建筑有限公司	项目负责人	赵斌	检验批容量	20间
分包单位		××建筑装饰工程有限公司	分包单位项目负责人	王阳	检验批部位	二层楼面1～10/A～E轴面层
施工依据		××大厦装饰装修施工方案		验收依据	《建筑地面工程施工质量验收规范》GB50209-2010	

		验收项目	设计要求及规范规定	最小/实际抽样数量	检查记录	检查结果
主控项目	1	材料质量	第5.5.9条	/	质量证明文件齐全,试验合格,报告编号××××	√
	2	拌合物铺设时,材料质量规定	第5.5.10条	/	检验合格,记录编号××××	√
	3	硬化耐磨面层的厚度、强度等级、耐磨等级	第5.5.11条	/	检验合格,记录编号××××	√
	4	面层与基层结合	第5.5.12条	3/3	抽查3处,合格3处	√
一般项目	1	面层表面坡度	设计要求	3/3	抽查3处,合格3处	100%
	2	面层表面质量	第5.5.14条	3/3	抽查3处,合格3处	100%
	3	踢脚线与墙面结合	第5.5.15条	3/3	抽查3处,合格3处	100%
	4 允许偏差	表面平整度	4mm	3/3	抽查3处,合格3处	100%
		踢脚线上口平直	4mm	3/3	抽查3处,合格3处	100%
		缝格顺直	3mm	3/3	抽查3处,合格3处	100%
施工单位检查结果		符合要求 专业工长: 高度云 项目专业质量检查员: 张代洪 2015年××月××日				
监理单位验收结论		合格 专业监理工程师: 刘东 2015年××月××日				

《硬化耐磨面层检验批质量验收记录》填写说明

1. 填写依据

(1)《建筑地面工程施工质量验收规范》GB 50209—2010。

(2)《建筑工程施工质量验收统一标准》GB 50300—2013。

2. 规范摘要

以下内容摘录自《建筑地面工程施工质量验收规范》GB 50209—2010。

地面验收基本要求参见"基土检验批质量验收记录"的验收要求的相关内容。

整体面层的允许偏差和检验方法应符合表 2-7 的规定。

(1)硬化耐磨面层应采用金属渣、屑、纤维或石英砂、金刚砂等,并应与水泥类胶凝材料拌合铺设或在水泥类基层上撒布铺设。

(2)硬化耐磨面层采用拌合料铺设时,拌合料的配合比应通过试验确定;采用撒布铺设时,耐磨材料的撒布量应符合设计要求,且应在水泥类基层初凝前完成撒布。

(3)硬化耐磨面层采用拌合料铺设时,宜先铺设一层强度等级不小于 M15、厚度不小于 20mm 的水泥砂浆,或水灰比宜为 0.4 的素水泥浆结合层。

(4)硬化耐磨面层采用拌合料铺设时,铺设厚度和拌合料强度应符合设计要求。当设计无要求时,水泥钢(铁)屑面层铺设厚度不应小于 30mm,抗压强度不应小于 40MPa;水泥石英砂浆面层铺设厚度不应小于 20mm,抗压强度不应小于 30MPa;钢纤维混凝土面层铺设厚度不应小于 40mm,抗压强度不应小于 40MPa。

(5)硬化耐磨面层采用撒布铺设时,耐磨材料应撒布均匀,厚度应符合设计要求;混凝土基层或砂浆基层的厚度及强度应符合设计要求。当设计无要求时,混凝土基层的厚度不应小于 50mm,强度等级不应小于 C25;砂浆基层的厚度不应小于 20mm,强度等级不应小于 M15。

(6)硬化耐磨面层分格缝的间距及缝深、缝宽、填缝材料应符合设计要求。

(7)硬化耐磨面层铺设后应在湿润条件下静置养护,养护期限应符合材料的技术要求。

(8)硬化耐磨面层应在强度达到设计强度后方可投入使用。

主控项目

(1)硬化耐磨面层采用的材料应符合设计要求和国家现行有关标准的规定。

检验方法:观察检查和检查质量合格证明文件。

检查数量:采用拌合料铺设的,按同一工程、同一强度等级检查一次;采用撒布铺设的,按同一工程、同一材料、同一生产厂家、同一型号、同一规格、同一批号检查一次。

(2)硬化耐磨面层采用拌合料铺设时,水泥的强度等级不应小于 42.5。金属渣、屑、纤维不应有其他杂质,使用前应去油除锈、冲洗干净并干燥;石英砂应用中粗砂,含泥量不应大于 2%。

检验方法:观察检查和检查质量合格证明文件。

检查数量:同一工程、同一强度等级检查一次。

(3)硬化耐磨面层的厚度、强度等级、耐磨等级应符合设计要求。

检验方法:用钢尺检查和检查配合比试验报告、强度等级检测报告、耐磨等级检测报告。

检查数量:厚度按《建筑地面工程施工质量验收规范》GB 50209—2010 第 3.0.21 条规定的检验批检查;配合比试验报告按同一工程、同一强度等级、同一配合比检查一次;强度等级检测报告按《建筑地面工程施工质量验收规范》GB 50209—2010 第 3.0.19 条的规定检查;耐磨等级检

一册在手　表格全有　贴近现场　资料无忧

测报告按同一工程抽样检查一次。

(4)面层与基层(或下一层)结合应牢固,且应无空鼓、裂缝。当出现空鼓时,空鼓面积不应大于 400cm² 且每自然间或标准间不应多于 2 处。

检验方法:观察检查和用小锤轻击检查。

检查数量:按《建筑地面工程施工质量验收规范》GB 50209－2010 第 3.0.21 条规定的检验批检查。

一般项目

(1)面层表面坡度应符合设计要求,不应有倒泛水和积水现象。

检验方法:观察检查和用坡度尺检查。

检查数量:按《建筑地面工程施工质量验收规范》GB 50209－2010 第 3.0.21 条规定的检验批检查。

(2)面层表面应色泽一致,切缝应顺直,不应有裂纹、脱皮、麻面、起砂等缺陷。

检验方法:观察检查。

检查数量:按《建筑地面工程施工质量验收规范》GB 50209－2010 第 3.0.21 条规定的检验批检查。

(3)踢脚线与柱、墙面应紧密结合,踢脚线高度及出柱、墙厚度应符合设计要求且均匀一致。当出现空鼓时,局部空鼓长度不应大于 300mm,且每自然间或标准间不应多于 2 处。

检验方法:用小锤轻击、钢尺和观察检查。

检查数量:按《建筑地面工程施工质量验收规范》GB 50209－2010 第 3.0.21 条规定的检验批检查。

(4)硬化耐磨面层的允许偏差应符合《建筑地面工程施工质量验收规范》GB 50209－2010 表 5.1.7 的规定。

检验方法:按《建筑地面工程施工质量验收规范》GB 50209－2010 表 5.1.7 中的检查方法检查。

检查数量:按《建筑地面工程施工质量验收规范》GB 50209－2010 第 3.0.21 条规定的检验批和第 3.0.22 条的规定检查。

5. 防油渗面层

防油渗面层检验批质量验收记录

03010205 001

单位（子单位）工程名称		××大厦	分部（子分部）工程名称	建筑装饰装修/建筑地面	分项工程名称	整体面层铺设
施工单位		××建筑有限公司	项目负责人	赵斌	检验批容量	20 间
分包单位		××建筑装饰工程有限公司	分包单位项目负责人	王阳	检验批部位	二层楼面1～10/A～E轴面层
施工依据		××大厦装饰装修施工方案	验收依据		《建筑地面工程施工质量验收规范》GB50209-2010	

		验收项目	设计要求及规范规定	最小/实际抽样数量	检查记录	检查结果
主控项目	1	材料质量	第5.6.7条	/	质量证明文件齐全，试验合格，报告编号××××	√
	2	强度等级和抗渗性能	第5.6.8条	/	试验合格，报告编号××××	√
	3	防油渗混凝土面层与下一层结合	第5.6.9条	3/3	抽查3处，合格3处	√
	4	防油渗涂料面层与基层粘结	第5.6.10条	3/3	抽查3处，合格3处	√
一般项目	1	表面坡度	第5.6.11条	3/3	抽查3处，合格3处	100%
	2	表面质量	第5.6.12条	3/3	抽查3处，合格3处	100%
	3	踢脚线与墙面结合	第5.6.13条	3/3	抽查3处，合格3处	100%
	4	表面允许偏差	表面平整度	5mm	3/3	抽查3处，合格3处	100%
			踢脚线上口平直	4mm	3/3	抽查3处，合格3处	100%
			缝格顺直	3mm	3/3	抽查3处，合格3处	100%

施工单位检查结果	符合要求 专业工长： 项目专业质量检查员： 高爱云 张长增 2015 年××月××日
监理单位验收结论	合格 专业监理工程师： 刘东 2015 年××月××日

一册在手　表格全有　贴近现场　资料无忧

《防油渗面层检验批质量验收记录》填写说明

1. 填写依据

(1)《建筑地面工程施工质量验收规范》GB 50209－2010。

(2)《建筑工程施工质量验收统一标准》GB 50300－2013。

2. 规范摘要

以下内容摘录自《建筑地面工程施工质量验收规范》GB 50209－2010。

地面验收基本要求参见"基土检验批质量验收记录"的验收要求的相关内容。

整体面层的允许偏差和检验方法应符合表2-7的规定。

(1)防油渗面层应采用防油渗混凝土铺设或采用防油渗涂料涂刷。

(2)防油渗隔离层及防油渗面层与墙、柱连接处的构造应符合设计要求。

(3)防油渗混凝土面层厚度应符合设计要求,防油渗混凝土的配合比应按设计要求的强度等级和抗渗性能通过试验确定。

(4)防油渗混凝土面层应按厂房柱网分区段浇筑,区段划分及分区段缝应符合设计要求。

(5)防油渗混凝土面层内不得敷设管线。露出面层的电线管、接线盒、预埋套管和地脚螺栓等的处理,以及与墙、柱、变形缝、孔洞等连接处泛水均应采取防油渗措施并应符合设计要求。

(6)防油渗面层采用防油渗涂料时,材料应按设计要求选用,涂层厚度宜为5～7mm。

主控项目

(1)防油渗混凝土所用的水泥应采用普通硅酸盐水泥;碎石应采用花岗石或石英石,不应使用松散、多孔和吸水率大的石子,粒径为5～16mm,最大粒径不应大于20mm,含泥量不应大于1‰;砂应为中砂,且应洁净无杂物;掺入的外加剂和防油渗剂应符合有关标准的规定。防油渗涂料应具有耐油、耐磨、耐火和粘结性能。

检验方法:观察检查和检查质量合格证明文件。

检查数量:同一工程、同一强度等级、同一配合比、同一粘结强度检查一次。

(2)防油渗混凝土的强度等级和抗渗性能应符合设计要求,且强度等级不应小于C30;防油渗涂料的粘结强度不应小于0.3MPa。

检验方法:检查配合比试验报告、强度等级检测报告、粘结强度检测报告。

检查数量:配合比试验报告按同一工程、同一强度等级、同一配合比检查一次;强度等级检测报告按《建筑地面工程施工质量验收规范》GB 50209－2010第3.0.19条的规定,全批检查;抗拉粘结强度检测报告按同一工程、同一涂料品种、同一生产厂家、同一型号、同一规格、同一批号检查一次。

(3)防油渗混凝土面层与下一层应结合牢固、无空鼓。

检验方法:用小锤轻击检查。

检查数量:按《建筑地面工程施工质量验收规范》GB 50209－2010第3.0.21条规定的检验批检查。

(4)防油渗涂料面层与基层应粘结牢固,不应有起皮、开裂、漏涂等缺陷。

检验方法:观察检查。

检查数量:按《建筑地面工程施工质量验收规范》GB 50209－2010第3.0.21条规定的检验批检查。

一般项目

(1)防油渗面层表面坡度应符合设计要求,不得有倒泛水和积水现象。

检验方法:观察和泼水或用坡度尺检查。

检查数量:按《建筑地面工程施工质量验收规范》GB 50209—2010 第 3.0.21 条规定的检验批检查。

(2)防油渗混凝土面层表面应洁净,不应有裂纹、脱皮、麻面和起砂等现象。

检验方法:观察检查。

检查数量:按《建筑地面工程施工质量验收规范》GB 50209—2010 第 3.0.21 条规定的检验批检查。

(3)踢脚线与柱、墙面应紧密结合,踢脚线高度及出柱、墙厚度应符合设计要求且均匀一致。

检验方法:用小锤轻击、钢尺和观察检查。

检查数量:按《建筑地面工程施工质量验收规范》GB 50209—2010 第 3.0.21 条规定的检验批检查。

(4)防油渗面层的允许偏差应符合《建筑地面工程施工质量验收规范》GB 50209—2010 表 5.1.7 的规定。

检验方法:按《建筑地面工程施工质量验收规范》GB 50209—2010 表 5.1.7 中的检验方法检验。

检查数量:按《建筑地面工程施工质量验收规范》GB 50209—2010 第 3.0.21 条规定的检验批和第 3.0.22 条的规定检查。

6. 不发火(防爆)面层

不发火(防爆)面层检验批质量验收记录

03010206 001

单位（子单位）工程名称	××大厦	分部（子分部）工程名称	建筑装饰装修/建筑地面	分项工程名称	整体面层铺设
施工单位	××建筑有限公司	项目负责人	赵斌	检验批容量	20 间
分包单位	××建筑装饰工程有限公司	分包单位项目负责人	王阳	检验批部位	二层楼面1~10/A~E轴面层
施工依据	××大厦装饰装修施工方案		验收依据	《建筑地面工程施工质量验收规范》GB50209-2010	

		验收项目	设计要求及规范规定	最小/实际抽样数量	检查记录	检查结果
主控项目	1	材料质量	第5.7.4条	/	质量证明文件齐全，试验合格，报告编号××××	√
	2	面层强度等级	设计要求C25	/	试验合格，报告编号××××	√
	3	面层与下一层结合	第5.7.6条	3/3	抽查3处，合格3处	√
	4	面层试件检验	第5.7.7条	/	试验合格，报告编号××××	√
一般项目	1	面层表面质量	第5.7.8条	3/3	抽查3处，合格3处	100%
	2	踢脚线与墙面结合	第5.7.9条	3/3	抽查3处，合格3处	100%
	3	表面允许偏差 表面平整度	5mm	3/3	抽查3处，合格3处	100%
		踢脚线上口平直	4mm	3/3	抽查3处，合格3处	100%
		缝格顺直	3mm	3/3	抽查3处，合格3处	100%
施工单位检查结果		符合要求		专业工长：高凌云 项目专业质量检查员：张港 2015 年××月××日		
监理单位验收结论		合格		专业监理工程师：刘东 2015 年××月××日		

《不发火(防爆)面层检验批质量验收记录》填写说明

1. 填写依据

(1)《建筑地面工程施工质量验收规范》GB 50209－2010。

(2)《建筑工程施工质量验收统一标准》GB 50300－2013。

2. 规范摘要

以下内容摘录自《建筑地面工程施工质量验收规范》GB 50209－2010。

地面验收基本要求参见"基土检验批质量验收记录"的验收要求的相关内容。

整体面层的允许偏差和检验方法应符合表 2-7 的规定。

(1)不发火(防爆)面层应采用水泥类拌合料和料及其他不发火材料铺设,其材料和厚度应符合设计要求。

(2)不发火(防爆)面层各层类层面的铺设应符合《建筑地面工程施工质量验收规范》GB 50209－2010 相应面层的规定。

(3)不发火(防爆)面层采用的材料和硬化后的试件,应按本规定附录 A 做不发火性试验。

主控项目

(1)不发火(防爆)面层层中碎石的不发火性必须合格;砂应质地坚硬、表面粗糙,其粒径应为 0.15～5mm,含泥量不应大于 3%,有机物含量不应大于 0.5%;水泥应采用硅酸盐水泥、普通硅酸盐水泥;面层分格的嵌条应采用不发生火花的材料配制。配制时应随时检查,不得混入金属或其他易发生火花的杂质。

检验方法:观察检查和检查质量合格证明文件。

检查数量:同强度等级检测报告的检查数量,即按《建筑地面工程施工质量验收规范》GB 50209－2010 第 3.0.19 条的规定检查。

(2)不发火(防爆)面层的强度等级应符合设计要求。

检验方法:检查配合比试验报告和强度等级检测报告。

检查数量:配合比试验报告按同一工程、同一强度等级、同一配合比检查一次;强度等级检测报告按《建筑地面工程施工质量验收规范》GB 50209－2010 第 3.0.19 条的规定检查。

(3)面层与下一层应结合牢固,且应无空鼓和开裂。当出现空鼓时,空鼓面积不应大于 $400cm^2$,且每自然间或标准间不应多于 2 处。

检验方法:用小锤轻击检查。

检查数量:按《建筑地面工程施工质量验收规范》GB 50209－2010 第 3.0.21 条规定的检验批检查。

(4)不发火(防爆)面层的试件应检验合格。

检验方法:检查检测报告。

检查数量:同一工程、同一强度等级、同一配合比检查一次。

一般项目

(1)面层表面应密实,无裂缝、蜂窝、麻面等缺陷。

检验方法:观察检查。

检查数量:按《建筑地面工程施工质量验收规范》GB 50209－2010 第 3.0.21 条规定的检验批检查。

(2)踢脚线与柱、墙面应紧密结合,踢脚线高度及出柱、墙厚度应符合设计要求且均匀一致。当出现空鼓时,局部空鼓长度不应大于 300mm,且每自然间或标准间不应多于 2 处。

检验方法:用小锤轻击、钢尺和观察检查。

检查数量:按《建筑地面工程施工质量验收规范》GB 50209—2010 第 3.0.21 条规定的检验批检查。

(3)不发火(防爆)面层的允许偏差应符合《建筑地面工程施工质量验收规范》GB 50209—2010 表 5.1.7 的规定。

检验方法:按《建筑地面工程施工质量验收规范》GB 50209—2010 表 5.1.7 中的检验方法检验。

检查数量:按《建筑地面工程施工质量验收规范》GB 50209—2010 第 3.0.21 条规定的检验批和第 3.0.22 条的规定检查。

7. 自流平面层

自流平面层检验批质量验收记录

03010207 **001**

单位（子单位）工程名称	××大厦		分部（子分部）工程名称	建筑装饰装修/建筑地面	分项工程名称	整体面层铺设
施工单位	××建筑有限公司		项目负责人	赵斌	检验批容量	20 间
分包单位	××建筑装饰工程有限公司		分包单位项目负责人	王阳	检验批部位	二层楼面1～10/A～E轴面层
施工依据	××大厦装饰装修施工方案			验收依据	《建筑地面工程施工质量验收规范》GB50209-2010	

		验收项目	设计要求及规范规定	最小/实际抽样数量	检查记录	检查结果
主控项目	1	材料质量	第5.8.6条	/	质量证明文件齐全，试验合格，报告编号××××	√
	2	自流平面层的涂料进入施工现场时，应有有害物质限量合格的检测报告	第5.8.7条	/	试验合格，报告编号××××	√
	3	自流平面层的基层的强度等级不应小于C20	第5.8.8条	/	试验合格，报告编号××××	√
	4	自流平面层的各构造层之间粘结	第5.8.9条	3/3	抽查3处，合格3处	√
	5	表面不应有开裂、漏涂和倒泛水、积水等现象	第5.8.10条	3/3	抽查3处，合格3处	√
一般项目	1	自流平面层应分层施工，面层找平施工时不应留有抹痕	第5.8.11条	3/3	抽查3处，合格3处	100%
	2	表面应光洁，色泽应均匀、一致，不应有起泡、泛砂等现象	第5.8.12条	3/3	抽查3处，合格3处	100%
	3	表面允许偏差　表面平整度	2mm	3/3	抽查3处，合格3处	100%
		踢脚线上口平直	3mm	3/3	抽查3处，合格3处	100%
		缝格顺直	2mm	3/3	抽查3处，合格3处	100%

施工单位检查结果	符合要求 专业工长：　　　高爱云 项目专业质量检查员：张浩 2015 年××月××日
监理单位验收结论	合格 专业监理工程师：刘东 2015 年××月××日

《自流平面层检验批质量验收记录》填写说明

1. 填写依据

(1)《建筑地面工程施工质量验收规范》GB 50209－2010。

(2)《建筑工程施工质量验收统一标准》GB 50300－2013。

2. 规范摘要

以下内容摘录自《建筑地面工程施工质量验收规范》GB 50209－2010。

地面验收基本要求参见"基土检验批质量验收记录"的验收要求的相关内容。

整体面层的允许偏差和检验方法应符合表2-7的规定。

(1)自流平面层可采用水泥基、石膏基、合成树脂基等拌合物铺设。

(2)自流平面层与墙、柱等连接处的构造做法应符合设计要求,铺设时应分层施工。

(3)自流平面层的基层应平整、洁净,基层的含水率应与面层材料的技术要求相一致。

(4)自流平面层的构造做法、厚度、颜色等应符合设计要求。

(5)有防水、防潮、防油渗、防尘要求的自流平面层应达到设计要求。

主控项目

(1)自流平面层的铺涂材料应符合设计要求和国家现行有关标准的规定。

检验方法:观察检查和检查型式检验报告、出厂检验报告、出厂合格证。

检查数量:同一工程、同一材料、同一生产厂家、同一型号、同一规格、同一批号检查一次。

(2)自流平面层的涂料进入施工现场时,应有以下有害物质限量合格的检测报告:

1)水性涂料中的挥发性有机化合物(VOC)和游离甲醛;

2)溶剂型涂料中的苯、甲苯十二甲苯、挥发性有机化合物(VOC)和游离甲苯二异氰酸酯(TDI)。

检验方法:检查检测报告。

检查数量:同一工程、同一材料、同一生产厂家、同一型号、同一规格、同一批号检查一次。

(3)自流平面层的基层的强度等级不应小于C20。

检验方法:检查强度等级的试验报告。

检查数量:按《建筑地面工程施工质量验收规范》GB 50209－2010第3.0.19条的规定检查。

(4)自流平面层的各构造层之间应粘结牢固,层与层之间不应出现分离、空鼓现象。

检验方法:用小锤轻击检查。

检查数量:按《建筑地面工程施工质量验收规范》GB 50209－2010第3.0.21条规定的检验批检查。

(5)自流平面层的表面不应有开裂、漏涂和倒泛水、积水等现象。

检验方法:观察和泼水检查。

检查数量:按《建筑地面工程施工质量验收规范》GB 50209－2010第3.0.21条规定的检验批检查。

一般项目

(1)自流平面层应分层施工,面层找平施工时不应留有抹痕。

检验方法:观察检查和检查施工记录。

检查数量:按《建筑地面工程施工质量验收规范》GB 50209－2010第3.0.21条规定的检验

批检查。

（2）自流平面层表面应光洁,色泽应均匀、一致,不应有起泡、泛砂等现象。

检验方法:观察检查。

检查数量:按《建筑地面工程施工质量验收规范》GB 50209－2010 第 3.0.21 条规定的检验批检查。

（3）自流平面层的允许偏差应符合《建筑地面工程施工质量验收规范》GB 50209－2010 表 5.1.7 的规定。

检验方法:按《建筑地面工程施工质量验收规范》GB 50209－2010 表 5.1.7 中的检验方法检验。

检查数量:按《建筑地面工程施工质量验收规范》GB 50209－2010 第 3.0.21 条规定的检验批和第 3.0.22 条的规定检查。

8. 涂料面层

涂料面层检验批质量验收记录

03010208 <u>001</u>

单位(子单位) 工程名称	××大厦	分部(子分部) 工程名称	建筑装饰装修/建 筑地面	分项工程名称	整体面层铺设
施工单位	××建筑有限公司	项目负责人	赵斌	检验批容量	20 间
分包单位	××建筑装饰工程 有限公司	分包单位项目 负责人	王阳	检验批部位	二层楼面1~ 10/A~E轴面层
施工依据	××大厦装饰装修施工方案		验收依据	《建筑地面工程施工质量验收 规范》GB50209-2010	

		验收项目		设计要求及 规范规定	最小/实际抽 样数量	检查记录	检查结果
主控项目	1	涂料质量		第5.9.4条	/	质量证明文件齐全,试验合 格,报告编号××××	√
	2	涂料进入施工现场时,应有苯、 甲苯+二甲苯、挥发性有机化合 物(VOC)和游离甲苯二异氰醛 酯(TDI)限量合格的检测报告		第5.9.5条	/	质量证明文件齐全,试验合 格,报告编号××××	√
	3	涂料面层的表面不应有开裂、 空鼓、漏涂和倒泛水、积水等 现象		第5.9.6条	3/3	抽查3处,合格3处	√
一般项目	1	涂料找平应在下一层表干前完 成,并不应留有刮痕		第5.9.7条	3/3	抽查3处,合格3处	100%
	2	涂料面层应光洁,色泽应均匀 一致,不应有起泡、起皮、泛 砂等现象		第5.9.8条	3/3	抽查3处,合格3处	100%
	3	楼梯、台阶踏步	踏步尺寸及面层质量	第5.9.9条	3/3	抽查3处,合格3处	100%
			楼层梯段相邻踏步高度差	10mm	3/3	抽查3处,合格3处	100%
			每踏步两端宽度差	10mm	3/3	抽查3处,合格3处	100%
			旋转楼梯踏步两端宽度	5mm	3/3	抽查3处,合格3处	100%
	4	表面允许偏差	表面平整度	2mm	3/3	抽查3处,合格3处	100%
			踢脚线上口平直	3mm	3/3	抽查3处,合格3处	100%
			缝格顺直	2mm	3/3	抽查3处,合格3处	100%
施工单位检查结果		符合要求		专业工长:　高爱云 项目专业质量检查员:　张代浩 2015 年××月××日			
监理单位验收结论		合格		专业监理工程师:　刘东 2015 年××月××日			

一册在手 表格全有 贴近现场 资料无忧

《涂料面层检验批质量验收记录》填写说明

1. 填写依据

(1)《建筑地面工程施工质量验收规范》GB 50209－2010。

(2)《建筑工程施工质量验收统一标准》GB 50300－2013。

2. 规范摘要

以下内容摘录自《建筑地面工程施工质量验收规范》GB 50209－2010。

地面验收基本要求参见"基土检验批质量验收记录"的验收要求的相关内容。

整体面层的允许偏差和检验方法应符合表 2-7 的规定。

(1)涂料面层应采用丙烯酸、环氧、聚氨酯等树脂型涂料涂刷。

(2)涂料面层的基层应符合下列规定：

1)应平整、洁净；

2)强度等级不应小于 C20；

3)含水率应与涂料的技术要求相一致。

(3)涂料面层的厚度、颜色应符合设计要求,铺设时应分层施工。

主控项目

(1)涂料应符合设计要求和国家现行有关标准的规定。

检验方法:观察检查和检查型式检验报告、出厂检验报告、出厂合格证。

检查数量:同一工程、同一材料、同一生产厂家、同一型号、同一规格、同一批号检查一次。

(2)涂料进入施工现场时,应有苯、甲苯十二甲苯、挥发性有机化合物(VOC)和游离甲苯二异氰醛酯(TDI)限量合格的检测报告。

检验方法:检查检测报告。

检查数量:同一材料、同一生产厂家、同一型号、同一规格、同一批号检查一次。

(3)涂料面层的表面不应有开裂、空鼓、漏涂和倒泛水、积水等现象。

检验方法:观察和泼水检查。

检查数量:按《建筑地面工程施工质量验收规范》GB 50209－2010 第 3.0.21 条规定的检验批检查。

一般项目

(1)涂料找平应在下一层表干前完成,并不应留有刮痕。

检验方法:观察和计时检查。

检查数量:按《建筑地面工程施工质量验收规范》GB 50209－2010 第 3.0.21 条规定的检验批检查。

(2)涂料面层应光洁,色泽应均匀、一致,不应有起泡、起皮、泛砂等现象。

检验方法:观察检查。

检查数量:按《建筑地面工程施工质量验收规范》GB 50209－2010 第 3.0.21 条规定的检验批检查。

(3)楼梯、台阶踏步的宽度、高度应符合设计要求。楼层梯段相邻踏步高度差不应大于 10mm;每踏步两端宽度差不应大于 10mm,旋转楼梯梯段的每踏步两端宽度的允许偏差不应大于 5mm。踏步面层应做防滑处理,齿角应整齐,防滑条应顺直、牢固。

检验方法:观察和用钢尺检查。

检查数量:按《建筑地面工程施工质量验收规范》GB 50209－2010 第 3.0.21 条规定的检验批检查。

(4)涂料面层的允许偏差应符合《建筑地面工程施工质量验收规范》GB 50209－2010 表 5.1.7 的规定。

检验方法:按《建筑地面工程施工质量验收规范》GB 50209－2010 表 5.1.7 中的检验方法检验。

检查数量:按《建筑地面工程施工质量验收规范》GB 50209－2010 第 3.0.21 条规定的检验批和第 3.0.22 条的规定检查。

9. 塑胶面层

塑胶面层检验批质量验收记录

03010209 <u>001</u>

单位（子单位）工程名称	××大厦	分部（子分部）工程名称	建筑装饰装修/建筑地面	分项工程名称	整体面层铺设
施工单位	××建筑有限公司	项目负责人	赵斌	检验批容量	20间
分包单位	××建筑装饰工程有限公司	分包单位项目负责人	王阳	检验批部位	二层楼面1～10/A～E轴面层
施工依据	××大厦装饰装修施工方案		验收依据	《建筑地面工程施工质量验收规范》GB50209-2010	

		验收项目	设计要求及规范规定	最小/实际抽样数量	检查记录	检查结果
主控项目	1	材料质量	第5.10.4条	1/1	质量证明文件齐全，试验合格，报告编号××××	√
	2	现浇型塑胶面层的配合比和成品试件检测	第5.10.5条	1/1	试验合格，报告编号××××	√
	3	面层与基层粘结质量	第5.10.6条	3/3	抽查3处，合格3处	√
一般项目	1	塑胶面层的各组合层厚度、坡度、表面平整度	第5.10.7条	3/3	抽查3处，合格3处	100%
	2	面层图案、色泽、拼缝、阴阳角质量	第5.10.8条	3/3	抽查3处，合格3处	100%
	3	塑胶卷材面层的焊缝	第5.10.9条	3/3	抽查3处，合格3处	100%
		焊缝凹凸	≤0.6mm	3/3	抽查3处，合格3处	100%
	4	表面允许偏差 表面平整度	2mm	3/3	抽查3处，合格3处	100%
		踢脚线上口平直	3mm	3/3	抽查3处，合格3处	100%
		缝格顺直	2mm	3/3	抽查3处，合格3处	100%

施工单位检查结果	符合要求 专业工长： 项目专业质量检查员： 2015年××月××日
监理单位验收结论	合格 专业监理工程师： 2015年××月××日

《塑胶面层检验批质量验收记录》填写说明

1. 填写依据

(1)《建筑地面工程施工质量验收规范》GB 50209-2010。

(2)《建筑工程施工质量验收统一标准》GB 50300-2013。

2. 规范摘要

以下内容摘录自《建筑地面工程施工质量验收规范》GB 50209-2010。

地面验收基本要求参见"基土检验批质量验收记录"的验收要求的相关内容。

整体面层的允许偏差和检验方法应符合表 2-7 的规定。

(1)塑胶面层应采用现浇型塑胶材料或塑胶卷材,宜在沥青混凝土或水泥类基层上铺设。

(2)基层的强度和厚度应符合设计要求,表面应平整、干燥、洁净,无油脂及其他杂质。

(3)塑胶面层铺设时的环境温度宜为 10℃～30℃。

主控项目

(1)塑胶面层采用的材料应符合设计要求和国家现行有关标准的规定。

检验方法:观察检查和检查型式检验报告、出厂检验报告、出厂合格证。

检查数量:现浇型塑胶材料按同一工程、同一配合比检查一次;塑胶卷材按同一工程、同一材料、同一生产厂家、同一型号、同一规格、同一批号检查一次。

(2)现浇型塑胶面层的配合比应符合设计要求,成品试件应检测合格。

检验方法:检查配合比试验报告、试件检测报告。

检查数量:同一工程、同一配合比检查一次。

(3)现浇型塑胶面层与基层应粘结牢固,面层厚度应一致,表面颗粒应均匀,不应有裂痕、分层、气泡、脱(秃)粒等现象;塑胶卷材面层的卷材与基层应粘结牢固,面层不应有断裂、起泡、起鼓、空鼓、脱胶、翘边、溢液等现象。

检验方法:观察和用敲击法检查。

检查数量:按《建筑地面工程施工质量验收规范》GB 50209-2010 第 3.0.21 条规定的检验批检查。

一般项目

(1)塑胶面层的各组合层厚度、坡度、表面平整度应符合设计要求。

检验方法:采用钢尺、坡度尺、2m 或 3m 水平尺检查。

检查数量:按《建筑地面工程施工质量验收规范》GB 50209-2010 第 3.0.21 条规定的检验批检查。

(2)塑胶面层应表面洁净,图案清晰,色泽一致;拼缝处的图案、花纹应吻合,无明显高低差及缝隙,无胶痕;与周边接缝应严密,阴阳角应方正、收边整齐。

检验方法:观察检查。

检查数量:按《建筑地面工程施工质量验收规范》GB 50209-2010 第 3.0.21 条规定的检验批检查。

(3)塑胶卷材面层的焊缝应平整、光洁,无焦化变色、斑点、焊瘤、起鳞等缺陷,焊缝凹凸允许偏差不应大于 0.6mm。

检验方法:观察检查。

一册在手 表格全有 贴近现场 资料无忧

检查数量:按《建筑地面工程施工质量验收规范》GB 50209－2010 第 3.0.21 条规定的检验批检查。

(4)塑胶面层的允许偏差应符合《建筑地面工程施工质量验收规范》GB 50209－2010 表 5.1.7 的规定。

检验方法:按《建筑地面工程施工质量验收规范》GB 50209－2010 表 5.1.7 中的检验方法检验。

检查数量:按《建筑地面工程施工质量验收规范》GB 50209－2010 第 3.0.21 条规定的检验批和第 3.0.22 条的规定检查。

10. 地面辐射供暖水泥混凝土面层

地面辐射供暖水泥混凝土面层检验批质量验收记录

03010210 001

单位(子单位)工程名称	××大厦		分部(子分部)工程名称	建筑装饰装修/建筑地面	分项工程名称	整体面层铺设
施工单位	××建筑有限公司		项目负责人	赵斌	检验批容量	20 间
分包单位	××建筑装饰工程有限公司		分包单位项目负责人	王阳	检验批部位	二层楼面1～10/A～E轴面层
施工依据	××大厦装饰装修施工方案			验收依据	《建筑地面工程施工质量验收规范》GB50209-2010	

		验收项目	设计要求及规范规定	最小/实际抽样数量	检查记录	检查结果
主控项目	1	地面辐射供暖的整体面层采用的材料产品	第5.11.3条	1/1	质量证明文件齐全,试验合格,报告编号××××	√
	2	分格缝及面层与柱墙间隙	第5.11.4条	3/3	抽查3处,合格3处	√
	3	骨料粒径	第5.2.3条	/	质量证明文件齐全,试验合格,报告编号××××	√
	4	外加剂的技术性能、品种和参量	第5.2.4条	/	质量证明文件齐全,试验合格,报告编号××××	√
	5	面层强度等级	设计要求 C20	/	试验合格,报告编号×××	√
	6	面层与下一层结合	第5.2.6条	3/3	抽查3处,合格3处	√
一般项目	1	表面质量	第5.2.7条	3/3	抽查3处,合格3处	100%
	2	表面坡度	第5.2.8条	3/3	抽查3处,合格3处	100%
	3	踢脚线与墙面结合	第5.2.9条	3/3	抽查3处,合格3处	100%
	4	楼梯、台阶踏步	踏步尺寸及面层质量	第5.9.9条	/	/	
			楼层梯段相邻踏步高度差	10mm	/	/	
			每踏步两端宽度差	10mm	/	/	
			旋转楼梯踏步两端宽度	5mm	/	/	
	5	面层允许偏差	表面平整度	5mm	3/3	抽查3处,合格3处	100%
			踢脚线上口平直	4mm	3/3	抽查3处,合格3处	100%
			缝格平直	3mm	3/3	抽查3处,合格3处	100%
施工单位检查结果	符合要求 专业工长: 项目专业质量检查员: 高爱云 王世洪 2015 年××月××日					
监理单位验收结论	合格 专业监理工程师: 刘东 2015 年××月××日					

《地面辐射供暖水泥混凝土面层检验批质量验收记录》填写说明

1. 填写依据

(1)《建筑地面工程施工质量验收规范》GB 50209－2010。

(2)《建筑工程施工质量验收统一标准》GB 50300－2013。

2. 规范摘要

以下内容摘录自《建筑地面工程施工质量验收规范》GB 50209－2010。

地面验收基本要求参见"基土检验批质量验收记录"的验收要求的相关内容。

整体面层的允许偏差和检验方法应符合表 2-7 的规定。

(1)地面辐射供暖的整体面层

1)地面辐射供暖的整体面层宜采用水泥混凝土、水泥砂浆等,应在填充层上铺设。

2)地面辐射供暖的整体面层铺设时不得扰动填充层,不得向填充层内楔入任何物件。面层铺设尚应符合《建筑地面工程施工质量验收规范》GB 50209－2010 第5.2 节、5.3 节的有关规定。

主控项目

1)地面辐射供暖的整体面层采用的材料或产品除应符合设计要求和《建筑地面工程施工质量验收规范》GB 50209－2010 相应面层的规定外,还应具有耐热性、热稳定性、防水、防潮、防霉变等特点。

检验方法:观察检查和检查质量合格证明文件。

检查数量:同一工程、同一材料、同一生产厂家、同一型号、同一规格、同一批号检查一次。

2)地面辐射供暖的整体面层的分格缝应符合设计要求;面层与柱、墙之间应留不小于 10mm 的空隙。

检验方法:观察和钢尺检查。

检查数量:按《建筑地面工程施工质量验收规范》GB 50209－2010 第 3.0.21 条规定的检验批检查。

3)其余主控项目及检验方法、检查数量应符合《建筑地面工程施工质量验收规范》GB 50209－2010 第5.2 节、5.3 节的有关规定。

一般项目

1)一般项目及检验方法、检查数量应符合《建筑地面工程施工质量验收规范》GB 50209－2010 第5.2 节、5.3 节的有关规定。

(2)水泥混凝土面层

参见《建筑地面工程施工质量验收规范》GB 50209－2010 第 5.2.12 条的内容。

11. 地面辐射供暖水泥砂浆面层

地面辐射供暖水泥砂浆面层检验批质量验收记录

03010211 001

单位(子单位) 工程名称		××大厦	分部(子分部) 工程名称	建筑装饰装修/ 建筑地面	分项工程名称	整体面层铺设
施工单位		××建筑有限公司	项目负责人	赵斌	检验批容量	20 间
分包单位		××建筑装饰工程 有限公司	分包单位项目 负责人	王阳	检验批部位	二层楼面1~ 10/A~E轴面层
施工依据		××大厦装饰装修施工方案		验收依据	《建筑地面工程施工质量验收规 范》GB50209-2010	

		验收项目	设计要求及规 范规定	最小/实际抽样数 量	检查记录	检查 结果
主控项目	1	地面辐射供暖的整体面层采用 的材料产品	第5.11.3条	/	质量证明文件齐全，试验合 格，报告编号××××	√
	2	分格缝及面层与柱墙间隙	第5.11.4条	3/3	抽查3处，合格3处	√
	3	水泥质量	第5.3.2条	/	质量证明文件齐全，试验合 格，报告编号××××	√
	4	外加剂的技术性能、品种和掺 量	第5.3.3条	/	质量证明文件齐全，试验合 格，报告编号××××	√
	5	体积比和强度	第5.3.4条	/	试验合格，报告编号××× ×	√
	6	有排水要求的地面	第5.3.5条	3/3	抽查3处，合格3处	√
	7	面层与下一层结合	第5.3.6条	3/3	抽查3处，合格3处	√
一般项目	1	坡度	第5.3.7条	3/3	抽查3处，合格3处	100%
	2	表面质量	第5.3.8条	3/3	抽查3处，合格3处	100%
	3	踢脚线与墙面结合	第5.3.9条	3/3	抽查3处，合格3处	100%
	4	楼梯、台阶踏步 踏步尺寸及面层质量	第5.3.10条	/	/	
		楼层梯段相邻踏步高 度差	10mm	/	/	
		每踏步两端宽度差	10mm	/	/	
		旋转楼梯踏步两端宽 度	5mm	/	/	
	5	面层允许偏差 表面平整度	4mm	3/3	抽查3处，合格3处	100%
		踢脚线上口平直	4mm	3/3	抽查3处，合格3处	100%
		缝格平直	3mm	3/3	抽查3处，合格3处	100%

施工单位检查结果	符合要求 专业工长：高爱云 项目专业质量检查员：张民强 2015 年××月××日
监理单位验收结论	合格 专业监理工程师：刘东 2015 年××月××日

《地面辐射供暖水泥砂浆面层检验批质量验收记录》填写说明

1. 填写依据

(1)《建筑地面工程施工质量验收规范》GB 50209－2010。

(2)《建筑工程施工质量验收统一标准》GB 50300－2013。

2. 规范摘要

以下内容摘录自《建筑地面工程施工质量验收规范》GB 50209－2010。

地面验收基本要求参见"基土检验批质量验收记录"的验收要求的相关内容。

整体面层的允许偏差和检验方法应符合表 2-7 的规定。

地面辐射供暖的整体面层参见"地面辐射供暖水泥混凝土面层检验批质量验收记录"验收要求的相关内容。

水泥砂浆面层参见"水泥砂浆面层检验批质量验收记录"的验收要求的相关内容。

一册在手　表格全有　贴近现场　资料无忧

2.3 板块面层铺设

2.3.1 板块面层铺设资料列表

1. 砖面层

(1)施工技术资料

1)工程技术文件报审表

2)建筑地面工程施工方案

3)技术交底记录

①建筑地面工程施工方案技术交底记录

②砖面层工程技术交底记录

4)图纸会审记录、设计变更通知单、工程洽商记录

(2)施工物资资料

1)陶瓷锦砖、缸砖、陶瓷地砖、水泥花砖型式检验报告、出厂检验报告、出厂合格证

2)陶瓷锦砖、缸砖、陶瓷地砖、水泥花砖放射性限量检测报告

3)水泥产品合格证、出厂检验报告、水泥试验报告

4)砂试验报告

5)辅助材料(界面剂、胶结料等)出厂合格证、检测报告,胶粘剂试验报告

6)材料进场检验记录

7)工程物资进场报验表

(3)施工记录

1)防水、预留预埋等隐蔽工程验收记录

2)施工检查记录

3)砖面层防水工程试水检查记录

(4)施工质量验收记录

1)砖面层检验批质量验收记录

2)板块面层铺设分项工程质量验收记录

3)分项/分部工程施工报验表

(5)分户验收记录

地面砖面层质量分户验收记录表

2. 大理石面层和花岗石面层

(1)施工技术资料

1)工程技术文件报审表

2)建筑地面工程施工方案

3)技术交底记录

①建筑地面工程施工方案技术交底记录

②大理石面层和花岗石面层工程技术交底记录

4)图纸会审记录、设计变更通知单、工程洽商记录

(2)施工物资资料

1)天然大理石、花岗石(或碎拼大理石、碎拼花岗石)板材出厂合格证、性能检测报告

2)天然大理石、花岗石(或碎拼大理石、碎拼花岗石)板材放射性限量检测报告

3)装饰装修用花岗石复试报告

4)水泥产品合格证、出厂检验报告、水泥试验报告

5)砂试验报告

6)辅助材料(胶粘剂、矿物颜料等)出厂合格证、检测报告,胶粘剂试验报告

7)材料进场检验记录

8)工程物资进场报验表

(3)施工记录

1)施工检查记录

2)大理石和花岗石面层防水工程试水检查记录

(4)施工质量验收记录

1)大理石和花岗石面层检验批质量验收记录

2)板块面层铺设分项工程质量验收记录

3)分项/分部工程施工报验表

(5)分户验收记录

地面大理石和花岗石面层质量分户验收记录表

3. 预制板块面层

(1)施工技术资料

1)工程技术文件报审表

2)建筑地面工程施工方案

3)技术交底记录

①建筑地面工程施工方案技术交底记录

②预制板块面层工程技术交底记录

4)图纸会审记录、设计变更通知单、工程洽商记录

(2)施工物资资料

1)水泥混凝土板块、水磨石板块、人造石板块型式检验报告、出厂检验报告、出厂合格证

2)水泥混凝土板块、水磨石板块、人造石板块放射性限量检测报告

3)水泥产品合格证、出厂检验报告、水泥试验报告

4)砂试验报告

5)踢脚板出厂合格证,颜料产品合格证

6)材料进场检验记录

7)工程物资进场报验表

(3)施工记录

施工检查记录

(4)施工质量验收记录

1)预制板块面层检验批质量验收记录

2)板块面层铺设分项工程质量验收记录

3)分项/分部工程施工报验表

4. 料石面层

(1)施工技术资料

一册在手　表格全有　贴近现场　资料无忧

1)工程技术文件报审表

2)建筑地面工程施工方案

3)技术交底记录

①建筑地面工程施工方案技术交底记录

②料石面层工程技术交底记录

4)图纸会审记录、设计变更通知单、工程洽商记录

(2)施工物资资料

1)天然条石、块石质量合格证明文件

2)天然条石、块石放射性限量检测报告

3)水泥产品合格证、出厂检验报告、水泥试验报告

4)砂试验报告

5)材料进场检验记录

6)工程物资进场报验表

(3)施工记录

施工检查记录

(4)施工质量验收记录

1)料石面层检验批质量验收记录

2)板块面层铺设分项工程质量验收记录

3)分项/分部工程施工报验表

5.塑料板面层

(1)施工技术资料

1)工程技术文件报审表

2)建筑地面工程施工方案

3)技术交底记录

①建筑地面工程施工方案技术交底记录

②塑料板面层工程技术交底记录

4)图纸会审记录、设计变更通知单、工程洽商记录

(2)施工物资资料

1)塑料板块、塑料卷材型式检验报告、出厂检验报告、出厂合格证

2)胶粘剂出厂合格证、性能检测报告、胶粘剂有害物质限量检测报告

3)胶粘剂试验报告

4)焊条出厂合格证

5)材料进场检验记录

6)工程物资进场报验表

(3)施工记录

1)基层处理隐蔽工程验收记录

2)施工检查记录

(4)施工试验记录及检测报告

焊缝抗拉强度检测报告

(5)施工质量验收记录

1)塑料板面层检验批质量验收记录

一册在手 表格全有 贴近现场 资料无忧

2)板块面层铺设分项工程质量验收记录

3)分项/分部工程施工报验表

6. 活动地板面层

(1)施工技术资料

1)工程技术文件报审表

2)建筑地面工程施工方案

3)技术交底记录

①建筑地面工程施工方案技术交底记录

②活动地板面层工程技术交底记录

4)图纸会审记录、设计变更通知单、工程洽商记录

(2)施工物资资料

1)活动地板型式检验报告、出厂检验报告、出厂合格证

2)活动地板附件(金属支架和横梁组件)质量合格证明文件

3)材料、构配件进场检验记录

4)工程物资进场报验表

(3)施工记录

1)活动地板面层下铺设的设备电气管线隐蔽工程验收记录

2)施工检查记录

(4)施工质量验收记录

1)活动地板面层检验批质量验收记录

2)板块面层铺设分项工程质量验收记录

3)分项/分部工程施工报验表

7. 金属板面层

(1)施工技术资料

1)工程技术文件报审表

2)建筑地面工程施工方案

3)技术交底记录

①建筑地面工程施工方案技术交底记录

②金属板面层工程技术交底记录

4)图纸会审记录、设计变更通知单、工程洽商记录

(2)施工物资资料

1)金属板(镀锌板、复合钢板、不锈钢板等)型式检验报告、出厂检验报告、出厂合格证

2)金属板配件质量合格证明文件

3)焊条、焊丝、焊剂等焊接材料的质量合格证明文件、中文标志及检验报告等

4)材料进场检验记录

5)工程物资进场报验表

(3)施工记录

1)隐蔽工程验收记录

2)施工检查记录

3)焊接材料烘焙记录

4)面层及其附件焊接焊缝外观检查记录,焊缝尺寸检查记录

（4）施工试验记录及检测报告

超声波探伤报告，超声波探伤记录等

（5）施工质量验收记录

1）金属板面层检验批质量验收记录

2）板块面层铺设分项工程质量验收记录

3）分项/分部工程施工报验表

8．地毯面层

（1）施工技术资料

1）工程技术文件报审表

2）建筑地面工程施工方案

3）技术交底记录

①建筑地面工程施工方案技术交底记录

②地毯面层工程技术交底记录

4）图纸会审记录、设计变更通知单、工程洽商记录

（2）施工物资资料

1）块材或卷材地毯、地毯衬垫的型式检验报告、出厂检验报告、出厂合格证

2）地毯、地毯衬垫有害物质限量检测报告

3）地毯胶粘剂出厂合格证、性能检测报告、胶粘剂有害物质限量检测报告、胶粘剂试验报告

4）材料进场检验记录

5）工程物资进场报验表

（3）施工记录

施工检查记录

（4）施工质量验收记录

1）地毯面层检验批质量验收记录

2）板块面层铺设分项工程质量验收记录

3）分项/分部工程施工报验表

（5）分户验收记录

地毯面层质量分户验收记录表

9．地面辐射供暖砖面层

（1）施工技术资料

1）工程技术文件报审表

2）建筑地面工程施工方案

3）技术交底记录

①建筑地面工程施工方案技术交底记录

②砖面层工程技术交底记录

4）图纸会审记录、设计变更通知单、工程洽商记录

（2）施工物资资料

1）陶瓷锦砖、缸砖、陶瓷地砖、水泥花砖型式检验报告、出厂检验报告、出厂合格证

2）陶瓷锦砖、缸砖、陶瓷地砖、水泥花砖放射性限量检测报告

3）水泥产品合格证、出厂检验报告、水泥试验报告

4）砂试验报告

一册在手 表格全有 贴近现场 资料无忧

5)辅助材料(界面剂、胶结料等)出厂合格证、检测报告,胶粘剂试验报告

6)材料进场检验记录

7)工程物资进场报验表

(3)施工记录

1)防水、预留预埋等隐蔽工程验收记录

2)施工检查记录

3)砖面层防水工程试水检查记录

(4)施工质量验收记录

1)地面辐射供暖砖面层检验批质量验收记录

2)板块面层铺设分项工程质量验收记录

3)分项/分部工程施工报验表

10. 地面辐射供暖大理石面层和花岗石面层

(1)施工技术资料

1)工程技术文件报审表

2)建筑地面工程施工方案

3)技术交底记录

①建筑地面工程施工方案技术交底记录

②大理石面层和花岗石面层工程技术交底记录

4)图纸会审记录、设计变更通知单、工程洽商记录

(2)施工物资资料

1)天然大理石、花岗石(或碎拼大理石、碎拼花岗石)板材出厂合格证、性能检测报告

2)天然大理石、花岗石(或碎拼大理石、碎拼花岗石)板材放射性限量检测报告

3)装饰装修用花岗石复试报告

4)水泥产品合格证、出厂检验报告、水泥试验报告

5)砂试验报告

6)辅助材料(胶粘剂、矿物颜料等)出厂合格证、检测报告,胶粘剂试验报告

7)材料进场检验记录

8)工程物资进场报验表

(3)施工记录

1)施工检查记录

2)大理石和花岗石面层防水工程试水检查记录

(4)施工质量验收记录

1)地面辐射供暖大理石和花岗石面层检验批质量验收记录

2)板块面层铺设分项工程质量验收记录

3)分项/分部工程施工报验表

11. 地面辐射供暖预制板块面层

(1)施工技术资料

1)工程技术文件报审表

2)建筑地面工程施工方案

3)技术交底记录

①建筑地面工程施工方案技术交底记录

②预制板块面层工程技术交底记录

4)图纸会审记录、设计变更通知单、工程洽商记录

(2)施工物资资料

1)水泥混凝土板块、水磨石板块、人造石板块型式检验报告、出厂检验报告、出厂合格证

2)水泥混凝土板块、水磨石板块、人造石板块放射性限量检测报告

3)水泥产品合格证、出厂检验报告、水泥试验报告

4)砂试验报告

5)踢脚板出厂合格证,颜料产品合格证

6)材料进场检验记录

7)工程物资进场报验表

(3)施工记录

施工检查记录

(4)施工质量验收记录

1)地面辐射供暖预制板块面层检验批质量验收记录

2)板块面层铺设分项工程质量验收记录

3)分项/分部工程施工报验表

12.地面辐射供暖塑料板面层

(1)施工技术资料

1)工程技术文件报审表

2)建筑地面工程施工方案

3)技术交底记录

①建筑地面工程施工方案技术交底记录

②塑料板面层工程技术交底记录

4)图纸会审记录、设计变更通知单、工程洽商记录

(2)施工物资资料

1)塑料板块、塑料卷材型式检验报告、出厂检验报告、出厂合格证

2)胶粘剂出厂合格证、性能检测报告、胶粘剂有害物质限量检测报告

3)胶粘剂试验报告

4)焊条出厂合格证

5)材料进场检验记录

6)工程物资进场报验表

(3)施工记录

1)基层处理隐蔽工程验收记录

2)施工检查记录

(4)施工试验记录及检测报告

焊缝抗拉强度检测报告

(5)施工质量验收记录

1)地面辐射供暖塑料板面层检验批质量验收记录

2)板块面层铺设分项工程质量验收记录

3)分项/分部工程施工报验表

2.3.2 板块面层铺设资料填写范例及说明

1. 砖面层

材料、构配件进场检验记录				编　号		×××	
工程名称		××商住楼工程		检验日期		2015 年×月×日	
序号	名　称	规格型号 (mm)	进场 数量	生产厂家	检验项目	检验结果	备　注
				合格证号			
1	地砖	800×800 ×10	××m²	北方建材 ×××	尺量规格尺寸； 观察色差	合格	
2	水泥	P·O 42.5	××吨	琉璃河水泥厂 ×××	观察品种 抽样复试	合格	
3	砂子	中砂	××吨	昌平 ×××	抽样复试	合格	
检验结论： 　　经尺量检查地砖规格尺寸符合设计要求，误差符合规范规定，水泥砂子品种符合设计要求，经抽样复试结果合格。							
签 字 栏	建设(监理)单位		施工单位		××建筑装饰装修工程有限公司		
			专业质检员		专业工长		检验员
	×××		×××		×××		×××

本表由施工单位填写并保存。

工程物资进场报验表

		编　号	×××
工程名称	××商住楼工程	日　期	2015年×月×日

现报上关于　　　　　　砖面层　　　　　　工程的物资进场检验记录,该批物资经我方检验符合设计、规范及合约要求,请予以批准使用。

物资名称	主要规格	单　位	数　量	选样报审表编号	使用部位
地砖	800×800×10	m²	×	××	地上首层到十层楼地面
水泥	P·O 42.5	t	××	×××	地上首层到十层楼地面
砂子	中砂	t	××	×××	地上首层到十层楼地面

附件：　　名　称　　　　　　　页　数　　　　　　　编　号

1.☑ 出厂合格证　　　　　×_页　　　　　　×××
2.☑ 厂家质量检验报告　　×_页　　　　　　×××
3.□ 厂家质量保证书　　　__页　　　　　　____
4.□ 商检证　　　　　　　__页　　　　　　____
5.□ 进场检验记录　　　　__页　　　　　　____
6.☑ 进场复试报告　　　　×_页　　　　　　×××
7.□ 备案情况　　　　　　__页　　　　　　____
8.□ 　　　　　　　　　　__页

申报单位名称:××建筑装饰装修工程有限公司　　　　申报人(签字):×××

施工单位检验意见：

　　报验的工程材料的质量证明文件齐全,进场复试合格,同意报项目监理部审批。

☑有 /□无 附页

施工单位名称:××建筑装饰装修工程有限公司　技术负责人(签字):×××　审核日期:2015年×月×日

验收意见：

　　1. 物资质量控制资料齐全、有效。

　　2. 材料试验合格。

　　同意承包单位检验意见,该批物资可以进场使用于本工程指定部位。

审定结论：　　☑同意　　□补报资料　　□重新检验　　□退场

监理单位名称:××建设监理公司　监理工程师(签字):×××　验收日期:2015年×月×日

本表由施工单位填报,建设单位、监理单位、施工单位各存一份。

砖面层检验批质量验收记录

03010301 001

单位（子单位）工程名称	××大厦	分部（子分部）工程名称	建筑装饰装修/建筑地面	分项工程名称	板块面层铺设
施工单位	××建筑有限公司	项目负责人	赵斌	检验批容量	20 间
分包单位	××建筑装饰工程有限公司	分包单位项目负责人	王阳	检验批部位	二层楼面1～10/A～E轴面层
施工依据	××大厦装饰装修施工方案		验收依据	《建筑地面工程施工质量验收规范》GB50209-2010	

		验收项目		设计要求及规范规定	最小/实际抽样数量	检查记录	检查结果
主控项目	1	材料质量		第6.2.5条	1/1	质量证明文件齐全，试验合格，报告编号××××	√
	2	板块产品应有放射性限量合格的检测报告		第6.2.6条	/	检验合格，资料齐全	√
	3	面层与下一次层结合		第6.2.7条	3/3	抽查3处，合格3处	√
一般项目	1	面层表面质量		第6.2.8条	3/3	抽查3处，合格3处	100%
	2	邻接处镶边用料		第6.2.9条	3/3	抽查3处，合格3处	100%
	3	踢脚线质量		第6.2.10条	3/3	抽查3处，合格3处	100%
	4	楼梯、台阶踏步	踏步尺寸及面层	第6.2.11条	3/3	抽查3处，合格3处	100%
			楼层梯段相邻踏步高度差	10mm	3/3	抽查3处，合格3处	100%
			每踏步两端宽度差	10mm	3/3	抽查3处，合格3处	100%
			旋转楼梯踏步两端宽度	5mm	/	/	
	5	面层表面坡度		第6.2.12条	3/3	抽查3处，合格3处	100%
	6	表面允许偏差	缸砖	4.0mm	/	/	
			水泥花砖	3.0mm	/	/	
			陶瓷锦砖、陶瓷地砖	2.0mm	3/3	抽查3处，合格3处	100%
			缝格平直	3.0mm	3/3	抽查3处，合格3处	100%
		接缝高低差	陶瓷锦砖、陶瓷地砖、水泥花砖	0.5mm	3/3	抽查3处，合格3处	100%
			缸砖	1.5mm	/	/	
		踢脚线上口平直	陶瓷锦砖、陶瓷地砖	3.0mm	3/3	抽查3处，合格3处	100%
			缸砖	4.0mm	/	/	
		板块间隙宽度		2.0mm	3/3	抽查3处，合格3处	100%

施工单位检查结果	符合要求 专业工长：高凌云 项目专业质量检查员：张长港 2015 年××月××日
监理单位验收结论	合格 专业监理工程师：刘东 2015 年××月××日

一册在手　表格全有　贴近现场　资料无忧

《砖面层检验批质量验收记录》填写说明

1. 填写依据

(1)《建筑地面工程施工质量验收规范》GB 50209－2010。

(2)《建筑工程施工质量验收统一标准》GB 50300－2013。

2. 规范摘要

以下内容摘录自《建筑地面工程施工质量验收规范》GB 50209－2010。

地面验收基本要求参见"基土检验批质量验收记录"的验收要求的相关内容。

板块面层的允许偏差和检验方法应符合表 2-8 的规定。

表 2-8　　　　　　　　板、块面层的允许偏差和检验方法

项次	项目	允许偏差											检验方法
		陶瓷锦砖面层、高级水磨石板、陶瓷地砖面层	缸砖面层	水泥花砖面层	水磨石板块面层	大理石面层、花岗石面层、人造石面层、金属板面层	塑料板面层	水泥混凝土板块面层	碎拼大理石碎拼花岗石面层	活动地板面层	条石面层	块石面层	
1	表面平整度	2.0	4.0	3.0	3.0	1.0	2.0	4.0	3.0	2.0	10	10	用2m靠尺和楔形塞尺检查
2	缝格平直	3.0	3.0	3.0	3.0	2.0	3.0	3.0	—	2.5	8.0	8.0	拉5m线和用钢尺检查
3	接缝高低差	0.5	1.5	0.5	1.0	0.5	0.5	1.5	—	0.4	2.0	—	用钢尺和楔形塞尺检查
4	踢脚线上口平直	3.0	4.0	—	4.0	1.0	2.0	4.0	1.0	—	—	—	拉5m线和用钢尺检查
5	板块间隙宽度	2.0	2.0	2.0	2.0	1.0	—	6.0	—	0.3	5.0	—	用钢尺检查

(1)砖面层可采用陶瓷锦砖、缸砖、陶瓷地砖和水泥花砖,应在结合层上铺设。

(2)在水泥砂浆结合层上铺贴缸砖、陶瓷地砖和水泥花砖面层时,应符合下列规定:

1)在铺贴前,应对砖的规格尺寸、外观质量、色泽等进行预选;需要时,浸水湿润晾干待用;

2)勾缝和压缝应采用同品种、同强度等级、同颜色的水泥,并做养护和保护。

(3)在水泥砂浆结合层上铺贴陶瓷锦砖面层时,砖底面应洁净,每联陶瓷锦砖之间、与结合层之间以及在墙角、镶边和靠柱、墙处应紧密贴合。在靠柱、墙处不得采用砂浆填补。

(4)在胶结料结合层上铺贴缸砖面层时,缸砖应干净,铺贴应在胶结料凝结前完成。

主控项目

(1)砖面层所用板块产品应符合设计要求和国家现行有关标准的规定。

检验方法:观察检查和检查型式检验报告、出厂检验报告、出厂合格证。

检查数量:同一工程、同一材料、同一生产厂家、同一型号、同一规格、同一批号检查一次。

(2)砖面层所用板块产品进入施工现场时,应有放射性限量合格的检测报告。

检验方法:检查检测报告。

检查数量:同一工程、同一材料、同一生产厂家、同一型号、同一规格、同一批号检查一次。

(3)面层与下一层的结合(粘结)应牢固,无空鼓(单块砖边角允许有局部空鼓,但每自然间或标准间的空鼓砖不应超过总数的 5%)。

检验方法:用小锤轻击检查。

检查数量:按《建筑地面工程施工质量验收规范》GB 50209－2010 第 3.0.21 条规定的检验批检查。

一般项目

(1)砖面层的表面应洁净、图案清晰,色泽应一致,接缝应平整,深浅应一致,周边应顺直。板块应无裂纹、掉角和缺楞等缺陷。

检验方法:观察检查。

检查数量:按《建筑地面工程施工质量验收规范》GB 50209－2010 第 3.0.21 条规定的检验批检查。

(2)面层邻接处的镶边用料及尺寸应符合设计要求,边角应整齐、光滑。

检验方法:观察和用钢尺检查。

检查数量:按《建筑地面工程施工质量验收规范》GB 50209－2010 第 3.0.21 条规定的检验批检查。

(3)踢脚线表面应洁净,与柱、墙面的结合应牢固。踢脚线高度及出柱、墙厚度应符合设计要求,且均匀一致。

检验方法:观察和用小锤轻击及钢尺检查。

检查数量:按《建筑地面工程施工质量验收规范》GB 50209－2010 第 3.0.21 条规定的检验批检查。

(4)楼梯、台阶踏步的宽度、高度应符合设计要求。踏步板块的缝隙宽度应一致;楼层梯段相邻踏步高度差不应大于 10mm;每踏步两端宽度差不应大于 10mm,旋转楼梯梯段的每踏步两端宽度的允许偏差不应大于 5mm。踏步面层应做防滑处理,齿角应整齐,防滑条应顺直、牢固。

检验方法:观察和用钢尺检查。

检查数量:按《建筑地面工程施工质量验收规范》GB 50209－2010 第 3.0.21 条规定的检验批检查。

(5)面层表面的坡度应符合设计要求,不倒泛水、无积水;与地漏、管道结合处应严密牢固,无渗漏。

检验方法:观察、泼水或坡度尺及蓄水检查。

检查数量:按《建筑地面工程施工质量验收规范》GB 50209－2010 第 3.0.21 条规定的检验批检查。

(6)砖面层的允许偏差应符合《建筑地面工程施工质量验收规范》GB 50209－2010 表 6.1.8 的规定。

检验方法:按《建筑地面工程施工质量验收规范》GB 50209－2010 表 6.1.8 中的检验方法检验。

检查数量:按《建筑地面工程施工质量验收规范》GB 50209－2010 第 3.0.21 条规定的检验批和第 3.0.22 条的规定检查。

<u>砖面层</u> 分项工程质量验收记录

单位(子单位)工程名称	××工程	结构类型	框架剪力墙
分部(子分部)工程名称	建筑地面	检验批数	10
施工单位	××建设工程有限公司	项目经理	×××
分包单位	××建筑装饰装修工程有限公司	分包项目经理	×××

序号	检验批名称及部位、区段	施工单位检查评定结果	监理(建设)单位验收结论
1	首层卫生间、厨房	√	
2	二层卫生间、厨房	√	
3	三层卫生间、厨房	√	
4	四层卫生间、厨房	√	
5	五层卫生间、厨房	√	
6	六层卫生间、厨房	√	验收合格
7	七层卫生间、厨房	√	
8	八层卫生间、厨房	√	
9	九层卫生间、厨房	√	
10	十层卫生间、厨房	√	

| 检查结论 | 首层至十层卫生间、厨房砖面层分项工程施工质量符合《建筑地面工程施工质量验收规范》(GB 50209－2010)的要求,该分项工程质量合格。

项目专业技术负责人:×××
　　　　　　　　2015 年×月×日 | 验收结论 | 同意施工单位检查结论,验收合格。

监理工程师:×××
(建设单位项目专业技术负责人)
　　　　　　　　2015 年×月×日 |

分项/分部工程施工报验表		编 号	×××
工 程 名 称　　××住宅楼工程		日 期	2015 年×月×日

现我方已完成＿＿＿＿／＿＿＿＿(层)＿＿／＿＿轴(轴线或房间)＿＿＿＿／＿＿＿＿(高程)＿＿＿＿＿＿／＿＿＿＿＿＿(部位)的＿＿＿砖面层＿＿＿工程,经我方检验符合设计、规范要求,请予以验收。

附件:　　名　称　　　　　　　　页　数　　　　　　　　编　号

1.□质量控制资料汇总表　　　　＿＿＿页　　　＿＿＿＿＿＿＿

2.□隐蔽工程验收记录　　　　　＿＿＿页　　　＿＿＿＿＿＿＿

3.□预检记录　　　　　　　　　＿＿＿页　　　＿＿＿＿＿＿＿

4.□施工记录　　　　　　　　　＿＿＿页　　　＿＿＿＿＿＿＿

5.□施工试验记录　　　　　　　＿＿＿页　　　＿＿＿＿＿＿＿

6.□分部(子分部)工程质量验收记录　＿＿页　　　＿＿＿＿＿＿＿

7.☑分项工程质量验收记录　　　＿1＿页　　　＿＿×××＿＿

8.□＿＿＿＿＿＿＿＿＿＿＿＿＿＿＿页　　　＿＿＿＿＿＿＿

9.□＿＿＿＿＿＿＿＿＿＿＿＿＿＿＿页　　　＿＿＿＿＿＿＿

10.□＿＿＿＿＿＿＿＿＿＿＿＿＿＿＿页　　　＿＿＿＿＿＿＿

质量检查员(签字):×××

施工单位名称:××建筑装饰装修工程有限公司　　　技术负责人(签字):×××

审查意见:

　1. 所报附件材料真实、齐全、有效。

　2. 所报分项工程实体工程质量符合规范和设计要求。

审查结论:　　　　　☑合格　　　　　□不合格

监理单位名称:××建设监理有限公司　(总)监理工程师(签字):×××　审查日期:2015 年×月×日

　　本表由施工单位填报,监理单位、施工单位各存一份。分项、分部工程不合格,应填写《不合格项处置记录》,分部工程应由总监理工程师签字。

一册在手　表格全有　贴近现场　资料无忧

2. 大理石面层和花岗石面层

大理石面层和花岗石面层检验批质量验收记录

03010302 001

单位（子单位）工程名称	××大厦	分部（子分部）工程名称	建筑装饰装修/建筑地面	分项工程名称	板块面层铺设
施工单位	××建筑有限公司	项目负责人	赵斌	检验批容量	20 间
分包单位	××建筑装饰工程有限公司	分包单位项目负责人	王阳	检验批部位	二层楼面 1～10/A～E 轴面层
施工依据	××大厦装饰装修施工方案		验收依据	《建筑地面工程施工质量验收规范》GB50209-2010	

		验收项目	设计要求及规范规定	最小/实际抽样数量	检查记录	检查结果
主控项目	1	材料质量	第 6.3.4 条	/	质量证明文件齐全，试验合格，报告编号××××	√
	2	板块产品应有放射性限量合格的检测报告	第 6.3.5 条	/	检验合格，资料齐全	√
	3	面层与下一次层结合	第 6.3.6 条	3/3	抽查 3 处，合格 3 处	√
一般项目	1	板块背面侧面防碱处理	第 6.3.7 条	3/3	抽查 3 处，合格 3 处	100%
	2	面层质量	第 6.3.8 条	3/3	抽查 3 处，合格 3 处	100%
	3	踢脚线质量	第 6.3.9 条	3/3	抽查 3 处，合格 3 处	100%
	4	楼梯、台阶踏步 踏步尺寸及面层质量	第 6.3.10 条	3/3	抽查 3 处，合格 3 处	100%
		楼层梯段相邻踏步高度差	10mm	3/3	抽查 3 处，合格 3 处	100%
		每踏步两端宽度差	10mm	3/3	抽查 3 处，合格 3 处	100%
		旋转楼梯踏步两端宽度	5mm	3/3	抽查 3 处，合格 3 处	100%
	5	面层表面坡度	第 6.3.11 条	3/3	抽查 3 处，合格 3 处	100%
	6	表面允许偏差 大理石面层和花岗石面层	1mm	3/3	抽查 3 处，合格 3 处	100%
		碎拼大理石和碎拼花岗石面层	3mm	3/3	抽查 3 处，合格 3 处	100%
		缝格平直	2mm	3/3	抽查 3 处，合格 3 处	100%
		接缝高低差	0.5mm	3/3	抽查 3 处，合格 3 处	100%
		踢脚线上口平直	1mm	3/3	抽查 3 处，合格 3 处	100%
		板块间隙宽度	1mm	3/3	抽查 3 处，合格 3 处	100%

施工单位检查结果	符合要求 专业工长： 项目专业质量检查员：高爱云 王世涛 2015 年××月××日
监理单位验收结论	合格 专业监理工程师：刘东 2015 年××月××日

《大理石面层和花岗石面层检验批质量验收记录》填写说明

1. 填写依据

(1)《建筑地面工程施工质量验收规范》GB 50209－2010。

(2)《建筑工程施工质量验收统一标准》GB 50300－2013。

2. 规范摘要

以下内容摘录自《建筑地面工程施工质量验收规范》GB 50209－2010。

地面验收基本要求参见"基土检验批质量验收记录"的验收要求的相关内容。

板块面层的允许偏差和检验方法应符合表 2-8 的规定。

(1)大理石、花岗石面层采用天然大理石、花岗石(或碎拼大理石、碎拼花岗石)板材,应在结合层上铺设。

(2)板材有裂缝、掉角、翘曲和表面有缺陷时应予剔除,品种不同的板材不得混杂使用;在铺设前,应根据石材的颜色、花纹、图案、纹理等按设计要求,试拼编号。

(3)铺设大理石、花岗石面层前,板材应浸湿、晾干;结合层与板材应分段同时铺设。

主控项目

(1)大理石、花岗石面层所用板块产品应符合设计要求和国家现行有关标准的规定。

检验方法:观察检查和检查质量合格证明文件。

检查数量:同一工程、同一材料、同一生产厂家、同一型号、同一规格、同一批号检查一次。

(2)大理石、花岗石面层所用板块产品进入施工现场时,应有放射性限量合格的检测报告。

检验方法:检查检测报告。

检查数量:同一工程、同一材料、同一生产厂家、同一型号、同一规格、同一批号检查一次。

(3)面层与下一层应结合牢固,无空鼓(单块板块边角允许有局部空鼓,但每自然间或标准间的空鼓板块不应超过总数的 5%)。

检验方法:用小锤轻击检查。

检查数量:按《建筑地面工程施工质量验收规范》GB 50209－2010 第 3.0.21 条规定的检验批检查。

一般项目

(1)大理石、花岗石面层铺设前,板块的背面和侧面应进行防碱处理。

检验方法:观察检查和检查施工记录。

检查数量:按《建筑地面工程施工质量验收规范》GB 50209－2010 第 3.0.21 条规定的检验批检查。

(2)大理石、花岗石面层的表面应洁净、平整、无磨痕,且应图案清晰、色泽一致、接缝均匀、周边顺直、镶嵌正确,板块应无裂纹、掉角、缺棱等缺陷。

检验方法:观察检查。

检查数量:按《建筑地面工程施工质量验收规范》GB 50209－2010 第 3.0.21 条规定的检验批检查。

(3)踢脚线表面应洁净,与柱、墙面的结合应牢固。踢脚线高度及出柱、墙厚度应符合设计要求,且均匀一致。

检验方法:观察和用小锤轻击及钢尺检查。

一册在手 表格全有 贴近现场 资料无忧

检查数量:按《建筑地面工程施工质量验收规范》GB 50209—2010 第 3.0.21 条规定的检验批检查。

(4)楼梯、台阶踏步的宽度、高度应符合设计要求。踏步板块的缝隙宽度应一致;楼层梯段相邻踏步高度差不应大于 10mm;每踏步两端宽度差不应大于 10mm,旋转楼梯梯段的每踏步两端宽度的允许偏差不应大于 5mm。踏步面层应做防滑处理,齿角应整齐,防滑条应顺直、牢固。

检验方法:观察和用钢尺检查。

检查数量:按《建筑地面工程施工质量验收规范》GB 50209—2010 第 3.0.21 条规定的检验批检查。

(5)面层表面的坡度应符合设计要求,不倒泛水、无积水;与地漏、管道结合处应严密牢固,无渗漏。

检验方法:观察、泼水或坡度尺及蓄水检查。

检查数量:按《建筑地面工程施工质量验收规范》GB 50209—2010 第 3.0.21 条规定的检验批检查。

(6)大理石面层和花岗石面层(或碎拼大理石面层、碎拼花岗石面层)的允许偏差应符合《建筑地面工程施工质量验收规范》GB 50209—2010 表 6.1.8 的规定。

检验方法:按《建筑地面工程施工质量验收规范》GB 50209—2010 表 6.1.8 中的检验方法检验。

检查数量:按《建筑地面工程施工质量验收规范》GB 50209—2010 第 3.0.21 条规定的检验批和第 3.0.22 条的规定检查。

一册在手　表格全有　贴近现场　资料无忧

3. 预制板块面层

预制板块面层检验批质量验收记录

03010303 **001**

单位(子单位)工程名称	××大厦	分部(子分部)工程名称	建筑装饰装修/建筑地面	分项工程名称	板块面层铺设
施工单位	××建筑有限公司	项目负责人	赵斌	检验批容量	20 间
分包单位	××建筑装饰工程有限公司	分包单位项目负责人	王阳	检验批部位	二层楼面 1~10/A~E 轴面层
施工依据	××大厦装饰装修施工方案		验收依据	《建筑地面工程施工质量验收规范》GB50209-2010	

		验收项目	设计要求及规范规定	最小/实际抽样数量	检查记录	检查结果
主控项目	1	板块质量	第6.4.6条	1/	质量证明文件齐全,通过进场验收	√
	2	板块产品应有放射性限量合格的检测报告	第6.4.7条	/	试验合格,报告编号××××	√
	3	面层与下一次层结合	第6.4.8条	3/3	抽查3处,合格3处	√
一般项目	1	预制板块表面无明显缺陷	第6.4.9条	3/3	抽查3处,合格3处	100%
	2	预制板块面层质量	第6.4.10条	3/3	抽查3处,合格3处	100%
	3	邻接处的镶边用料尺寸	第6.4.11条	3/3	抽查3处,合格3处	100%
	4	踢脚线质量	第6.4.12条	3/3	抽查3处,合格3处	100%
	5	楼梯、台阶踏步	踏步尺寸及面层质量	第6.4.13条	3/3	抽查3处,合格3处	100%
			楼层梯段相邻踏步高度差	10mm	3/3	抽查3处,合格3处	100%
			每踏步两端宽度差	10mm	3/3	抽查3处,合格3处	100%
			旋转楼梯踏步两端宽度	5mm	/	/
	6	表面平整度	高级水磨石	2mm	/	/
			普通水磨石	3mm	/	/
			人造石面层	1mm	3/3	抽查3处,合格3处	100%
			水泥混凝土板块	4mm	/	/
		缝格平直	高级水磨石、普通水磨石、水泥混凝土板块	3mm	/	/
			人造石面层	2mm	3/3	抽查3处,合格3处	100%
		接缝高低差	高级水磨石、人造石面层	0.5mm	3/3	抽查3处,合格3处	100%
			普通水磨石	1mm	/	/
			水泥混凝土板块	1.5mm	/	/
		踢脚线上口平直	高级水磨石	3mm	/	/
			人造石面层	1mm	3/3	抽查3处,合格3处	100%
			普通水磨石及水泥混凝土板块	4mm	/	/
		板块间隙宽度	高级水磨石、普通水磨石	2mm	/	/
			人造石面层	1mm	3/3	抽查3处,合格3处	100%
			水泥混凝土板块	6mm	/	/

施工单位检查结果	符合要求 专业工长: 项目专业质量检查员: 高爱云 张怪 2015 年××月××日
监理单位验收结论	合格 专业监理工程师: 刘东 2015 年××月××日

一册在手 表格全有 贴近现场 资料无忧

《预制板块面层检验批质量验收记录》填写说明

1. 填写依据

(1)《建筑地面工程施工质量验收规范》GB 50209—2010。

(2)《建筑工程施工质量验收统一标准》GB 50300—2013。

2. 规范摘要

以下内容摘录自《建筑地面工程施工质量验收规范》GB 50209—2010。

地面验收基本要求参见"基土检验批质量验收记录"的验收要求的相关内容。

板块面层的允许偏差和检验方法应符合表 2-8 的规定。

(1)预制板块面层采用水泥混凝土板块、水磨石板块、人造石板块,应在结合层上铺设。

(2)在现场加工的预制板块应按《建筑地面工程施工质量验收规范》GB 50209—2010 第 5 章的有关规定执行。

(3)水泥混凝土板块面层的缝隙中,应采用水泥浆(或砂浆)填缝;彩色混凝土板块、水磨石板块、人造石板块应用同色水泥浆(或砂浆)擦缝。

(4)强度和品种不同的预制板块不宜混杂使用。

(5)板块间的缝隙宽度应符合设计要求。当设计无要求时,混凝土板块面层缝宽不宜大于6mm,水磨石板块、人造石板块间的缝宽不应大于 2mm。预制板块面层铺完 24h 后,应用水泥砂浆灌缝至 2/3 高度,再用同色水泥浆擦(勾)缝。

主控项目

(1)预制板块面层所用板块产品应符合设计要求和国家现行有关标准的规定。

检验方法:观察检查和检查型式检验报告、出厂检验报告、出厂合格证。

检查数量:同一工程、同一材料、同一生产厂家、同一型号、同一规格、同一批号检查一次。

(2)预制板块面层所用板块产品进入施工现场时,应有放射性限量合格的检测报告。

检验方法:检查检测报告。

检查数量:同一工程、同一材料、同一生产厂家、同一型号、同一规格、同一批号检查一次。

(3)面层与下一层应粘合牢固、无空鼓(单块板块边角允许有局部空鼓,但每自然间或标准间的空鼓板块不应超过总数的 5%)。

检验方法:用小锤轻击检查。

检查数量:按《建筑地面工程施工质量验收规范》GB 50209—2010 第 3.0.21 条规定的检验批检查。

一般项目

(1)预制板块表面应无裂缝、掉角、翘曲等明显缺陷。

检验方法:观察检查。

检查数量:按《建筑地面工程施工质量验收规范》GB 50209—2010 第 3.0.21 条规定的检验批检查。

(2)预制板块面层应平整洁净,图案清晰,色泽一致,接缝均匀,周边顺直,镶嵌正确。

检验方法:观察检查。

检查数量:按《建筑地面工程施工质量验收规范》GB 50209—2010 第 3.0.21 条规定的检验批检查。

(3)面层邻接处的镶边用料尺寸应符合设计要求,边角应整齐、光滑。

检验方法:观察和钢尺检查。

检查数量:按《建筑地面工程施工质量验收规范》GB 50209－2010 第 3.0.21 条规定的检验批检查。

(4)踢脚线表面应洁净,与柱、墙面的结合应牢固。踢脚线高度及出柱、墙厚度应符合设计要求,且均匀一致。

检验方法:观察和用小锤轻击及钢尺检查。

检查数量:按《建筑地面工程施工质量验收规范》GB 50209－2010 第 3.0.21 条规定的检验批检查。

(5)楼梯、台阶踏步的宽度、高度应符合设计要求。踏步板块的缝隙宽度应一致;楼层梯段相邻踏步高度差不应大于 10mm;每踏步两端宽度差不应大于 10mm,旋转楼梯梯段的每踏步两端宽度的允许偏差不应大于 5mm。踏步面层应做防滑处理,齿角应整齐,防滑条应顺直、牢固。

检验方法:观察和用钢尺检查。

检查数量:按《建筑地面工程施工质量验收规范》GB 50209－2010 第 3.0.21 条规定的检验批检查。

(6)水泥混凝土板块、水磨石板块、人造石板块面层的允许偏差应符合《建筑地面工程施工质量验收规范》GB 50209－2010 表 6.1.8 的规定。

检验方法:按《建筑地面工程施工质量验收规范》GB 50209－2010 表 6.1.8 中的检验方法检验。

检查数量:按《建筑地面工程施工质量验收规范》GB 50209－2010 第 3.0.21 条规定的检验批和第 3.0.22 条的规定检查。

4. 料石面层

料石面层检验批质量验收记录

03010304 001

单位（子单位）工程名称		××大厦	分部（子分部）工程名称	建筑装饰装修/建筑地面	分项工程名称		板块面层铺设
施工单位		××建筑有限公司	项目负责人	赵斌	检验批容量		20 间
分包单位		××建筑装饰工程有限公司	分包单位项目负责人	王阳	检验批部位		二层楼面1～10/A～E轴面层
施工依据		××大厦装饰装修施工方案		验收依据	《建筑地面工程施工质量验收规范》GB50209-2010		

		验收项目		设计要求及规范规定	最小/实际抽样数量	检查记录	检查结果
主控项目	1	石材质量和强度		设计要求 MU60	/	质量证明文件齐全，通过进场验收	√
	2	石材应有放射性限量合格的检测报告		第6.5.6条	/	检验合格，资料齐全	√
	3	面层与下一层结合		第6.5.7条	3/3	抽查3处，合格3处	√
一般项目	1	组砌方法		第6.5.8条	3/3	抽查3处，合格3处	100%
	2	表面平整度	条石、块石	10mm	3/3	抽查3处，合格3处	100%
		缝格平直	条石、块石	8.0mm	3/3	抽查3处，合格3处	100%
		接缝高低差	条石	2.0mm	3/3	抽查3处，合格3处	100%
		板块间隙宽度	条石	5.0mm	3/3	抽查3处，合格3处	100%

施工单位检查结果	符合要求 专业工长：高爱云 项目专业质量检查员：张世兰 2015 年××月××日
监理单位验收结论	合格 专业监理工程师：刘东 2015 年××月××日

《料石面层检验批质量验收记录》填写说明

1. 填写依据

(1)《建筑地面工程施工质量验收规范》GB 50209－2010。

(2)《建筑工程施工质量验收统一标准》GB 50300－2013。

2. 规范摘要

以下内容摘录自《建筑地面工程施工质量验收规范》GB 50209－2010。

地面验收基本要求参见"基土检验批质量验收记录"的验收要求的相关内容。

板块面层的允许偏差和检验方法应符合表 2-8 的规定。

(1)料石面层采用天然条石和块石,应在结合层上铺设。

(2)条石和块石面层所用的石材的规格、技术等级和厚度应符合设计要求。条石的质量应均匀,形状为矩形六面体,厚度为 80～120mm;块石形状为直棱柱体,顶面粗琢平整,底面面积不宜小于顶面面积的 60%,厚度为 100～150mm。

(3)不导电的料石面层的石料应采用辉绿岩石加工制成。填缝材料亦采用辉绿岩石加工的砂嵌实。耐高温的料石面层的石料,应按设计要求选用。

(4)条石面层的结合层宜采用水泥砂浆,其厚度应符合设计要求;块石面层的结合层宜采用砂垫层,其厚度不应小于 60mm;基土层应为均匀密实的基土或夯实的基土。

主控项目

(1)石材应符合设计要求和国家现行有关标准的规定;条石的强度等级应大于 MU60,块石的强度等级应大于 MU30。

检验方法:观察检查和检查质量合格证明文件。

检查数量:同一工程、同一材料、同一生产厂家、同一型号、同一规格、同一批号检查一次。

(2)石材进入施工现场时,应有放射性限量合格的检测报告。

检验方法:检查检测报告。

检查数量:同一工程、同一材料、同一生产厂家、同一型号、同一规格、同一批号检查一次。

(3)面层与下一层应结合牢固、无松动。

检验方法:观察检查和用锤击检查。

检查数量:按《建筑地面工程施工质量验收规范》GB 50209－2010 第 3.0.21 条规定的检验批检查。

一般项目

(1)条石面层应组砌合理,无十字缝,铺砌方向和坡度应符合设计要求;块石面层石料缝隙应相互错开,通缝不应超过两块石料。

检验方法:观察和用坡度尺检查。

检查数量:按《建筑地面工程施工质量验收规范》GB 50209－2010 第 3.0.21 条规定的检验批检查。

(2)条石面层和块石面层的允许偏差应符合《建筑地面工程施工质量验收规范》GB 50209－2010 表 6.1.8 的规定。

检验方法:按《建筑地面工程施工质量验收规范》GB 50209－2010 表 6.1.8 中的检验方法检验。

检查数量:按《建筑地面工程施工质量验收规范》GB 50209－2010 第 3.0.21 条规定的检验批和第 3.0.22 条的规定检查。

5. 塑料板面层

塑料板面层检验批质量验收记录

03010305 001

单位（子单位） 工程名称		××大厦	分部（子分部） 工程名称	建筑装饰装修/建 筑地面	分项工程名称	板块面层铺设
施工单位		××建筑有限公司	项目负责人	赵斌	检验批容量	20 间
分包单位		××建筑装饰工程 有限公司	分包单位项目 负责人	王阳	检验批部位	二层楼面 1～ 10/A～E 轴面层
施工依据		××大厦装饰装修施工方案		验收依据	《建筑地面工程施工质量验收规 范》GB50209-2010	
		验收项目	设计要求及 规范规定	最小/实际抽 样数量	检查记录	检查结果
主控项目	1	塑料板块质量	第 6.6.8 条	/	质量证明文件齐全，通过进 场验收	√
	2	胶粘剂应有有害物质限量 检测报告	第 6.6.9 条	/	检验合格，资料齐全	√
	3	面层与下一层结合	第 6.6.10 条	3/3	抽查 3 处，合格 3 处	√
一般项目	1	面层质量	第 6.6.11 条	3/3	抽查 3 处，合格 3 处	100%
	2	焊接表面质量	第 6.6.12 条	3/3	抽查 3 处，合格 3 处	100%
		焊缝凹凸	≤0.6mm	3/3	抽查 3 处，合格 3 处	100%
		焊缝的抗拉强度	第 6.6.12 条	3/3	抽查 3 处，合格 3 处	100%
	3	镶边用料	第 6.6.13 条	3/3	抽查 3 处，合格 3 处	100%
	4	踢脚线	第 6.6.14 条	3/3	抽查 3 处，合格 3 处	100%
	5	允许偏差	表面平整度	2.0mm	3/3	抽查 3 处，合格 3 处	100%
			缝格平直	3.0mm	3/3	抽查 3 处，合格 3 处	100%
			接缝高低差	0.5mm	3/3	抽查 3 处，合格 3 处	100%
			踢脚线上口平直	2.0mm	3/3	抽查 3 处，合格 3 处	100%
施工单位检查结果		符合要求 专业工长：高爱云 项目专业质量检查员：张代芳 2015 年××月××日				
监理单位验收结论		合格 专业监理工程师：刘东 2015 年××月××日				

《塑料板面层检验批质量验收记录》填写说明

1. 填写依据

(1)《建筑地面工程施工质量验收规范》GB 50209－2010。

(2)《建筑工程施工质量验收统一标准》GB 50300－2013。

2. 规范摘要

以下内容摘录自《建筑地面工程施工质量验收规范》GB 50209－2010。

地面验收基本要求参见"基土检验批质量验收记录"的验收要求的相关内容。

板块面层的允许偏差和检验方法应符合表 2-8 的规定。

(1)塑料板面层应采用塑料板块材、塑料板焊接、塑料卷材以胶粘剂在水泥类基层上采用满粘或点粘法铺设。

(2)水泥类基层表面应平整、坚硬、干燥、密实、洁净、无油脂及其他杂质,不应有麻面、起砂、裂缝等缺陷。

(3)胶粘剂应按基层材料和面层材料使用的相容性要求,通过试验确定,其质量应符合国家现行有关标准的规定。

(4)焊条成分和性能应与被焊的板相同,其质量应符合有关技术标准的规定,并有出厂合格证。

(5)铺贴塑料板面层时,室内相对湿度不宜大于70％,温度宜在10℃～32℃之间。

(6)塑料板面层施工完成后的静置时间应符合产品的技术要求。

(7)防静电塑料板配套的胶粘剂、焊条等应具有防静电性能。

主控项目

(1)塑料板面层所用的塑料板块、塑料卷材、胶粘剂等应符合设计要求和国家现行有关标准的规定。

检验方法:观察检查和检查型式检验报告、出厂检验报告、出厂合格证。

检查数量:同一工程、同一材料、同一生产厂家、同一型号、同一规格、同一批号检查一次。

(2)塑料板面层采用的胶粘剂进入施工现场时,应有以下有害物质限量合格的检测报告:

1)溶剂型胶粘剂中的挥发性有机化合物(VOC)、苯、甲苯十二甲苯;

2)水性胶粘剂中的挥发性有机化合物(VOC)和游离甲醛。

检验方法:检查检测报告。

检查数量:同一工程、同一材料、同一生产厂家、同一型号、同一规格、同一批号检查一次。

3)面层与下一层的粘结应牢固,不翘边、不脱胶、无溢胶(单块板块边角允许有局部脱胶,但每自然间或标准间的脱胶板块不应超过总数的 5％;卷材局部脱胶处面积不应大于 20cm^2。且相隔间距应≥50cm)。

检验方法:观察检查和用敲击及钢尺检查。

检查数量:按《建筑地面工程施工质量验收规范》GB 50209－2010 第 3.0.21 条规定的检验批检查。

一般项目

1)塑料板面层应表面洁净,图案清晰,色泽一致,接缝应严密、美观。拼缝处的图案、花纹应吻合,无胶痕;与柱、墙边交接应严密,阴阳角收边应方正。

一册在手 表格全有 贴近现场 资料无忧

检验方法：观察检查。

检查数量：按《建筑地面工程施工质量验收规范》GB 50209—2010 第 3.0.21 条规定的检验批检查。

2）板块的焊接，焊缝应平整、光洁，无焦化变色、斑点、焊瘤和起鳞等缺陷，其凹凸允许偏差不应大于 0.6mm。焊缝的抗拉强度应不小于塑料板强度的 75%。

检验方法：观察检查和检查检测报告。

检查数量：按《建筑地面工程施工质量验收规范》GB 50209—2010 第 3.0.21 条规定的检验批检查。

3）镶边用料应尺寸准确、边角整齐、拼缝严密、接缝顺直。

检验方法：用钢尺和观察检查。

检查数量：按《建筑地面工程施工质量验收规范》GB 50209—2010 第 3.0.21 条规定的检验批检查。

4）踢脚线宜与地面面层对缝一致，踢脚线与基层的粘合应密实。

检验方法：观察检查。

检查数量：按《建筑地面工程施工质量验收规范》GB 50209—2010 第 3.0.21 条规定的检验批检查。

5）塑料板面层的允许偏差应符合《建筑地面工程施工质量验收规范》GB 50209—2010 表 6.1.8 的规定。

检验方法：按《建筑地面工程施工质量验收规范》GB 50209—2010 表 6.1.8 中的检验方法检验。

检查数量：按《建筑地面工程施工质量验收规范》GB 50209—2010 第 3.0.21 条规定的检验批和第 3.0.22 条的规定检查。

6. 活动地板面层

活动地板面层检验批质量验收记录

03010306 <u>001</u>

单位(子单位)工程名称	××大厦	分部(子分部)工程名称	建筑装饰装修/建筑地面	分项工程名称	板块面层铺设
施工单位	××建筑有限公司	项目负责人	赵斌	检验批容量	20 间
分包单位	××建筑装饰工程有限公司	分包单位项目负责人	王阳	检验批部位	二层楼面1～10/A～E轴面层
施工依据	××大厦装饰装修施工方案		验收依据	《建筑地面工程施工质量验收规范》GB50209-2010	

		验收项目		设计要求及规范规定	最小/实际抽样数量	检查记录	检查结果
主控项目	1	材料质量		第6.7.11条	/	质量证明文件齐全,通过进场验收	√
	2	面层安装质量		第6.7.12条	3/3	抽查3处,合格3处	√
一般项目	1	面层表面质量		第6.7.13条	3/3	抽查3处,合格3处	100%
	2	允许偏差	表面平整度	2.0mm	3/3	抽查3处,合格3处	100%
			缝格平直	2.5mm	3/3	抽查3处,合格3处	100%
			接缝高低差	0.4mm	3/3	抽查3处,合格3处	100%
			板块间隙宽度	0.3mm	3/3	抽查3处,合格3处	100%
施工单位检查结果		符合要求 专业工长: 高爱云 项目专业质量检查员: 张代军 2015 年××月××日					
监理单位验收结论		合格 专业监理工程师: 刘东 2015 年××月××日					

一册在手 表格全有 贴近现场 资料无忧

《活动地板面层检验批质量验收记录》填写说明

1. 填写依据

(1)《建筑地面工程施工质量验收规范》GB 50209－2010。

(2)《建筑工程施工质量验收统一标准》GB 50300－2013。

2. 规范摘要

以下内容摘录自《建筑地面工程施工质量验收规范》GB 50209－2010。

地面验收基本要求参见"基土检验批质量验收记录"的验收要求的相关内容。

板块面层的允许偏差和检验方法应符合表 2-8 的规定。

(1)活动地板面层宜用于有防尘和防静电要求的专业用房的建筑地面。应采用特制的平压刨花板为基材,表面可饰以装饰板,底层应用镀锌板经粘结胶合形成活动地板块,配以横梁、橡胶垫条和可供调节高度的金属支架组装成架空板,应在水泥类面层(或基层)上铺设。

(2)活动地板所有的支座柱和横梁应构成框架一体,并与基层连接牢固;支架抄平后高度应符合设计要求。

(3)活动地板面层应包括标准地板、异形地板和地板附件(即支架和横梁组件采用的活动地板块应平整、坚实,面层承载力不应小于 7.5MPa,A 级板的系统电阻应为 $1.0\times10^5\Omega\sim1.0\times10^8\Omega$,B 级板的系统电阻应为 $1.0\times10^5\Omega\sim1.0\times10^{10}\Omega$。

(4)活动地板面层的金属支架应支承在现浇水泥混凝土基层(或面层)上,基层表面应平整、光洁、不起灰。

(5)当房间的防静电要求较高,需要接地时,应将活动地板面层的金属支架、金属横梁连通跨接,并与接地体相连,接地方法应符合设计要求。

(6)活动板块与横梁接触搁置处应达到四角平整、严密。

(7)当活动地板不符合模数时,其不足部分可在现场根据实际尺寸将板块切割后镶补,并应配装相应的可调支撑和横梁。切割边不经处理不得镶补安装,并不得有局部膨胀变形情况。

(8)活动地板在门口处或预留洞口处应符合设置构造要求,四周侧边应用耐磨硬质板材封闭或用镀锌钢板包裹,胶条封边应符合耐磨要求。

(9)活动地板与柱、墙面接缝处的处理应符合设计要求,设计无要求时应做木踢脚线;通风口处,应选用异形活动地板铺贴。

(10)用于电子信息系统机房的活动地板面层,其施工质量检验尚应符合现行国家标准《电子信息系统机房施工及验收规范》GB 50462 的有关规定。

主控项目

(1)活动地板应符合设计要求和国家现行有关标准的规定,且应具有耐磨、防潮、阻燃、耐污染、耐老化和导静电等性能。

检验方法:观察检查和检查型式检验报告、出厂检验报告、出厂合格证。

检查数量:同一工程、同一材料、同一生产厂家、同一型号、同一规格、同一批号检查一次。

(2)活动地板面层应安装牢固,无裂纹、掉角和缺棱等缺陷。

检验方法:观察和行走检查。

检查数量:按《建筑地面工程施工质量验收规范》GB 50209－2010 第 3.0.21 条规定的检验批检查。

一册在手 表格全有 贴近现场 资料无忧

一般项目

(1)活动地板面层应排列整齐、表面洁净、色泽一致、接缝均匀、周边顺直。

检验方法:观察检查。

检查数量:按《建筑地面工程施工质量验收规范》GB 50209—2010 第 3.0.21 条规定的检验批检查。

(2)活动地板面层的允许偏差应符合《建筑地面工程施工质量验收规范》GB 50209—2010 表 6.1.8 的规定。

检验方法:按《建筑地面工程施工质量验收规范》GB 50209—2010 表 6.1.8 中的检验方法检验。

检查数量:按《建筑地面工程施工质量验收规范》GB 50209—2010 第 3.0.21 条规定的检验批和第 3.0.22 条的规定检查。

一册在手 表格全有 贴近现场 资料无忧

7. 金属板面层

金属板面层检验批质量验收记录

03010307 001

单位（子单位）工程名称		××大厦	分部（子分部）工程名称	建筑装饰装修/建筑地面	分项工程名称	板块面层铺设
施工单位		××建筑有限公司	项目负责人	赵斌	检验批容量	20 间
分包单位		××建筑装饰工程有限公司	分包单位项目负责人	王阳	检验批部位	二层 1～10/A～E 轴面层
施工依据		××大厦装饰装修施工方案		验收依据	《建筑地面工程施工质量验收规范》GB50209-2010	

		验收项目	设计要求及规范规定	最小/实际抽样数量	检查记录	检查结果
主控项目	1	金属板质量	第6.8.6条	/	质量证明文件齐全，通过进场验收	√
	2	面层与基层的固定方法、面层的接缝处理	第6.8.7条	3/3	抽查3处，合格3处	√
	3	焊接质量	第6.8.8条	3/3	抽查3处，合格3处	√
	4	面层与基层结合	第6.8.9条	3/3	抽查3处，合格3处	√
一般项目	1	表面无外观质量缺陷	第6.8.10条	3/3	抽查3处，合格3处	100%
	2	面层质量	第6.8.11条	3/3	抽查3处，合格3处	100%
	3	镶边用料	第6.8.12条	3/3	抽查3处，合格3处	100%
	4	踢脚线	第6.8.13条	3/3	抽查3处，合格3处	100%
	5 允许偏差	表面平整度	1.0mm	3/3	抽查3处，合格3处	100%
		缝格平直	2.0mm	3/3	抽查3处，合格3处	100%
		接缝高低差	0.5mm	3/3	抽查3处，合格3处	100%
		踢脚线上口平直	3.0mm	3/3	抽查3处，合格3处	100%
		板块间隙宽度	2.0mm	3/3	抽查3处，合格3处	100%

施工单位检查结果	符合要求　专业工长：高爱云　项目专业质量检查员：张伟涛　2015年××月××日
监理单位验收结论	合格　专业监理工程师：刘东　2015年××月××日

《金属板面层检验批质量验收记录》填写说明

1. 填写依据

(1)《建筑地面工程施工质量验收规范》GB 50209－2010。

(2)《建筑工程施工质量验收统一标准》GB 50300－2013。

2. 规范摘要

以下内容摘录自《建筑地面工程施工质量验收规范》GB 50209－2010。

地面验收基本要求参见"基土检验批质量验收记录"的验收要求的相关内容。

板块面层的允许偏差和检验方法应符合表 2-8 的规定。

(1)金属板面层采用镀锌板、镀锡板、复合钢板、彩色涂层钢板、铸铁板、不锈钢板、铜板及其他合成金属板铺设。

(2)金属板面层及其配件宜使用不锈蚀或经过防锈处理的金属制品。

(3)用于通道(走道)和公共建筑的金属板面层,应按设计要求进行防腐、防滑处理。

(4)金属板面层的接地做法应符合设计要求。

(5)具有磁吸性的金属板面层不得用于有磁场所。

主控项目

(1)金属板应符合设计要求和国家现行有关标准的规定。

检验方法:观察检查和检查型式检验报告、出厂检验报告、出厂合格证。

检查数量:同一工程、同一材料、同一生产厂家、同一型号、同一规格、同一批号检查一次。

(2)面层与基层的固定方法、面层的接缝处理应符合设计要求。

检验方法:观察检查。

检查数量:按《建筑地面工程施工质量验收规范》GB 50209－2010 第 3.0.21 条规定的检验批检查。

(3)面层及其附件如需焊接,焊缝质量应符合设计要求和现行国家标准《钢结构工程施工质量验收规范》GB 50205 的有关规定。

检验方法:观察检查和按现行国家标准《钢结构工程施工质量验收规范》GB 50205 规定的方法检验。

检查数量:按《建筑地面工程施工质量验收规范》GB 50209－2010 第 3.0.21 条规定的检验批检查。

(4)面层与基层的结合应牢固,无翘边、松动、空鼓等。

检验方法:观察和用小锤轻击检查。

检查数量:按《建筑地面工程施工质量验收规范》GB 50209－2010 第 3.0.21 条规定的检验批检查。

一般项目

(1)金属板表面应无裂痕、刮伤、刮痕、翘曲等外观质量缺陷。

检验方法:观察检查。

检查数量:按《建筑地面工程施工质量验收规范》GB 50209－2010 第 3.0.21 条规定的检验批检查。

(2)面层应平整、洁净、色泽一致,接缝应均匀,周边应顺直。

检验方法:观察检查和用钢尺检查。

检查数量:按《建筑地面工程施工质量验收规范》GB 50209—2010 第 3.0.21 条规定的检验批检查。

(3)镶边用料及尺寸应符合设计要求,边角应整齐。

检验方法:观察检查和用钢尺检查。

检查数量:按《建筑地面工程施工质量验收规范》GB 50209—2010 第 3.0.21 条规定的检验批检查。

(4)踢脚线表面应洁净,与柱、墙面的结合应牢固。踢脚线高度及出柱、墙厚度应符合设计要求,且均匀一致。

检验方法:观察和用小锤轻击及钢尺检查。

检查数量:按《建筑地面工程施工质量验收规范》GB 50209—2010 第 3.0.21 条规定的检验批检查。

(5)金属板面层的允许偏差应符合《建筑地面工程施工质量验收规范》GB 50209—2010 表 6.1.8 的规定。

检验方法:按《建筑地面工程施工质量验收规范》GB 50209—2010 表 6.1.8 中的检验方法检验。

检查数量:按《建筑地面工程施工质量验收规范》GB 50209—2010 第 3.0.21 条规定的检验批和第 3.0.22 条的规定检查。

8. 地毯面层

地毯面层检验批质量验收记录

03010308 **001**

单位(子单位)工程名称	××大厦	分部(子分部)工程名称	建筑装饰装修/建筑地面	分项工程名称	板块面层铺设
施工单位	××建筑有限公司	项目负责人	赵斌	检验批容量	20 间
分包单位	××建筑装饰工程有限公司	分包单位项目负责人	王阳	检验批部位	二层楼面 1～10/A～E 轴面层
施工依据	××大厦装饰装修施工方案		验收依据	《建筑地面工程施工质量验收规范》GB50209-2010	

		验收项目	设计要求及规范规定	最小/实际抽样数量	检查记录	检查结果
主控项目	1	地毯、胶料及铺料质量	第6.9.7条	/	质量证明文件齐全,通过进场验收	√
	2	地毯、衬垫、胶粘剂中的挥发性有机化合物(VOC)和甲醛限量合格的检测报告	第6.9.8条	/	检验合格,资料齐全	√
	3	地毯铺设质量	第6.9.9条	3/3	抽查3处,合格3处	√
一般项目	1	地毯表面质量	第6.9.10条	3/3	抽查3处,合格3处	100%
	2	地毯细部连接	第6.9.11条	3/3	抽查3处,合格3处	100%

施工单位检查结果	符合要求 专业工长:高爱云 项目专业质量检查员:王世洪 2015 年××月××日
监理单位验收结论	合格 专业监理工程师:刘东 2015 年××月××日

《地毯面层检验批质量验收记录》填写说明

1. 填写依据

(1)《建筑地面工程施工质量验收规范》GB 50209－2010。

(2)《建筑工程施工质量验收统一标准》GB 50300－2013。

2. 规范摘要

以下内容摘录自《建筑地面工程施工质量验收规范》GB 50209－2010。

地面验收基本要求参见"基土检验批质量验收记录"的验收要求的相关内容。

板块面层的允许偏差和检验方法应符合表 2-8 的规定。

(1)地毯面层应采用地毯块材或卷材,以空铺法或实铺法铺设。

(2)铺设地毯的地面面层(或基层)应坚实、平整、洁净、干燥,无凹坑、麻面、起砂、裂缝,并不得有油污、钉头及其他突出物。

(3)地毯衬垫应满铺平整,地毯拼缝处不得露底衬。

(4)空铺地毯面层应符合下列要求:

1)块材地毯宜先拼成整块,然后按设计要求铺设;

2)块材地毯的铺设,块与块之间应挤紧服帖;

3)卷材地毯宜先长向缝合,然后按设计要求铺设;

4)地毯面层的周边应压入踢脚线下;

5)地毯面层与不同类型的建筑地面面层的连接处,其收口做法应符合设计要求。

(5)实铺地毯面层应符合下列要求:

1)实铺地毯面层采用的金属卡条(倒刺板)、金属压条、专用双面胶带、胶粘剂等应符合设计要求;

2)铺设时,地毯的表面层宜张拉适度,四周应采用卡条固定;门口处宜用金属压条或双面胶带等固定;

3)地毯周边应塞入卡条和踢脚线下;

4)地毯面层采用胶粘剂或双面胶带粘结时,应与基层粘贴牢固。

(6)楼梯地毯面层铺设时,梯段顶级(头)地毯应固定于平台上,其宽度应不小于标准楼梯、台阶踏步尺寸;阴角处应固定牢固;梯段末级(头)地毯与水平段地毯的连接处应顺畅、牢固。

主控项目

(1)地毯面层采用的材料应符合设计要求和国家现行有关标准的规定。

检验方法:观察检查和检查型式检验报告、出厂检验报告、出厂合格证。

检查数量:同一工程、同一材料、同一生产厂家、同一型号、同一规格、同一批号检查一次。

(2)地毯面层采用的材料进入施工现场时,应有地毯、衬垫、胶粘剂中的挥发性有机化合物(VOC)和甲醛限量合格的检测报告。

检验方法:检查检测报告。

检查数量:同一工程、同一材料、同一生产厂家、同一型号、同一规格、同一批号检查一次。

(3)地毯表面应平服,拼缝处应粘贴牢固、严密平整、图案吻合。

检验方法:观察检查。

检查数量:按《建筑地面工程施工质量验收规范》GB 50209－2010 第 3.0.21 条规定的检验

一册在手　表格全有　贴近现场　资料无忧

批检查。

一般项目

(1)地毯表面不应起鼓、起皱、翘边、卷边、显拼缝、露线和毛边,绒面毛应顺光一致,毯面应洁净、无污染和损伤。

检验方法:观察检查。

检查数量:按《建筑地面工程施工质量验收规范》GB 50209—2010 第 3.0.21 条规定的检验批检查。

(2)地毯同其他面层连接处、收口处和墙边、柱子周围应顺直、压紧。

检验方法:观察检查。

检查数量:按《建筑地面工程施工质量验收规范》GB 50209—2010 第 3.0.21 条规定的检验批检查。

一册在手 表格全有 贴近现场 资料无忧

9. 地面辐射供暖砖面层

地面辐射供暖砖面层检验批质量验收记录

03010309 **001**

单位（子单位）工程名称	××大厦		分部（子分部）工程名称	建筑装饰装修/建筑地面	分项工程名称	板块面层铺设
施工单位	××建筑有限公司		项目负责人	赵斌	检验批容量	20 间
分包单位	××建筑装饰工程有限公司		分包单位项目负责人	王阳	检验批部位	二层楼面 1～10/A～E 轴面层
施工依据	××大厦装饰装修施工方案			验收依据	《建筑地面工程施工质量验收规范》GB50209-2010	

		验收项目		设计要求及规范规定	最小/实际抽样数量	检查记录	检查结果
主控项目	1	材料质量		第 6.10.4 条	/	质量证明文件齐全，通过进场验收	√
	2	面层缝格设置		第 6.10.5 条	3/3	抽查 3 处，合格 3 处	√
	3	板块产品应有放射性限量合格的检测报告		第 6.2.6 条	/	检验合格，资料齐全	√
	4	面层与下一层的结合		第 6.2.7 条	3/3	抽查 3 处，合格 3 处	√
一般项目	1	面层表面质量		第 6.2.8 条	3/3	抽查 3 处，合格 3 处	100%
	2	邻接处镶边用料		第 6.2.9 条	3/3	抽查 3 处，合格 3 处	100%
	3	踢脚线质量		第 6.2.10 条	3/3	抽查 3 处，合格 3 处	100%
	4	楼梯、台阶踏步	踏步尺寸及面层质量	第 6.2.11 条	3/3	抽查 3 处，合格 3 处	100%
			楼层梯段相邻踏步高度差	10mm	3/3	抽查 3 处，合格 3 处	100%
			每踏步两端宽度差	10mm	3/3	抽查 3 处，合格 3 处	100%
			旋转楼梯踏步两端宽度	5mm	3/3	抽查 3 处，合格 3 处	100%
	5	面层表面坡度		第 6.2.12 条	3/3	抽查 3 处，合格 3 处	100%
	6	表面平整度	缸砖	4.0mm	/	/	
			水泥花砖	3.0mm	/	/	
			陶瓷锦砖、陶瓷地砖	2.0mm	3/3	抽查 3 处，合格 3 处	100%
		缝格平直		3.0mm	3/3	抽查 3 处，合格 3 处	100%
		接缝高低差	陶瓷锦砖、陶瓷地砖、水泥花砖	0.5mm	3/3	抽查 3 处，合格 3 处	100%
			缸砖	1.5mm	/	/	
		踢脚线上口平直	陶瓷锦砖、陶瓷地砖	3.0mm	3/3	抽查 3 处，合格 3 处	100%
			缸砖	4.0mm	/	/	
		板块间隙宽度		2.0mm	3/3	抽查 3 处，合格 3 处	100%

施工单位检查结果	符合要求 专业工长：高爱云 项目专业质量检查员：张长岭 2015 年××月××日
监理单位验收结论	合格 专业监理工程师：刘东 2015 年××月××日

一册在手　表格全有　贴近现场　资料无忧

《地面辐射供暖砖面层检验批质量验收记录》填写说明

1. 填写依据

(1)《建筑地面工程施工质量验收规范》GB 50209－2010。

(2)《建筑工程施工质量验收统一标准》GB 50300－2013。

2. 规范摘要

以下内容摘录自《建筑地面工程施工质量验收规范》GB 50209－2010。

地面验收基本要求参见"基土检验批质量验收记录"的验收要求的相关内容。

板块面层的允许偏差和检验方法应符合表 2-8 的规定。

砖面层参见"砖面层检验批质量验收记录"的验收要求的相关内容。

(1)地面辐射供暖的板块面层宜采用缸砖、陶瓷地砖、花岗石、水磨石板块、人造石板块、塑料板等,应在填充层上铺设。

(2)地面辐射供暖的板块面层采用胶结材料粘贴铺设时,填充层的含水率应符合胶结材料的技术要求。

(3)地面辐射供暖的板块面层铺设时不得扰动填充层,不得向填充层内楔入任何物件。面层铺设尚应符合《建筑地面工程施工质量验收规范》GB 50209－2010 第 6.2 节、6.3 节、6.4 节、6.6 节的有关规定。

主控项目

(1)地面辐射供暖的板块面层采用的材料或产品除应符合设计要求和《建筑地面工程施工质量验收规范》GB 50209－2010 相应面层的规定外,还应具有耐热性、热稳定性、防水、防潮、防霉变等特点。

检验方法:观察检查和检查质量合格证明文件。

检查数量:同一工程、同一材料、同一生产厂家、同一型号、同一规格、同一批号检查一次。

(2)地面辐射供暖的板块面层的伸、缩缝及分格缝应符合设计要求;面层与柱、墙之间应留不小于 10mm 的空隙。

检验方法:观察和钢尺检查。

检查数量:按《建筑地面工程施工质量验收规范》GB 50209－2010 第 3.00.21 条规定的检验批检查。

(3)其余主控项目及检验方法、检查数量应符合《建筑地面工程施工质量验收规范》GB 50209－2010 第 6.2 节、6.3 节、6.4 节、6.6 节的有关规定。

一般项目

一般项目及检验方法、检查数量应符合《建筑地面工程施工质量验收规范》GB 50209－2010 第 6.2 节、6.3 节、6.4 节、6.6 节的有关规定。

10. 地面辐射供暖大理石面层和花岗石面层

地面辐射供暖大理石面层和花岗石面层检验批质量验收记录

03010310 001

单位（子单位）工程名称	×× 大厦		分部（子分部）工程名称	建筑装饰装修/建筑地面	分项工程名称	板块面层铺设
施工单位	×× 建筑有限公司		项目负责人	赵斌	检验批容量	20 间
分包单位	×× 建筑装饰工程有限公司		分包单位项目负责人	王阳	检验批部位	二层楼面 1～10/A～E 轴面层
施工依据	×× 大厦装饰装修施工方案			验收依据	《建筑地面工程施工质量验收规范》GB50209-2010	

		验收项目	设计要求及规范规定	最小/实际抽样数量	检查记录	检查结果
主控项目	1	材料质量	第6.10.4条	/	质量证明文件齐全，通过进场验收	√
	2	面层缝格设置	第6.10.5条	3/3	抽查3处，合格3处	√
	3	板块产品应有放射性限量合格的检测报告	第6.3.5条	/	检验合格，资料齐全	√
	4	面层与下一次层结合	第6.3.6条	3/3	抽查3处，合格3处	√
一般项目	1	板块背面侧面防碱处理	第6.3.7条	3/3	抽查3处，合格3处	100%
	2	面层质量	第6.3.8条	3/3	抽查3处，合格3处	100%
	3	踢脚线质量	第6.3.9条	3/3	抽查3处，合格3处	100%
	4	楼梯、台阶踏步 踏步尺寸及面层质量	第6.3.10条	3/3	抽查3处，合格3处	100%
		楼层梯段相邻踏步高度差	10mm	3/3	抽查3处，合格3处	100%
		每踏步两端宽度差	10mm	3/3	抽查3处，合格3处	100%
		旋转楼梯踏步两端宽度	5mm	3/3	抽查3处，合格3处	100%
	5	面层表面坡度	第6.3.11条	3/3	抽查3处，合格3处	100%
	6	表面平整度 大理石面层和花岗石面层	1mm	3/3	抽查3处，合格3处	100%
		碎拼大理石和碎拼花岗石面层	3mm	/	/	
		缝格平直	2mm	3/3	抽查3处，合格3处	100%
		接缝高低差	0.5mm	3/3	抽查3处，合格3处	100%
		踢脚线上口平直	1mm	3/3	抽查3处，合格3处	100%
		板块间隙宽度	1mm	3/3	抽查3处，合格3处	100%

施工单位检查结果	符合要求　　　专业工长：　　　项目专业质量检查员：高爱云　张恒基　　2015 年 ×× 月 ×× 日
监理单位验收结论	合格　　　专业监理工程师：刘东　　2015 年 ×× 月 ×× 日

《地面辐射供暖大理石面层和花岗石面层检验批质量验收记录》填写说明

1. 填写依据

(1)《建筑地面工程施工质量验收规范》GB 50209－2010。

(2)《建筑工程施工质量验收统一标准》GB 50300－2013。

2. 规范摘要

以下内容摘录自《建筑地面工程施工质量验收规范》GB 50209－2010。

地面验收基本要求参见"基土检验批质量验收记录"的验收要求的相关内容。

板块面层的允许偏差和检验方法应符合表 2-8 的规定。

地面辐射供暖的板块面层参见"地面辐射供暖板块面层检验批质量验收记录"的验收要求的相关内容。

大理石面层和花岗石面层参见"大理石面层和花岗石面层检验批质量验收记录"的验收要求的相关内容。

11. 地面辐射供暖预制板块面层

地面辐射供暖预制板块面层检验批质量验收记录

03010311 <u>001</u>

单位（子单位）工程名称		××大厦	分部（子分部）工程名称	建筑装饰装修/建筑地面	分项工程名称		板块面层铺设
施工单位		××建筑有限公司	项目负责人	赵斌	检验批容量		20 间
分包单位		××建筑装饰工程有限公司	分包单位项目负责人	王阳	检验批部位		二层楼面 1～10/A～E 轴面层
施工依据		××大厦装饰装修施工方案		验收依据	《建筑地面工程施工质量验收规范》GB50209-2010		

		验收项目		设计要求及规范规定	最小/实际抽样数量	检查记录	检查结果
主控项目	1	板块质量		第6.10.4条	/	质量证明文件齐全，通过进场验收	√
	2	面层缝格设置		第6.10.5条	3/3	抽查3处，合格3处	√
	3	板块产品应有放射性限量合格的检测报告		第6.4.7条	/	检验合格，资料齐全	√
	4	面层与下一层的结合		第6.4.8条	3/3	抽查3处，合格3处	√
一般项目	1	预制板块表面无明显缺陷		第6.4.9条	3/3	抽查3处，合格3处	100%
	2	预制板块面层质量		第6.4.10条	3/3	抽查3处，合格3处	100%
	3	邻接处的镶边用料尺寸		第6.4.11条	3/3	抽查3处，合格3处	100%
	4	踢脚线质量		第6.4.12条	3/3	抽查3处，合格3处	100%
	5	楼梯、台阶踏步	踏步尺寸及面层质量	第6.4.13条	3/3	抽查3处，合格3处	100%
			楼层梯段相邻踏步高度差	10mm	3/3	抽查3处，合格3处	100%
			每踏步两端宽度差	10mm	3/3	抽查3处，合格3处	100%
			旋转楼梯踏步两端宽度	5mm	3/3	抽查3处，合格3处	100%
	6	表面平整度	高级水磨石	2mm	3/3	抽查3处，合格3处	100%
			普通水磨石	3mm	/	/	/
			人造石面层	1mm	/	/	/
			水泥混凝土板块	4mm	/	/	/
		缝格平直	高级水磨石、普通水磨石、水泥混凝土板块	3mm	3/3	抽查3处，合格3处	100%
			人造石面层	2mm	/	/	/
		接缝高低差	高级水磨石、人造石面层	0.5mm	3/3	抽查3处，合格3处	100%
			普通水磨石	1mm	/	/	/
			水泥混凝土板块	1.5mm	/	/	/
		踢脚线上口平直	高级水磨石	3mm	3/3	抽查3处，合格3处	100%
			人造石面层	1mm	/	/	/
			普通水磨石及水泥混凝土板块	4mm	/	/	/
		板块间隙宽度	高级水磨石、普通水磨石	2mm	3/3	抽查3处，合格3处	100%
			人造石面层	1mm	/	/	/
			水泥混凝土板块	6mm	/	/	/

施工单位检查结果	符合要求 专业工长： 项目专业质量检查员：高爱云 王世洪 2015 年××月××日
监理单位验收结论	合格 专业监理工程师：刘东 2015 年××月××日

一册在手 表格全有 贴近现场 资料无忧

《地面辐射供暖预制板块面层检验批质量验收记录》填写说明

1. 填写依据

(1)《建筑地面工程施工质量验收规范》GB 50209－2010。

(2)《建筑工程施工质量验收统一标准》GB 50300－2013。

2. 规范摘要

以下内容摘录自《建筑地面工程施工质量验收规范》GB 50209－2010。

地面验收基本要求参见"基土检验批质量验收记录"的验收要求的相关内容。

板块面层的允许偏差和检验方法应符合表 2-8 的规定。

地面辐射供暖的板块面层参见"地面辐射供暖板块面层检验批质量验收记录"的验收要求的相关内容。

预制板块面层参见"预制板块面层检验批质量验收记录"的验收要求的相关内容。

12. 地面辐射供暖塑料板面层

地面辐射供暖塑料板面层检验批质量验收记录

03010312001

单位（子单位）工程名称	×× 大厦		分部（子分部）工程名称	建筑装饰装修/建筑地面	分项工程名称		板块面层铺设
施工单位	×× 建筑有限公司		项目负责人	赵斌	检验批容量		20 间
分包单位	×× 建筑装饰工程有限公司		分包单位项目负责人	王阳	检验批部位		二层楼面 1～10/A～E 轴面层
施工依据	×× 大厦装饰装修施工方案			验收依据	《建筑地面工程施工质量验收规范》GB50209-2010		

		验收项目	设计要求及规范规定	最小/实际抽样数量	检查记录	检查结果
主控项目	1	板块质量应具有耐热性、热稳定性、防水、防潮、防霉变等特点	第6.10.4条	/	质量证明文件齐全，通过进场验收	√
	2	面层缝格设置	第6.10.5条	3/3	抽查3处，合格3处	√
	3	胶粘剂应有有害物质限量检测报告	第6.6.9条	/	检验合格，资料齐全	√
	4	面层与下一层结合	第6.6.10条	3/3	抽查3处，合格3处	√
一般项目	1	面层质量	第6.6.11条	3/3	抽查3处，合格3处	100%
	2	焊接质量	第6.6.12条	3/3	抽查3处，合格3处	100%
		焊缝凹凸	≤0.6mm	3/3	抽查3处，合格3处	100%
		焊缝的抗拉强度	第6.6.12条	3/3	抽查3处，合格3处	100%
	3	镶边用料	第6.6.13条	3/3	抽查3处，合格3处	100%
	4	踢脚线	第6.6.14条	3/3	抽查3处，合格3处	100%
	5	表面平整度	2mm	3/3	抽查3处，合格3处	100%
		缝格平直	3mm	3/3	抽查3处，合格3处	100%
		接缝高低差	0.5mm	3/3	抽查3处，合格3处	100%
		踢脚线上口平直	2.0mm	3/3	抽查3处，合格3处	100%
施工单位检查结果	符合要求			专业工长： 项目专业质量检查员：高爱云 张德法 2015 年××月××日		
监理单位验收结论	合格			专业监理工程师：刘东 2015 年××月××日		

一册在手 表格全有 贴近现场 资料无忧

《地面辐射供暖塑料板面层检验批质量验收记录》填写说明

1. 填写依据

(1)《建筑地面工程施工质量验收规范》GB 50209－2010。

(2)《建筑工程施工质量验收统一标准》GB 50300－2013。

2. 规范摘要

以下内容摘录自《建筑地面工程施工质量验收规范》GB 50209－2010。

地面验收基本要求参见"基土检验批质量验收记录"的验收要求的相关内容。

板块面层的允许偏差和检验方法应符合表 2-8 的规定。

地面辐射供暖的板块面层参见"地面辐射供暖板块面层检验批质量验收记录"的验收要求的相关内容。

塑料板面层参见"塑料板面层检验批质量验收记录"的验收要求的相关内容。

2.4　木、竹面层铺设

2.4.1　木、竹面层铺设资料列表

1. 实木地板、实木集成地板、竹地板面层

(1)施工技术资料

1)工程技术文件报审表

2)建筑地面工程施工方案

3)技术交底记录

①建筑地面工程施工方案技术交底记录

②实木地板、实木集成地板、竹地板面层工程技术交底记录

4)图纸会审记录、设计变更通知单、工程洽商记录

(2)施工物资资料

1)实木地板、实木集成地板、竹地板面层采用的地板的型式检验报告、出厂检验报告、出厂合格证

2)实木地板、实木集成地板、竹地板面层采用的地板有害物质限量检测报告

3)用作搁栅的木(竹)材含水率试验报告

4)胶粘剂出厂合格证、性能检测报告、胶粘剂有害物质限量检测报告、胶粘剂试验报告

5)防腐、防蛀材料质量合格证明文件等

6)材料、构配件进场检验记录

7)工程物资进场报验表

(3)施工记录

1)隐蔽工程验收记录

2)施工检查记录

(4)施工质量验收记录

1)实木地板、实木集成地板、竹地板面层检验批质量验收记录

2)木、竹面层铺设分项工程质量验收记录

3)分项/分部工程施工报验表

2. 实木复合地板面层

(1)施工技术资料

1)工程技术文件报审表

2)建筑地面工程施工方案

3)技术交底记录

①建筑地面工程施工方案技术交底记录

②实木复合地板面层工程技术交底记录

4)图纸会审记录、设计变更通知单、工程洽商记录

(2)施工物资资料

1)实木复合地板面层采用的地板的型式检验报告、出厂检验报告、出厂合格证

2)实木复合地板面层采用的地板有害物质限量检测报告

3)胶粘剂出厂合格证、性能检测报告、胶粘剂有害物质限量检测报告、胶粘剂试验报告

4)防腐、防蛀材料质量合格证明文件等

5)材料、构配件进场检验记录

6)工程物资进场报验表

(3)施工记录

1)隐蔽工程验收记录

2)施工检查记录

(4)施工质量验收记录

1)实木复合地板面层检验批质量验收记录

2)木、竹面层铺设分项工程质量验收记录

3)分项/分部工程施工报验表

(5)分户验收记录

实木复合地板面层质量分户验收记录表

3. 浸渍纸层压木质地板面层

(1)施工技术资料

1)工程技术文件报审表

2)建筑地面工程施工方案

3)技术交底记录

①建筑地面工程施工方案技术交底记录

②浸渍纸层压木质地板面层工程技术交底记录

4)图纸会审记录、设计变更通知单、工程洽商记录

(2)施工物资资料

1)浸渍纸层压木质地板面层采用的地板的型式检验报告、出厂检验报告、出厂合格证

2)浸渍纸层压木质地板面层采用的地板有害物质限量检测报告

3)胶粘剂出厂合格证、性能检测报告、胶粘剂有害物质限量检测报告、胶粘剂试验报告

4)防腐、防蛀材料质量合格证明文件等

5)材料、构配件进场检验记录

6)工程物资进场报验表

(3)施工记录

1)隐蔽工程验收记录

2)施工检查记录

(4)施工质量验收记录

1)浸渍纸层压木质地板面层检验批质量验收记录

2)木、竹面层铺设分项工程质量验收记录

3)分项/分部工程施工报验表

(5)浸渍纸层压木质地板面层质量分户验收记录表

4. 软木类地板面层

(1)施工技术资料

1)工程技术文件报审表

2)建筑地面工程施工方案

3)技术交底记录

①建筑地面工程施工方案技术交底记录

②软木类地板面层工程技术交底记录

4)图纸会审记录、设计变更通知单、工程洽商记录

（2）施工物资资料

1)软木类地板面层采用的地板的型式检验报告、出厂检验报告、出厂合格证

2)软木类地板面层采用的地板有害物质限量检测报告

3)胶粘剂出厂合格证、性能检测报告、胶粘剂有害物质限量检测报告、胶粘剂试验报告

4)防腐、防蛀材料质量合格证明文件等

5)材料、构配件进场检验记录

6)工程物资进场报验表

（3）施工记录

1)隐蔽工程验收记录

2)施工检查记录

（4）施工质量验收记录

1)软木类地板面层检验批质量验收记录

2)木、竹面层铺设分项工程质量验收记录

3)分项/分部工程施工报验表

5. 地面辐射供暖实木复合地板面层

（1）施工技术资料

1)工程技术文件报审表

2)建筑地面工程施工方案

3)技术交底记录

①建筑地面工程施工方案技术交底记录

②实木复合地板面层工程技术交底记录

4)图纸会审记录、设计变更通知单、工程洽商记录

（2）施工物资资料

1)实木复合地板面层采用的地板的型式检验报告、出厂检验报告、出厂合格证

2)实木复合地板面层采用的地板有害物质限量检测报告

3)胶粘剂出厂合格证、性能检测报告、胶粘剂有害物质限量检测报告、胶粘剂试验报告

4)防腐、防蛀材料质量合格证明文件等

5)材料、构配件进场检验记录

6)工程物资进场报验表

（3）施工记录

1)隐蔽工程验收记录

2)施工检查记录

（4）施工质量验收记录

1)地面辐射供暖实木复合地板面层检验批质量验收记录

2)木、竹面层铺设分项工程质量验收记录

3)分项/分部工程施工报验表

6.地面辐射供暖浸渍纸层压木质地板面层

(1)施工技术资料

1)工程技术文件报审表

2)建筑地面工程施工方案

3)技术交底记录

①建筑地面工程施工方案技术交底记录

②浸渍纸层压木质地板面层工程技术交底记录

4)图纸会审记录、设计变更通知单、工程洽商记录

(2)施工物资资料

1)浸渍纸层压木质地板面层采用的地板的型式检验报告、出厂检验报告、出厂合格证

2)浸渍纸层压木质地板面层采用的地板有害物质限量检测报告

3)胶粘剂出厂合格证、性能检测报告、胶粘剂有害物质限量检测报告、胶粘剂试验报告

4)防腐、防蛀材料质量合格证明文件等

5)材料、构配件进场检验记录

6)工程物资进场报验表

(3)施工记录

1)隐蔽工程验收记录

2)施工检查记录

(4)施工质量验收记录

1)地面辐射供暖浸渍纸层压木质地板面层检验批质量验收记录

2)木、竹面层铺设分项工程质量验收记录

3)分项/分部工程施工报验表

2.4.2　木、竹面层铺设资料填写范例及说明

1. 实木地板、实木集成地板、竹地板面层

<table>
<tr><td colspan="2" rowspan="2" style="text-align:center">隐蔽工程验收记录</td><td style="text-align:center">编　号</td><td style="text-align:center">×××</td></tr>
<tr><td colspan="2"></td></tr>
<tr><td style="text-align:center">工程名称</td><td colspan="3" style="text-align:center">××工程</td></tr>
<tr><td style="text-align:center">隐检项目</td><td style="text-align:center">地面工程(实木地板)</td><td style="text-align:center">隐检日期</td><td style="text-align:center">××年×月×日</td></tr>
<tr><td style="text-align:center">隐检部位</td><td colspan="3" style="text-align:center">首层地面　①~⑦/⑧~⑥轴　±0.00m 标高</td></tr>
<tr><td colspan="4">隐检依据:施工图图号＿＿＿＿建施－29＿＿＿＿,设计变更/洽商(编号＿＿＿＿/＿＿＿＿)及有关国家现行标准等。

　主要材料名称及规格/型号:＿＿＿＿红松龙骨 30×50＿＿＿＿。</td></tr>
<tr><td colspan="4">隐检内容:

　1.地龙骨木材的品种为红松,规格 30×50,中距 400mm,应符合设计要求。
　2.地龙骨应做防腐处理并刷防火涂料,符合规范规定。
　3.地垄墙上应抹 20mm 厚防水砂浆。
　4.地垄墙通风孔留置合理。

　　　　　　　　　　　　　　　　　　　　　　　　　　　　申报人:×××</td></tr>
<tr><td colspan="4">检查意见:

　经检查,上述内容均符合设计要求和《建筑地面工程施工质量验收规范》(GB 50209－2010)的规定。

检查结论:　☑同意隐蔽　　□不同意,修改后进行复查</td></tr>
<tr><td colspan="4">复查结论:

复查人:　　　　　　　　　　　　　　　　　　　复查日期:</td></tr>
<tr><td rowspan="3" style="text-align:center">签字栏</td><td rowspan="2" style="text-align:center">建设(监理)单位</td><td style="text-align:center">施工单位</td><td style="text-align:center">××建设工程有限公司</td></tr>
<tr><td style="text-align:center">专业技术负责人</td><td style="text-align:center"><table><tr><td>专业质检员</td><td>专业工长</td></tr></table></td></tr>
<tr><td style="text-align:center">×××</td><td style="text-align:center">×××</td><td style="text-align:center"><table><tr><td>×××</td><td>×××</td></tr></table></td></tr>
</table>

本表由施工单位填写,建设单位、施工单位、城建档案馆各保存一份。

实木地板、实木集成地板、竹地板面层检验批质量验收记录

03010401001

单位(子单位)工程名称	××大厦	分部(子分部)工程名称	建筑装饰装修/建筑地面	分项工程名称	实木地板、实木集成地板、竹地板面层
施工单位	××建筑有限公司	项目负责人	赵斌	检验批容量	20间
分包单位	北京宏伟建筑装饰工程有限公司	分包单位项目负责人	王阳	检验批部位	二层楼面1～10/A～E轴面层
施工依据	××大厦装饰装修施工方案		验收依据	《建筑地面工程施工质量验收规范》GB 50209-2010	

<table>
<tr><th colspan="3">验收项目</th><th>设计要求及规范规定</th><th>最小/实际抽样数量</th><th>检查记录</th><th>检查结果</th></tr>
<tr><td rowspan="5">主控项目</td><td>1</td><td colspan="2">材料质量</td><td>第7.2.8条</td><td>/</td><td>质量证明文件齐全,通过进场验收</td><td>√</td></tr>
<tr><td>2</td><td colspan="2">材料有害物质限量的检测报告</td><td>第7.2.9条</td><td>/</td><td>检验合格,报告编号××××</td><td>√</td></tr>
<tr><td>3</td><td colspan="2">木搁栅、垫木和垫层地板等应做防腐、防蛀处理</td><td>第7.2.10条</td><td>/</td><td>/</td><td>/</td></tr>
<tr><td>4</td><td colspan="2">木搁栅安装</td><td>第7.2.11条</td><td>/</td><td>/</td><td>/</td></tr>
<tr><td>5</td><td colspan="2">面层铺设应牢固;粘结应无空鼓松动</td><td>第7.2.12条</td><td>3/3</td><td>抽查3处,合格3处</td><td>√</td></tr>
<tr><td rowspan="14">一般项目</td><td>1</td><td colspan="2">实木地板、实木集成地板面层质量</td><td>第7.2.13条</td><td>3/3</td><td>抽查3处,合格3处</td><td>100%</td></tr>
<tr><td>2</td><td colspan="2">竹地板面层的品种与规格</td><td>第7.2.14条</td><td>3/3</td><td>抽查3处,合格3处</td><td>100%</td></tr>
<tr><td>3</td><td colspan="2">面层缝隙、接头位置和表面</td><td>第7.2.15条</td><td>3/3</td><td>抽查3处,合格3处</td><td>100%</td></tr>
<tr><td>4</td><td colspan="2">采用粘、钉工艺时面层质量</td><td>第7.2.16条</td><td>/</td><td>/</td><td>/</td></tr>
<tr><td>5</td><td colspan="2">踢脚线</td><td>第7.2.17条</td><td>3/3</td><td>抽查3处,合格3处</td><td>100%</td></tr>
<tr><td rowspan="9">6</td><td rowspan="3">板面缝隙宽度</td><td>拼花地板</td><td>0.2mm</td><td>3/3</td><td>抽查3处,合格3处</td><td>100%</td></tr>
<tr><td>硬木地板、竹地板</td><td>0.5mm</td><td>/</td><td>/</td><td>/</td></tr>
<tr><td>松木地板</td><td>1.0mm</td><td>/</td><td>/</td><td>/</td></tr>
<tr><td rowspan="2">表面平整度</td><td>拼花、硬木、竹</td><td>2.0mm</td><td>3/3</td><td>抽查3处,合格3处</td><td>100%</td></tr>
<tr><td>地板</td><td>3.0mm</td><td>/</td><td>/</td><td>/</td></tr>
<tr><td colspan="2">踢脚线上口平齐</td><td>3.0mm</td><td>3/3</td><td>抽查3处,合格3处</td><td>100%</td></tr>
<tr><td colspan="2">板面拼缝平直</td><td>3.0mm</td><td>3/3</td><td>抽查3处,合格3处</td><td>100%</td></tr>
<tr><td colspan="2">相邻板材高差</td><td>0.5mm</td><td>3/3</td><td>抽查3处,合格3处</td><td>100%</td></tr>
<tr><td colspan="2">踢脚线与面层接缝</td><td>1.0mm</td><td>3/3</td><td>抽查3处,合格3处</td><td>100%</td></tr>
</table>

施工单位检查结果	符合要求　　　　　　　　　　　专业工长: 　　　　　　　　　　项目专业质量检查员:　高爱云　张佳慧 　　　　　　　　　　　　　　　　　　　　2015年××月××日
监理单位验收结论	合格 　　　　　　　专业监理工程师:　刘东 　　　　　　　　　　　　　　　2015年××月××日

《实木地板、实木集成地板、竹地板面层检验批质量验收记录》填写说明

1. 填写依据

(1)《建筑地面工程施工质量验收规范》GB 50209－2010。

(2)《建筑工程施工质量验收统一标准》GB 50300－2013。

2. 规范摘要

以下内容摘录自《建筑地面工程施工质量验收规范》GB 50209－2010。

地面验收基本要求参见"基土检验批质量验收记录"的验收要求的相内容。木、竹面层的允许偏差和检验方法应符合表 2-9 的规定。

表 2-9　　　　　　　　　　　木、竹面层的允许偏差和检验方法

项次	项目	允许偏差(mm)				检验方法
		实木地板、实木集成地板、竹地板面层			浸渍纸层压木质地板、实木复合地板、软木类地板面层	
		松木地板	硬木地板、竹地板	拼花地板		
1	截面缝隙宽度	1.0	0.5	0.2	0.5	用钢尺检查
2	表面平整度	3.0	2.0	2.0	2.0	用2m靠尺和楔形塞尺检查
3	踢脚线上口平齐	3.0	3.0	3.0	3.0	拉5m线和用钢尺检查
4	板面拼缝平直	3.0	3.0	3.0	3.0	
5	相邻板材高差	0.5	0.5	0.5	0.5	用钢尺和楔形塞尺检查
6	踢脚线与面层的接缝	1.0	楔形塞尺检查			

(1)实木地板、实木集成地板、竹地板面层应采用条材或块材或拼花,以空铺或实铺方式在基层上铺设。

(2)实木地板、实木集成地板、竹地板面层可采用双层面层和单层面层铺设,其厚度应符合设计要求;其选材应符合国家现行有关标准的规定。

(3)铺设实木地板、实木集成地板、竹地板面层时,其木搁栅的截面尺寸、间距和稳固方法等均应符合设计要求。木搁栅固定时,不得损坏基层和预埋管线。木搁栅应垫实钉牢,与柱、墙之间留出 20mm 的缝隙,表面应平直,其间距不宜大于 300mm。

(4)当面层下铺设垫层地板时,垫层地板的髓心应向上,板间缝隙不应大于 3mm,与柱、墙之间应留 8～12mm 的空隙,表面应刨平。

(5)实木地板、实木集成地板、竹地板面层铺设时,相邻板材接头位置应错开不小于 300mm 的距离;与柱、墙之间应留 8～12mm 的空隙。

(6)采用实木制作的踢脚线,背面应抽槽并做防腐处理。

(7)席纹实木地板面层、拼花实木地板面层的铺设应符合《建筑地面工程施工质量验收规范》GB 50209－2010 本节的有关要求。

主控项目

(1)实木地板、实木集成地板、竹地板面层采用的地板、铺设时的木(竹)材含水率、胶粘剂等

一册在手　表格全有　贴近现场　资料无忧

应符合设计要求和国家现行有关标准的规定。

检验方法:观察检查和检查型式检验报告、出厂检验报告、出厂合格证。

检查数量:同一工程、同一材料、同一生产厂家、同一型号、同一规格、同一批号检查一次。

(2)实木地板、实木集成地板、竹地板面层采用的材料进入施工现场时,应有以下有害物质限量合格的检测报告:

1)地板中的游离甲醛(释放量或含量);

2)溶剂型胶粘剂中的挥发性有机化合物(VOC)、苯、甲苯十二甲苯;

3)水性胶粘剂中的挥发性有机化合物(VOC)和游离甲醛。

检验方法:检查检测报告。

检查数量:同一工程、同一材料、同一生产厂家、同一型号、同一规格、同一批号检查一次。

(3)木搁栅、垫木和垫层地板等应做防腐、防蛀处理。

检验方法:观察检查和检查验收记录。

检查数量:按《建筑地面工程施工质量验收规范》GB 50209-2010 第 3.0.21 条规定的检验批检查。

(4)木搁栅安装应牢固、平直。

检验方法:观察、行走、钢尺测量等检查和检查验收记录。

检查数量:按《建筑地面工程施工质量验收规范》GB 50209-2010 第 3.0.21 条规定的检验批检查。

(5)面层铺设应牢固;粘结应无空鼓、松动。

检验方法:观察、行走或用小锤轻击检查。

检查数量:按《建筑地面工程施工质量验收规范》GB 50209-2010 第 3.0.21 条规定的检验批检查。

一般项目

(1)实木地板、实木集成地板面层应刨平、磨光,无明显刨痕和毛刺等现象;图案应清晰、颜色应均匀一致。

检验方法:观察、手摸和行走检查。

检查数量:按《建筑地面工程施工质量验收规范》GB 50209-2010 第 3.0.21 条规定的检验批检查。

(2)竹地板面层的品种与规格应符合设计要求,板面应无翘曲。

检验方法:观察、用 2m 靠尺和楔形塞尺检查。

检查数量:按《建筑地面工程施工质量验收规范》GB 50209-2010 第 3.0.21 条规定的检验批检查。

(3)面层缝隙应严密;接头位置应错开,表面应平整、洁净。

检验方法:观察检查。

检查数量:按《建筑地面工程施工质量验收规范》GB 50209-2010 第 3.0.21 条规定的检验批检查。

(4)面层采用粘、钉工艺时,接缝应对齐,粘、钉应严密;缝隙宽度应均匀一致;表面应洁净,无溢胶现象。

检验方法:观察检查。

检查数量:按《建筑地面工程施工质量验收规范》GB 50209-2010 第 3.0.21 条规定的检验

批检查。

（5）踢脚线应表面光滑，接缝严密，高度一致。

检验方法：观察和钢尺检查。

检查数量：按《建筑地面工程施工质量验收规范》GB 50209－2010 第 3.0.21 条规定的检验批检查。

（6）实木地板、实木集成地板、竹地板面层的允许偏差应符合《建筑地面工程施工质量验收规范》GB 50209－2010 表 7.1.8 的规定。

检验方法：按《建筑地面工程施工质量验收规范》GB 50209－2010 表 7.1.8 中的检验方法检验。

检查数量：按《建筑地面工程施工质量验收规范》GB 50209－2010 第 3.0.21 条规定的检验批和第 3.0.22 条规定检查。

<u>木、竹面层铺设</u> 分项工程质量验收记录

单位(子单位)工程名称	××工程	结构类型	框架剪力墙
分部(子分部)工程名称	建筑地面	检验批数	6
施工单位	××建设工程有限公司	项目经理	×××
分包单位	/	分包项目经理	/

序号	检验批名称及部位、区段	施工单位检查评定结果	监理(建设)单位验收结论
1	一层地面①～⑩/A～E轴	✓	
2	一层楼面①～⑩/A～E轴	✓	
3	三层楼面①～⑩/A～E轴	✓	
4	四层楼面①～⑩/A～E轴	✓	
5	五层楼面①～⑩/A～E轴	✓	
6	六层楼面①～⑩/A～E轴	✓	验收合格

说明:

检查结论	上述部位楼地面实木地板面层施工质量符合《建筑地面工程施工质量验收规范》(GB 50209－2010)的要求,木、竹面层铺设分项工程合格。 项目专业技术负责人:××× 2015 年×月×日	验收结论	同意施工单位检查结论,验收合格。 监理工程师:××× (建设单位项目专业技术负责人) 2015 年×月×日

注:地基基础、主体结构工程的分项工程质量验收不填写"分包单位"、"分包项目经理"。

2. 实木复合地板面层

实木复合地板面层检验批质量验收记录

03010402001

单位（子单位）工程名称	××大厦		分部（子分部）工程名称	建筑装饰装修/建筑地面	分项工程名称		实木复合地板面层
施工单位	××建筑有限公司		项目负责人	赵斌	检验批容量		20 间
分包单位	××建筑装饰工程有限公司		分包单位项目负责人	王阳	检验批部位		二层楼面1～10/A～E轴面层
施工依据	××大厦装饰装修施工方案			验收依据	《建筑地面工程施工质量验收规范》GB50209-2010		

		验收项目	设计要求及规范规定	最小/实际抽样数量	检查记录	检查结果
主控项目	1	材料质量	第7.3.6条	/	质量证明文件齐全，通过进场验收	√
	2	材料有害物质限量的检测报告	第7.3.7条	/	检验合格，报告编号××××	√
	3	木搁栅、垫木和垫层地板等应做防腐防蛀处理	第7.3.8条	/	/	/
	4	木搁栅安装应牢固、平直	第7.3.9条	/	/	/
	5	面层铺设	第7.3.10条	3/3	抽查3处，合格3处	√
一般项目	1	面层外观质量	第7.3.11条	3/3	抽查3处，合格3处	100%
	2	面层接头	第7.3.12条	3/3	抽查3处，合格3处	100%
	3	粘、钉工艺时面层质量	第7.3.13条	/	/	/
	4	踢脚线	第7.3.14条	3/3	抽查3处，合格3处	100%
	5	板面缝隙宽度	0.5mm	3/3	抽查3处，合格3处	100%
		表面平整度	2.0mm	3/3	抽查3处，合格3处	100%
		踢脚线上口平齐	3.0mm	3/3	抽查3处，合格3处	100%
		板面拼缝平直	3.0mm	3/3	抽查3处，合格3处	100%
		相邻板材高差	0.5mm	3/3	抽查3处，合格3处	100%
		踢脚线与面层的接缝	1.0mm	3/3	抽查3处，合格3处	100%

施工单位检查结果	符合要求 专业工长： 项目专业质量检查员：高爱云　张凝 2015 年××月××日
监理单位验收结论	合格 专业监理工程师：刘东 2015 年××月××日

《实木复合地板面层检验批质量验收记录》填写说明

1. 填写依据

(1)《建筑地面工程施工质量验收规范》GB 50209－2010。

(2)《建筑工程施工质量验收统一标准》GB 50300－2013。

2. 规范摘要

以下内容摘录自《建筑地面工程施工质量验收规范》GB 50209－2010。

地面验收基本要求参见"基土检验批质量验收记录"的验收要求的相内容。

实木复合地板面层的允许偏差和检验方法应符合表2-9的规定。

(1)实木复合地板面层采用的材料、铺设方式、铺设方法、厚度以及垫层地板铺设等,均应符合《建筑地面工程施工质量验收规范》GB 50209－2010第7.2.1条～7.2.4条的规定。

(2)实木复合地板面层应采用空铺法或粘贴法(满粘或点粘)铺设。采用粘贴法铺设时,粘贴材料应按设计要求选用,并应具有耐老化、防水、防菌、无毒等性能。

(3)实木复合地板面层下衬垫的材料和厚度应符合设计要求。

(4)实木复合地板面层铺设时,相邻板材接头位置应错开不小于300mm的距离;与柱、墙之间应留不小于10mm的空隙。当面层采用无龙骨的空铺法铺设时,应在面层与柱、墙之间的空隙内加设金属弹簧卡或木楔子,其间距宜为200～300mm。

(5)大面积铺设实木复合地板面层时,应分段铺设,分段缝的处理应符合设计要求。

主控项目

(1)实木复合地板面层采用的地板、胶粘剂等应符合设计要求和国家现行有关标准的规定。

检验方法:观察检查和检查型式检验报告、出厂检验报告、出厂合格证。

检查数量:同一工程、同一材料、同一生产厂家、同一型号、同一规格、同一批号检查一次。

(2)实木复合地板面层采用的材料进入施工现场时,应有以下有害物质限量合格的检测报告:

1)地板中的游离甲醛(释放量或含量)

2)溶剂型胶粘剂中的挥发性有机化合物(VOC)、苯、甲苯十二甲苯;

3)水性胶粘剂中的挥发性有机化合物(VOC)和游离甲醛。

检验方法:检查检测报告。

检查数量:同一工程、同一材料、同一生产厂家、同一型号、同一规格、同一批号检查一次。

(3)木搁栅、垫木和垫层地板等应做防腐、防蛀处理。

检验方法:观察检查和检查验收记录。

检查数量:按《建筑地面工程施工质量验收规范》GB 50209－2010第3.0.21条规定的检验批检查。

(4)木搁栅安装应牢固、平直。

检验方法:观察、行走、钢尺测量等检查和检查验收记录。

检查数量:按《建筑地面工程施工质量验收规范》GB 50209－2010第3.0.21条规定的检验批检查。

(5)面层铺设应牢固;粘贴应无空鼓、松动。

检验方法:观察、行走或用小锤轻击检查。

检查数量:按《建筑地面工程施工质量验收规范》GB 50209-2010 第 3.0.21 条规定的检验批检查。

一般项目

(1)实木复合地板面层图案和颜色应符合设计要求,图案应清晰,颜色应一致,板面应无翘曲。

检验方法:观察、用 2m 靠尺和楔形塞尺检查。

检查数量:按《建筑地面工程施工质量验收规范》GB 50209-2010 第 3.0.21 条规定的检验批检查。

(2)面层缝隙应严密;接头位置应错开,表面应平整、洁净。

检验方法:观察检查。

检查数量:按《建筑地面工程施工质量验收规范》GB 50209-2010 第 3.0.21 条规定的检验批检查。

(3)面层采用粘、钉工艺时,接缝应对齐,粘、钉应严密;缝隙宽度应均匀一致;表面应洁净,无溢胶现象。

检验方法:观察检查。

检查数量:按《建筑地面工程施工质量验收规范》GB 50209-2010 第 3.0.21 条规定的检验批检查。

(4)踢脚线应表面光滑,接缝严密,高度一致。

检验方法:观察和钢尺检查。

检查数量:按《建筑地面工程施工质量验收规范》GB 50209-2010 第 3.0.21 条规定的检验批检查。

(5)实木复合地板面层的允许偏差应符合《建筑地面工程施工质量验收规范》GB 50209-2010 表 7.1.8 的规定。

检验方法:按《建筑地面工程施工质量验收规范》GB 50209-2010 表 7.1.8 中的检验方法检验。

检查数量:按《建筑地面工程施工质量验收规范》GB 50209-2010 第 3.0.21 条规定的检验批和第 3.0.22 条的规定检查。

3. 浸渍纸层压木质地板面层

浸渍纸层压木质地板面层检验批质量验收记录

03010403001

单位(子单位) 工程名称	××大厦		分部(子分部) 工程名称	建筑装饰装修/ 建筑地面	分项工程名称	浸渍纸层压木质 地板面层
施工单位	××建筑有限公司		项目负责人	赵斌	检验批容量	20间
分包单位	××建筑装饰工程 有限公司		分包单位项目 负责人	王阳	检验批部位	二层楼面1~ 10/A~E轴面层
施工依据	××大厦装饰装修施工方案			验收依据	《建筑地面工程施工质量验收规 范》GB50209-2010	

		验收项目	设计要求及 规范规定	最小/实际抽 样数量	检查记录	检查结果
主控项目	1	材料质量	第7.4.5条	/	质量证明文件齐全,通过 进场验收	√
	2	材料有害物质限量的检测 报告	第7.4.6条	/	检验合格,报告编号 ××××	√
	3	木搁栅安装	第7.4.7条	3/3	抽查3处,合格3处	√
	4	面层铺设	第7.4.8条	3/3	抽查3处,合格3处	√
一般项目	1	面层外观质量	第7.4.9条	3/3	抽查3处,合格3处	100%
	2	面层接头	第7.4.10条	3/3	抽查3处,合格3处	100%
	3	踢脚线	第7.4.11条	3/3	抽查3处,合格3处	100%
	4	板面缝隙宽度	0.5mm	3/3	抽查3处,合格3处	100%
		表面平整度	2.0mm	3/3	抽查3处,合格3处	100%
		踢脚线上口平齐	3.0mm	3/3	抽查3处,合格3处	100%
		板面拼缝平直	3.0mm	3/3	抽查3处,合格3处	100%
		相邻板材高差	0.5mm	3/3	抽查3处,合格3处	100%
		踢脚线与面层的接缝	1.0mm	3/3	抽查3处,合格3处	100%
施工单位检查结果	符合要求 专业工长: 项目专业质量检查员: 2015年××月××日					
监理单位验收结论	合格 专业监理工程师: 2015年××月××日					

《浸渍纸层压木质地板面层检验批质量验收记录》填写说明

1. 填写依据

(1)《建筑地面工程施工质量验收规范》GB 50209－2010。

(2)《建筑工程施工质量验收统一标准》GB 50300－2013。

2. 规范摘要

以下内容摘录自《建筑地面工程施工质量验收规范》GB 50209－2010。

地面验收基本要求参见"基土检验批质量验收记录"的验收要求的相内容。

浸渍纸层压木质地板面层的允许偏差和检验方法应符合表 2-9 的规定。

(1)浸渍纸层压木质地板面层应采用条材或块材,以空铺或粘贴方式在基层上铺设。

(2)浸渍纸层压木质地板面层可采用有垫层地板和无垫层地板的方式铺设。有垫层地板时,垫层地板的材料和厚度应符合设计要求。

(3)浸渍纸层压木质地板面层铺设时,相邻板材接头位置应错开不小于 300mm 的距离;衬垫层、垫层地板及面层与柱、墙之间均应留出不小于 10mm 的空隙。

(4)浸渍纸层压木质地板面层采用无龙骨的空铺法铺设时,宜在面层与基层之间设置衬垫层,衬垫层的材料和厚度应符合设计要求;并应在面层与柱、墙之间的空隙内加设金属弹簧卡或木楔子,其间距宜为 200～300mm。

主控项目

(1)浸渍纸层压木质地板面层采用的地板、胶粘剂等应符合设计要求和国家现行有关标准的规定。

检验方法:观察检查和检查型式检验报告、出厂检验报告、出厂合格证。

检查数量:同一工程、同一材料、同一生产厂家、同一型号、同一规格、同一批号检查一次。

(2)浸渍纸层压木质地板面层采用的材料进入施工现场时,应有以下有害物质限量合格的检测报告:

1)地板中的游离甲醛(释放量或含量);

2)溶剂型胶粘剂中的挥发性有机化合物(VOC)、苯、甲苯十二甲苯;

3)水性胶粘剂中的挥发性有机化合物(VOC)和游离甲醛。

检验方法:检查检测报告。

检查数量:同一工程、同一材料、同一生产厂家、同一型号、同一规格、同一批号检查一次。

(3)木搁栅、垫木和垫层地板等应做防腐、防蛀处理;其安装应牢固、平直,表面应洁净。

检验方法:观察、行走、钢尺测量等检查和检查验收记录。

检查数量:按《建筑地面工程施工质量验收规范》GB 50209－2010 第 3.0.21 条规定的检验批检查。

(4)面层铺设应牢固、平整;粘贴应无空鼓、松动。

检验方法:观察、行走、钢尺测量、用小锤轻击检查。

检查数量:按《建筑地面工程施工质量验收规范》GB 50209－2010 第 3.0.21 条规定的检验批检查。

一般项目

(1)浸渍纸层压木质地板面层的图案和颜色应符合设计要求,图案应清晰,颜色应一致,板面

一册在手　表格全有　贴近现场　资料无忧

应无翘曲。

检验方法:观察、用 2m 靠尺和楔形塞尺检查。

检查数量:按《建筑地面工程施工质量验收规范》GB 50209－2010 第 3.0.21 条规定的检验批检查。

(2)面层的接头应错开、缝隙应严密、表面应洁净。

检验方法:观察检查。

检查数量:按《建筑地面工程施工质量验收规范》GB 50209－2010 第 3.0.21 条规定的检验批检查。

(3)踢脚线应表面光滑,接缝严密,高度一致。

检验方法:观察和钢尺检查。

检查数量:按《建筑地面工程施工质量验收规范》GB 50209－2010 第 3.0.21 条规定的检验批检查。

(4)浸渍纸层压木质地板面层的允许偏差应符合《建筑地面工程施工质量验收规范》GB 50209－2010 表 7.1.8 的规定。

检验方法:按《建筑地面工程施工质量验收规范》GB 50209－2010 表 7.1.8 中的检验方法检验。

检查数量:按《建筑地面工程施工质量验收规范》GB 50209－2010 第 3.0.21 条规定的检验批和第 3.0.22 条的规定检查。

4. 软木类地板面层

软木类地板面层检验批质量验收记录

03010404<u>001</u>

单位（子单位）工程名称		××大厦	分部（子分部）工程名称		建筑装饰装修/建筑地面	分项工程名称	软木类地板面层
施工单位		××建筑有限公司	项目负责人		赵斌	检验批容量	20 间
分包单位		××建筑装饰工程有限公司	分包单位项目负责人		王阳	检验批部位	二层楼面1～10/A～E轴面层
施工依据		××大厦装饰装修施工方案	验收依据		《建筑地面工程施工质量验收规范》GB50209-2010		
		验收项目	设计要求及规范规定	最小/实际抽样数量	检查记录		检查结果
主控项目	1	材料质量	第7.5.5条	/	质量证明文件齐全，通过进场验收		√
	2	材料有害物质限量的检测报告	第7.5.6条	/	检验合格，报告编号××××		√
	3	木搁栅安装	第7.5.7条	/	/		
	4	面层铺设	第7.5.8条	3/3	抽查3处，合格3处		√
一般项目	1	面层质量	第7.5.9条	3/3	抽查3处，合格3处		100%
	2	面层缝隙接头	第7.5.10条	3/3	抽查3处，合格3处		100%
	3	踢脚线	第7.5.11条	3/3	抽查3处，合格3处		100%
	4	板面缝隙宽度	0.5mm	3/3	抽查3处，合格3处		100%
		表面平整度	2.0mm	3/3	抽查3处，合格3处		100%
		踢脚线上口平齐	3.0mm	3/3	抽查3处，合格3处		100%
		板面拼缝平直	3.0mm	3/3	抽查3处，合格3处		100%
		相邻板材高差	0.5mm	3/3	抽查3处，合格3处		100%
		踢脚线与面层的接缝	1.0mm	3/3	抽查3处，合格3处		100%
施工单位检查结果		符合要求		专业工长：　　　　　高爱云 项目专业质量检查员：张世杰 2015 年××月××日			
监理单位验收结论		合格		专业监理工程师：　　刘东 2015 年××月××日			

《软木类地板面层检验批质量验收记录》填写说明

1. 填写依据

(1)《建筑地面工程施工质量验收规范》GB 50209－2010。

(2)《建筑工程施工质量验收统一标准》GB 50300－2013。

2. 规范摘要

以下内容摘录自《建筑地面工程施工质量验收规范》GB 50209－2010。

地面验收基本要求参见"基土检验批质量验收记录"的验收要求的相内容。

软木类地板面层的允许偏差和检验方法应符合表 2-9 的规定。

(1)软木类地板面层应采用软木地板或软木复合地板的条材或块材,在水泥类基层或垫层地板上铺设。软木地板面层应采用粘贴方式铺设,软木复合地板面层应采用空铺方式铺设。

(2)软木类地板面层的厚度应符合设计要求。

(3)软木类地板面层的垫层地板在铺设时,与柱、墙之间应留不大于 20mm 的空隙,表面应刨平。

(4)软木类地板面层铺设时,相邻板材接头位置应错开不小于 1/3 板长且不小于 200mm 的距离;面层与柱、墙之间应留出 8～12mm 的空隙;软木复合地板面层铺设时,应在面层与柱、墙之间的空隙内加设金属弹簧卡或木楔子,其间距宜为 200～300mm。

主控项目

(1)软木类地板面层采用的地板、胶粘剂等应符合设计要求和国家现行有关标准的规定。

检验方法:观察检查和检查型式检验报告、出厂检验报告、出厂合格证。

检查数量:同一工程、同一材料、同一生产厂家、同一型号、同一规格、同一批号检查一次。

(2)软木类地板面层采用的材料进入施工现场时,应有以下有害物质限量合格的检测报告:

1)地板中的游离甲醛(释放量或含量);

2)溶剂型胶粘剂中的挥发性有机化合物(VOC)、苯、甲苯十二甲苯;

3)水性胶粘剂中的挥发性有机化合物(VOC)和游离甲醛。

检验方法:检查检测报告。

检查数量:同一工程、同一材料、同一生产厂家、同一型号、同一规格、同一批号检查一次。

(3)木搁栅、垫木和垫层地板等应做防腐、防蛀处理;其安装应牢固、平直,表面应洁净。

检验方法:观察、行走、钢尺测量等检查和检查验收记录。

检查数量:按《建筑地面工程施工质量验收规范》GB 50209－2010 第 3.0.21 条规定的检验批检查。

(4)软木类地板面层铺设应牢固;粘贴应无空鼓、松动。

检验方法:观察、行走检查。

检查数量:按《建筑地面工程施工质量验收规范》GB 50209－2010 第 3.0.21 条规定的检验批检查。

一般项目

(1)软木类地板面层的拼图、颜色等应符合设计要求,板面应无翘曲。

检查方法:观察,2m靠尺和契形塞尺检查。

检查数量:按《建筑地面工程施工质量验收规范》GB 50209－2010 第 3.0.21 条规定的检验

批检查。

（2）软木类地板面层缝隙应均匀，接头位置应错开，表面应洁净。

检查方法：观察检查。

检查数量：按《建筑地面工程施工质量验收规范》GB 50209－2010 第 3.0.21 条规定的检验批检查。

（3）踢脚线应表面光滑，接缝严密，高度一致。

检验方法：观察和钢尺检查。

检查数量：按《建筑地面工程施工质量验收规范》GB 50209－2010 第 3.0.21 条规定的检验批检查。

（4）软木类地板面层的允许偏差应符合《建筑地面工程施工质量验收规范》GB 50209－2010 表 7.1.8 的规定。

检验方法：按《建筑地面工程施工质量验收规范》GB 50209－2010 表 7.1.8 中的检验方法检验。

检查数量：按《建筑地面工程施工质量验收规范》GB 50209－2010 第 3.0.21 条规定的检验批和第 3.0.22 条的规定检查。

5. 地面辐射供暖实木复合地板面层

地面辐射供暖实木复合地板面层检验批质量验收记录

03010405<u>001</u>

单位(子单位) 工程名称	××大厦	分部(子分部) 工程名称	建筑装饰装修/建筑 地面	分项工程名称	地面辐射供暖实木复 合地板面层
施工单位	××建筑有限公司	项目负责人	赵斌	检验批容量	20间
分包单位	××建筑装饰工程 有限公司	分包单位项目 负责人	王阳	检验批部位	二层楼面1~10/A ~E轴面层
施工依据	××大厦装饰装修施工方案		验收依据	《建筑地面工程施工质量验收规范》 GB50209-2010	

		验收项目	设计要求及规 范规定	最小/实际 抽样数量	检查记录	检查结果
主控项目	1	材料质量	第7.6.5条	/	质量证明文件齐全,通过进场验收	√
	2	面层缝格设置	第7.6.6条	3/3	抽查3处,合格3处	√
	3	材料有害物质限量的检测报告	第7.3.7条	/	试验合格,报告编号××××	√
	4	木搁栅、垫木和垫层地板等应做防 腐、防蛀处理	第7.3.8条	/	检验合格,资料齐全	√
	5	木搁栅安装	第7.3.9条	3/3	抽查3处,合格3处	√
	6	面层铺设质量	第7.3.10条	3/3	抽查3处,合格3处	√
一般项目	1	耐热防潮纸(布)铺设	第7.6.8条	3/3	抽查3处,合格3处	100%
	2	面层外观质量	第7.3.11条	3/3	抽查3处,合格3处	100%
	3	面层缝隙、接头	第7.3.12条	3/3	抽查3处,合格3处	100%
	4	粘、钉工艺时面层质量	第7.3.13条	3/3	抽查3处,合格3处	100%
	5	踢脚线	第7.3.14条	3/3	抽查3处,合格3处	100%
	6	板面隙宽度	0.5mm	3/3	抽查3处,合格3处	100%
		表面平整度	2.0mm	3/3	抽查3处,合格3处	100%
		踢脚线上口平齐	3.0mm	3/3	抽查3处,合格3处	100%
		板面拼缝平直	3.0mm	3/3	抽查3处,合格3处	100%
		相邻板材高差	0.5mm	3/3	抽查3处,合格3处	100%
		踢脚线与面层接缝	1.0mm	3/3	抽查3处,合格3处	100%
施工单位检查结果	符合要求 专业工长: 项目专业质量检查员: *高爱云* *张世浩* 2015年××月××日					
监理单位验收结论	合格 专业监理工程师: *刘东* 2015年××月××日					

一册在手 表格全有 贴近现场 资料无忧

《地面辐射供暖实木复合地板面层检验批质量验收记录》填写说明

1. 填写依据

(1)《建筑地面工程施工质量验收规范》GB50209－2010。

(2)《建筑工程施工质量验收统一标准》GB50300－2013。

2. 规范摘要

以下内容摘录自《建筑地面工程施工质量验收规范》GB50209－2010。

地面验收基本要求参见"基土检验批质量验收记录"的验收要求的相内容。

地面辐射供暖实木复合地板面层的允许偏差和检验方法应符合表 2-9 的规定。

实木复合地板面层参见"实木复合地板面层检验批质量验收记录"的验收要求的相内容。

(1)地面辐射供暖的木板面层宜采用实木复合地板、浸渍纸层压木质地板等,应在填充层上铺设。

(2)地面辐射供暖的木板面层可采用空铺法或胶粘法(满粘或点粘)铺设。当面层设置垫层地板时,垫层地板的材料和厚度应符合设计要求。

(3)与填充层接触的龙骨、垫层地板、面层地板等应采用胶粘法铺设。铺设时填充层的含水率应符合胶粘剂的技术要求。

(4)地面辐射供暖的木板面层铺设时不得扰动填充层,不得向填充层内楔入任何物件。面层铺设尚应符合《建筑地面工程施工质量验收规范》GB50209－2010 第 7.3 节、7.4 节的有关规定。

主控项目

(1)地面辐射供暖的木板面层采用的材料或产品除应符合设计要求和本规范相应面层的规定外,还应具有耐热性、热稳定性、防水、防潮、防霉变等特点。

检验方法:观察检查和检查质量合格证明文件。

检查数量:同一工程、同一材料、同一生产厂家、同一型号、同一规格、同一批号检查一次。

(2)地面辐射供暖的木板面层与柱、墙之间应留不小于 10mm 的空隙。当采用无龙骨的空铺法铺设时,应在空隙内加设金属弹簧卡或木楔子,其间距宜为 200～300mm。

检验方法:观察和钢尺检查。

检查数量:按本规范第 3.0.21 条规定的检验批检查。

(3)其余主控项目及检验方法、检查数量应符合《建筑地面工程施工质量验收规范》GB50209－2010 第 7.3 节、7.4 节的有关规定。

一般项目

(1)地面辐射供暖的木板面层采用无龙骨的空铺法铺设时,应在填充层上铺设一层耐热防潮纸(布),防潮纸(布)应采用胶粘搭接,搭接尺寸应合理,铺设后表面应平整,无皱褶。

检验方法:观察检查。

检查数量:按《建筑地面工程施工质量验收规范》GB50209－2010 第 3.0.21 条规定的检验批检查。

(2)其余一般项目及检验方法、检查数量应符合《建筑地面工程施工质量验收规范》GB50209－2010 第 7.3 节、7.4 节的有关规定。

6. 地面辐射供暖浸渍纸层压木质地板面层

地面辐射供暖实浸渍纸层压木质地板面层检验批质量验收记录

03010406001

单位（子单位）工程名称	××大厦	分部（子分部）工程名称	建筑装饰装修/建筑地面	分项工程名称	地面辐射供暖浸渍纸层木质地板面层
施工单位	××建筑有限公司	项目负责人	赵斌	检验批容量	20间
分包单位	××建筑装饰工程有限公司	分包单位项目负责人	王阳	检验批部位	二层楼面1～10/A～E轴面层
施工依据	××大厦装饰装修施工方案		验收依据	《建筑地面工程施工质量验收规范》GB50209-2010	

		验收项目	设计要求及规范规定	最小/实际抽样数量	检查记录	检查结果
主控项目	1	材料质量	第7.6.5条	/	质量证明文件齐全，通过进场验收	√
	2	面层缝格设置	第7.6.6条	3/3	抽查3处，合格3处	√
	3	材料有害物质限量的检测报告	第7.4.6条	/	试验合格，报告编号××××	√
	4	木搁栅安装	第7.4.7条	/	/	/
	5	面层铺设	第7.4.8条	3/3	抽查3处，合格3处	√
一般项目	1	耐热防潮纸（布）铺设	第7.6.8条	3/3	抽查3处，合格3处	100%
	2	面层外观质量	第7.4.9条	3/3	抽查3处，合格3处	100%
	3	面层接头	第7.4.10条	3/3	抽查3处，合格3处	100%
	4	踢脚线	第7.4.11条	3/3	抽查3处，合格3处	100%
	5	板面隙宽度	0.5mm	3/3	抽查3处，合格3处	100%
		表面平整度	2.0mm	3/3	抽查3处，合格3处	100%
		踢脚线上口平齐	3.0mm	3/3	抽查3处，合格3处	100%
		板面拼缝平直	3.0mm	3/3	抽查3处，合格3处	100%
		相邻板材高差	0.5mm	3/3	抽查3处，合格3处	100%
		踢脚线与面层接缝	1.0mm	3/3	抽查3处，合格3处	100%

施工单位检查结果	符合要求　　　　专业工长：高爱云　项目专业质量检查员：张晓磊　2015年××月××日
监理单位验收结论	合格　　　　专业监理工程师：刘东　2015年××月××日

《地面辐射供暖实浸渍纸层压木质地板面层检验批质量验收记录》填写说明

1. 填写依据

(1)《建筑地面工程施工质量验收规范》GB 50209－2010。

(2)《建筑工程施工质量验收统一标准》GB 50300－2013。

2. 规范摘要

以下内容摘录自《建筑地面工程施工质量验收规范》GB 50209－2010。

地面验收基本要求参见"基土检验批质量验收记录"的验收要求的相内容。

地面辐射供暖实浸渍纸层压木质地板面层的允许偏差和检验方法应符合表 2-9 的规定。

地面辐射供暖的木板面层参见"地面辐射供暖实木复合地板面层检验批质量验收记录"的验收要求的相内容。

浸渍纸层压木质地板面层参见"浸渍纸层压木质地板面层检验批质量验收记录"的验收要求的相内容。

第 3 章

抹灰工程

3.0　抹灰工程资料应参考的标准及规范清单

1.《建筑装饰装修工程质量验收规范》GB 50210—2001

2.《住宅装饰装修工程施工规范》GB 50327—2001

3.《通用硅酸盐水泥》GB 175—2007/XG1—2009/XG2—2015

4.《建设用砂》(GB/T 14684-2011)

5.《民用建筑工程室内环境污染控制规范(2013 版)》GB 50325—2010

6.《白色硅酸盐水泥》GB/T 2015—2005

7.《建筑石膏》GB/T 9776—2008

8.《混凝土外加剂》GB 8076—2008

9.《建筑设计防火规范》GB 50016—2014

10.《轻集料及其试验方法》GB/T 17431.1～2—2010

11.《普通混凝土用砂、石质量及检验方法标准》JGJ 52—2006

12.《建筑砂浆基本性能试验方法标准》JGJ/T 70—2009

13.《混凝土用水标准》JGJ 63—2006

14.《建筑工程冬期施工规程》JGJ/T 104—2011

15.《建筑机械使用安全技术规程》JGJ 33—2012

16.《施工现场临时用电安全技术规范》JGJ 46—2005

17.《建筑施工高处作业安全技术规范》JGJ 80—1991

18.《建筑生石灰》JC/T 479—2013

19.《建筑消石灰》JC/T 481—2013

20.《耐碱玻璃纤维网布》JC/T 841—2007

21.《高级建筑装饰工程质量验收标准》DBJ/T 01—27—2003

22.《北京市建筑工程施工安全操作规程》DBJ 01—62—2002

23.《建筑工程资料管理规程》DBJ 01—51—2003

24.《建筑安装分项工程施工工艺流程》DBJ/T 01—26—2003

25.《建筑工程资料管理规程》JGJ/T 185—2009

一册在手　表格全有　贴近现场　资料无忧

3.1　一般抹灰

3.1.1　一般抹灰工程资料列表

(1)施工技术资料

1)抹灰工程的施工图、设计说明及其他设计文件

2)工程技术文件报审表

3)抹灰工程施工方案

4)抹灰工程施工方案技术交底记录

5)一般抹灰分项工程技术交底记录

6)图纸会审记录、设计变更通知单、工程洽商记录

(2)施工物资资料

1)水泥产品合格证、出厂检验报告、水泥的凝结时间和安定性试验报告

2)砂试验报告

3)生石灰、磨细生石灰粉出厂合格证

4)界面剂产品合格证、性能检测报告、使用说明书

5)材料进场检验记录

6)工程物资进场报验表

(3)施工记录

1)抹灰总厚度大于或等于 35mm 时和不同材料基体交接处的加强措施隐蔽工程验收记录

2)施工检查记录

(4)施工质量验收记录

1)一般抹灰检验批质量验收记录

2)一般抹灰分项工程质量验收记录

3)分项/分部工程施工报验表

(5)分户验收记录

墙面一般抹灰工程质量分户验收记录表

3.1.2 一般抹灰工程资料填写范例及说明

<table>
<tr><td colspan="7" rowspan="2" style="text-align:center">材料、构配件进场检验记录</td><td>编 号</td><td colspan="2">×××</td></tr>
<tr><td>工程名称</td><td colspan="4" style="text-align:center">××工程</td><td>检验日期</td><td colspan="2">2015 年×月×日</td></tr>
<tr><td rowspan="2">序号</td><td rowspan="2">名　称</td><td rowspan="2">规格型号
(mm)</td><td rowspan="2">进场
数量</td><td>生产厂家</td><td rowspan="2">检验项目</td><td rowspan="2">检验
结果</td><td rowspan="2">备注</td></tr>
<tr><td>合格证号</td></tr>
<tr><td>1</td><td>防冻剂</td><td>MRT4</td><td>t</td><td>××厂
××××</td><td>查合格证、性能检测报告;
细度、抗压强度比、腐蚀
作用</td><td>合格</td><td></td></tr>
<tr><td>2</td><td>减水剂</td><td>CON－3</td><td>t</td><td>××厂
××××</td><td>查合格证、性能检测报告;
减水率、抗压强度比、碱含
量、腐蚀作用</td><td>合格</td><td></td></tr>
<tr><td></td><td></td><td></td><td></td><td></td><td></td><td></td><td></td></tr>
<tr><td></td><td></td><td></td><td></td><td></td><td></td><td></td><td></td></tr>
<tr><td></td><td></td><td></td><td></td><td></td><td></td><td></td><td></td></tr>
<tr><td></td><td></td><td></td><td></td><td></td><td></td><td></td><td></td></tr>
<tr><td></td><td></td><td></td><td></td><td></td><td></td><td></td><td></td></tr>
<tr><td></td><td></td><td></td><td></td><td></td><td></td><td></td><td></td></tr>
<tr><td></td><td></td><td></td><td></td><td></td><td></td><td></td><td></td></tr>
<tr><td></td><td></td><td></td><td></td><td></td><td></td><td></td><td></td></tr>
<tr><td></td><td></td><td></td><td></td><td></td><td></td><td></td><td></td></tr>
<tr><td></td><td></td><td></td><td></td><td></td><td></td><td></td><td></td></tr>
<tr><td></td><td></td><td></td><td></td><td></td><td></td><td></td><td></td></tr>
<tr><td colspan="10">检验结论:
　　经检验,防冻剂、减水剂符合标准规范要求,质量证明文件齐全、各检验项目合格。</td></tr>
<tr><td rowspan="2" style="text-align:center">签
字
栏</td><td rowspan="2" colspan="2" style="text-align:center">建设(监理)单位</td><td colspan="3">施工单位</td><td colspan="4">××建筑装饰装修工程有限公司</td></tr>
<tr><td colspan="2">专业质检员</td><td>专业工长</td><td colspan="3">检验员</td></tr>
<tr><td></td><td colspan="2" style="text-align:center">×××</td><td colspan="2" style="text-align:center">×××</td><td style="text-align:center">×××</td><td colspan="3" style="text-align:center">×××</td></tr>
</table>

本表由施工单位填写并保存。

一册在手 表格全有 贴近现场 资料无忧

工程物资进场报验表

	编　号	×××

工　程　名　称	××工程	日　期	2015 年×月×日

现报上关于 _____ 一般抹灰 _____ 工程的物资进场检验记录,该批物资经我方检验符合设计、规范及合约要求,请予以批准使用。

物资名称	主要规格	单　位	数　量	选样报审表编号	使用部位
水泥	P·O 42.5	t	××	×××	地上 1~3 层内墙
砂子	中砂	t	××	×××	地上 1~3 层内墙

附件：　　　名　称　　　　　　　　　　页　数　　　　　　　　　编　号

1.☑　出厂合格证　　　　　　　　　×　页　　　　　　　　×××
2.☑　厂家质量检验报告　　　　　　×　页　　　　　　　　×××
3.□　厂家质量保证书　　　　　　　＿页
4.□　商检证　　　　　　　　　　　＿页
5.☑　进场检验记录　　　　　　　　×　页　　　　　　　　×××
6.☑　进场复试报告　　　　　　　　×　页　　　　　　　　×××
7.□　备案情况　　　　　　　　　　＿页
8.□　　　　　　　　　　　　　　　＿页

申报单位名称：××建筑装饰装修工程有限公司　　　　申报人(签字)：×××

施工单位检验意见：

　　报验的工程材料的质量证明文件齐全,进场复试合格,同意报项目监理部审批。

☑有 / □无 附页

施工单位名称：××建筑装饰装修工程有限公司　**技术负责人(签字)：×××**　审核日期：2015 年×月×日

验收意见：

　　1.物资质量控制资料齐全、有效。

　　2.材料试验合格。

　　同意承包单位检验意见,该批物资可以进场使用于本工程指定部位。

审定结论：　　☑同意　　　□补报资料　　　□重新检验　　　□退场

监理单位名称：××建设监理有限公司　**监理工程师(签字)：×××**　验收日期：2015 年×月×日

本表由施工单位填报,建设单位、监理单位、施工单位各存一份。

一册在手 表格全有 贴近现场 资料无忧

冀统化表 Z22Y

河北省水泥协会制

版权所有翻版必究

No.0000886

出厂水泥合格证

产品名称：**普通水泥**　　商　　标：＿＿＿＿**燕山**＿＿＿＿

代　　号：**P·O**　　强度等级：＿＿＿＿**42.5**＿＿＿＿

出厂编号：＿＿**0406**＿＿　　生产许可证号：＿**XK23－201－06358**＿

包装日期：**2015.4.17**　　是否"掺火山灰"（　否　）

本产品经检验符合 GB 175—2007 标准，确认为合格品。

签　　发：＿＿＿×××＋区××水泥厂＿＿＿

企业名称(盖章)：

地　　址：河北省唐山市××区

2015 年 4 月 19 日

冀统化表 Z21Y
河北省水泥协会制
版权所有翻版必究

No.0052763

（燕山）牌水泥检验报告单

填报日期:2015 年 4 月 19 日
补报日期:2015 年 5 月 18 日

购货单位:×××

出厂编号	0406	产品名称	普通硅酸盐水泥(P·O)	水泥出厂日期	
窑　型	旋窑(立窑)	强度等级	42.5	2015 年 4 月 19 日	

技　术　指　标						
项　目		标　准	实　际	项　目	标　准	实　际
细度(80μm)		≯10.0%	3.0	烧失量	≯5.0%	3.08
凝结时间	初凝	≮45min	3:35	碱含量	≯0.60%	
	终凝	≯10h	4:39	项　目	名　称	掺加量(%)
安　定　性		沸煮法合格	合　格	水泥中混合材掺加量	矿渣	12.8
氧化镁(水泥中)		≯5.0%	3.37		石膏	3.2
三氧化硫		≯3.5%	1.93			
强度MPa(1:3胶砂)	抗压	3 天	11.0	17.2	单块值	
		28 天	42.5	42.9		
	抗折	3 天	2.5	3.7	单块值	
		28 天	5.5	7.6		

备注：本产品经检验各项技术指标均符合 GB175—2007 标准，确认为合格品。

批准:×××　　　审核:×××　　　填表:×××

水泥试验报告

委托单位:××建设集团有限公司   试验编号:×××

工程名称	××工程			使用部位	三层①~⑩/Ⓐ~Ⓖ轴
水泥品种	矿渣硅酸盐水泥	强度等级	32.5R级	委托日期	2015年4月2日
批 号	××			检验类别	委托
生产厂	××	代表批量	100t	报告日期	2015年4月30日
检验项目	标准要求	实测结果	检验项目	标准要求	实测结果
细 度	—	—	初 凝	≥45min	50min
标稠用水量	—	26.6%	终 凝	≤600min	485min
胶砂流动度	—	—	安定性	合格	合格

强度检验	抗折强度 MPa		抗压强度 MPa				快测强度 MPa	
	3d	28d	3d		28d			
标准要求	≥2.5	≥5.5	≥10.0		≥32.5			
测 定 值	3.08	6.72	12.5	12.5	39.4	37.8	—	—
	3.03	7.30	11.9	12.2	39.7	36.9	—	—
	3.16	7.08	12.2	12.8	40.0	38.1	—	—
实测结果	3.1	7.0	12.4		38.7			

依据标准:《通用硅酸盐水泥》(GB/T 75—2007/XG1—2009)

检验结论:所检项目符合32.5级矿渣水泥标准要求。

备 注:本报告未经本室书面同意不得部分复制。
      见证单位:××建设监理公司
      见证人:×××

试验单位:××检测中心   技术负责人:×××   审核:×××   试(检)验:×××

一册在手 表格全有 贴近现场 资料无忧

《水泥试验报告》填写说明与依据

水泥试验报告是为保证建筑工程质量,对用于工程中的水泥的强度、安定性和凝结时间等指标进行测试后由试验单位出具的质量证明文件。

一、表格解析

1. 责任部门

水泥生产单位提供必须提供水泥出厂合格质量证明文件及物理性能检验及建筑材料放射性指标检验报告(结构及室内装修用水泥)。进场合格后,按照要求做复试,试验报告由试验单位负责提供,项目试验员收集。

2. 提交时限

检测报告应随物资进场提交。复试报告应在正式使用前提交,复试时间快测 4d,常规28d。

3. 检查要点

(1)水泥出厂合格证、检验报告。

1)水泥必须有水泥生产单位提供的出厂合格质量证明文件。质量证明文件应在水泥出厂 7 天内提供,检验项目包括除 28 天强度以外的各项试验结果。28 天强度结果应在水泥发出日起 32 天内补报。产品合格证应以 28d 抗压、抗折强度为准。

2)水泥进场后,项目物资、质量部门应及时组织进行外观、包装检查,核对进场数量,由项目材料员在质量证明文件上注明:进场日期、进场数量(t)和使用部位(计划)。

3)公章及复印件要求:出厂质量证明文件应具有生产单位、材料供应单位公章。复印件应加盖原件存放单位红章、具有经办人签字和经办日期。

4)水泥出厂合格质量证明文件内容应齐全,包括厂别、品种、强度等级、出厂日期、出厂编号和厂家的试验数据等,不得漏填或随意涂改。

5)供应单位除提供产品合格证明外,还应提供物理性能检验及建筑材料放射性指标检验报告(结构及室内装修用水泥),其质量应符合现行国家标准。对检验项目不全或对检验结果有疑问的,应委托有资质检测单位进行复试。

6)用于钢筋混凝土结构、预应力混凝土结构中的水泥,检测报告应有有害物(氯化物、碱含量)检测内容。钢筋混凝土结构、预应力混凝土结构中严禁使用含氯化物的水泥。

(2)水泥试验报告。

1)水泥必须按规定的批量送检,做到先复试后使用,严禁先施工后复试。

2)须复试的水泥包括:用于承重结构的水泥;使用部位有强度等级要求的水泥;水泥出厂超过 3 个月(快硬硅酸盐水泥为 1 个月);使用过程中对水泥质量有怀疑的或进口的水泥。

3)水泥复试的必试项目包括:抗压强度;安定性;凝结时间。

4)委托单位:应填写施工单位名称,并与施工合同中的施工单位名称相一致。

5)代表数量:应填写本次复试的实际水泥数量,不得笼统填写验收批的最大批量200t(或500t)。

6)如果水泥有质量问题、根据试验报告的数据可降级使用,但须经有关技术负责人批准后方可使用,且应注明使用工程项目及部位。

二、填写依据

1. 规范名称

(1)《砌体工程施工质量验收规范》(GB 50203—2011)

(2)《砌体结构工程施工质量验收规程》(DBJ 01—81—2004)

(3)《混凝土结构工程施工质量验收规范》(GB 50204—2015)

(4)《混凝土结构工程施工质量验收规程》(DBJ 01—82—2005)

(5)《建筑装饰装修工程质量验收规范》(GB 50210—2001)

(6)《通用硅酸盐水泥》(GB 175—2007/XG1—2009/XG2—2015)

(7)《水泥包装袋》(GB 9774)

(8)《水泥取样方法》(GB/T 12573—2008)

2. 相关要求

所有进场水泥必须进行复试,结构中用的水泥必须复试抗压强度、抗折强度、凝结时间和安定性等项目,其它用水泥(如抹灰)必须复试安定性指标,进口水泥还应对其水泥的有害成分含量进行试验,能否使用以复试报告为准。

(1)水泥进场时应对其品种、级别、包装或散装仓号、出厂日期等进行检查,并应对其强度、安定性、凝结时间及其他必要的性能指标进行复验,其质量必须符合现行国家标准《硅酸盐水泥、普通硅酸盐水泥》GB 175 等的规定。当在使用中对水泥质量有怀疑或水泥出厂超过 3 个月(快硬硅酸盐水泥超过 1 个月)时,应进行复验,并按复验结果使用。

钢筋混凝土结构、预应力混凝土结构中,严禁使用含氯化物的水泥,水泥出厂检验报告应有氯化物含量测试项目。

检查数量:按同一生产厂家、同一等级、同一品种、同一批号且连续进厂的水泥,袋装不超过 200t 为一批,散装不超过,500t 为一批,每批抽样不少于 1 次。

检验方法:检查产品合格证、出厂检验报告和进场复验报告。

(2)水泥进场使用前,应分批对其强度、安定性、凝结时间进行复验。检验批应以同一生产厂家、同期出厂、同一品种、同一强度等级、同一编号为一批。不同批的水泥不得混合存放。当在使用中对水泥质量有怀疑或水泥出厂超过 3 个月(快硬硅酸盐水泥超过 1 个月)时,应进行复验,并按复验结果使用。不同品种的水泥,不得混合使用。

3. 技术要求

(1)化学指标。

通用硅酸盐水泥化学指标应符合表 3-1 的要求。

表 3-1   通用硅酸盐水泥化学指标

品 种	代号	不溶物 (质量分数)	烧失量 (质量分数)	三氧化硫 (质量分数)	氧化镁 (质量分数)	氯离子 (质量分数)
硅酸盐水泥	P·I	≤0.75	≤3.0	≤3.5	≤5.0[a]	≤0.06[c]
	P·II	≤1.50	≤3.5			
普通硅酸盐水泥	P·O	—	≤5.0			
矿渣硅酸盐水泥	P·S·A	—	—	≤4.0	≤6.0[b]	
	P·S·B	—	—		—	

品　　种	代号	不溶物（质量分数）	烧失量（质量分数）	三氧化硫（质量分数）	氧化镁（质量分数）	氧离子（质量分数）
火山灰质硅酸盐水泥	P·P	—	—			
粉煤灰硅酸盐水	P·F	—	—	≤3.5	≤6.0b	≤0.06c
复合硅酸盐水泥	P·C	—	—			

注：a. 如果水泥压蒸试验合格，则水泥中氧化镁的含量（质量分数）允许放宽至 6.0%。

　　b. 如果水泥中氧化镁的含量（质量分数）大于 6.0%时，需进行水泥压蒸安定性试验并合格。

　　c. 当有更低要求时，该指标由买卖双方确定。

（2）碱含量（选择性指标）

水泥中碱含量按 $Na_2O+0.658K_2O$ 计算值表示。若使用活性骨料，用户要求提供低碱水泥时，水泥中的碱含量应不大于 0.60%或由买卖双方协商确定。

（3）物理指标。

1）凝结时间。

硅酸盐水泥初凝时间不小于 45min，终凝时间不大于 390min。

普通硅酸盐水泥、矿渣硅酸盐水泥、火山灰质硅酸盐水泥、粉煤灰硅酸盐水泥和复合硅酸盐水泥初凝不小于 45min，终凝不大于 600min。

2）安定性。

沸煮法合格。

3）强度。

不同品种不同强度等级的通用硅酸盐水泥，其不同龄期的强度应符合表 3-2 的规定。

表 3-2　　　　　　　　　　通用硅酸盐水泥强度

品　　种	强度等级	抗压强度		抗折强度	
		3d	28d	3d	28d
硅酸盐水泥	42.5	≥17.0	≥42.5	≥3.5	≥6.5
	42.5R	≥22.0		≥4.0	
	52.5	≥23.0	≥52.5	≥4.0	≥7.0
	52.5R	≥27.0		≥5.0	
	62.5	≥28.0	≥62.5	≥5.0	≥8.0
	62.5R	≥32.0		≥5.5	
普通硅酸盐水泥	42.5	≥17.0	≥42.5	≥3.5	≥6.5
	42.5R	≥22.0		≥4.0	
	52.5	≥23.0	≥52.5	≥4.0	≥7.0
	52.5R	≥27.0		≥5.0	

品　种	强度等级	抗压强度		抗折强度	
		3d	28d	3d	28d
矿渣硅酸盐水泥 火山灰硅酸盐水泥 粉煤灰硅酸盐水泥	32.5	≥10.0	≥32.5	≥2.5	≥5.5
	32.5R	≥15.0		≥3.5	
	42.5	≥15.0	≥42.5	≥3.5	≥6.5
	42.5R	≥19.0		≥4.0	
	52.5	≥21.0	≥52.5	≥4.0	≥7.0
	52.5R	≥23.0		≥4.5	
复合硅酸盐水泥	32.5R	≥15.0	≥32.5	≥3.5	≥5.5
	42.5	≥15.0	≥42.5	≥3.5	≥6.5
	42.5R	≥19.0		≥4.0	
	52.5	≥21.0	≥52.5	≥4.0	≥7.0
	52.5R	≥23.0		≥4.5	

4)细度(选择性指标)

硅酸盐水泥和普通硅酸盐水泥的细度以比表面积表示,其比表面积不小于 $300m^2/kg$;矿渣硅酸盐水泥、火山灰质硅酸盐水泥、粉煤灰硅酸盐水泥和复合硅酸盐水泥的细度以筛余表示,其 $80\mu m$ 方孔筛筛余不大于 10% 或 $45\mu m$ 方孔筛筛余不大于 30% 。

一册在手　表格全有　贴近现场　资料无忧

砂试验报告

委托单位：××建设集团有限公司　　　　　　　　　　试验编号：×××

工程名称	××办公楼工程			委托日期	2015 年 6 月 15 日
砂种类	中砂			报告日期	2015 年 6 月 19 日
产　　地	××砂石厂	代表批量	600t	检验类别	委托
检验项目	标准要求	实测结果	检验项目	标准要求	实测结果
表观密度 kg/m³	—	—	石粉含量％	—	—
堆积密度 kg/m³	—	—	氯盐含量％	—	—
紧密密度 kg/m³			含水率％		
含泥量％	<3.0	1.4	吸水率％	—	—
泥块含量％	<1.0	0.6	云母含量％	—	—
硫酸盐硫化物％	—	—	空隙率％	—	—
			坚固性	—	—
轻物质含量％	—	—	碱活性	—	—

筛孔尺寸 mm	5.00	2.50	1.25	0.630	0.315	0.160	筛分结果	细度模数
标准下限％	0	0	10	41	70	90		2.5
标准上限％	10	25	50	70	92	100		级配区属
实测结果％	3	13	28	54	80	96		Ⅱ

依据标准：

　　《普通混凝土用砂、石质量及检验标准》(JGJ 52－2006)

检验结论：

　　含泥量、泥块含量指标合格本试样按细度模数分属中砂,其级配属二区可用于浇筑 C30 及 C30 以上的混凝土

备　注：

试验单位：××检测中心　　　技术负责人：×××　　　审核：×××　　　试(检)验：×××

《砂试验报告》填写说明与依据

砂子试验报告是为保证建筑工程质量,对用于工程中的砂子的筛分以及含泥量、泥块含量等指标进行测试后由试验单位出具的质量证明文件。

一、表格解析

1. 责任部门

供货单位提供产品合格证,物理性能检验报告及建筑材料放射性指标检验报告,由项目材料员负责收集。复试报告由试验单位提供,由项目试验员负责收集,项目资料员负责汇总整理。

2. 提交时限

复试报告在正式使用前提交,试验时间 3d 左右。

3. 检查要点

(1)材料进场时,供货单位应提供产品合格证、物理性能检验报告及建筑材料放射性指标检验报告。

(2)砂进场,项目应及时进行外观检查、核对进场数量,由项目材料部门在质量证明文件上注明:进场日期、进场数量和使用部位。

(3)质量证明文件各项内容填写齐全,不得漏填或随意涂改。

(4)公章及复印件要求:质量证明文件应具有生产单位、材料供应单位公章。复印件应加盖原件存放单位红章、具有经办人签字和经办日期。

"结论"栏如果普通混凝土用砂,应写符合《普通混凝土用砂、石质量及检验方法标准》(JGJ 52—2006)。

(5)按规定应预防碱—骨料反应的工程或结构部位所使用的砂,供应单位应提供砂的碱活性检验报告。应用于Ⅱ、Ⅲ类混凝土结构工程的骨料每年均应进行碱活性检验。

(6)出厂质量证明文件与进场外观检查合格后,用于混凝土、砌体结构工程用砂必须按照有关规定的批量送检复试,复试合格后方可在工程中使用。做到先复试后使用,严禁先施工后复试。

二、填写依据

1. 规范名称

(1)《砌体结构工程施工质量验收规范》(GB 50203—2011)

(2)《砌体结构工程施工质量验收规程》(DBJ 01—81—2004)

(3)《混凝土结构工程施工质量验收规范》(GB 50205-2015)

(4)《混凝土结构工程施工质量验收规程》(DBJ 01—82—2005)

(5)《建设用砂》(GB/T 14684-2011)

(6)《普通混凝土用砂、石质量及检验方法标准》(JGJ 52—2006)

(7)《普通混凝土配合比设计规程》(JGJ 55—2011)

(8)《砌筑砂浆配合比设计规程》(JGJ/T 98—2010)

2. 相关要求

(1)普通混凝土所用的粗、细骨料的质量应符合国家现行标准《普通混凝土用砂、石质量及检验方法标准》(JGJ 52—2006)的规定。砂、石使用前应按规定取样复试,有试验报告。按规定应预防碱—集料反应的工程或结构部位所使用的砂、石,供应单位应提供砂、石的碱活性检验报告。

检查数量:按进场的批次和产品的抽样检验方案确定。检验方法:检验进场复试报告。

(2)砂浆用砂不得含有有害杂物。砂浆用砂的含泥量应满足下列要求。

1)对水泥砂浆和水泥混合砂浆,不应超过 5%。

2)人工砂、山砂及特细砂,应经试配能满足砌筑砂浆技术条件要求。

一册在手 表格全有 贴近现场 资料无忧

(3)对于长期处于潮湿环境的重要混凝土结构所用的砂、石,应进行碱活性检验。

3. 技术要求

(1)颗粒级配。

砂的颗粒级配应符合表 3-3 的规定;砂的级配类别应符合表 3-4 的规定。对于砂浆用砂,4.75mm 筛孔的累计筛余量应为 0。砂的实际颗粒级配除 4.75mm 和 $600\mu m$ 筛档外,可以略有超出,但各级累计筛余超出值总和应不大于 5%。

表 3-3　　　　　　　　　　　　　颗粒级配

砂的分类	天然砂			机制砂		
级配区	1 区	2 区	3 区	1 区	2 区	3 区
方筛孔	累计筛余/%					
4.75mm	10～0	10～0	10～0	10～0	10～0	10～0
2.36mm	35～5	25～0	15～0	35～5	25～0	15～0
1.18mm	65～35	50～10	25～0	65～35	50～10	25～0
$600\mu m$	85～71	70～41	40～16	85～71	70～41	40～16
$300\mu m$	95～80	92～70	85～55	95～80	92～70	85～55
$150\mu m$	100～90	100～90	100～90	97～85	94～80	94～75

表 3-4　　　　　　　　　　　　　级配类别

类　　别	Ⅰ	Ⅱ	Ⅲ
级配区	2 区	1、2、3 区	

(2)砂的含泥量、石粉含量和泥块含量

1)天然砂的含泥量和泥块含量应符合表 3-5 的规定。

表 3-5　　　　　　　　　　　含泥量和泥块含量

类　　别	Ⅰ	Ⅱ	Ⅲ
含泥量(按质量计)/%	≤1.0	≤3.0	≤5.0
泥块含量(按质量计)/%	0	≤1.0	≤2.0

2)机制砂 MB 值≤1.4 或快速法试验合格时,石粉含量和泥块含量应符合表 3-6 的规定;机制砂 MB 值>1.4 或快速法试验不合格时,石粉含量和泥块含量应符合表 3-7 的规定。

表 3-6　　　　　　石粉含量和泥块含量(MB 值≤1.4 或快速法试验合格)

类　　别	Ⅰ	Ⅱ	Ⅲ
MB 值	≤0.5	≤1.0	≤1.4 或合格
石粉含量(按质量计/)%[a]	≤1.0		
泥块含量(按质量计)/%	0	≤1.0	≤2.0

a　此指标根据使用地区和用途,经试验验证,可由供需双方协商确定。

表 3-7　　　　　　　　石粉含量和泥块含量(MB 值>1.4 或快速法试验不合格)

类　别	Ⅰ	Ⅱ	Ⅲ
石粉含量(按质量计)/%	≤1.0	≤3.0	≤5.0
泥块含量(按质量计)/%	0	≤1.0	≤2.0

(3)有害物质

砂中如含有云母、轻物质、有机物、硫化物及硫酸盐、氯化物、贝壳,其限量应符合表 3-8 的规定。

表 3-8

类　别	Ⅰ	Ⅱ	Ⅲ
轻物质(按质量计)/%	≤1.0	≤2.0	
轻物质(按质量计)/%	≤1.0		
有机物	合格		
硫化物及硫酸盐(按 SO_3)/%	≤0.01	≤0.02	≤0.06
氯化物(以氯离子质量计)/%	≤0.01	≤0.02	≤0.06
贝壳(按质量计)/%a	≤3.0	≤5.0	≤8.0

a 该指标仅适用于海砂,其他砂种不作要求。

(4)坚固性

1)采用硫酸钠溶液法进行试验,砂的质量损失应符合表 3-9 的规定。

表 3-9　　　　　　　　坚固性指标

类　别	Ⅰ	Ⅱ	Ⅲ
质量损失/%	≤8		≤10

2)机制砂除了要满足"1)"中的规定外,压碎指标还应满足表 3-10 的规定。

表 3-10　　　　　　　　压碎指标

类　别	Ⅰ	Ⅱ	Ⅲ
单级最大压古碎指标/%	≤20	≤25	≤30

(5)表观密度、松散堆积密度、空隙率

表观密度、松散堆积密度应符合下列规定:

——表观密度不小于 2500kg/m³

——松散堆积密度不小于 1400kg/m³

——空隙率不大于 44%

(6)碱集料反应

经碱集料反应试验后,试件应无裂缝、酥裂、胶体外溢等现象,在规定的试验龄期膨胀率应小于 0.10%。

(7)含水率和饱和面干吸水率

当用户有要求时,应报告其实测值。

一册在手 表格全有 贴近现场 资料无忧

隐蔽工程验收记录		编　　号	×××
工程名称	××工程		
隐检项目	一般抹灰工程	隐检日期	2015 年×月×日
隐检部位	八层　　　⑤~⑨/Ⓔ~Ⓕ轴线　　26.400m 标高		

隐检依据:施工图图号_____建施 1、建施 38_____,设计变更/洽商(编号_____/_____)及有关国家现行标准等。

主要材料名称及规格/型号:_____水泥砂浆、钢板网_____。

隐检内容:

　　1. 当底灰拌平后,立即把暖气、电气设备的箱、槽、孔洞口周边修抹平齐、方正、光滑,抹灰时比墙面底灰高出一个罩面灰的厚度。

　　2. 在①轴与Ⓐ~Ⓑ轴间墙面抹灰厚度为 40mm,中间加一道钢丝网加强。

　　3. 梁、柱与空心砖砌体交接处表面的抹灰用密目钢丝网加强以防止开裂,钢丝网与各基体的搭接宽度为 150mm。

　　　　　　　　　　　　　　　　　　　　　　　　　　　　　　申报人:×××

检查意见:

　　经检查抹灰基层清理干净,易产生裂缝处有加强措施,以上项目符合《建筑装饰装修工程质量验收规范》(GB 50210—2001)及设计要求,同意进行下道工序。

检查结论:　☑同意隐蔽　　□不同意,修改后进行复查

复查结论:

复查人:　　　　　　　　　　　　　　　　　　　复查日期:

签字栏	建设(监理)单位	施工单位	××建设工程有限公司	
		专业技术负责人	专业质检员	专业工长
	×××	×××	×××	×××

本表由施工单位填写,建设单位、施工单位、城建档案馆各保存一份。

一册在手　表格全有　贴近现场　资料无忧

一般抹灰检验批质量验收记录

03020101001

单位(子单位)工程名称	××大厦	分部(子分部)工程名称	建筑装饰装修/抹灰	分项工程名称	一般抹灰
施工单位	××建筑有限公司	项目负责人	赵斌	检验批容量	20 间
分包单位	××建筑装饰工程有限公司	分包单位项目负责人	王阳	检验批部位	三层室内墙面
施工依据	××大厦装饰装修施工方案		验收依据	《建筑装饰装修工程质量验收规范》GB50210-2001	

		验收项目	设计要求及规范规定	最小/实际抽样数量	检查记录	检查结果
主控项目	1	基层表面	第4.2.2条	3/5	抽查5处,合格5处	√
	2	材料品种和性能	第4.2.3条	/	质量证明文件齐全,试验合格,报告编号××××	√
	3	操作要求	第4.2.4条	/	检验合格,资料齐全	√
	4	层粘结及面层质量	第4.2.5条	3/5	抽查5处,合格5处	√
一般项目	1	表面质量	第4.2.6条	3/5	抽查5处,合格5处	100%
	2	细部质量	第4.2.7条	3/5	抽查5处,合格5处	100%
	3	层与层间材料要求层总厚度	第4.2.8条	3/5	抽查5处,合格5处	100%
	4	分格缝	第4.2.9条	3/5	抽查5处,合格5处	100%
	5	滴水线(槽)	第4.2.10条	3/5	抽查5处,合格5处	100%

		项目	允许偏差(mm) 普通抹灰 ☑	允许偏差(mm) 高级抹灰 ☐	最小/实际抽样数量	检查记录	检查结果
一般项目	6	基层表面	4	3	3/5	抽查5处,合格5处	100%
		表面平整度	4	3	3/5	抽查5处,合格4处	80%
		阴阳角方正	4	3	3/5	抽查5处,合格5处	100%
		分格条(缝)直线度	4	3	3/5	抽查5处,合格5处	100%
		墙裙、勒脚上口直线度	4	3	3/5	抽查5处,合格5处	100%

施工单位检查结果	符合要求 专业工长: 项目专业质量检查员: 高庆云 张继涛 2015年××月××日
监理单位验收结论	合格 专业监理工程师: 刘东 2015年××月××日

《一般抹灰检验批质量验收记录》填写说明

1. 填写依据

(1)《建筑装饰装修工程质量验收规范》GB 50210—2001。

(2)《建筑工程施工质量验收统一标准》GB 50300—2013。

2. 规范摘要

以下内容摘录自《建筑装饰装修工程质量验收规范》GB 50210—2001。

(1)验收要求

1)各分项工程的检验批应按下列规定划分:

①相同材料、工艺和施工条件的室外抹灰工程每 500～1000m² 应划为一个检验批,不足 500m² 也应划为一个检验批。

②相同材料、工艺和施工条件的室内抹灰工程每 50 个自然间(大面积房间和走廊按抹灰面积 30m² 为一间)应划分为一个检验批,不足 50 间也应划分为一个检验批。

2)检查数量应符合下列规定:

①室内每个检验批应至少抽查 10%,并不得少于 3 间;不足 3 间时应全数检查。

②室外每个检验批每 100m² 应至少抽查一处,每处不得小于 10m²。

(2)一般抹灰工程

本节适用于石灰砂浆、水泥砂浆、水泥混合砂浆、聚合物水泥砂浆和麻刀石灰、纸筋石灰、石青灰等一般抹灰工程的质量验收。一般抹灰工程分为普通抹灰和高级抹灰,当设计无要求时,按普通抹灰验收。

主控项目

1)抹灰前基层表面的尘土、污垢、油渍等应清除干净,并应洒水润湿。

检验方法:检查施工记录。

2)一般抹灰所用材料的品种和性能应符合设计要求。水泥的凝结时间和安定性复验应合格。砂浆的配合比应符合设计要求。

检验方法:检查产品合格证书、进场验收记录、复验报告和施工记录。

3)抹灰工程应分层进行。当抹灰总厚度大于或等于 35mm 时,应采取加强措施。不同材料基体交接处表面的抹灰,应采取防止开裂的加强措施,当采用加强网时,加强网与各基体的搭接宽度不应小于 100mm。

检验方法:检查隐蔽工程验收记录和施工记录。

4)抹灰层与基层之间及各抹灰层之间必须粘结牢固,抹灰层应无脱层、空鼓,面层应无爆灰和裂缝。

检验方法:观察;用小锤轻击检查;检查施工记录。

一般项目

1)一般抹灰工程的表面质量应符合下列规定:

①普通抹灰表面应光滑、洁净、接槎平整,分格缝应清晰。

②高级抹灰表面应光滑、洁净、颜色均匀、无抹纹,分格缝和灰线应清晰美观。

检验方法:观察;手摸检查。

2)护角、孔洞、槽、盒周围的抹灰表面应整齐、光滑;管道后面的抹灰表面应平整。

检验方法:观察。

3)抹灰层的总厚度应符合设计要求;水泥砂浆不得抹在石灰砂浆层上;罩面石膏灰不得抹在水泥砂浆层上。

检验方法:检查施工记录。

4)抹灰分格缝的设置应符合设计要求,宽度和深度应均匀,表面应光滑,棱角应整齐。

检验方法:观察;尺量检查。

5)有排水要求的部位应做滴水线(槽)滴水线(槽)应整齐顺直,滴水线应内高外低,滴水槽宽度和深度均不应小于 10mm。

检验方法:观察;尺量检查。

6)一般抹灰工程质量的允许偏差和检验方法应符合表 3-11 的规定。

表 3-11 　　　　　　　　　　　　**一般抹灰的允许偏差和检验方法**

项次	项目	允许偏差(mm)		检验方法
		普通抹灰	高级抹灰	
1	立面垂直度	4	3	用 2m 垂直检测尺检查
2	表面平整度	4	3	用 2m 靠尺和塞尺检查
3	阴阳角方正	4	3	用直角检测尺检查
4	分格条(缝)直线度	4	3	用 5m 线,不足 5m 拉通线,用钢直尺检查
5	墙裙、勒脚上口直线度	4	3	拉 5m 线,不足 5m 拉通线,用钢直尺检查

注:1.普通抹灰,本表第 3 项阴角方正可不检查;

　　2.顶棚抹灰,本表第 2 项表面平整度可不检查,但应平顺。

<u>　一般抹灰　</u>分项工程质量验收记录

单位(子单位)工程名称		××工程		结构类型	框架
分部(子分部)工程名称		抹灰		检验批数	8
施工单位		××建设工程有限公司		项目经理	×××
分包单位		××装饰装修工程有限公司		分包项目经理	×××
序号	检验批名称及部位、区段		施工单位检查评定结果	监理(建设)单位验收结论	
1	一层①～⑪/Ⓐ～Ⓖ轴墙(室内)		√		
2	二层①～⑪/Ⓐ～Ⓖ轴墙(室内)		√		
3	三层①～⑪/Ⓐ～Ⓖ轴墙(室内)		√		
4	四层①～⑪/Ⓐ～Ⓖ轴墙(室内)		√		
5	五层①～⑪/Ⓐ～Ⓖ轴墙(室内)		√		
6	六层①～⑪/Ⓐ～Ⓖ轴墙(室内)		√	验收合格	
7	七层①～⑪/Ⓐ～Ⓖ轴墙(室内)		√		
8	八层①～⑪/Ⓐ～Ⓖ轴墙(室内)		√		

说明：

检查结论	一至八层①～⑪/Ⓐ～Ⓖ轴墙(室内)抹灰工程施工质量符合《建筑装饰装修工程质量验收规范》(GB 50210－2001)的要求，一般抹灰分项工程合格。 项目专业技术负责人：××× 　　　　　　　　2015 年×月×日	验收结论	同意施工单位检查结论，验收合格。 监理工程师：××× (建设单位项目专业技术负责人) 　　　　　　　　2015 年×月×日

注：地基基础、主体结构工程的分项工程质量验收不填写"分包单位"、"分包项目经理"。

分项/分部工程施工报验表

	编 号	×××
工 程 名 称 ××工程	日 期	2015 年×月×日

现我方已完成 _____/_____(层) _____/_____ 轴(轴线或房间) _____/_____(高程) _____/_____(部位)的 __抹灰__ 工程,经我方检验符合设计、规范要求,请予以验收。

附件: 　　名 称 　　　　　　 页 数 　　　　　 编 号
1. □质量控制资料汇总表 _____ 页 _____
2. □隐蔽工程验收记录 _____ 页 _____
3. □预检记录 _____ 页 _____
4. □施工记录 _____ 页 _____
5. □施工试验记录 _____ 页 _____
6. ☑分项工程质量验收记录 __1__ 页 ×××
7. □分部(子分部)工程质量验收记录 _____ 页 _____
8. □_____ _____ 页 _____
9. □_____ _____ 页 _____
10. □_____ _____ 页 _____

质量检查员(签字):×××

施工单位名称:××装饰装修工程有限公司　　技术负责人(签字):×××

审查意见:
　1. 所报附件材料真实、齐全、有效。
　2. 所报分项工程实体工程质量符合规范和设计要求。

审查结论:　　　　☑合格　　　　　□不合格

监理单位名称:××建设监理有限公司 (总)监理工程师(签字):×××　　审查日期:2015 年×月×日

　　本表由施工单位填报,监理单位、施工单位各存一份。分项、分部工程不合格,应填写《不合格项处置记录》,分部工程应由总监理工程师签字。

一册在手 表格全有 贴近现场 资料无忧

墙面一般抹灰工程质量分户验收记录表

单位工程名称	××住宅楼	结构类型	框架结构	层数	十层
验收部位(房号)	一单元 202 室	户型	两室两厅一卫	检查日期	2015 年×月×日
建设单位	××房地产开发有限公司	参检人员姓名	×××	职务	建设单位代表
总包单位	××建设集团有限公司	参检人员姓名	×××	职务	质量检查员
分包单位	××装饰装修工程有限公司	参检人员姓名	×××	职务	质量检查员
监理单位	××建设监理有限公司	参检人员姓名	×××	职务	土建监理工程师
施工执行标准名称及编号	《建筑装饰装修工程施工工艺标准》(QB ×××－2006)				

		施工质量验收规范的规定(GB 50210－2001)		施工单位检查评定记录	监理(建设)单位验收记录
主控项目	1	基层表面	第 4.2.2 条	/	/
	2	材料品种的性能	第 4.2.3 条	/	/
	3	操作要求	第 4.2.4 条	/	/
	4	层粘结及面层质量	第 4.2.5 条	经观察和小锤轻击检查,无脱层、空鼓,符合规范规定要求	合格
一般项目	1	表面质量	第 4.2.6 条	经观察、手摸和对照施工记录检查,符合规范规定	合格
	2	细部质量	第 4.2.7 条	对照设计图纸和施工记录检查,符合规范规定要求	合格
	3	层与层间材料要求层总厚度	第 4.2.8 条		/
	4	分格缝	第 4.2.9 条	分格缝宽度、深度均匀,表面光滑、棱角整齐	合格
	5	滴水线(槽)	第 4.2.10 条		/

		项目	允许偏差		施工单位检查评定记录					监理(建设)单位验收记录
一般项目	6 允许偏差		√普通抹灰	高级抹灰						
		立面垂直度	4	3	2	3	2	④	1	合格
		表面平整度	4	3	3	2	1	2	3	合格
		阴阳角方正	4	3	2	3	3	1	3	合格
		分格条(缝)直线度	4	3						/
		墙裙、勒脚上口直线度	4	3	3	2	2	2	1	合格

复查记录	监理工程师(签章):　　　　　年　月　日 建设单位专业技术负责人(签章):　　　年　月　日
施工单位检查评定结果	经检查,主控项目、一般项目均符合设计要求和《建筑装饰装修工程质量验收规范》(GB 50210－2001)的规定,评定合格。 总包单位质量检查员:(签章)2015 年×月×日 分包单位质量检查员(签章):2015 年×月×日
监理单位验收结论	验收合格。 监理工程师(签章):2015 年×月×日
建设单位验收结论	验收合格。 建设单位专业技术负责人(签章):2015 年×月×日

一册在手　表格全有　贴近现场　资料无忧

《墙面一般抹灰工程质量分户验收记录表》填写说明

【检查内容】

一般抹灰工程分户质量验收内容,可根据竣工时观察到的观感和使用功能以及实测项目的质量进行确定,具体参照表 3-12。

表 3-12　　　　　　　　　　　一般抹灰工程质量分户验收内容

		施工质量验收规范的规定(GB 50210－2001)			涉及的检查内容
主控项目	1	基层表面	第 4.2.2 条		\
	2	材料品种和性能	第 4.2.3 条		\
	3	操作要求	第 4.2.4 条		\
	4	层粘结及面层质量	第 4.2.5 条		√
一般项目	1	表面质量	第 4.2.6 条		√
	2	细部质量	第 4.2.7 条		√
	3	层与层间材料要求层总厚度	第 4.2.8 条		\
	4	分格缝	第 4.2.9 条		√
	5	滴水线(槽)	第 4.2.10 条		√
	6	允许偏差项目	普通抹灰(mm)	高级抹灰(mm)	
		立面垂直度	4	3	√
		表面平整度	4	3	√
		阴阳角方正	4	3	√
		分格条(缝)直线度	4	3	√
		墙裙、勒脚上口直线度	4	3	√

注:"√"代表涉及的检查内容;"\"代表不涉及的检查内容。

【质量标准、检查数量、方法】

(一)一般规定

1.一般抹灰工程验收时应符合施工图、设计说明及其他设计文件的要求。

2.一般抹灰工程分户验收应按每户住宅划分为一个检验批。当分户检验批具备验收条件时,可及时验收。每户应抽查不得少于 3 间,不足 3 间时应全数检查。

3.每户住宅一般抹灰工程观感质量应全数检查。以房间为单位,检查并记录。

4.实测实量内容宜按照本说明规定的检查部位、检查数量、确定检查点。实测值在允许偏差范围内判为合格,当超出允许偏差时应在此实测值记录上画圈做出不合格记号,以便判断不合格点是否超出允许偏差 1.5 倍和不合格点率。实测值应全数记录。

5.当分户检验批的主控项目的质量经检查全部合格,一般项目的合格点率达到 80% 及以上,且不得有严重缺陷时(不合格点实测偏差,应小于允许偏差的 1.5 倍),判为合格。

6.当实测偏差大于允许偏差 1.5 倍,或不合格点率超出 20% 时,应整改并重新验收,记录整改项目测量结果。

(二)主控项目

抹灰层与基层之间及各抹灰层之间必须粘结牢固,抹灰层应无脱层、空鼓,面层应无爆灰和裂缝。

检验方法:观察;用小锤轻击检查。

(三)一般项目

1.一般抹灰工程的表面质量应符合下列规定:

一册在手　表格全有　贴近现场　资料无忧

(1)普通抹灰表面应光滑、洁净、接槎平整,分格缝应清晰。

(2)高级抹灰表面应光滑、洁净、颜色均匀、无抹纹,分格缝和灰线应清晰美观。

检验方法:观察;手摸检查。

2.护角、孔洞、槽、盒周围的抹灰表面应整齐、光滑;管道后面的抹灰表面应平整。

检验方法:观察。

3.一般抹灰工程质量的允许偏差和检验方法应符合表 3-11 规定。

(四)实测项目说明

一般抹灰工程质量分户验收实测内容分别是:立面垂直度、表面平整度、阴阳角方正、墙裙、勒脚上口直线度。检查时,宜在分户验收抽查点分布图中规定的房间,按照上述实测内容,使用相关测量工具,参照下列测量位置和数量,对墙体一般抹灰实测内容进行检查,并实数记录。

1.检查立面垂直度时,使用 2m 垂直检测尺等测量工具,对房间每面墙体进行测量,测量点宜设置在距墙角水平距离 500mm,距地 300mm 位置且每面墙不少于 1 点。

2.检查表面平整度时,使用 2m 靠尺和塞尺等测量工具,对房间每面墙体进行测量,测量点宜设在墙面中心区域,按横竖方向测量,记录较大值。

3.检查高级抹灰的阴阳角方正时,使用边长为 20 厘米的直角检测尺等测量工具,对房间每个阴阳角进行测量,测量点宜设在墙角距地高 1 米处,且不少于 1 点。

4.检查墙裙上口直线度时,采用拉 5m 线,不足 5m 拉通线,使用钢直尺等有关测量工具,对房间每面墙体墙裙上口处进行测量,测量点不少于 1 点。

3.2 保温层薄抹灰

3.1.1 保温层薄抹灰工程资料列表

(1)施工技术资料

1)抹灰工程的施工图、设计说明及其他设计文件

2)工程技术文件报审表

3)抹灰工程施工方案

4)抹灰工程施工方案技术交底记录

5)保温层薄抹灰分项工程技术交底记录

6)图纸会审记录、设计变更通知单、工程洽商记录

(2)施工物资资料

1)水泥产品合格证、出厂检验报告、水泥的凝结时间和安定性试验报告

2)砂试验报告

3)聚合物胶浆、标准耐碱玻纤网布、锚固件的合格证和出厂检验报告

4)生石灰、磨细生石灰粉出厂合格证

5)界面剂产品合格证、性能检测报告、使用说明书

6)材料进场检验记录

7)工程物资进场报验表

(3)施工记录

1)不同材料基体交接处的加强措施隐蔽工程验收记录

2)施工检查记录

(4)施工质量验收记录

1)保温层薄抹灰检验批质量验收记录

2)保温层薄抹灰分项工程质量验收记录

3)分项/分部工程施工报验表

3.1.2　保温层薄抹灰工程资料填写范例及说明

保温层薄抹灰检验批质量验收记录

03020201<u>001</u>

单位（子单位）工程名称	××大厦		分部（子分部）工程名称	建筑装饰装修/抹灰	分项工程名称	保温层薄抹灰
施工单位	××建筑有限公司		项目负责人	赵斌	检验批容量	1000m²
分包单位	××建筑装饰工程有限公司		分包单位项目负责人	王阳	检验批部位	南立面外墙
施工依据	××大厦装饰装修施工方案		验收依据		《保温板薄抹灰外墙外保温施工技术规程》DB11/T584-2013	

		验收项目		设计要求及规范规定	最小/实际抽样数量	检查记录	检查结果
主控项目	1	材料的品种、规格和性能		第6.2.1条	/	质量证明文件齐全，试验合格，报告编号××××	√
	2	保温板与基层墙体粘结牢固		≥0.10MPa	/	试验合格，报告编号×××	√
	3	保温板粘结面积率		≥40%	10/10	抽查10处，合格10处	√
	4	锚栓数量、锚固位置、锚固深度和拉拔力		第6.2.4条	10/10	抽查10处，合格10处	√
	5	保温板的厚度		第6.2.5条	10/10	抽查10处，合格10处	√
	6	抹面胶浆与保温板粘结牢固		第6.2.6条	10/10	抽查10处，合格10处	√
	7	外墙热桥部位采取隔断热桥措施		第6.2.7条	10/10	抽查10处，合格10处	√
	8	隔离带数量和位置		第6.2.8条	10/10	抽查10处，合格10处	√
一般项目	1	保温板（包括隔离带）安装		第6.3.1条	10/10	抽查10处，合格10处	100%
	2	玻纤网铺设		第6.3.2条	10/10	抽查10处，合格10处	100%
	3	保温板安装允许偏差	表面平整	4	10/10	抽查10处，合格10处	100%
			立面垂直	4	10/10	抽查10处，合格10处	100%
			阴、阳角垂直	4	10/10	抽查10处，合格9处	90%
			阳角方正	4	10/10	抽查10处，合格10处	100%
			接茬高差	1.5	10/10	抽查10处，合格10处	100%
	4	变形缝构造处理和保温层开槽、开孔及装饰件安装		第6.3.4条	10/10	抽查10处，合格10处	100%
	5	外保温墙抹面允许偏差	表面平整	4	10/10	抽查10处，合格9处	90%
			立面垂直	4	10/10	抽查10处，合格10处	100%
			阴、阳角垂直	4	10/10	抽查10处，合格10处	100%
			直线度（装饰线）	4	10/10	抽查10处，合格10处	100%
施工单位检查结果		符合要求			专业工长： 项目专业质量检查员：高爱云 张世贵 2015 年 ×× 月 ×× 日		
监理单位验收结论		合格			专业监理工程师：刘东 2015 年 ×× 月 ×× 日		

《保温层薄抹灰检验批质量验收记录》填写说明

1. 填写依据

(1)《保温板薄抹灰外墙外保温施工技术规程》DB11/T584－2013。

(2)《建筑工程施工质量验收统一标准》GB50300－2013。

2. 规范摘要

以下内容摘录自《保温板薄抹灰外墙外保温施工技术规程》DB11/T584－2013。

验收要求

外保温工程验收的检验批划分应符合下列规定：

(1)采用相同材料、工艺和施工做法的墙面,每面积划分为一个检验批,不足也为一个检验批。每个检验批每应至少抽查一处,每处不得小于,每个检验批至少检查5处。

(2)检验批的划分也可根据与施工流程相一致且方便施工与验收的原则,由施工单位与监理(建设)单位共同商定。

主控项目

(1)所用材料进场后,应进行质量检查和验收,其品种、规格、性能必须符合设计和相关标准的要求。

检验方法:检查系统性能检测报告;检查产品合格证和出厂检验报告;核查现场抽样复验报告。

(2)保温板与基层墙体必须粘结牢固,无松动和虚粘现象。EPS板、XPS板和硬泡聚氨酯板与基层墙体拉伸粘结强度不得小于 0.10MPa,酚醛泡沫板与基层墙体拉伸粘结强度不小于0.08MPa。

检验方法:现场实测样板件,试验方法依据现行行业标准《建筑工程饰面砖粘结强度检验标准》JGJ 110－2008。

(3)保温板粘结面积率应满足本规程第5.1.5条的要求,防火隔离带与基层墙体应满粘。

检验方法:扒开粘贴的保温板或隔离带观察检查和用手推拉检查。核查隐蔽工程验收记录。

(4)锚栓数量、锚固位置、锚固深度和拉拔力应符合设计要求,并做锚固力现场拉拔试验。

检验方法:观察;卸下锚栓,实测锚固深度;卡尺量。核查锚固拉拔力试验报告。核查隐蔽工程验收记录。

(5)保温板的厚度必须符合设计要求。

检验方法:用钢针插入和尺量检查。

(6)抹面胶浆与保温板必须粘结牢固,无脱层、空鼓,面层无裂缝。

检验方法:用小锤轻击和观察检查。

(7)外墙热桥部位应按照设计要求采取节能保温等隔断热桥措施。

检验方法:对照设计和施工方案观察检查。核查隐蔽工程验收记录。

(8)隔离带的数量和位置应符合设计要求。检验方法:对照设计观察检查;核查隐蔽工程验收记录。

一般项目

(1)保温板(包括隔离带)安装应上下错缝,各板间应挤紧拼严,拼缝应平整,碰头缝不得抹胶粘剂。

一册在手 表格全有 贴近现场 资料无忧

检验方法:观察;手摸检查。核查隐蔽工程验收记录。

(2)玻纤网应铺压严实,包覆于抹面胶浆中,不得有空鼓、褶皱、翘曲、外露等现象。搭接长度应符合规定要求。增强部位的玻纤网做法应符合设计和本规程的要求。

检验方法:观察检查。核查隐蔽工程验收记录。

(3)保温板安装允许偏差应符合表 3-13 的规定。

(4)保温板安装允许偏差应符合表 3-13 的规定。

表 3-13 保温板安装允许偏差和检验方法

项次	项目	允许偏差(mm)	检查方法
1	表面平整	4	用 2m 靠尺楔形塞尺检查
2	立面垂直	4	用 2m 垂直检查尺检查
3	阴、阳角垂直	4	用 2m 托线板检查
4	阳角方正	4	用 200mm 方尺检查
5	接茬高差	1.5	用直尺和楔形塞尺检备

检验方法:核查隐蔽工程验收记录。

(5)变形缝构造处理和保温层开槽、开孔及装饰件的安装固定应符合设计要求。

检验方法:观察;手扳检查。

(6)外保温墙面抹面层的允许偏差和检验方法应符合表 3-14 的规定。

表 3-14 外保温墙面抹面层的允许偏差和检验方法

项次	项目	允许偏差(mm)	检查方法
1	表面平整	4	用 2m 靠尺楔形塞尺检查
2	立面垂直	4	用 2m 垂直检测尺检查
3	阴、阳角方正	4	用直角检测尺检查
4	直线度(装饰线)	4	拉 5m 线,不足 5m 拉通线,用钢直尺检查

3.3 装饰抹灰

3.3.1 装饰抹灰工程资料列表

(1)设计文件

抹灰工程的施工图、设计说明及其他设计文件

(2)施工技术资料

1)工程技术文件报审表

2)抹灰工程施工方案

3)抹灰工程施工方案技术交底记录

4)装饰抹灰分项工程技术交底记录

5)图纸会审记录、设计变更通知单、工程洽商记录

(3)施工物资资料

1)水泥产品合格证、出厂检验报告、水泥的凝结时间和安定性试验报告

2)砂试验报告

3)石渣出厂合格证、试验报告

4)矿物质颜料、界面剂等产品合格证、性能检测报告

5)材料进场检验记录

6)工程物资进场报验表

(4)施工记录

1)抹灰总厚度大于或等于 35mm 时和不同材料基体交接处的加强措施隐蔽工程验收记录

2)施工检查记录

(5)施工质量验收记录

1)装饰抹灰检验批质量验收记录

2)装饰抹灰分项工程质量验收记录

3)分项/分部工程施工报验表

3.3.2 装饰抹灰工程资料填写范例及说明

装饰抹灰检验批质量验收记录

03020301<u>001</u>

单位（子单位）工程名称		××大厦	分部（子分部）工程名称	建筑装饰装修/抹灰	分项工程名称	装饰抹灰
施工单位		××建筑有限公司	项目负责人	赵斌	检验批容量	1000m²
分包单位		××建筑装饰工程有限公司	分包单位项目负责人	王阳	检验批部位	南立面外墙
施工依据		××大厦装饰装修施工方案		验收依据	《建筑装饰装修工程质量验收规范》GB50210-2001	

		验收项目	设计要求及规范规定	最小/实际抽样数量	检查记录	检查结果
主控项目	1	基层表面	第4.3.2条	10/10	抽查10处，合格10处	√
	2	材料品种和性能	第4.3.3条	/	质量证明文件齐全,通过进场验收	√
	3	操作要求	第4.3.4条	/	检验合格,资料齐全	√
	4	层粘结及面层质量	第4.3.5条	10/10	抽查10处，合格10处	√
一般项目	1	表面质量	第4.3.6条	10/10	抽查10处，合格10处	100%
	2	分格条(缝)	第4.3.7条	10/10	抽查10处，合格10处	100%
	3	滴水线	第4.3.8条	10/10	抽查10处，合格10处	100%

		项目	水刷石 ☑	斩假石 □	干粘石 □	假面砖 □	最小/实际抽样数量	检查记录	检查结果
一般项目	4	立面垂直度	5	4	5		10/10	抽查10处，合格10处	100%
		表面平整度	3	3	4	5	10/10	抽查10处，合格8处	80%
		阳角方正	3	3	4	4	10/10	抽查10处，合格10处	100%
		分格条(缝)直线度	3	3	3		10/10	抽查10处，合格10处	100%
		墙裙勒脚上口直线度	3	3	—	—	10/10	抽查10处，合格10处	100%

施工单位检查结果	符合要求 专业工长： 项目专业质量检查员：高爱云 张波 2015 年××月××日
监理单位验收结论	合格 专业监理工程师：刘东 2015 年××月××日

《装饰抹灰检验批质量验收记录》填写说明

1. 填写依据

(1)《建筑装饰装修工程质量验收规范》GB 50210－2001。

(2)《建筑工程施工质量验收统一标准》GB 50300－2013。

2. 规范摘要

以下内容摘录自《建筑装饰装修工程质量验收规范》GB 50210－2001。

(1)验收要求

抹灰工程的检验批划分以及检查数量参见"一般抹灰检验批质量验收记录"的验收要求的相关内容。

(2)装饰抹灰工程

本节适用于水刷石、斩假石、干粘石、假面砖等装饰抹灰工程的质量验收。

主控项目

1)抹灰前基层表面的尘土、污垢、油渍等应清除干净,并应洒水润湿。

检验方法:检查施工记录。

2)装饰抹灰工程所用材料的品种和性能应符合设计要求。水泥的凝结时间和安定性复验应合格。砂浆的配合比应符合设计要求。

检验方法:检查产品合格证书、进场验收记录、复验报告和施工记录。

3)抹灰工程应分层进行。当抹灰总厚度大于或等于35mm时,应采取加强措施。不同材料基体交接处表面的抹灰,应采取防止开裂的加强措施,当采用加强网时,加强网与各基体的搭接宽度不应小于100mm。

检验方法:检查隐蔽工程验收记录和施工记录。

4)各抹灰层之间及抹灰层与基体之间必须粘接牢固,抹灰层应无脱层、空鼓和裂缝。

检验方法:观察;用小锤轻击检查;检查施工记录。

一般项目

1)装饰抹灰工程的表面质量应符合下列规定:

①水刷石表面应石粒清晰、分布均匀、紧密平整、色泽一致,应无掉粒和接槎痕迹。

②斩假石表面剁纹应均匀顺直、深浅一致,应无漏剁处;阳角处应横剁并留出宽窄一致的不剁边条,棱角应无损坏。

③干粘石表面应色泽一致、不露浆、不漏粘,石粒应粘结牢固、分布均匀,阳角处应无明显黑边。

④假面砖表面应平整、沟纹清晰、留缝整齐、色泽一致,应无掉角、脱皮、起砂等缺陷。

检验方法:观察;手摸检查。

2)装饰抹灰分格条(缝)的设置应符合设计要求,宽度和深度应均匀,表面应平整光滑,棱角应整齐。

检验方法:观察。

3)有排水要求的部位应做滴水线(槽滴水线(槽)应政治课顺直,滴水线应内高外低,滴水槽的宽度和深度均不应小于10mm。

检验方法:观察;尺量检查。

4)装饰抹灰工程质量的允许偏差和检验方法应符合表 3-15 的规定。

表 3-15　　　　　　　　　　装饰抹灰的允许偏差和检验方法

项次	项目	允许偏差(mm)				检验方法
		水刷石	斩假石	干粘石	假面砖	
1	立面垂直度	5	4	5	5	用2m靠尺和塞尺检查
2	表面平整度	3	3	5	4	用2m靠尺和塞尺检查
3	阳角方正	3	3	4	4	用直角检测尺检查
4	分格条(缝)直线度	3	3	3	3	拉5m线,不足5m拉通线,用钢直尺检查
5	墙裙、勒脚上口直线度	3	3	—	—	拉5m线,不足5m拉通线,用钢直尺检查

一册在手 表格全有 贴近现场 资料无忧

3.4　清水砌体勾缝

3.4.1　清水砌体勾缝工程资料列表

(1)施工技术资料

1)清水砌体勾缝分项工程技术交底记录

2)图纸会审记录、设计变更通知单、工程洽商记录

(2)施工物资资料

1)水泥产品合格证、出厂检验报告、水泥的凝结时间和安定性试验报告

2)砂试验报告

3)颜料、专用勾缝剂产品合格证、性能检测报告

4)材料进场检验记录

5)工程物资进场报验表

(3)施工记录

施工检查记录

(4)施工质量验收记录

1)清水砌体勾缝检验批质量验收记录

2)清水砌体勾缝分项工程质量验收记录

3)分项/分部工程施工报验表

一册在手　表格全有　贴近现场　资料无忧

3.4.2 清水砌体勾缝工程资料填写范例及说明

清水砌体勾缝检验批质量验收记录

03020401001

单位(子单位) 工程名称	××大厦		分部(子分部) 工程名称	建筑装饰装修/抹灰	分项工程名称	清水砌体勾缝
施工单位	××建筑有限公司		项目负责人	赵斌	检验批容量	1000m^2
分包单位	××建筑装饰工程有限公司		分包单位项目负责人	王阳	检验批部位	南立面外墙
施工依据	××大厦装饰装修施工方案			验收依据	《建筑装饰装修工程质量验收规范》GB50210-2001	

		验收项目	设计要求及规范规定	最小/实际抽样数量	检查记录	检查结果
主控项目	1	水泥及配合比	第4.4.2条	/	检验合格,资料齐全	√
	2	勾缝牢固性	第4.4.3条	10/10	抽查10处,合格10处	√
一般项目	1	勾缝外观质量	第4.4.4条	10/10	抽查10处,合格10处	100%
	2	灰缝及表面	第4.4.5条	10/10	抽查10处,合格10处	100%

施工单位检查结果	符合要求 专业工长: 项目专业质量检查员: 高爱云 张代峰 2015 年××月××日
监理单位验收结论	合格 专业监理工程师: 刘东 2015 年××月××日

一册在手 表格全有 贴近现场 资料无忧

《清水砌体勾缝检验批质量验收记录》填写说明

1. 填写依据

(1)《建筑装饰装修工程质量验收规范》GB 50210—2001。

(2)《建筑工程施工质量验收统一标准》GB 50300—2013。

2. 规范摘要

以下内容摘录自《建筑装饰装修工程质量验收规范》GB 50210—2001。

(1)验收要求

抹灰工程的检验批划分以及检查数量参见"一般抹灰检验批质量验收记录"的验收要求的相关内容。

(2)清水砌体勾缝工程

本节适用于清水砌体砂浆勾缝和原浆勾缝工程的质量验收。

主控项目

1)清水砌体勾缝所用水泥的凝结时间和安定性复验应合格。砂浆的配合比应符合设计要求。

检验方法:检查复验报告和施工记录。

2)清水砌体勾缝应无漏勾。勾缝材料应粘结牢固、无开裂。

检验方法:观察。

一般项目

1)清水砌体勾缝应横平竖直,交接处应平顺,宽度和深度应均匀,表面应压实抹平。

检验方法:观察;尺量检查。

2)灰缝应颜色一致,砌体表面应洁净。

检验方法:观察。

<u>清水砌体勾缝</u> 分项工程质量验收记录

单位(子单位)工程名称	××工程	结构类型	框架剪力墙
分部(子分部)工程名称	抹灰	检验批数	8
施工单位	××建设集团有限公司	项目经理	×××
分包单位	××装饰装修工程有限公司	分包项目经理	×××

序号	检验批名称及部位、区段	施工单位检查评定结果	监理(建设)单位验收结论
1	一层外墙面①～⊗/Ⓐ～⊗轴	√	
2	二层外墙面①～⊗/Ⓐ～⊗轴	√	
3	三层外墙面①～⊗/Ⓐ～⊗轴	√	
4	四层外墙面①～⊗/Ⓐ～⊗轴	√	
5	五层外墙面①～⊗/Ⓐ～⊗轴	√	
6	六层外墙面①～⊗/Ⓐ～⊗轴	√	验收合格
7	七层外墙面①～⊗/Ⓐ～⊗轴	√	
8	八层外墙面①～⊗/Ⓐ～⊗轴	√	

说明：

检查结论	一层至八层外墙面①～⊗/Ⓐ～⊗轴清水砌体勾缝工程施工质量符合《建筑装饰装修工程质量验收规范》(GB 50210－2001)的要求,清水砌体勾缝分项工程合格。 项目专业技术负责人:××× 2015年8月8日	验收结论	同意施工单位检查结论,验收合格。 监理工程师:××× (建设单位项目专业技术负责人) 2015年8月8日

注:地基基础、主体结构工程的分项工程质量验收不填写"分包单位"、"分包项目经理"。

第 4 章

门窗工程

4.0　门窗工程资料应参考的标准及规范清单

1.《建筑装饰装修工程质量验收规范》GB 50210—2001

2.《建筑工程施工质量验收统一标准》GB 50300—2013

3.《建筑设计防火规范》GB 50016—2014

4.《通用硅酸盐水泥》GB 175—2007

5.《住宅装饰装修工程施工规范》GB 50327—2001

6.《木结构试验方法标准》GB/T 50329—2012

7.《建筑防腐蚀工程施工规范》GB 50212—2014

8.《木结构工程施工质量验收规范》GB 50206—2012

9.《民用建筑工程室内环境污染控制规范(2013 版)》GB 50325—2010

10.《建筑材料不燃性试验方法》GB/T 5464—2010

11.《建筑用安全玻璃》GB 15763.1~4—2009

12.《平板玻璃》GB 11614—2009

13.《半钢化玻璃》GB/T 17841—2008

14.《塑料门窗用密封条》GB 12002—1989

15.《硅酮建筑密封胶》GB/T 14683—2003

16.《建筑外门窗气密、水密、抗风压性能分级及检测方法》GB/T 7106—2008

17.《建筑外窗采光性能分级及检测方法》GB/T 11976—2002

18.《建筑门窗术语》GB/T 5823—2008

19.《建筑门窗洞口尺寸系列》GB/T 5824—2008

20.《建筑门窗扇开、关方向和开、关面的标志符号》GB 5825—1986

21.《门和卷帘的耐火试验方法》GB/T 7633—2008

22.《建筑门窗空气声隔声性能分级及检测方法》GB/T 8485—2008

23.《建筑用窗承机械力的检测方法》GB 9158—1988

24.《建筑外门窗保温性能分级及检测方法》GB/T 8484—2008

25.《铝合金门窗》GB/T 8478—2008

26.《钢门窗》GB/T 20909—2007

27.《自动门》JG/T 177—2005

28.《未增塑聚氯乙烯(PVC—U)塑料门窗力学性能及耐候性试验方法》GB/T 11793—2008

29.《建筑外门窗气密、水密、抗风压性能分级及检测方法》GB/T 7106—2008

30.《门、窗用未增塑聚氯乙烯(PVC—U)型材》GB/T 8814—2004

31.《住宅建筑门窗应用技术规范》DBJ 01—79—2004

32.《北京市建筑工程施工安全操作规程》DBJ01—62—2002

33.《建筑安装分项工程施工工艺流程》DBJ/T 01—26—2003

34.《高级建筑装饰工程质量验收标准》DBJ/T 01—27—2003

35.《施工现场临时用电安全技术规范》JGJ 46—2005

36.《建筑玻璃应用技术规程》JGJ 113—2009

一册在手　表格全有　贴近现场　资料无忧

37.《塑料门窗工程技术规程》JGJ 103－2008

38.《建筑工程冬期施工规程》JGJ/T 104－2011

39.《建筑机械使用安全技术规程》JGJ 33－2012

40.《建筑施工高处作业安全技术规范》JGJ 80－1991

41.《彩色涂层钢板门窗型材》JG/T 115－1999

42.《钢天窗 上悬钢天窗》JG/T 3004－1993

43.《开平、推拉彩色涂层钢板门窗》JG/T 3041－1997

44.《轻型金属卷门窗》JG/T 3039－1997

45.《压花玻璃》JC/T 511－2002

46.《建筑工程资料管理规程》JGJ/T 185－2009

一册在手 表格全有 贴近现场 资料无忧

4.1 木门窗安装

4.1.1 木门窗安装工程资料列表

(1)设计文件

门窗工程的施工图、设计说明及其他设计文件

(2)施工技术资料

1)木门窗制作与安装分项工程技术交底记录

2)图纸会审记录、设计变更通知单、工程洽商记录

(3)施工物资资料

1)木门窗出厂合格证(或成品门产品合格证书),木制纱门、窗出厂合格证

2)装饰装修用人造木板的甲醛含量复试报告

3)木门窗的五金配件产品合格证

4)防腐剂产品合格证、环保检测报告

5)水泥产品合格证、出厂检验报告、水泥试验报告,砂试验报告

6)材料、构配件进场检验记录

7)工程物资进场报验表

(4)施工记录

1)各种预埋件、固定件和木砖的安装及防腐隐蔽工程验收记录

2)施工检查记录

3)与相关各专业的交接检查记录

4)木门窗安装施工自检记录

(5)施工质量验收记录

1)木门窗制作检验批质量验收记录

2)木门窗安装检验批质量验收记录

3)木门窗安装分项工程质量验收记录

4)分项/分部工程施工报验表

(6)分户验收记录

木门窗安装质量分户验收记录表

4.1.2　木门窗安装工程资料填写范例及说明

材料、构配件进场检验记录					编　号		×××	
工程名称		×× 工程			检验日期		2015 年 × 月 × 日	
序号	名　称	规格型号 (mm)	进场数量	生产厂家 合格证号	检验项目	检验结果	备　注	
1	木门框	900×2400	×× 樘	×× 门窗厂 ××	查验产品合格证；外观检查，尺量尺寸	合格		
2	木门框	1200×2400	×× 樘	×× 门窗厂 ××	查验产品合格证；外观检查，尺量尺寸	合格		

检验结论：

　　经尺量检查，两种规格的木门框的尺寸均符合设计要求，结合处和安装配件处无木节和虫眼，符合《建筑装饰装修工程质量验收规范》(GB 50210－2001)的要求。同意验收。

签字栏	建设(监理)单位	施工单位	×× 装饰装修工程有限公司	
		专业质检员	专业工长	检验员
	×××	×××	×××	×××

本表由施工单位填写并保存。

工程物资进场报验表		编　号	×××
工　程　名　称	××工程	日　期	2015 年 5 月 19 日

现报上关于＿＿＿＿＿门窗＿＿＿＿＿工程的物资进场检验记录,该批物资经我方检验符合设计、规范及合约要求,请予以批准使用。

物资名称	主要规格	单　位	数　量	选样报审表编号	使用部位
木门框	900×2400	樘	×	×××	地上 1～3 层木门
木门框	1200×2400	樘	×	×××	地上 1～6 层木门

附件:　　　名　　称　　　　　　　页　数　　　　　　　　　编　号

1. ☑ 出厂合格证　　　　　　　 1 页　　　　　　　　　×××
2. ☐ 厂家质量检验报告　　　　＿＿页　　　　　　　　＿＿
3. ☐ 厂家质量保证书　　　　　＿＿页　　　　　　　　＿＿
4. ☐ 商检证　　　　　　　　　＿＿页　　　　　　　　＿＿
5. ☑ 进场检验记录　　　　　　 1 页　　　　　　　　　×××
6. ☐ 进场复试报告　　　　　　＿＿页　　　　　　　　＿＿
7. ☐ 备案情况　　　　　　　　＿＿页　　　　　　　　＿＿
8. ☐ ＿＿＿＿＿＿＿　　　　　＿＿页

申报单位名称:××装饰装修工程有限公司　　　申报人(签字):×××

施工单位检验意见:

　　报验的工程材料的质量证明文件齐全,同意报项目监理部审批。

☑有 / ☐无 附页

施工单位名称:××装饰装修工程有限公司　　技术负责人(签字):×××　审核日期:2015 年 5 月 20 日

验收意见:

　　1. 物资质量控制资料齐全、有效。

　　2. 材料试验合格。

　　同意承包单位检验意见,该批物资可以进场使用于本工程指定部位。

审定结论:	☑同意	☐补报资料	☐重新检验	☐退场

监理单位名称:××建设监理有限公司　　监理工程师(签字):×××　　验收日期:2015 年 5 月 20 日

本表由施工单位填报,建设单位、监理单位、施工单位各存一份。

隐蔽工程验收记录	编　号	×××

工程名称	××工程	
隐检项目	门窗工程	隐检日期	2015 年×月×日
隐检部位	四层　　①~⑫/Ⓐ~Ⓗ轴线　　14.100m 标高	

隐检依据:施工图图号　建施 38　施工方案　技术交底　　,设计变更/洽商(编号　　/　　)及有关国家现行标准等。

主要材料名称及规格/型号:　木门窗　　××　　。

隐检内容:

1. 木门框的安装牢固,预埋木砖已做防腐处理,木门框固定点的数量、位置及固定方法符合设计要求。

2.门窗框与洞口的缝隙用与墙面抹灰相同的砂浆将其塞实,符合要求。

申报人:×××

检查意见:

经检查,符合设计要求和《建筑装饰装修工程质量验收规范》(GB 50210－2001)的规定,同意进行下道工序。

检查结论:　☑同意隐蔽　　□不同意,修改后进行复查

复查结论:

复查人:　　　　　　　　　　　　　　　　　　复查日期:

签字栏	建设(监理)单位	施工单位	××建设工程有限公司	
		专业技术负责人	专业质检员	专业工长
	×××	×××	×××	×××

本表由施工单位填写,建设单位、施工单位、城建档案馆各保存一份。

一册在手　表格全有　贴近现场　资料无忧

木门窗制作检验批质量验收记录

03040101001

单位(子单位)工程名称		××大厦	分部(子分部)工程名称	建筑装饰装修/门窗	分项工程名称		木门窗安装
施工单位		××建筑有限公司	项目负责人	赵斌	检验批容量		80樘
分包单位		××建筑装饰工程有限公司	分包单位项目负责人	王阳	检验批部位		三层1~10/A~E轴木门窗
施工依据		××大厦装饰装修施工方案		验收依据		《建筑装饰装修工程质量验收规范》GB50210-2001	

		验收项目		设计要求及规范规定		最小/实际抽样数量	检查记录	检查结果
主控项目	1	材料质量		第5.2.2条		/	质量证明文件齐全,通过进场验收	√
	2	木材含水率		第5.2.3条		/	检验合格,资料齐全	√
	3	防火、防腐、防虫		第5.2.4条		/	检验合格,资料齐全	√
	4	木节及虫眼		第5.2.5条		4/4	抽查4处,合格4处	√
	5	榫槽连接		第5.2.6条		4/4	抽查4处,合格4处	√
	6	胶合板门、纤维板门、模压门的质量		第5.2.7条		4/4	抽查4处,合格4处	√
一般项目	1	木门窗表面质量		第5.2.12条		4/4	抽查4处,合格4处	100%
	2	木门窗割角、拼缝		第5.2.13条		4/4	抽查4处,合格4处	100%
	3	木门窗槽、孔质量		第5.2.14条		4/4	抽查4处,合格4处	100%
	4	制作允许偏差	翘曲 框	普通	3	4/4	抽查4处,合格4处	100%
				高级	2	/		/
			扇	普通	2	4/4	抽查4处,合格4处	100%
				高级	2	/		/
			对角线长度差 框、扇	普通	3	4/4	抽查4处,合格4处	100%
				高级	2	/		/
			表面平整度 扇	普通	2	4/4	抽查4处,合格4处	100%
				高级	2	/		/
			高度、宽度 框	普通	0;-2	4/4	抽查4处,合格4处	100%
				高级	0;-1	/		/
			扇	普通	+2;0	4/4	抽查4处,合格4处	100%
				高级	+1;0	/		/
			裁口、线条结合处高低差 框、扇	普通	1	4/4	抽查4处,合格4处	100%
				高级	0.5	/		/
			相邻楞子两端间距 扇	普通	2	4/4	抽查4处,合格4处	100%
				高级	1	/		/

施工单位检查结果	符合要求 专业工长:高爱云 项目专业质量检查员:王世浩 2015 年 ×× 月 ×× 日
监理单位验收结论	合格 专业监理工程师:刘东 2015 年 ×× 月 ×× 日

一册在手 表格全有 贴近现场 资料无忧

《木门窗制作检验批质量验收记录》填写说明

1. 填写依据

(1)《建筑装饰装修工程质量验收规范》GB 50210－2001。

(2)《建筑工程施工质量验收统一标准》GB 50300－2013。

2. 规范摘要

以下内容摘录自《建筑装饰装修工程质量验收规范》GB 50210－2001。

(1)验收要求

1)各分项工程的检验批应按下列规定划分：

①同一品种、类型和规格的木门窗、金属门窗、塑料门窗及门窗玻璃每 100 樘应划分为一个检验批，不足 100 樘也应划分为一个检验批。

②同一品种、类型和规格的特种门每 50 樘应划分为一个检验批，不足 50 樘也应划分为一个检验批。

2)检查数量应符合下列规定：

①木门窗、金属门窗、塑料门窗及门窗玻璃，每个检验批应至少抽查 5%，并不得少于 3 樘，不足 3 樘时应全数检查；高层建筑的外窗，每个检验批应至少抽查 10%，并不得少于 6 樘，不足 6 樘时应全数检查。

②特种门每个检验批应至少抽查 50%，并不得少于 10 樘，不足 10 樘时应全数检查。

(2)木门窗制作与安装工程

本节适用于木门窗制作与安装工程的质量验收。

主控项目

1)木门窗的木材品种、材质等级、规格、尺寸、框扇的线型及人造木板的甲醛含量应符合设计要求。设计未规定材质等级时，所用木材的质量应符合《建筑地面工程施工质量验收规范》GB 50209－2010 附录八的规定。

检验方法：观察；检查材料进场验收记录和复验报告。

2)木门窗应采用烘干的木材，含水率应符合《建筑木门、木窗》JG/T 122 的规定。

检验方法：检查材料进场验收记录。

3)木门窗的防火、防腐、防虫处理应符合设计要求。

检验方法：观察；检查材料进场验收记录。

4)木门窗的结合处和安装配件处不得有木节或已填补的木节。木门窗如有允许限值以内的死节及直径较大的虫眼时，应用同一材质的木塞加胶填补。对于清漆制品，木塞的木纹和色泽应与制品一致。

检验方法：观察。

5)门窗框和厚度大于 50mm 的门窗扇应用双榫连接。榫槽应采用胶料严密嵌合，并应用胶楔加紧。

检验方法：观察；手板检查。

6)胶合板门、纤维板门和模压门不得脱胶。胶合板不得刨透表层单板，不得有戗槎。制作胶合板门、纤维板门时，边框和横楞应在同一平面上，面层、边框及横楞应加压胶结。横楞和上、下冒头应各钻两个以上的透气孔，透气孔应通畅。

检验方法:观察。

7)木门窗的品种、类型、规格、开启方向、安装位置及连接方式应符合设计要求。

检验方法:观察;尺量检查;检查成品门的产品合格证书。

8)木门窗框的安装必须牢固。预埋木砖的防腐处理、木门窗框固定点的数量、位置及固定方法应符合设计要求。

检验方法:观察;手扳检查;检查隐蔽工程验收记录和施工记录。

9)木门窗扇必须安装牢固,并应开关灵活,关闭严密,无倒翘。

检验方法:观察;开启和关闭检查;手扳检查。

10)木门窗配件的型号、规格、数量应符合设计要求,安装应牢固,位置应正确,功能应满足使用要求。

检验方法:观察;开启和关闭检查;手扳检查。

一般项目

1)木门窗表面应洁净,不得有刨痕、锤印。

检验方法:观察。

2)木门窗的割角、拼缝应严密平整。门窗框、扇裁口应顺直,刨面应平整。

检验方法:观察。

3)木门窗上的槽、孔应边缘整齐,无毛刺。

检验方法:观察。

4)木门窗与墙体间缝隙的填嵌材料应符合设计要求,填嵌应饱满。寒冷地区外门窗(或门窗框)与砌体间的空隙应填充保温材料。

检验方法:轻敲门窗框检查;检查隐蔽工程验收记录和施工记录。

5)木门窗批水、盖口条、压缝条、密封条安装应顺直,与门窗结合应牢固、严密。

检验方法:观察;手扳检查。

6)木门窗制作的允许偏差和检验方法应符合表 4-1 的规定。

表 4-1 　　　　　　　　　　　　木门窗制作的允许偏差和检验方法

项次	项目	构件名称	允许偏差(mm)		检验方法
			普通	高级	
1	翘曲	框	3	2	将框、扇平放在检查平台上,用塞尺检查
		扇	2	2	
2	对角线长度差	框、扇	3	2	用钢尺检查,框量裁口里角,扇量外角
3	表面平整度	扇	2	2	用 1m 靠尺和塞尺检查
4	高度、宽度	框	0;−2	0;−1	用钢尺检查,框量裁口里角,扇量外角
		扇	+2;0	+1;0	
5	裁口、线条结合处高低差	框、扇	1	0.5	用钢直尺和塞尺检查
6	相邻棂子两端间距	扇	2	1	用钢直尺检查

5.2.18 木门窗安装的留缝限值、允许偏差和检验方法应符合表 4-2 的规定。

一册在手　表格全有　贴近现场　资料无忧

表 4-2 木门窗安装的留缝限值、允许偏差和检验方法

项次	项目		留缝限值(mm)		允许偏差(mm)		检验方法
			普通	高级	普通	高级	
1	门窗槽口对角线长度差		—	—	3	2	用钢尺检查
2	门窗框的正、侧面垂直度		—	—	2	1	用1m垂直检测尺检查
3	框与扇、扇与扇接缝高低差		—	—	2	1	用钢直尺和塞尺检查
4	门窗扇对口缝		1～2.5	1.5～2	—	—	用塞尺检查
5	工业厂房双扇大门对口缝		2～5	—	—	—	
6	门窗扇与上框间留缝		1～2	1～1.5	—	—	
7	门窗扇与侧框间留缝		1～2.5	1～1.5	—	—	
8	窗扇与下框间留缝		2～3	2～2.5	—	—	
9	门扇与下框间留缝		3～5	3～4	—	—	
10	双层门窗内外框间距		—	—	4	3	
11	无下框时门扇与地面间留缝	外门	4～7	5～6	—	—	用钢尺检查
		内门	5～8	6～7	—	—	
		卫生间门	8～12	8～10	—	—	
		厂房大门	10～20	—	—	—	

木门窗安装检验批质量验收记录

03040102001

单位(子单位)工程名称	××大厦	分部(子分部)工程名称	建筑装饰装修/门窗	分项工程名称	木门窗安装
施工单位	××建筑有限公司	项目负责人	赵斌	检验批容量	80樘
分包单位	××建筑装饰工程有限公司	分包单位项目负责人	王阳	检验批部位	三层1~10/A~E轴木门窗
施工依据	××大厦装饰装修施工方案		验收依据	《建筑装饰装修工程质量验收规范》GB50210-2001	

		验收项目	设计要求及规范规定		最小/实际抽样数量	检查记录	检查结果
主控项目	1	木门窗品种、规格、安装方向位置	第5.2.8条		/	质量证明文件齐全,通过进场验收	√
	2	木门窗安装牢固	第5.2.9条		4/4	抽查4处,合格4处	√
	3	木门窗扇安装	第5.2.10条		4/4	抽查4处,合格4处	√
	4	门窗配件安装	第5.2.11条		4/4	抽查4处,合格4处	√
一般项目	1	缝隙嵌填材料	第5.2.15条		/	质量证明文件齐全,通过进场验收	√
	2	批水、盖口条等细部	第5.2.16条		4/4	抽查4处,合格4处	100%

			项目	留缝限值(mm)		允许偏差(mm)		最小/实际抽样数量	检查记录	检查结果
				普通 ☑	高级 ☐	普通 ☑	高级 ☐			
一般项目	3	安装留缝隙值及允许偏差	门窗槽口对角线长度差	-	-	3	2	4/4	抽查4处,合格4处	100%
			门窗框的正、侧面垂直度	-	-	2	1	4/4	抽查4处,合格4处	100%
			框与扇、扇与扇接缝高低差	-	-	2	1	4/4	抽查4处,合格4处	100%
			门窗扇对口缝	1~2.5	1.5~2	-	-	4/4	抽查4处,合格4处	100%
			工业厂房双扇大门对口缝	2~5	-	-	-	/	/	/
			门窗扇与上框间留缝	1~2	1~1.5	-	-	4/4	抽查4处,合格4处	100%
			门窗扇与侧框间留缝	1~2.5	1~1.5	-	-	4/4	抽查4处,合格4处	100%
			窗扇与下框间留缝	2~3	2~2.5	-	-	4/4	抽查4处,合格4处	100%
			门扇与下框间留缝	3~5	3~4	-	-	全/4	抽查4处,合格4处	100%
			双层门窗内外框间距	-	-	4	3	4/4	抽查4处,合格4处	100%
			无下框时门扇与地面间留缝 外门	4~7	5~6	-	-	4/4	抽查4处,合格4处	100%
			内门	5~8	6~7	-	-	4/4	抽查4处,合格4处	100%
			卫生间门	8~12	8~10	-	-	4/4	抽查4处,合格4处	100%
			厂房大门	10~20	-	-	-	/	/	/

施工单位检查结果	符合要求 专业工长: 项目专业质量检查员: 高爱云 张振海 2015年××月××日
监理单位验收结论	合格 专业监理工程师: 刘东 2015年××月××日

《木门窗安装检验批质量验收记录》填写说明

1. 填写依据

(1)《建筑装饰装修工程质量验收规范》GB 50210－2001。

(2)《建筑工程施工质量验收统一标准》GB 50300－2013。

2. 规范摘要

以下内容摘录自《建筑装饰装修工程质量验收规范》GB 50210－2001。

验收要求参见"木门窗制作检验批质量验收记录"表格验收要求的相关内容。

一册在手　表格全有　贴近现场　资料无忧

<u>木门窗安装</u> 分项工程质量验收记录

单位(子单位)工程名称	××工程	结构类型	框架剪力墙
分部(子分部)工程名称	门窗	检验批数	10
施工单位	××建设工程有限公司	项目经理	×××
分包单位	××装饰装修工程有限公司	分包项目经理	×××

序号	检验批名称及部位、区段	施工单位检查评定结果	监理(建设)单位验收结论
1	首层木门窗制作与安装	√	
2	二层木门窗制作与安装	√	
3	三层木门窗制作与安装	√	
4	四层木门窗制作与安装	√	
5	五层木门窗制作与安装	√	
6	六层木门窗制作与安装	√	验收合格
7	七层木门窗制作与安装	√	
8	八层木门窗制作与安装	√	
9	九层木门窗制作与安装	√	
10	十层木门窗制作与安装	√	

检查结论	首层至十层木门窗制作与安装分项工程施工质量符合《建筑装饰装修工程质量验收规范》(GB 50210－2001)的要求,该分项工程质量合格。 项目专业技术负责人:××× 2015 年×月×日	验收结论	同意施工单位检查结论,验收合格。 监理工程师:××× (建设单位项目专业技术负责人) 2015 年×月×日

一册在手 表格全有 贴近现场 资料无忧

分项/分部工程施工报验表	编　号	×××
工程名称　　　×× 工程	日　期	2015 年 ×月 ×日

现我方已完成＿＿＿＿＿／＿＿＿＿（层）＿＿＿／＿＿＿＿轴（轴线或房间）＿＿＿／＿＿＿（高程）＿＿＿＿＿／＿＿＿＿＿＿（部位）的＿＿木门窗安装＿＿＿＿工程,经我方检验符合设计、规范要求,请予以验收。

附件:　　　名　称　　　　　　　　页　数　　　　　　　　编　号

1.□质量控制资料汇总表　　　　　　＿＿＿页　　　　＿＿＿＿＿＿＿＿

2.□隐蔽工程验收记录　　　　　　　＿＿＿页　　　　＿＿＿＿＿＿＿＿

3.□预检记录　　　　　　　　　　　＿＿＿页　　　　＿＿＿＿＿＿＿＿

4.□施工记录　　　　　　　　　　　＿＿＿页　　　　＿＿＿＿＿＿＿＿

5.□施工试验记录　　　　　　　　　＿＿＿页　　　　＿＿＿＿＿＿＿＿

6.□分部（子分部）工程质量验收记录　＿＿＿页　　　　＿＿＿＿＿＿＿＿

7.☑分项工程质量验收记录　　　　　＿×＿页　　　　＿×××＿＿＿

8.□＿＿＿＿＿＿＿＿＿＿＿＿　　　＿＿＿页　　　　＿＿＿＿＿＿＿＿

9.□＿＿＿＿＿＿＿＿＿＿＿＿　　　＿＿＿页　　　　＿＿＿＿＿＿＿＿

10.□＿＿＿＿＿＿＿＿＿＿＿　　　＿＿＿页　　　　＿＿＿＿＿＿＿＿

质量检查员(签字):×××

施工单位名称:××建筑装饰装修工程有限公司　　　　技术负责人(签字):×××

审查意见:

　1. 所报附件材料真实、齐全、有效。

　2. 所报分项工程实体工程质量符合规范和设计要求。

审查结论:　　　　　☑合格　　　　　　　□不合格

监理单位名称:××建设监理有限公司　（总）监理工程师(签字):×××　审查日期:2015 年 ×月 ×日

　本表由施工单位填报,监理单位、施工单位各存一份。分项、分部工程不合格,应填写《不合格项处置记录》,分部工程应由总监理工程师签字。

一册在手　表格全有　贴近现场　资料无忧

木门窗安装质量分户验收记录表

单位工程名称	××住宅楼		结构类型	框架	层数	十层
验收部位(房号)	4单元302室		户　型	三室两厅一卫	检查日期	2015年×月×日
建设单位	××房地产开发有限公司	参检人员姓名	×××		职务	建设单位代表
总包单位	××建设集团有限公司	参检人员姓名	×××		职务	质量检查员
分包单位	××装饰装修工程有限公司	参检人员姓名	×××		职务	质量检查员
监理单位	××建设监理有限公司	参检人员姓名	×××		职务	土建监理工程师
施工执行标准名称及编号		《建筑装饰装修工程施工工艺标准》(QB×××-2006)				

		施工质量验收规范的规定(GB 50210-2001)		施工单位检查评定记录	监理(建设)单位验收记录
主控项目	1	木门窗品种、规格、安装方向位置	第5.2.8条	材料进场检验记录(编号××),复检报告(编号××),符合设计要求	合格
	2	木门窗安装牢固	第5.2.9条	隐蔽工程验收记录(编号××),合格	合格
	3	木门窗扇安装	第5.2.10条	观察,手扳检查,符合规范要求	合格
	4	门窗配件安装	第5.2.11条	配件型号、规格、数量、安装位置正确,满足使用功能要求	合格
一般项目	1	缝隙嵌填材料	第5.2.15条	/	/
	2	批水、盖口条等细部	第5.2.16条	观察,手扳检查,安装顺直,与门窗结合牢固	合格

安装留缝隙值及允许偏差		项目	留缝限值mm 普通√	高级	允许偏差mm 普通	高级	实测值	
	3	门窗槽口对角线长度差	—	—	3	2	1　2　2　⚠　0　1　2　2　2	合格
		门窗框的正、侧面垂直度	—	—	2	1	0　1　1　1　1　0　0　1　1　1	合格
		框与扇、扇与扇接缝高低差	—	—	2	1	1　1　1　0　1　1　0　1　1　1	合格
		门窗扇对口缝	1~2.5	1.5~2	—	—	2.2　2.3　2　2.4　2　2　2　2　1.7　1.9	合格
		工业厂房双扇大门对口缝	2~5		—	—		/
		门窗扇与上框间留缝	1~2	1~1.5	—	—	1.5　1.4　1.7　1.9　1.6	合格
		门窗扇与侧框间留缝	1~2.5	2~2.5	—	—	2　2　2　2.3　2　2.4　2.3　2.2	合格
		窗扇与下框间留缝	2~3	2~2.5	—	—	2.1　2.5　2.7　2.6　2.4	合格
		门扇与下框间留缝	3~5	3~4	—	—	3.7　3.6　4　3.3　3.6　3.4.5　4　3.8　4.2	合格
		双层门窗内外框间距	—	—	4	3	3　2　2　1　1　1　3　1　2　2	合格
		无下框时门扇与地面间留缝　外门	4~7	5~6	—	—	5　5　6	合格
		无下框时门扇与地面间留缝　内门	5~8	6~7	—	—	6　7　6	合格
		无下框时门扇与地面间留缝　卫生间门	8~12	8~10	—	—	9　10	合格
		无下框时门扇与地面间留缝　厂房大门	10~20	—	—	—		/

复查记录	监理工程师(签章): 　　　年 　月 　日 建设单位专业技术负责人(签章): 　　年 　月 　日
施工单位检查评定结果	经检查,主控项目、一般项目均符合设计和《建筑装饰装修工程质量验收规范》(GB 50210-2001)的规定。 　　总包单位质量检查员(签章):×××　　2015年×月×日 　　分包单位质量检查员(签章):×××　　2015年×月×日
监理单位验收结论	验收合格。 　　监理工程师(签章):×××　　2015年×月×日
建设单位验收结论	验收合格。 　　建设单位专业技术负责人(签章):×××　　2015年×月×日

《木门窗安装质量分户验收记录表》填写说明

【检查内容】

木门窗安装工程质量分户验收内容,可根据竣工时观察到的观感和使用功能以及实测项目的质量进行确定,具体参照表 4-3。

表 4-3　　　　　　　　　　　　木门窗安装工程质量分户验收内容

		施工质量验收规范的规定(GB50210—2001)				涉及的检查项目
主控项目	1	木门窗品种、规格、安装方向位置		第 5.2.8 条		√
	2	木门窗安装牢固		第 5.2.9 条		√
	3	木门窗扇安装		第 5.2.10 条		√
	4	门窗配件安装		第 5.2.11 条		√
一般项目	1	缝隙嵌填材料		第 5.2.15 条		\
	2	密封条及旋转门窗间隙		第 5.2.16 条		√

		项目		留缝限值(mm)		允许偏差(mm)		
				普通	高级	普通	高级	
一般项目	安装留缝隙值及允许偏差	门窗槽口对角线长度差		—	—	3	2	√
		门窗框的正、侧面垂直度		—	—	2	1	√
		框与扇、扇与扇接缝高低差		—	—	2	1	√
		门窗扇对口缝		1~2.5	1.5~2	—	—	√
		工业厂房双扇大门对口缝		2~5		—	—	√
		门窗扇与上框间留缝		1~2	1~1.5	—	—	√
		门窗扇与侧框间留缝		1~2.5	1~1.5	—	—	√
		窗扇与下框间留缝		2~3	2.2.5	—	—	√
		门扇与下框间留缝		3~5	3~4	—	—	√
		双层门窗内外框间距		—	—	4	3	√
		无下框时门扇与地面间留缝	外门	4~7	5~6	—	—	√
			内门	5~8	6~7	—	—	√
			卫生间门	8~12	8~10	—	—	√
			厂房大门	10~20	—			\

注:"√"代表涉及的检查内容;"\"代表不涉及的检查内容。

【质量标准、检查数量、方法】

(一)一般规定

1. 木门窗安装工程应符合施工图、设计说明及其他设计文件的要求。

2. 木门窗安装工程分户验收应按每户住宅划分为一个检验批。当分户检验批具备验收条件时,可及时验收。除高层建筑的外窗,每户应抽查不得少于 3 樘,不足 3 樘时应全数检查;高层建筑的外窗,每户应抽查不得少于 6 樘,不足 6 樘时应全数检查。

3. 每户住宅木门窗安装工程观感质量应全数检查。以房间为单位,检查并记录。

4.实测实量内容宜按照本说明规定的检查部位、检查数量,确定检查点。实测值在允许偏差范围内判为合格,当超出允许偏差时应在实测值记录上画圈做出不合格记号,以便判断不合格点是否超出允许偏差1.5倍和不合格点率。实测值应全数记录。

5.当分户检验批的主控项目的质量经检查全部合格,一般项目的合格点率达到80%及以上,且没有严重缺陷时(不合格点实测偏差,应小于允许偏差的1.5倍),判为合格。

6.当实测偏差大于允许偏差1.5倍,或不合格点率超出20%时,应整改并重新验收,记录整改项目测量结果。

(二)主控项目

1.木门窗的品种、类型、规格、开启方向、安装位置及连接方式应符合设计要求。

检验方法:观察;尺量检查。

2.木门窗框的安装必须牢固。

检验方法:观察;手扳检查。

3.木门窗扇必须安装牢固,并应开关灵活,关闭严密,无倒翘。

检验方法:观察;开启和关闭检查;手扳检查。

4.木门窗配件的型号、规格、数量应符合设计要求,安装应牢固,位置应正确,功能应满足使用要求。

检验方法:观察;开启和关闭检查;手扳检查。

(三)一般项目

1.木门窗批水、盖口条、压缝条、密封条的安装应顺直,与门窗结合应牢固、严密。

检验方法:观察;手扳检查。

2.木门窗制作的允许偏差和检验方法应符合表4-1的规定。

(四)实测项目说明

木门窗安装工程实测内容分别是:门窗槽口对角线长度差;门窗框的正、侧面垂直度;框与扇、扇与扇接缝高低差;门窗扇对口缝;门窗扇与上框间留缝;门窗扇与侧框间留缝;窗扇与下框间留缝;门扇与下框间留缝;双层门窗内外框间距;无下框时门扇与地面间留缝。检查时,宜对分户验收抽查点分布图中规定的门窗,按照上述实测内容,使用相关测量工具,参照下列测量位置和数量进行检查,并全数记录。

1.检查门窗槽口对角线长度差时,使用钢尺等测量工具,在门窗槽口的企口方向,分别量取槽口对角线长度,两个方向长度分别记录。

2.检查门窗框的正、侧面垂直度时,使用1m垂直检测尺等测量工具,在一侧门窗竖框中心位置的正、侧面,各测量1点。

3.检查框与扇、扇与扇接缝高低差时,使用钢直尺和塞尺等测量工具,在同樘门窗的框与扇、扇与扇接缝处,每扇测量最大接缝高低差不少于1点。

4.检查门窗扇对口缝时,使用塞尺等测量工具,在门窗扇最大、最小对口缝处,各测量1点。

5.检查门窗扇与上框间留缝时,使用塞尺等测量工具,在门窗扇与上框间最大、最小缝隙处,各测量1点。

6.检查门窗扇与侧框间留缝时,使用塞尺等测量工具,在门窗扇与侧框间最大、最小缝隙处,各测量1点。

7.检查窗扇与下框间留缝时,使用塞尺等测量工具,在窗扇与下框间最大、最小缝隙处,各测量1点。

8.检查门扇与下框间留缝时,使用塞尺等测量工具,在门扇与下框间最大、最小缝隙处,各测量1点。

9.检查双层门窗内外框间距时,使用钢尺等测量工具,在每侧门窗竖框中心部位测量内外框间距,各测量1点。(计算基准值)

10.检查无下框时门扇与地面间留缝时,使用塞尺等测量工具,在门扇与地面间最大、最小缝隙处,各测量1点。

一册在手 表格全有 贴近现场 资料无忧

4.2 金属门窗安装

4.2.1 金属门窗安装工程资料列表

（1）设计文件

门窗工程的施工图、设计说明及其他设计文件

（2）施工管理资料

建筑外墙金属窗取样试验见证记录

（3）施工技术资料

1）金属门窗安装分项工程技术交底记录

2）图纸会审记录、设计变更通知单、工程洽商记录

（4）施工物资资料

1）金属门窗生产许可证、产品合格证书

2）（根据工程需要出具的）金属门窗的抗风压性能、水密性能以及气密性能等检验报告，或抗风压性能、水密性能检验以及建筑门窗节能性能标识证书等。

3）建筑外墙金属窗的抗风压性能、水密性能以及气密性能复试报告

4）铝合金型材、玻璃、密封材料及五金件等材料的产品质量合格证书、性能检测报告

5）隐框窗的硅酮结构胶相容性试验报告

6）水泥产品合格证、出厂检验报告、水泥试验报告，砂试验报告

7）进口商品的报关单和商检证明

8）材料、构配件进场检验记录

9）工程物资进场报验表

（5）施工记录

1）金属门窗框与洞口墙体连接固定、防腐处理及填嵌、密封处理、防雷连接等隐蔽工程验收记录

2）施工检查记录

3）与相关各专业的交接检查记录

4）金属门窗安装施工自检记录

（6）施工质量验收记录

1）钢门窗安装检验批质量验收记录

2）铝合金门窗安装检验批质量验收记录

3）涂色镀锌钢板门窗安装检验批质量验收记录

4）金属门窗安装分项工程质量验收记录

5）分项/分部工程施工报验表

（7）分户验收记录

1）钢门窗安装质量分户验收记录表

2）铝合金门窗安装质量分户验收记录表

3）涂色镀锌钢板门窗安装安装质量分户验收记录表

4.2.2　金属门窗安装工程资料填写范例及说明

隐蔽工程验收记录		编　号	×××
工程名称	××工程		
隐检项目	门窗工程	隐检日期	2015 年×月×日
隐检部位	三层　②~⑨/Ⓐ~Ⓓ轴　17.400m 标高		

隐检依据:施工图图号＿＿＿建施 7＿＿＿,设计变更/洽商(编号＿＿＿＿＿/＿＿＿)及有关国家现行标准等。

　　主要材料名称及规格/型号:＿＿＿90 系列平开钢窗＿＿＿

隐检内容:

　　1. 平开钢窗有出厂合格证、性能检测报告,质量证明文件齐全、合格。

　　2. 窗洞水平基准线和洞口垂直中心线已用墨斗弹出。

　　3. 窗洞口留设铁件数量、规格符合施工规范要求,且位置正确,安装牢固。

　　4. 副框已固定,对角线误差在允许范围内。

申报人:×××

检查意见:

　　经检查,90 系列平开钢窗质量证明文件齐全、合格,副框安装牢固,洞口位置清晰准确,符合设计要求及《建筑装饰装修工程质量验收规范》(GB 50210－2001)的规定,同意进行下道工序。

　　检查结论:　☑同意隐蔽　　□不同意,修改后进行复查

复查结论:

复查人:　　　　　　　　　　　　　　　　　　复查日期:

签字栏	建设(监理)单位	施工单位	××建设工程有限公司	
		专业技术负责人	专业质检员	专业工长
	×××	×××	×××	×××

本表由施工单位填写,建设单位、施工单位、城建档案馆各保存一份。

一册在手　表格全有　贴近现场　资料无忧

隐蔽工程验收记录		编　号	×××
工程名称	××工程		
隐检项目	门窗工程	隐检日期	2015 年×月×日
隐检部位	四层　　A、D 区轴线　　14.100m 标高		

隐检依据:施工图图号　__建施 48　施工方案　技术交底__　,设计变更/洽商(编号___/___)及有关国家现行标准等。

　　主要材料名称及规格/型号:　__铝合金门窗__　。

隐检内容:

　　1. 铝合金窗的规格、尺寸、品种、性能、开启扇的开启方向、安装位置符合要求。

　　2. 副框与窗采用 $\phi5\times40$ 自攻钉连接,间距 500mm。副框与窗框用密封膏密封。

　　3. 铝合金门窗预埋混凝土块上、下分别从离楼地面、门洞顶 200mm 处开始,中间每隔 600mm 埋设一块,符合要求。

　　4.门窗与墙体间缝隙填嵌材料为水泥砂浆。

　　5.固定玻璃的橡胶垫的设置符合有关标准的规定。

申报人:×××

检查意见:

　　经检查,符合设计要求和《建筑装饰装修工程质量验收规范》(GB 50210－2001)的规定,同意进行下道工序。

检查结论:　☑同意隐蔽　　□不同意,修改后进行复查

复查结论:

复查人:　　　　　　　　　　　　　　　　　复查日期:

签字栏	建设(监理)单位	施工单位	××建设工程有限公司	
		专业技术负责人	专业质检员	专业工长
	×××	×××	×××	×××

本表由施工单位填写,建设单位、施工单位、城建档案馆各保存一份。

钢门窗安装检验批质量验收记录

03040201001

单位(子单位)工程名称	××大厦	分部(子分部)工程名称	建筑装饰装修/门窗	分项工程名称	金属门窗安装
施工单位	××建筑有限公司	项目负责人	赵斌	检验批容量	80樘
分包单位	××建筑装饰工程有限公司	分包单位项目负责人	王阳	检验批部位	三层1～10/A～E轴钢门窗
施工依据	××大厦装饰装修施工方案		验收依据	《建筑装饰装修工程质量验收规范》GB50210-2001	

		验收项目	设计要求及规范规定	最小/实际抽样数量	检查记录	检查结果
主控项目	1	门窗质量	第5.3.2条	/	质量证明文件齐全,通过进场验收	√
	2	框和副框安装,预埋件	第5.3.3条	4/4	抽查4处,合格4处	√
	3	门窗扇安装	第5.3.4条	4/4	抽查4处,合格4处	√
	4	配件质量及安装	第5.3.5条	4/4	抽查4处,合格4处	√
一般项目	1	表面质量	第5.3.6条	4/4	抽查4处,合格4处	100%
	2	框与墙体间缝隙	第5.3.8条	4/4	抽查4处,合格4处	100%
	3	扇密封胶条或毛毡密封条	第5.3.9条	4/4	抽查4处,合格4处	100%
	4	排水孔	第5.3.10条	4/4	抽查4处,合格4处	100%

			项目	留缝限值(mm)	允许偏差(mm)	最小/实际抽样数量	检查记录	检查结果
一般项目	5	安装留缝限值及允许偏差	门窗槽口宽度高度 ≤1500mm	–	2.5	/	/	
			>1500mm	–	3.5	4/4	抽查4处,合格4处	100%
			门窗槽口对角线长度差 ≤2000mm	–	5	/	/	
			>2000mm	–	6	4/4	抽查4处,合格4处	100%
			门窗框的正侧面垂直度	–	3	4/4	抽查4处,合格4处	100%
			门窗横框的水平度	–	3	4/4	抽查4处,合格4处	100%
			门窗横框标高	–	5	4/4	抽查4处,合格4处	100%
			门窗竖向偏离中心	–	4	4/4	抽查4处,合格4处	100%
			双层门窗内外框间距	–	5	4/4	抽查4处,合格4处	100%
			门窗框、扇配合间隙	≤2	–	4/4	抽查4处,合格4处	100%
			无下框时门扇与地面间留缝	4～8	–	4/4	抽查4处,合格4处	100%

施工单位检查结果	符合要求 专业工长: 项目专业质量检查员:　高俊云　王世涛 2015年××月××日
监理单位验收结论	合格 专业监理工程师:　刘东 2015年××月××日

《钢门窗安装检验批质量验收记录》填写说明

1. 填写依据

(1)《建筑装饰装修工程质量验收规范》GB 50210－2001。

(2)《建筑工程施工质量验收统一标准》GB 50300－2013。

2. 规范摘要

以下内容摘录自《建筑装饰装修工程质量验收规范》GB 50210－2001。

(1)验收要求

门窗工程的检验批划分以及检查数量参见"木门窗制作检验批质量验收记录"表格验收要求的相关内容。

(2)金属门窗安装工程

本节适用于钢门窗、铝合金门窗、涂色镀锌钢板门窗等金属门窗安装工程质量的验收。

主控项目

1)金属门窗的品种、类型、规格、尺寸、性能、开启方向、安装位置、连接方式及铝合金门窗的型材壁厚应符合设计要求。金属门窗的防腐处理及填嵌、密封处理应符合设计要求。

检验方法:观察;尺量检查;检查产品合格证书、性能检测报告、进场验收记录和复验报告;检查隐蔽工程验收记录。

2)金属门窗框和副框的安装必须牢固。预埋件的数量、位置、埋设方式、与框的连接方式必须符合设计要求。

检验方法:手扳检查;检查隐蔽工程验收记录。

3)金属门窗扇必须安装牢固,并应开关灵活、关闭严密,无倒翘。推拉门窗扇必须有防脱落措施。

检验方法:观察;开启和关闭检查;手扳检查。

4)金属门窗配件的型号、规格、数量应符合设计要求,安装应牢固,位置应正确,功能应满足使用要求。

检验方法:观察;开启和关闭检查;手扳检查。

一般项目

1)金属门窗表面应洁净、平整、光滑、色泽一致,无锈蚀。大面应无划痕、碰伤。漆膜或保护层应连续。

检验方法:观察。

2)金属门窗框与墙体之间的缝隙应填嵌饱满,并采用密封胶密封。密封胶表面应光滑、顺直,无裂纹。

检验方法:观察;轻敲门窗框检查;检查隐蔽工程验收记录。

3)金属门窗扇的橡胶密封条或毛毡密封条应安装完好,不得脱槽。

检验方法:观察;开启和关闭检查。

4)有排水孔的金属门窗,排水孔应畅通,位置和数量应符合设计要求。

检验方法:观察。

5)钢门窗安装的留缝限值、允许偏差和检验方法应符合表4-4的规定。

表 4-4   钢门窗安装的留缝限值、允许偏差和检验方法

项次	项目	留缝限值 (mm)	允许偏差 (mm)	检验方法	
1	门窗槽口宽度、高度	≤1500mm	—	2.5	用钢尺检查
		>1500mm	—	3.5	
2	门窗槽口对角线 长度差	≤2000mm	—	5	用钢尺检查
		>2000mm	—	6	
3	门窗框的正、侧面垂直度	—		3	用 lm 垂直检测尺检查
4	门窗横框的水平度	—		3	用 lm 水平尺和塞尺检查
5	门窗横框标高	—		5	用钢尺检查
6	门窗竖向偏离中心	—		4	用钢尺检查
7	双层门窗内外框间距	—		5	用钢尺检查
8	门窗框、扇配合间隙	≤2		—	用塞尺检查
9	无下框时门扇与地面间留缝	4~8			用塞尺检查

5.3.13 涂色镀锌钢板门窗安装的允许偏差和检验方法应符合表 4-5 的规定。

表 4-5   涂色镀锌钢板门窗安装的允许偏差和检验方法

项次	项目		允许偏差(mm)	检验方法
1	门窗槽口宽度、高度	≤1500mm	2	用钢尺检查
		>1500mm	3	
2	门窗槽口对角线长度差	≤2000mm	4	用钢尺检查
		>2000mm	5	
3	门窗框的正、侧面垂直度		3	用垂直检测尺检
4	门窗横框的水平度		3	用 lm 水平尺和塞尺检查
5	门窗横框标高		5	用钢尺检查
6	门窗竖向偏离中心		5	用钢尺检查
7	双层门窗内外框间距		4	用钢尺检查
8	推拉门窗扇与框搭接量		2	用钢直尺检查

铝合金门窗安装检验批质量验收记录

03040202001

单位（子单位）工程名称	××大厦		分部（子分部）工程名称	建筑装饰装修/门窗	分项工程名称	金属门窗安装
施工单位	××建筑有限公司		项目负责人	赵斌	检验批容量	80 樘
分包单位	××建筑装饰工程有限公司		分包单位项目负责人	王阳	检验批部位	三层 1～10/A～E轴铝合金门窗
施工依据	××大厦装饰装修施工方案		验收依据		《建筑装饰装修工程质量验收规范》GB50210-2001	

		验收项目	设计要求及规范规定	最小/实际抽样数量	检查记录	检查结果
主控项目	1	门窗质量	第 5.3.2 条	/	质量证明文件齐全，通过进场验收	√
	2	框和副框安装，预埋件	第 5.3.3 条	4/4	抽查 4 处，合格 4 处	√
	3	门窗扇安装	第 5.3.4 条	4/4	抽查 4 处，合格 4 处	√
	4	配件质量及安装	第 5.3.5 条	4/4	抽查 4 处，合格 4 处	√
一般项目	1	表面质量	第 5.3.6 条	4/4	抽查 4 处，合格 4 处	100%
	2	推拉扇开关应力	第 5.3.7 条	4/4	抽查 4 处，合格 4 处	100%
	3	框与墙体间缝隙	第 5.3.8 条	4/4	抽查 4 处，合格 4 处	100%
	4	扇密封胶条或毛毡密封条	第 5.3.9 条	4/4	抽查 4 处，合格 4 处	100%
	5	排水孔	第 5.3.10 条	4/4	抽查 4 处，合格 4 处	100%
	6	安装留缝限值及允许偏差	门窗槽口宽度、高度 ≤1500mm / 1.5	44	抽查 4 处，合格 4 处	100%
			门窗槽口宽度、高度 >1500mm / 2	/	/	
			门窗槽口对角线长度差 ≤2000mm / 3	/	/	
			门窗槽口对角线长度差 >2000mm / 4	4/4	抽查 4 处，合格 4 处	100%
			门窗框的正、侧面垂直度 / 2.5	4/4	抽查 4 处，合格 4 处	100%
			门窗横框的水平度 / 2	4/4	抽查 4 处，合格 4 处	100%
			门窗横框标高 / 5	4/4	抽查 4 处，合格 4 处	100%
			门窗竖向偏离中心 / 5	4/4	抽查 4 处，合格 4 处	100%
			双层门窗内外框间距 / 4	4/4	抽查 4 处，合格 4 处	100%
			推拉门窗扇与框搭接量 / 1.5	4/4	抽查 4 处，合格 4 处	100%
施工单位检查结果			符合要求 专业工长：高爱云 项目专业质量检查员：张小东 2015 年××月××日			
监理单位验收结论			合格 专业监理工程师：刘东 2015 年××月××日			

一册在手　表格全有　贴近现场　资料无忧

《铝合金门窗安装检验批质量验收记录》填写说明

1. 填写依据

1)《建筑装饰装修工程质量验收规范》GB 50210－2001。

2)《建筑工程施工质量验收统一标准》GB 50300－2013。

2. 规范摘要

以下内容摘录自《建筑装饰装修工程质量验收规范》GB 50210－2001。

验收要求

铝合金门窗安装主控项目、一般项目的质量验收除参见"钢门窗安装检验批质量验收记录"外,其一般项目的验收尚应符合下列规定:

(1)铝合金门窗推拉门窗扇开关力应不大于100N。

检验方法:用弹簧秤检查。

(2)铝合金门窗安装的允许偏差和检验方法应符合表4-6的规定。

表4-6　　　　　铝合金门窗安装的允许偏差和检验方法

项次	项目		允许偏差(mm)	检验方法
1	门窗槽口宽度、高度	≤1500mm	1.5	用钢尺检查
		>1500mm	2	
2	门窗槽口对角线长度差	≤2000mm	3	用钢尺检查
		>2000mm	4	
3	门窗框的正、侧面垂直度		2.5	用垂直检测尺检查
4	门窗横框的水平度		2	用1m水平尺和塞尺检查
5	门窗横框标高		5	用钢尺检查
6	门窗竖向偏离中心		5	用钢尺检查
7	双层门窗内外框间距		4	用钢尺检查
8	推拉门窗扇与框搭接量		1.5	用钢直尺检查

一册在手 表格全有 贴近现场 资料无忧

涂色镀锌钢板门窗安装检验批质量验收记录

03040203001

单位（子单位）工程名称	××大厦		分部（子分部）工程名称	建筑装饰装修/门窗		分项工程名称	金属门窗安装
施工单位	××建筑有限公司		项目负责人	赵斌		检验批容量	80 樘
分包单位	××建筑装饰工程有限公司		分包单位项目负责人	王阳		检验批部位	三层 1～10/A～E 轴涂色镀锌钢板门窗
施工依据	××大厦装饰装修施工方案			验收依据		《建筑装饰装修工程质量验收规范》GB50210-2001	

		验收项目		设计要求及规范规定	最小/实际抽样数量	检查记录	检查结果
主控项目	1	门窗质量		第5.3.2条	/	质量证明文件齐全，通过进场验收	√
	2	框和副框安装，预埋件		第5.3.3条	4/4	抽查4处，合格4处	√
	3	门窗扇安装		第5.3.4条	4/4	抽查4处，合格4处	√
	4	配件质量及安装		第5.3.5条	4/4	抽查4处，合格4处	√
一般项目	1	表面质量		第5.3.6条	4/4	抽查4处，合格4处	100%
	2	框与墙体间缝隙		第5.3.8条	4/4	抽查4处，合格4处	100%
	3	扇密封胶条或毛毡密封条		第5.3.9条	4/4	抽查4处，合格4处	100%
	4	排水孔		第5.3.10条	4/4	抽查4处，合格4处	100%
	5	安装留缝限值及允许偏差	门窗槽口宽度、高度 ≤1500mm	2	44	抽查4处，合格4处	100%
			门窗槽口宽度、高度 >1500mm	3	/	/	
			门窗槽口对角线长度差 ≤2000mm	4	/	/	
			门窗槽口对角线长度差 >2000mm	5	4/4	抽查4处，合格4处	100%
			门窗框的正、侧面垂直度	3	4/4	抽查4处，合格4处	100%
			门窗横框的水平度	3	4/4	抽查4处，合格4处	100%
			门窗横框标高	5	4/4	抽查4处，合格4处	100%
			门窗竖向偏离中心	5	4/4	抽查4处，合格4处	100%
			双层门窗内外框间距	4	4/4	抽查4处，合格4处	100%
			推拉门窗扇与框搭接量	2	4/4	抽查4处，合格4处	100%
施工单位检查结果		符合要求　专业工长：高爱云　项目专业质量检查员：张世洋　2015 年××月××日					
监理单位验收结论		合格　专业监理工程师：刘东　2015 年××月××日					

一册在手　表格全有　贴近现场　资料无忧

《涂色镀锌钢板门窗安装检验批质量验收记录》填写说明

1. 填写依据

(1)《建筑装饰装修工程质量验收规范》GB 50210－2001。

(2)《建筑工程施工质量验收统一标准》GB 50300－2013。

2. 规范摘要

以下内容摘录自《建筑装饰装修工程质量验收规范》GB 50210－2001。

验收要求

参见《木门窗制作检验批质量验收记录》和《钢门窗安装检验批质量验收记录》的填写说明中的相关验收要求。

金属门窗安装　分项工程质量验收记录

单位(子单位)工程名称	××工程	结构类型	框架剪力墙
分部(子分部)工程名称	门窗	检验批数	8
施工单位	××建设工程有限公司	项目经理	×××
分包单位	××装饰装修工程有限公司	分包项目经理	×××

序号	检验批名称及部位、区段	施工单位检查评定结果	监理(建设)单位验收结论
1	首层铝合金门窗安装	√	
2	二层铝合金门窗安装	√	
3	三层铝合金门窗安装	√	
4	四层铝合金门窗安装	√	
5	五层铝合金门窗安装	√	验收合格
6	六层铝合金门窗安装	√	
7	七层铝合金门窗安装	√	
8	八层铝合金门窗安装	√	

说明：

检查结论	首层至八层铝合金门窗安装施工质量符合《建筑装饰装修工程质量验收规范》(GB 50210—2001)的要求，铝合金门窗分项工程合格。 项目专业技术负责人：××× 2015 年×月×日	验收结论	同意施工单位检查结论,验收合格。 监理工程师：××× (建设单位项目专业技术负责人) 2015 年×月×日

注：地基基础、主体结构工程的分项工程质量验收不填写"分包单位"、"分包项目经理"。

一册在手　表格全有　贴近现场　资料无忧

钢门窗安装质量分户验收记录表

单位工程名称	××住宅楼		结构类型	框架	层数	十层
验收部位(房号)	2单元502室		户型	三室两厅一卫	检查日期	2015年×月×日
建设单位	××房地产开发有限公司	参检人员姓名	×××	职务		建设单位代表
总包单位	××建设集团有限公司	参检人员姓名	×××	职务		质量检查员
分包单位	××装饰装修工程有限公司	参检人员姓名	×××	职务		质量检查员
监理单位	××建设监理有限公司	参检人员姓名	×××	职务		土建监理工程师
施工执行标准名称及编号			《建筑装饰装修工程施工工艺标准》(QB×××—2006)			

施工质量验收规范的规定(GB 50210—2001)				施工单位检查评定记录	监理(建设)单位验收记录

		项目	规定条	施工单位检查评定记录	监理(建设)单位验收记录
主控项目	1	门窗质量	第5.3.2条	有产品合格证书(××)、性能检测报告(××)、进场验收记录(××)和复检报告(××)、隐蔽验收记录等符合设计要求	合格
	2	框和副框安装,预埋件	第5.3.3条	经检查,窗框和副框安装牢固,预埋件数量、位置,埋设方式与框的连接方式符合设计要求	合格
	3	门窗扇安装	第5.3.4条	安装牢固,开关灵活,关闭严密,无倒翘等,符合规范规定要求	合格
	4	配件质量及安装	第5.3.5条	安装牢固,位置正确,满足使用功能要求	合格
一般项目	1	表面质量	第5.3.6条	洁净、平整、光滑、色泽一致,无锈蚀。大面无划痕、碰伤。漆膜连续	合格
	2	框与墙体间缝隙	第5.3.8条	经检查,缝隙填嵌饱满,采用密封胶封闭,密封胶表面光滑、顺直、无裂纹	合格
	3	扇密封胶条或毛毡密封条	第5.3.9条	符合规范规定要求	合格
	4	排水孔	第5.3.10条	/	/

		项目		留缝限值(mm)	允许偏差(mm)	实测值								监理(建设)单位验收记录
一般项目	5	留缝限值和允许偏差	门窗槽口对角线水平度	≤1500	—	2.5								
				>1500	—	3.5	2	2	1	2	1			合格
			门窗槽口对角经长度差	≤2000	—	5								
				>2000	—	6	4	3	2	1	2	2	3	合格
			门窗框正侧面垂直度		—	3	1	2	0	2	1	1	0	合格
			门窗横框的水平度		—	3	2	1	2	0	2			合格
			门窗横框标高		—	5	1	2	3	2	1			合格
			门窗竖向偏离中心		—	4	2	3	1	2	1			合格
			双层门窗内外框间距		—	5	1	2	1	1	2			合格
			门窗框、扇配合间隙	≤2	—		1	0.5	1	1	1			合格
			无下框时门扇与地面留缝	4~8	—	5								合格

复查记录	监理工程师(签章):　　年　月　日
	建设单位专业技术负责人(签章):　　年　月　日
施工单位检查评定结果	经检查,主控项目、一般项目均符合设计和《建筑装饰装修工程质量验收规范》(GB 50210—2001)的规定。 总包单位质量检查员(签章):×××　2015年×月×日 分包单位质量检查员(签章):×××　2015年×月×日
监理单位验收结论	验收合格。 监理工程师(签章):×××　2015年×月×日
建设单位验收结论	验收合格。 建设单位专业技术负责人(签章):×××　2015年×月×日

《钢门窗安装质量分户验收记录表》填写说明

【检查内容】

钢门窗安装工程分户质量验收内容,可根据竣工时观察到的观感和使用功能以及实测项目的质量进行确定,具体参照表4-7。

表 4-7 钢门窗安装工程分户质量验收内容

<table>
<tr><td colspan="3" rowspan="2" style="text-align:center">施工质量验收规范的规定(GB 50210—2001)</td><td colspan="2" style="text-align:center">涉及的检查内容</td></tr>
<tr><td colspan="2"></td></tr>
<tr><td rowspan="4">主控项目</td><td>1</td><td>门窗质量</td><td>第5.3.2条</td><td>√</td></tr>
<tr><td>2</td><td>框和副框安装,预埋件</td><td>第5.3.3条</td><td>√</td></tr>
<tr><td>3</td><td>门窗扇安装</td><td>第5.3.4条</td><td>√</td></tr>
<tr><td>4</td><td>配件质量及安装</td><td>第5.3.5条</td><td>√</td></tr>
<tr><td rowspan="16">一般项目</td><td>1</td><td>表面质量</td><td>第5.3.6条</td><td>√</td></tr>
<tr><td>2</td><td>框与墙体间缝隙</td><td>第5.3.6条</td><td>√</td></tr>
<tr><td>3</td><td>扇密封胶条或毛毡密封条</td><td>第5.3.9条</td><td>√</td></tr>
<tr><td>4</td><td>排水孔</td><td>第5.3.10条</td><td>\</td></tr>
<tr><td rowspan="12">5</td><td colspan="2" style="text-align:center">留缝限值和允许偏差</td><td></td><td></td></tr>
</table>

		项目	留缝限值(mm)	允许偏差(mm)	
	门窗槽口宽度、高度	≤1500mm	—	2.5	√
		>1500mm	—	3.5	√
	门窗槽口对角线长度差	≤2000mm	—	5	√
		>2000mm	—	6	√
	门窗框的正、侧面垂直度		—	3	√
	门窗横框的水平度		—	3	√
	门窗横框标高		—	5	√
	门窗竖向偏离中心		—	4	√
	双层门窗内外框间距		—	5	√
	门窗框、扇配合间隙		≤2	—	√
	无下框时门扇与地面间留缝		4~8	—	√

注:"√"代表涉及的检查内容;"\"代表不涉及的检查内容。

【质量标准、检查数量、方法】

(一)一般规定

1. 钢门窗安装工程应符合施工图、设计说明及其他设计文件的要求。

2. 钢门窗安装工程分户验收应按每户住宅划分为一个检验批。当分户检验批具备验收条件时,可及时验收。除高层建筑的外窗,每户应抽查不得少于3樘,不足3樘时应全数检查;高层建筑的外窗,每户应抽查不得少于6樘,不足6樘时应全数检查。

3. 每户住宅钢门窗安装工程观感质量应全数检查。以房间为单位,检查并记录。

4. 实测实量内容宜按照本说明规定的检查部位、检查数量,确定检查点。必要时确定实测值的基准值,记录在相应项目表格中第一个空格内,实测值或与基准值相减的差值在允许偏差范围内判为合格,当超出允许偏差时应在此实测值记录上画圈做出不合格记号,以便判断不合格点是否超出允许偏差1.5倍和不合格点率。实测值应全数记录。

5. 当分户检验批的主控项目的质量经检查全部合格,一般项目的合格点率达到80%及以上,且没有严重缺陷时(不合格点实测偏差,应小于允许偏差的1.5倍),判为合格。

一册在手 表格全有 贴近现场 资料无忧

6.当实测偏差大于允许偏差1.5倍,或不合格点率超出20%时,应整改并重新验收,记录整改项目测量结果。

(二)主控项目

1.金属门窗的品种、类型、规格、尺寸、性能、开启方向、安装位置、连接方式应符合设计要求。

检验方法:观察;尺量检查。

2.金属门窗框和副框的安装必须牢固。

检验方法:手板检查。

3.金属门窗扇必须安装牢固,并应开关灵活、关闭严密,无倒翘。

检验方法:观察;开启和关闭检查;手扳检查。

4.金属门窗配件的型号、规格、数量应符合设计要求,安装应牢固,位置应正确,功能应满足使用要求。

检验方法:观察;开启和关闭检查;手扳检查。

(三)一般项目

1.金属门窗表面应洁净、平整、光滑、色泽一致,无锈蚀。大面应无划痕、碰伤。漆膜或保护层应连续。

检验方法:观察。

2.金属门窗框与墙体之间的缝隙应填嵌饱满,并采用密封胶密封。密封胶表面应光滑、顺直,无裂纹。

检验方法:观察;轻敲门窗框检查。

3.金属门窗扇的橡胶密封条或毛毡密封条应安装完好,不得脱槽。

检验方法:观察;开启和关闭检查。

4.钢门窗安装的允许偏差和检验方法应符合表4-4的规定。

(四)实测项目说明

钢门窗安装工程质量分户验收实测内容分别是:门窗槽口宽度、高度;门窗槽口对角线长度差;门窗框的正、侧面垂直度;门窗横框的水平度;门窗横框标高;门窗竖向偏离中心;双层门窗内外框间距;门窗框、扇配合间隙;无下框时门扇与地面间留缝。检查时,宜对分户验收抽查点分布图中规定的门窗,按照上述实测内容,使用相关测量工具,参照下列测量位置和数量进行检查,并全数记录。

1.检查门窗槽口宽度时,使用钢尺等测量工具,距门窗槽口上下300mm位置,水平测量各1点。(计算基准值)

2.检查门窗槽口高度时,使用钢尺等测量工具,距门窗槽口左右200mm位置,竖向测量各1点。(计算基准值)

3.检查门窗槽口对角线长度差时,使用钢尺等测量工具,在门窗企口方向,分别量取槽口对角线长度,两个方向长度测量分别记录。

4.检查门窗框的正、侧面垂直度时,使用1m垂直检测尺等测量工具,在一侧门窗竖框中部的正、侧面,各测量1点。

5.检查门窗横框的水平度时,使用1m水平尺和塞尺等测量工具,在上横框下口中部,测量1点。

6.检查门窗横框标高时,可使用钢尺等测量工具,测量上横框下口距1米线高度尺寸,测量1点。

一册在手 表格全有 贴近现场 资料无忧

7.检查门窗竖向偏离中心时,使用钢尺等测量工具,在一侧门窗竖框中部,测量门窗框两侧宽度各 1 点。

8.检查双层门窗内外框间距时,使用钢尺等测量工具,在每侧门窗竖框中部,测量内外框间距各 1 点。

9.检查门窗框、扇配合间隙时,使用塞尺等测量工具,在门窗框、扇配合间隙最大、最小处,各检查 1 点。

10.检查无下框时门扇与地面间留缝时,使用塞尺等测量工具,在门扇与地面间最大、最小缝隙处,各检查 1 点。

铝合金门窗安装质量分户验收记录表

单位工程名称	××住宅楼	结构类型	框架	层数	十层
验收部位(房号)	4单元302室	户型	三室两厅一卫	检查日期	2015年×月×日
建设单位	××房地产开发有限公司	参检人员姓名	×××	职务	建设单位代表
总包单位	××建设集团有限公司	参检人员姓名	×××	职务	质量检查员
分包单位	××装饰装修工程有限公司	参检人员姓名	×××	职务	质量检查员
监理单位	××建设监理有限公司	参检人员姓名	×××	职务	土建监理工程师

施工执行标准名称及编号	《建筑装饰装修工程施工工艺标准》(QB×××—2006)

施工质量验收规范的规定(GB 50210—2001)				施工单位检查评定记录	监理(建设)单位验收记录
主控项目	1	门窗质量	第5.3.2条	有产品合格证书(××)、性能检测报告(××)、进场验收记录(××)和复检报告(××)、隐蔽验收记录等符合设计要求	合格
	2	框和副框安装,预埋件	第5.3.3条	经检查,窗框和副框安装牢固,预埋件数量、位置、埋设方式与框的连接方式符合设计要求	合格
	3	门窗扇安装	第5.3.4条	安装牢固,开关灵活,关闭严密,无倒翘等,符合规范规定要求	合格
	4	配件质量及安装	第5.3.5条	安装牢固,位置正确,满足使用功能要求	合格
一般项目	1	表面质量	第5.3.6条	洁净、平整、光滑、色泽一致,无锈蚀,无划伤	合格
	2	推拉扇开关应力	第5.3.7条	经弹簧秤检查,实测值为90N,符合	合格
	3	框与墙体间缝隙	第5.3.8条	经检查,缝隙填嵌饱满,采用密封胶封闭,密封胶表面光滑、顺直、无裂纹	合格
	4	扇密封胶条或毛毡密封条	第5.3.9条	符合规范规定要求	合格
	5	排水孔	第5.3.10条	经观察,排水孔畅通,位置和数量符合设计要求	合格

		安装允许偏差	项目		允许偏差(mm)	实测值										合格
	6		门窗槽口宽度、高度	≤1500mm	1.5											
				>1500mm	2	1	1	0	0	1	0	1	1.4	1.6	0	合格
			门窗槽口对角线长度差	≤2000mm	3											
				>2000mm	4	0	3	1	2	3	2	0	2	3	2	合格
			门窗框的正、侧面垂直度		2.5	1	2	0	2	1	1	0	0	1	2	合格
			门窗横框的水平度		2	1	0	1	1	0	1	1	0	0	1	合格
			门窗横框标高		5	1	3	2	1	3	4	2	1	2	3	合格
			门窗竖向偏离中心		5	2	0	3	2	3	1	4	0	4	3	合格
			双层门窗内外框间距		4	3	0	0	2	2	3	2	1	2	1	合格
			推拉门窗扇与框搭接量		1.5	1	1	0	0	1	1	1	0	1	0	合格

复查记录	监理工程师(签章): 年 月 日 建设单位专业技术负责人(签章): 年 月 日
施工单位检查评定结果	经检查,主控项目、一般项目均符合设计和《建筑装饰装修工程质量验收规范》(GB 50210—2001)的规定。 总包单位质量检查员(签章):××× 2015年×月×日 分包单位质量检查员(签章):××× 2015年×月×日
监理单位验收结论	验收合格。 监理工程师(签章):××× 2015年×月×日
建设单位验收结论	验收合格。 建设单位专业技术负责人(签章):××× 2015年×月×日

《铝合金门窗安装质量分户验收记录表》填写说明

【检验内容】

铝合金门窗安装工程分户质量验收内容,可根据竣工时观察到的观感和使用功能以及实测项目的质量进行确定,具体参照表 4-8。

表 4-8　　　　　　　　　铝合金门窗安装工程分户质量验收内容

施工质量验收规范的规定(GB 50210—2001)					涉及的检查项目
主控项目	1	门窗质量		第 5.3.2 条	√
	2	框和副框安装、预埋件		第 5.3.3 条	√
	3	门窗扇安装		第 5.3.4 条	√
	4	配件质量及安装		第 5.3.5 条	√
一般项目	1	表面质量		第 5.3.6 条	√
	2	推拉扇开关应力		第 5.3.7 条	√
	3	框与墙体间缝隙		第 5.3.8 条	√
	4	扇密封胶条或毛毡密封条		第 5.3.9 条	√
	5	排水孔		第 5.3.10 条	√
	6	安装允许偏差	项目	允许偏差(mm)	
			门窗槽口宽度、高度 ≤1500mm	1.5	√
			>1500mm	2	√
			门窗槽口对角线长度差 ≤2000mm	3	√
			>2000mm	4	√
			门窗框的正、侧面垂直度	2.5	√
			门窗横框的水平度	2	√
			门窗横框标高	5	√
			门窗竖向偏离中心	5	√
			双层门窗内外框间距	4	√
			推拉门窗扇与框搭接量	1.5	√

注:"√"代表涉及的检查内容。

【质量标准、检查数量、方法】

(一)一般规定

1.铝合金门窗安装工程应符合施工图、设计说明及其他设计文件的要求。

2.铝合金门窗安装工程分户验收应按每户住宅划分为一个检验批。当分户检验批具备验收条件时,可及时验收。除高层建筑的外窗,每户应抽查不得少于 3 樘,不足 3 樘时应全数检查;高层建筑的外窗,每户应抽查不得少于 6 樘,不足 6 樘时应全数检查。

3.每户住宅铝合金门窗安装工程观感质量应以房间为单位,全数检查并记录。

4.实测实量内容宜按照(四)实测项目中规定的检查部位、检查数量,确定检查点。必要时确定实测值的基准值,记录在相应项目表格中第一个空格内,实测值或与基准值相减的差值在允许

一册在手　表格全有　贴近现场　资料无忧

偏差范围内判为合格，当超出允许偏差时应在此实测值记录上画圈做出不合格记号，以便判断不合格点是否超出允许偏差 1.5 倍和不合格点率。实测值应全数记录。

5. 当分户检验批的主控项目的质量经检查全部合格，一般项目的合格点率达到 80％及以上，且没有严重缺陷时（不合格点实测偏差，应小于允许偏差的 1.5 倍），判为合格。

6. 当实测偏差大于允许偏差 1.5 倍，或不合格点率超出 20％时，应整改并重新验收，记录整改项目测量结果。

（二）主控项目

1. 金属门窗的品种、类型、规格、尺寸、性能、开启方向、安装位置、连接方式及铝合金门窗的型材壁厚应符合设计要求。金属门窗的密封处理应符合设计要求。

检验方法：观察；尺量检查。

2. 金属门窗框和副框的安装必须牢固。

检验方法：手扳检查。

3. 金属门窗扇必须安装牢固，并应开关灵活、关闭严密，无倒翘。推拉门窗扇必须有防脱落措施。

检验方法：观察；开启和关闭检查；手扳检查。

4. 金属门窗配件的型号、规格、数量应符合设计要求，安装应牢固，位置应正确，功能应满足使用要求。

检验方法：观察；开启和关闭检查；手扳检查。

（三）一般项目

1. 金属门窗表面应洁净、平整、光滑、色泽一致，无锈蚀。大面应无划痕、碰伤。漆膜或保护层应连续。

检验方法：观察。

2. 铝合金门窗推拉门窗扇开关力应不大于 100N。

检验方法：用弹簧秤检查。

3. 金属门窗框与墙体之间的缝隙应填嵌饱满，并采用密封胶密封。密封胶表面应光滑、顺直，无裂纹。

检验方法：观察；轻敲门窗框检查。

4. 金属门窗扇的橡胶密封条或毛毡密封条应安装完好，不得脱槽。检验方法：观察；开启和关闭检查。

5. 有排水孔的金属门窗，排水孔应畅通，位置和数量应符合设计要求。检验方法：观察。

6. 铝合金门窗安装的允许偏差和检验方法应符合表 4-5 的规定。

（四）实测项目说明

铝合金门窗安装工程质量分户验收实测内容分别是：门窗槽口宽度、高度；门窗槽口对角线长度差；门窗框的正、侧面垂直度；门窗横框的水平度；门窗横框标高；门窗竖向偏离中心；双层门窗内外框间距；推拉门窗扇与框搭接量。检查时，宜在分户验收抽查点分布图中规定的门窗，按照上述实测内容，使用相关测量工具，参照下列测量位置和数量，对铝合金门窗实测内容进行检查并全数记录。

1. 检查门窗槽口宽度时，使用钢尺等测量工具，距门窗槽口上下 300mm 位置，水平测量各 1 点。（计算基准值）

2. 检查门窗槽口高度时，使用钢尺等测量工具，距门窗槽口左右 200mm 位置，竖向测量各 1

点。(计算基准值)

3.检查门窗槽口对角线长度差时,使用钢尺等测量工具,在门窗槽口的企口面,分别量取槽口对角线长度,两个方向长度分别记录。

4.检查门窗框的正、侧面垂直度时,使用 1m 垂直检测尺等测量工具,在一侧门窗竖框中部的正、侧面,各测量 1 点。

5.检查门窗横框的水平度时,使用 1m 水平尺和塞尺等测量工具,在上横框下口测量 1 点。

6.检查门窗横框标高时,使用钢尺等测量工具,测量上横框下口距 1 米线高度尺寸,测量 1 点。(计算基准值)

7.检查门窗竖向偏离中心时,使用钢尺等测量工具,在一侧门窗竖框中部,测量门窗框两侧宽度各 1 点。

8.检查双层门窗内外框间距时,使用钢尺等测量工具,在每侧门窗竖框中部,测量框间距各 1 点。

9.检查推拉门窗扇与框搭接量时,使用钢直尺等测量工具,在门窗框扇搭接处,测量 1 点。

涂色镀锌钢板门窗安装质量分户验收记录表

单位工程名称	××住宅楼		结构类型	框架	层数	十层
验收部位(房号)	1单元301室		户型	三室两厅两卫	检查日期	2015年×月×日
建设单位	××房地产开发有限公司		参检人员姓名	×××	职务	建设单位代表
总包单位	××建设集团有限公司		参检人员姓名	×××	职务	质量检查员
分包单位	××装饰装修工程有限公司		参检人员姓名	×××	职务	质量检查员
监理单位	××建设监理有限公司		参检人员姓名	×××	职务	土建监理工程师
施工执行标准名称及编号			《建筑装饰装修工程施工工艺标准》(QB×××-2006)			

施工质量验收规范的规定(GB 50210-2001)				施工单位检查评定记录	监理(建设)单位验收记录
主控项目	1	门窗质量	第5.3.2条	有产品合格证书(××)、性能检测报告(××)、进场验收记录(××)和复检报告(××)、隐蔽验收记录等符合设计要求	合格
	2	框和副框安装,预埋件	第5.3.3条	经检查,窗框和副框安装牢固,预埋件数量、位置、埋设方式与框的连接方式符合设计要求	合格
	3	门窗扇安装	第5.3.4条	安装牢固,开关灵活,关闭严密,无倒翘等,符合规范规定要求	合格
	4	配件质量安装	第5.3.5条	安装牢固,位置正确,满足使用功能要求	合格
一般项目	1	表面质量	第5.3.6条	洁净、平整、光滑、色泽一致,无锈蚀。大面无划痕、碰伤。漆膜连续	合格
	2	框与墙体间缝隙	第5.3.8条	经检查,缝隙填嵌饱满,采用密封胶封闭,密封胶表面光滑、顺直、无裂纹	合格
	3	扇密封胶条或毛毡密封条	第5.3.7条	符合规范规定要求	合格
	4	排水孔	第5.3.10条	/	/

		项目		允许偏差	实测值									
5	安装允许偏差	门窗槽口宽度,高度	≤1500mm	2										合格
			>1500mm	3	1	2	2	1	1					合格
		门窗槽口宽度,高度	≤2000mm	4										合格
			>2000mm	5	3	2	1	2	1	2	1	3	1	合格
		门窗框的正、侧面垂面直度		3	2	1	1	2	1	1				合格
		门窗横框的水平度		3	2	1	1	1						合格
		门窗横框标高		5	3	4	2	1	3					合格
		门窗竖向偏离中心		5	4	2	3	3	4					合格
		双层门窗内外框间距		4	2	3	1	1	2					合格
		推拉门窗扇与框搭接量		2	1	1								合格

复查记录	监理工程师(签章):　　年　月　日 建设单位专业技术负责人(签章):　　年　月　日
施工单位检查评定结果	经检查,主控项目、一般项目均符合设计和《建筑装饰装修工程质量验收规范》(GB 50210-2001)的规定。 总包单位质量检查员(签章):×××　2015年×月×日 分包单位质量检查员(签章):×××　2015年×月×日
监理单位验收结论	验收合格。 监理工程师(签章):×××　2015年×月×日
建设单位验收结论	验收合格。 建设单位专业技术负责人(签章):×××　2015年×月×日

《涂色镀锌钢板门窗安装质量分户验收记录表》填写说明

【检查内容】

涂色镀锌钢板门窗安装工程分户质量验收内容,可根据竣工时观察到的观感和使用功能以及实测项目的质量进行确定,具体参照表4-9。

表 4-9　　　　　　涂色镀锌钢板门窗安装工程分户质量验收内容

<table>
<tr><th colspan="3">施工质量验收规范的规定(GB50210－2001)</th><th colspan="2">涉及的检查项目</th></tr>
<tr><td rowspan="4">主控项目</td><td>1</td><td>门窗质量</td><td>第 5.3.2 条</td><td>√</td></tr>
<tr><td>2</td><td>框和副框安装,预埋件</td><td>第 5.3.3 条</td><td>√</td></tr>
<tr><td>3</td><td>门窗扇安装</td><td>第 5.3.4 条</td><td>√</td></tr>
<tr><td>4</td><td>配件质量及安装</td><td>第 5.3.5 条</td><td>√</td></tr>
<tr><td rowspan="15">一般项目</td><td>1</td><td>表面质量</td><td>第 5.3.6 条</td><td>√</td></tr>
<tr><td>2</td><td>框与墙体间缝隙</td><td>第 5.3.8 条</td><td>√</td></tr>
<tr><td>3</td><td>扇密封胶条或毛毡密封条</td><td>第 5.3.9 条</td><td>√</td></tr>
<tr><td>4</td><td>排水孔</td><td>第 5.3.10 条</td><td>\</td></tr>
<tr><td rowspan="11">5</td><td colspan="2">项目</td><td>允许偏差(mm)</td><td></td></tr>
<tr><td rowspan="2">门窗槽口宽度、高度</td><td>≤1500mm</td><td>2</td><td>√</td></tr>
<tr><td>＞1500mm</td><td>3</td><td>√</td></tr>
<tr><td rowspan="2">门窗槽口对角线长度差</td><td>≤2000mm</td><td>4</td><td>√</td></tr>
<tr><td>＞2000mm</td><td>5</td><td>√</td></tr>
<tr><td colspan="2">门窗框的正、侧面垂直度</td><td>3</td><td>√</td></tr>
<tr><td colspan="2">门窗横框的水平度</td><td>3</td><td>√</td></tr>
<tr><td colspan="2">门窗横框标高</td><td>5</td><td>√</td></tr>
<tr><td colspan="2">门窗竖向偏离中心</td><td>5</td><td>√</td></tr>
<tr><td colspan="2">双层门窗内外框间距</td><td>4</td><td>√</td></tr>
<tr><td colspan="2">推拉门窗扇与框搭接量</td><td>2</td><td>√</td></tr>
</table>

注:"√"代表涉及的检查内容;"\"代表不涉及的检查内容。

【质量标准、检查数量、方法】

(一)一般规定

1.涂色镀锌钢板门窗安装工程应符合施工图、设计说明及其他设计文件的要求。

2.涂色镀锌钢板门窗安装工程分户验收应按每户住宅划分为一个检验批。当分户检验批具备验收条件时,可及时验收。除高层建筑的外窗,每户应抽查不得少于 3 樘,不足 3 樘时应全数检查;高层建筑的外窗,每户应抽查不得少于 6 樘,不足 6 樘时应全数检查。

3.每户住宅涂色镀锌钢板门窗安装工程观感质量应全数检查。以房间为单位,检查并记录。

4.实测实量内容宜按照本说明规定的检查部位、检查数量,确定检查点。必要时确定实测值的基准值,记录在相应项目表格中第一个空格内,实测值或与基准值相减的差值在允许偏差范围内判为合格,当超出允许偏差时应在此实测值记录上画圈做出不合格记号,以便判断不合格点是否超出允许偏差 1.5 倍和不合格点率。实测值应全数记录。

5.当分户检验批的主控项目的质量经检查全部合格,一般项目的合格点率达到 80% 及以上,且没有严重缺陷时(不合格点实测偏差,应小于允许偏差的 1.5 倍),判为合格。

6.当实测偏差大于允许偏差 1.5 倍,或不合格点率超出 20% 时,应整改并重新验收,记录整

一册在手　表格全有　贴近现场　资料无忧

改项目测量结果。

(二)主控项目

1.金属门窗的品种、类型、规格、尺寸、性能、开启方向、安装位置、连接方式应符合设计要求。

检验方法:观察;尺量检查。

2.金属门窗框和副框的安装必须牢固。

检验方法:手扳检查。

3.金属门窗扇必须安装牢固,并应开关灵活、关闭严密,无倒翘。

检验方法:观察;开启和关闭检查;手扳检查。

4.金属门窗配件的型号、规格、数量应符合设计要求,安装应牢固,位置应正确,功能应满足使用要求。

检验方法:观察;开启和关闭检查;手扳检查。

(三)一般项目

1.金属门窗表面应洁净、平整、光滑、色泽一致,无锈蚀。大面应无划痕、碰伤。漆膜或保护层应连续。

检验方法:观察。

2.金属门窗框与墙体之间的缝隙应填嵌饱满,并采用密封胶密封。密封胶表面应光滑、顺直,无裂纹。

检验方法:观察;轻敲门窗框检查。

3.金属门窗扇的橡胶密封条或毛毡密封条应安装完好,不得脱槽。

检验方法:观察;开启和关闭检查。

4.涂色镀锌钢板门窗安装的允许偏差和检验方法应符合表4-6的规定。

(四)实测项目说明

涂色镀锌钢板门窗安装工程质量分户验收实测内容分别是:门窗槽口宽度、高度;门窗槽口对角线长度差;门窗框的正、侧面垂直度;门窗横框的水平度;门窗横框标高;门窗竖向偏离中心;双层门窗内外框间距;推拉门窗扇与框搭接量。检查时,宜对分户验收抽查点分布图中规定的门窗,按照上述实测内容,使用相关测量工具,参照下列测量位置和数量进行检查,并全数记录。

1.检查门窗槽口宽度时,使用钢尺等测量工具,距门窗槽口上下300mm位置,水平测量各1点。

2.检查门窗槽口高度时,使用钢尺等测量工具,距门窗槽口左右200mm位置,竖向测量各1点。

3.检查门窗槽口对角线长度差时,使用钢尺等测量工具,在门窗企口方向,分别量取槽口对角线长度,两个方向长度分别记录。

4.检查门窗框的正、侧面垂直度时,使用1m垂直检测尺等测量工具,在一侧门窗竖框中部的正、侧面,各测量1点。

5.检查门窗横框的水平度时,使用1m水平尺和塞尺等测量工具,在上横框下口中部,测量1点。

6.检查门窗横框标高时,使用钢尺等测量工具,测量上横框下口距1米线高度尺寸,测量1点。

7.检查门窗竖向偏离中心时,使用钢尺等测量工具,在一侧门窗竖框中部,测量门窗框两侧宽度各1点。

8.检查双层门窗内外框间距时,使用钢尺等测量工具,在每侧门窗竖框中部,测量内外框间距各1点。

9.检查推拉门窗扇与框搭接量时,使用钢直尺等测量工具,在门窗扇与框搭接处,测量1点。

4.3　塑料门窗安装

4.3.1　塑料门窗安装工程资料列表

（1）设计文件

门窗工程的施工图、设计说明及其他设计文件

（2）施工管理资料

建筑外墙塑料窗取样试验见证记录

（3）施工技术资料

1）塑料门窗安装分项工程技术交底记录

2）图纸会审记录、设计变更通知单、工程洽商记录

（4）施工物资资料

1）塑料门窗产品合格证书

2）（根据工程需要出具的）塑料门窗的抗风压性能、水密性能以及气密性能等检验报告

3）建筑外墙塑料窗的抗风压性能、水密性能以及气密性能复试报告

4）塑料型材、玻璃、密封材料及五金件等材料的产品质量合格证书、性能检测报告

5）水泥产品合格证、出厂检验报告、水泥试验报告，砂试验报告

6）进口商品的报关单和商检证明

7）材料、构配件进场检验记录

8）工程物资进场报验表

（5）施工记录

1）塑料门窗框与洞口墙体连接固定、填嵌、密封处理等隐蔽工程验收记录

2）施工检查记录

3）与相关各专业的交接检查记录

4）塑料门窗安装施工自检记录

（6）施工质量验收记录

1）塑料门窗安装检验批质量验收记录

2）塑料门窗安装分项工程质量验收记录

3）分项/分部工程施工报验表

（7）分户验收记录

塑料门窗安装质量分户验收记录表

4.3.2 塑料门窗安装工程资料填写范例及说明

隐蔽工程验收记录		编　号	×××
工程名称	××工程		
隐检项目	门窗工程	隐检日期	2015 年×月×日
隐检部位	二层　　①～⑨/Ⓑ～Ⓕ轴线　　8.300m 标高		

隐检依据:施工图图号　建施 41、　技术交底　　　　　,设计变更/洽商(编号　　/　　)及有关国家现行标准等。

主要材料名称及规格/型号:90 系列 PVC 塑料窗。

隐检内容:

　1. 窗洞水平基准线和洞口水平中心线、洞口垂直基准线和洞口垂直中心线均用墨斗弹出。

　2. 窗洞口须留铁件数量、规格符合施工图纸要求,且位置正确、安装牢固。

　3. 副框已固定,其对角线的误差在允许范围内。

　4. 膨胀螺栓安装数量与位置正确,螺栓固定点间距为 500mm。

　5. 窗扇的橡胶密封条安装完好,门窗框与墙体之间分缝隙填嵌饱满,并采用密封胶密封。密封胶表面光滑、顺直、无裂纹。

申报人:×××

检查意见:

　经检查,副框安装固定,洞口位置线清晰准确,以上项目均符合设计要求及《建筑装饰装修工程质量验收规范》(GB 50210—2001)的规定,同意进行下道工序。

检查结论:　☑同意隐蔽　　□不同意,修改后进行复查

复查结论:

复查人:　　　　　　　　　　　　　　　　　　　　复查日期:

签字栏	建设(监理)单位	施工单位	××建设工程有限公司	
		专业技术负责人	专业质检员	专业工长
	×××	×××	×××	×××

本表由施工单位填写,建设单位、施工单位、城建档案馆各保存一份。

一册在手　表格全有　贴近现场　资料无忧

塑料门窗安装检验批质量验收记录

03040301<u>001</u>

单位（子单位）工程名称	××大厦		分部（子分部）工程名称	建筑装饰装修/门窗	分项工程名称	塑料门窗安装
施工单位	××建筑有限公司		项目负责人	赵斌	检验批容量	80樘
分包单位	××建筑装饰工程有限公司		分包单位项目负责人	王阳	检验批部位	三层1～10/A～E轴塑料门窗
施工依据	××大厦装饰装修施工方案			验收依据	《建筑装饰装修工程质量验收规范》GB50210-2001	

		验收项目		设计要求及规范规定	最小/实际抽样数量	检查记录	检查结果
主控项目	1	门窗质量		第5.4.2条	/	质量证明文件齐全，通过进场验收	√
	2	框、扇安装		第5.4.3条	4/4	抽查4处，合格4处	√
	3	拼樘料与框连接		第5.4.4条	4/4	抽查4处，合格4处	√
	4	门窗扇安装		第5.4.5条	4/4	抽查4处，合格4处	√
	5	配件质量及安装		第5.4.6条	4/4	抽查4处，合格4处	√
	6	框与墙体缝隙填嵌		第5.4.7条	4/4	抽查4处，合格4处	√
一般项目	1	表面质量		第5.4.8条	4/4	抽查4处，合格4处	100%
	2	密封条及旋转门窗间隙		第5.4.9条	4/4	抽查4处，合格4处	100%
	3	门窗扇开关力		第5.4.10条	4/4	抽查4处，合格4处	100%
	4	玻璃密封条、玻璃槽口		第5.4.11条	4/4	抽查4处，合格4处	100%
	5	排水孔		第5.4.12条	4/4	抽查4处，合格4处	100%
	6	安装留缝限值及允许偏差	门窗槽口宽度、高度	≤1500mm　2	4/4	抽查4处，合格4处	100%
				>1500mm　3	/	/	
			门窗槽口对角线长度差	≤2000mm　3	/	/	
				>2000mm　5	4/4	抽查4处，合格4处	100%
			门窗框的正侧面垂直度	3	4/4	抽查4处，合格4处	100%
			门窗横框的水平度	3	4/4	抽查4处，合格4处	100%
			门窗横框标高	5	4/4	抽查4处，合格4处	100%
			门窗竖向偏离中心	5	4/4	抽查4处，合格4处	100%
			双层门窗内外框间距	4	4/4	抽查4处，合格4处	100%
			同樘平开门窗相邻扇高度差	2	4/4	抽查4处，合格4处	100%
			平开门窗铰链部位配合间隙	+2，-1	4/4	抽查4处，合格4处	100%
			推拉门窗扇与框搭接量	+1.5，-2.5	4/4	抽查4处，合格4处	100%
			推拉门窗扇与竖框平行度	2	4/4	抽查4处，合格4处	100%

施工单位检查结果	符合要求 　　　　　　　　　　专业工长：高爱云 　　　　　项目专业质量检查员：王世泽 　　　　　　　　　　2015年××月××日
监理单位验收结论	合格 　　　　　　专业监理工程师：刘东 　　　　　　　2015年××月××日

《塑料门窗安装检验批质量验收记录》填写说明

1. 填写依据

(1)《建筑装饰装修工程质量验收规范》GB 50210—2001。

(2)《建筑工程施工质量验收统一标准》GB 50300—2013。

2. 规范摘要

以下内容摘录自《建筑装饰装修工程质量验收规范》GB 50210—2001。

(1)验收要求

检验批的划分及检查数量参见"木门窗制作检验批质量验收记录"表格验收要求的相关内容。

(2)塑料门窗安装工程

本节适用于塑料门窗安装工程的质量验收。

主控项目

1)塑料门窗的品种、类型、规格、尺寸、开启方向、安装位置、连接方式及填嵌密封处理应符合设计要求,内衬增强型钢的壁厚及设置应符合国家现行产品标准的质量要求。

检验方法:观察;尺量检查;检查产品合格证书、性能检测报告、进场验收记录和复验报告;检查隐蔽工程验收记录。

2)塑料门窗框、副框和扇的安装必须牢固。固定片或膨胀螺栓的数量与位置应正确,连接方式应符合设计要求。固定点应距窗角、中横框、中竖框 150～200mm,固定点间距应不大于 600mm。

检验方法:观察;手扳检查;检查隐蔽工程验收记录。

3)塑料门窗拼橙料内衬增强型钢的规格、壁厚必须符合设计要求,型钢应与型材内腔紧密吻合,其两端必须与洞口固定牢固。窗框必须与拼橙料连接紧密,固定点间距应不大于 600mm。

检验方法:观察;手扳检查;尺量检查;检查进场验收记录。

4)塑料门窗扇应开关灵活、关闭严密,无倒翘。推拉门窗扇必须有防脱落措施。

检验方法:观察;开启和关闭检查;手扳检查。

6)塑料门窗配件的型号、规格、数量应符合设计要求,安装应牢固,位置应正确,功能应满足使用要求。

检验方法:观察;手扳检查;尺量检查。

7)塑料门窗框与墙体间缝隙应采用闭孔弹性材料填嵌饱满,表面应采用密封胶密封。密封胶应粘结牢固,表面应光滑、顺直、无裂纹。

检验方法:观察;检查隐蔽工程验收记录。

一般项目

1)塑料门窗表面应洁净、平整、光滑,大面应无划痕、碰伤。

检验方法:观察。

2)塑料门窗扇的密封条不得脱槽。旋转窗间隙应基本均匀。

3)塑料门窗扇的开关力应符合下列规定:

①平开门窗扇平铰链的开关力应不大于 80N;滑撑铰链的开关力应不大于 80N,并不小于 30N。

②推拉门窗扇的开关力应不大于 100N。

检验方法：观察；用弹簧秤检查。

4)玻璃密封条与玻璃及玻璃槽口的接缝应平整,不得卷边、脱槽。

检验方法：观察

5)排水孔应畅通,位置和数量应符合设计要求。

检验方法：观察。

6)塑料门窗安装的允许偏差和检验方法应符合表 4-10 的规定。

表 4-10　　　　　　　　　　塑料门窗安装的允许偏差和检验方法

项次	项目		允许偏差(mm)	检验方法
1	门窗槽口宽度、高度	≤1500mm	2	用钢尺检查
		>1500mm	3	
2	门窗槽口对角线长度差	≤2000mm	3	用钢尺检查
		>2000mm	5	
3	门窗框的正、侧面垂直度		3	用1m垂直检测尺检查
4	门窗横框的水平度		3	用1m水平尺和塞尺检查
5	门窗横框标高		5	用钢尺检查
6	门窗竖向偏离中心		5	用钢直尺检查
7	双层门窗内外框间距		4	用钢尺检查
8	同樘平开门窗相邻扇高度差		2	用钢直尺检查
9	平开门窗铰链部位配合间隙		+2;−1	用塞尺检查
10	推拉门窗扇与框搭接量		+1.5;−2.5	用钢直尺检查
11	推拉门窗扇与竖框平行度		2	用1m水平尺和塞尺检查

一册在手　表格全有　贴近现场　资料无忧

塑料门窗安装 分项工程质量验收记录

单位(子单位)工程名称	××工程		结构类型	框架剪力墙
分部(子分部)工程名称	门窗		检验批数	6
施工单位	××建设集团有限公司		项目经理	×××
分包单位	××建筑装饰装修工程有限公司		分包项目经理	×××

序号	检验批名称及部位、区段	施工单位检查评定结果	监理(建设)单位验收结论
1	首层①～⑫/Ⓐ～Ⓖ轴塑料门窗安装	√	
2	二层①～⑫/Ⓐ～Ⓖ轴塑料门窗安装	√	
3	三层①～⑫/Ⓐ～Ⓖ轴塑料门窗安装	√	
4	四层①～⑫/Ⓐ～Ⓖ轴塑料门窗安装	√	
5	五层①～⑫/Ⓐ～Ⓖ轴塑料门窗安装	√	
6	六层①～⑫/Ⓐ～Ⓖ轴塑料门窗安装	√	
			验收合格

说明:	

检查结论	首层至六层①～⑫/Ⓐ～Ⓖ轴塑料门窗安装施工质量符合《建筑装饰装修工程质量验收规范》(GB 50210－2001)的要求,塑料门窗分项工程合格。 项目专业技术负责人:××× 2015 年×月×日	验收结论	同意施工单位检查结论,验收合格。 监理工程师:××× (建设单位项目专业技术负责人) 2015 年×月×日

注:地基基础、主体结构工程的分项工程质量验收不填写"分包单位"、"分包项目经理"。

一册在手 表格全有 贴近现场 资料无忧

塑料门窗安装质量分户验收记录表

单位工程名称	××住宅楼		结构类型	框架	层数	十层
验收部位(房号)	2 单元 101 室		户型	三室两厅一卫	检查日期	2015 年×月×日
建设单位	××房地产开发有限公司		参检人员姓名	×××	职务	建设单位代表
总包单位	××建设集团有限公司		参检人员姓名	×××	职务	质量检查员
分包单位	××建筑装饰装修工程有限公司		参检人员姓名	×××	职务	质量检查员
监理单位	××建设监理有限公司		参检人员姓名	×××	职务	土建监理工程师
施工执行标准名称及编号			《建筑装饰装修工程施工工艺标准》(QB×××－2006)			

		施工质量验收规范的规定(GB 50210－2001)			施工单位检查评定记录	监理(建设)单位验收记录
主控项目	1	门窗质量		第 5.4.2 条	有检查产品合格证(××)、性能检测报告(××)、进场验收记录、复验报告、隐蔽工程验收记录,均符合规范和设计要求	合格
	2	框、扇安装		第 5.4.3 条	全面观察和手扳检查,检查隐蔽工程验收记录,均符合规范规定和设计要求	合格
	3	拼樘料与框连接		第 5.4.4 条	内衬增强型钢的规格、壁厚符合设计要求固定点间距大于 600mm	合格
	4	门窗扇安装		第 5.4.5 条	门窗开关灵活、关闭严密、无倒翘。符合规范规定要求	合格
	5	配件质量及安装		第 5.4.6 条	型号、规格、数量符合设计要求,安装牢固,位置正确,功能满足使用要求	合格
	6	框与墙体缝隙填嵌		第 5.4.7 条	符合规范规定要求	合格

		项目		允许偏差 mm	实测值	监理(建设)单位验收记录
一般项目	1	表面质量		第 5.4.8 条	表面洁净、平整、光滑,大面无划痕、碰伤	合格
	2	密封条及旋转门窗间隙		第 5.4.9 条	密封条未出槽。旋转窗间隙基本均匀,符合规范规定要求	合格
	3	门窗扇开关力		第 5.4.10 条	开关力符合规范规定要求	合格
	4	玻璃密封条、玻璃槽口		第 5.4.11 条	玻璃密封条与玻璃及玻璃槽口的接缝平整,无卷边、脱槽	合格
	5	排水孔		第 5.4.12 条	符合设计及规范要求	合格

		项目		允许偏差 mm	实测值											监理(建设)单位验收记录
一般项目	6	安装允许偏差	门窗槽口宽度、高度	≤1500mm	2											合格
				>1500mm	3	③	2	1	1	2	2	0	0	1.9	2	合格
			门窗槽口对角线长度差	≤2000mm	3											合格
				>2000mm	5	2	4	1	⑤	0	3	4	0	3	3	合格
			门窗框的正、侧面垂直度		3	1	0	0	1	2	2	0	1	③	2	合格
			门窗横框的水平度		3	1	2	0	1	0	0	2	2			合格
			门窗横框标高		5	⚠	4	0	4	2	2	3	4	0	0	合格
			门窗竖向偏离中心		5	4	3	3	0	4	1	2	2	3	4	合格
			双层门窗内外框间距		4	1	3	2	2	0	1	3	0	3		合格
			同樘平开门窗相邻扇高度差		2											
			平开门窗铰链部位间隙		+2,−1											
			推拉门窗扇与框搭接量		+1.5,-2.5	1	0	0	−1	−2	0	1	0	−2	1	合格
			推拉门窗扇与竖框平行度		2	0	1	0	1	1	0	1	0	1	1	合格

复查记录	监理工程师(签章):　　　年　　月　　日 建设单位专业技术负责人(签章):　　　年　　月　　日
施工单位检查评定结果	经检查,主控项目、一般项目均符合设计和《建筑装饰装修工程质量验收规范》(GB 50210－2001)的规定。 总包单位质量检查员(签章)×××　2015 年×月×日 分包单位质量检查员(签章):×××　2015 年×月×日
监理单位验收结论	验收合格。 监理工程师(签章):×××　2015 年×月×日
建设单位验收结论	验收合格。 建设单位专业技术负责人(签章):×××　2015 年×月×日

一册在手　表格全有　贴近现场　资料无忧

《塑料门窗安装质量分户验收记录表》填写说明

【检查内容】

塑料门窗安装工程分户质量验收内容,可根据竣工时观察到的观感和使用功能以及实测项目的质量进行确定,具体参照表4-11。

表4-11 　　　　　　　　　　　塑料门窗安装工程分户质量验收内容

<table>
<tr><td colspan="4" align="center">施工质量验收规范的规定(GB50210－2001)</td><td>涉及的检查项目</td></tr>
<tr><td rowspan="6">主控项目</td><td>1</td><td colspan="2">门窗质量</td><td>第5.4.2条</td><td>√</td></tr>
<tr><td>2</td><td colspan="2">框、扇安装</td><td>第5.4.3条</td><td>√</td></tr>
<tr><td>3</td><td colspan="2">拼樘料与框连接</td><td>第5.4.4条</td><td>√</td></tr>
<tr><td>4</td><td colspan="2">门窗扇安装</td><td>第5.4.5条</td><td>√</td></tr>
<tr><td>5</td><td colspan="2">配件质量及安装</td><td>第5.4.6条</td><td>√</td></tr>
<tr><td>6</td><td colspan="2">框与墙体缝隙填嵌</td><td>第5.4.7条</td><td>√</td></tr>
<tr><td rowspan="18">一般项目</td><td>1</td><td colspan="2">表面质量</td><td>第5.4.8条</td><td>√</td></tr>
<tr><td>2</td><td colspan="2">密封条及旋转门窗间隙</td><td>第5.4.9条</td><td>√</td></tr>
<tr><td>3</td><td colspan="2">门窗扇开关力</td><td>第5.4.10条</td><td>√</td></tr>
<tr><td>4</td><td colspan="2">玻璃密封条、玻璃槽口</td><td>第5.4.11条</td><td>√</td></tr>
<tr><td>5</td><td colspan="2">排水孔</td><td>第5.4.12条</td><td>√</td></tr>
<tr><td rowspan="13">6</td><td rowspan="13">安装允许偏差</td><td colspan="2" align="center">项目</td><td>允许偏差(mm)</td><td></td></tr>
<tr><td rowspan="2">门窗槽口宽度、高度</td><td>≤1500mm</td><td>2</td><td>√</td></tr>
<tr><td>＞1500mm</td><td>3</td><td>√</td></tr>
<tr><td rowspan="2">门窗槽口对角线长度差</td><td>≤2000mm</td><td>3</td><td>√</td></tr>
<tr><td>＞2000mm</td><td>5</td><td>√</td></tr>
<tr><td colspan="2">门窗框的正、侧面垂直度</td><td>3</td><td>√</td></tr>
<tr><td colspan="2">门窗横框的水平度</td><td>3</td><td>√</td></tr>
<tr><td colspan="2">门窗横框标高</td><td>5</td><td>√</td></tr>
<tr><td colspan="2">门窗竖向偏离中心</td><td>5</td><td>√</td></tr>
<tr><td colspan="2">双层门窗内外框间距</td><td>4</td><td>√</td></tr>
<tr><td colspan="2">同樘平开门窗相邻扇高度差</td><td>2</td><td>√</td></tr>
<tr><td colspan="2">平开门窗铰链部位配合间隙</td><td>＋2,－1</td><td>√</td></tr>
<tr><td colspan="2">推拉门窗扇与框搭接量</td><td>＋1.5,－2.5</td><td>√</td></tr>
<tr><td colspan="2">推拉门窗扇与竖框平行度</td><td>2</td><td>√</td></tr>
</table>

注:"√"代表涉及的检查内容。

【质量标准、检查数量、方法】

(一)一般规定

1.塑料门窗安装工程应符合施工图、设计说明及其他设计文件的要求。

2.塑料门窗安装工程分户验收应按每户住宅划分为一个检验批。当分户检验批具备验收条件时,可及时验收。除高层建筑的外窗,每户应抽查不得少于 3 樘,不足 3 樘时应全数检查;高层建筑的外窗,每户应抽查不得少于 6 樘,不足 6 樘时应全数检查。

3.每户住宅塑料门窗安装工程观感质量应全数检查。以房间为单位,检查并记录。

4.实测实量内容宜按照本说明规定的检查部位、检查数量,确定检查点。必要时确定实测值的基准值,记录在相应项目表格中第一个空格内,实测值或与基准值相减的差值在允许偏差范围内判为合格,当超出允许偏差时应在此实测值记录上画圈做出不合格记号,以便判断不合格点是否超出允许偏差 1.5 倍和不合格点率。实测值应全数记录。

5.当分户检验批的主控项目的质量经检查全部合格,一般项目的合格点率达到 80％及以上,且没有严重缺陷时(不合格点实测偏差,应小于允许偏差的 1.5 倍),判为合格。

6.当实测偏差大于允许偏差 1.5 倍,或不合格点率超出 20％时,应整改并重新验收,记录整改项目测量结果。

(二)主控项目

1.塑料门窗的品种、类型、规格、尺寸、开启方向、安装位置、连接方式及填嵌密封处理应符合设计要求。

检验方法:观察;尺量检查。

2.塑料门窗框、副框和扇的安装必须牢固。

检验方法:观察;手扳检查。

3.当塑料门窗有拼樘料时,窗框必须与拼樘料连接紧密,固定点间距应不大于 600mm。

检验方法:观察;手扳检查;尺量检查。

4.塑料门窗扇应开关灵活、关闭严密,无倒翘。推拉门窗扇必须有防脱落措施。

检验方法:观察;开启和关闭检查;手扳检查。

5.塑料门窗配件的型号、规格、数量应符合设计要求,安装应牢固,位置应正确,功能应满足使用要求。

检验方法:观察;手扳检查;尺量检查。

6.塑料门窗框与墙体间缝隙应采用闭孔弹性材料填嵌饱满,表面应采用密封胶密封。密封胶应粘结牢固,表面应光滑、顺直、无裂纹。

检验方法:观察;检查隐蔽工程验收记录。

(三)一般项目

1.塑料门窗表面应洁净、平整、光滑,大面应无划痕、碰伤。

检验方法:观察。

2.塑料门窗扇的密封条不得脱槽。旋转窗间隙应基本均匀。

检验方法:观察。

3.塑料门窗扇的开关力应符合下列规定:

(1)平开门窗扇平铰链的开关力应不大于 80N;滑撑铰链的开关力应不大于 80N,并不小于 30N。

(2)推拉门窗扇的开关力应不大于 100N。

检验方法:观察;用弹簧秤检查。

4.玻璃密封条与玻璃及玻璃槽口的接缝应平整,不得卷边、脱槽。

检验方法:观察。

5.排水孔应畅通,位置和数量应符合设计要求。

检验方法:观察。

6.塑料门窗安装的允许偏差和检验方法应符合表4-10的规定。

(四)实测项目说明

塑料门窗安装工程质量分户验收实测内容分别是:门窗槽口宽度、高度;门窗槽口对角线长度差;门窗框的正、侧面垂直度;门窗横框的水平度;门窗横框标高;门窗竖向偏离中心;双层门窗内外框间距;同樘平开门窗相邻扇高度差;平开门窗铰链部位配合间隙;推拉门窗扇与框搭接量;推拉门窗扇与竖框平行度。检查时,宜对分户验收抽查点分布图中规定的门窗,按照上述实测内容,使用相关测量工具,参照下列测量位置和数量进行检查,并全数记录。

1.检查门窗槽口宽度时,使用钢尺等测量工具,距门窗槽口上下300mm位置,水平测量各1点。(计算基准值)

2.检查门窗槽口高度时,使用钢尺等测量工具,距门窗槽口左右200mm位置,竖向测量各1点。(计算基准值)

3.检查门窗槽口对角线长度差时,使用钢尺等测量工具,在门窗槽口的企口方向,分别量取槽口对角线长度,两个方向长度分别记录。

4.检查门窗框的正、侧面垂直度时,使用1m垂直检测尺等测量工具,在一侧门窗竖框中心位置的正、侧面,各测量1点。

5.检查门窗横框的水平度时,使用1m水平尺和塞尺等测量工具,在上横框下口中心位置测量1点。

6.检查门窗横框标高时,使用钢尺等测量工具,测量上横框下口距1米线高度尺寸,测量1点。(计算基准值)

7.检查门窗竖向偏离中心时,使用钢尺等测量工具,在一侧门窗竖框中部,测量门窗框两侧宽度各1点。

8.检查双层门窗内外框间距时,使用钢尺等测量工具,在每侧门窗竖框中部,测量框间距各1点。(计算基准值)

9.检查同樘平开门窗相邻扇高度差时,使用钢直尺等测量工具,在同樘平开门窗相邻扇对口缝下端,测量1点。

10.检查平开门窗铰链部位配合间隙时,使用塞尺等测量工具,在同一个窗扇的下铰链部位,测量1点。

11.检查推拉门窗扇与框搭接量时,使用钢直尺等测量工具,在门窗扇与框搭接处,测量1点。

12.检查推拉门窗扇与竖框平行度时,使用1m水平尺和塞尺等测量工具,测量门窗扇与竖框1米范围内最大缝隙,测量1点。

4.4　特种门安装

4.4.1　特种门安装工程资料列表

（1）设计文件

特种门工程的施工图、设计说明及其他设计文件

（2）施工技术资料

1）特种门（防火门、防盗门、自动门、全玻门、旋转门、金属卷帘门等）安装分项工程技术交底记录

2）图纸会审记录、设计变更通知单、工程洽商记录

（3）施工物资资料

1）防火门、防盗门和五金配件的生产许可证、产品合格证书、性能检测报告

2）自动门和其他材料的生产许可证、产品合格证书、性能检测报告

3）全玻门、五金配件的产品合格证书、性能检测报告

4）粘结胶、密封胶产品合格证、环保检测报告

5）旋转门和其他材料的生产许可证、产品合格证书、性能检测报告

6）金属卷帘门及其附件的生产许可证、产品合格证书、性能检测报告

7）材料、构配件进场检验记录

8）工程物资进场报验表

（4）施工记录

1）（防火门、防盗门）各种预埋件、固定件和木砖的安装及防腐隐蔽工程验收记录

2）（自动门）预埋件、型钢骨架的安装稳固、连接方式、防腐处理等隐蔽工程验收记录

3）（全玻门）预留、预埋固定件等隐蔽工程验收记录

4）（旋转门）预埋件、固定件的安装稳固、连接方式、防腐处理等隐蔽工程验收记录

5）（金属卷帘门）后置预埋件、导轨安装固定及防腐和卷轴安装等隐蔽工程验收记录

6）施工检查记录

7）特种门（防火门、防盗门、自动门、全玻门、旋转门、金属卷帘门等）安装施工自检记录

（5）施工试验记录及检测报告

1）自动门安装、调试、试运行记录

2）旋转门安装、调试、试运行记录

（6）施工质量验收记录

1）特种门安装检验批质量验收记录

2）特种门安装分项工程质量验收记录

3）分项/分部工程施工报验表

（7）分户验收记录

特种门安装质量分户验收记录表

一册在手　表格全有　贴近现场　资料无忧

4.4.2 特种门安装工程资料填写范例及说明

特种门安装检验批质量验收记录

03040401<u>001</u>

单位（子单位）工程名称		××大厦	分部（子分部）工程名称	建筑装饰装修/门窗	分项工程名称		特种门安装
施工单位		××建筑有限公司	项目负责人	赵斌	检验批容量		50樘
分包单位		××建筑装饰工程有限公司	分包单位项目负责人	王阳	检验批部位		三层1～10/A～E轴防火门
施工依据		××大厦装饰装修施工方案		验收依据	《建筑装饰装修工程质量验收规范》GB50210-2001		

		验收项目	设计要求及规范规定	最小/实际抽样数量	检查记录	检查结果
主控项目	1	门质量和性能	第5.5.2条	25/25	质量证明文件齐全，通过进场验收	√
	2	门品种规格、方向位置	第5.5.3条	25/25	质量证明文件齐全，通过进场验收	√
	3	机械、自动和智能化装置	第5.5.4条	25/25	抽查25处，合格25处	√
	4	安装及预埋件	第5.5.5条	25/25	抽查25处，合格25处	√
	5	配件、安装及功能	第5.5.6条	25/25	抽查25处，合格25处	√
一般项目	1	表面装饰	第5.5.7条	25/25	抽查25处，合格25处	100%
	2	表面质量	第5.5.8条	25/25	抽查25处，合格25处	100%
	3	推拉自动门留缝隙值及允许偏差	第5.5.9条	/	/	/
	4	推拉自动门感应时间限值	第5.5.10条	/	/	/
	5	旋转门安装允许偏差	第5.5.11条	/	/	/
施工单位检查结果		符合要求 专业工长： 项目专业质量检查员： 高爱云 张世清 2015年××月××日				
监理单位验收结论		合格 专业监理工程师： 刘东 2015年××月××日				

《特种门安装检验批质量验收记录》填写说明

1. 填写依据

(1)《建筑装饰装修工程质量验收规范》GB 50210－2001。

(2)《建筑工程施工质量验收统一标准》GB 50300－2013。

2. 规范摘要

以下内容摘录自《建筑装饰装修工程质量验收规范》GB 50210－2001。

(1)验收要求

检验批的划分以及检查数量参见"木门窗制作检验批质量验收记录"表格验收要求的相关内容。

(2)特种门安装工程

本节适用于防火门、防盗门、自动门、全玻门、旋转门、金属卷帘门等特种门安装工程的质量验收。

主控项目

1)特种门的质量和各项性能应符合设计要求。

检验方法:检查生产许可证、产品合格证书和性能检测报告。

2)特种门的品种、类型、规格、尺寸、开启方向、安装位置及防腐处理应符合设计要求。

检验方法:观察;尺量检查;检查进场验收记录和隐蔽工程验收记录。

3)带有机械装置、自动装置或智能化装置的特种门,其机械装置、自动装置或智能化装置的功能应符合设计要求和有关标准的规定。

检验方法:启动机械装置、自动装置或智能化装置,观察。

4)特种门的安装必须牢固。预埋件的数量、位置、埋设方式、与框的连接方式必须符合设计要求。

5)特种门的配件应齐全,位置应正确,安装应牢固,功能应满足使用要求和特种门的各项性能要求。

检验方法:观察;手扳检查;检查产品合格证书、性能检测报告和进场验收记录。

一般项目

1)特种门的表面装饰应符合设计要求。

检验方法:观察

2)特种门的表面应洁净,无划痕、碰伤。

检验方法:观察。

3)推拉自动门安装的留缝限值、允许偏差和检验方法应符合表 4-12 的规定。

表 4-12　　　　推拉自动门安装的留缝限值、允许偏差和检验方法

项次	项目		留缝限值 (mm)	允许偏差 (mm)	检验方法
1	门槽口宽度、高度	≤1500mm	—	1.5	用钢尺检查
		>1500mm	—	2	
2	门槽口对角线长度差	≤2000mm	—	2	用钢尺检查
		>2000mm	—	2.5	

项次	项目	留缝限值 (mm)	允许偏差 (mm)	检验方法
3	门框的正、侧面垂直度	—	1	用1m垂直检测尺检查
4	门构件装配间隙	—	0.3	用塞尺检查
5	门梁导轨水平度	—	1	用1m水平尺和塞尺检查
6	下导轨与门梁导轨平行度	—	1.5	用钢尺检查
7	门扇与侧框间留缝	1.2～1.8	—	用塞尺检查
8	门扇对口缝	1.2～1.8	—	用塞尺检查

4)推拉自动门的感应时间限制和检验方法应符合表4-13的规定。

表4-13　　　　　　　推拉自动门的感应时间限值和检验方法

项次	项目	感应时间限值(s)	检验方法
1	开门响应时间	≤0.5	用秒表检查
2	堵门保护延时	16～20	用秒表检查
3	门扇全开启后保持时间	13～17	用秒表检查

5)旋转门安装的允许偏差和检验方法应符合表4-14的规定。

表4-14　　　　　　　旋转门安装的允许偏差和检验方法

项次	项目	允许偏差(mm)		检验方法
		金属框架玻璃门旋转门	木质旋转门	
1	门扇正、侧面垂直度	1.5	1.5	用1m垂直检测尺检查
2	门扇对角线长度差	1.5	1.5	用钢尺检查
3	相邻扇高度差	1	1	用钢尺检查
4	扇与圆弧边留缝	1.5	2	用塞尺检查
5	扇与上顶间留缝	2	2.5	用塞尺检查
6	扇与地面间留缝	2	2.5	用塞尺检查

一册在手 表格全有 贴近现场 资料无忧

特种门安装 分项工程质量验收记录

单位(子单位)工程名称	××综合楼	结构类型	框架剪力墙
分部(子分部)工程名称	门窗	检验批数	4
施工单位	××建设工程有限公司	项目经理	×××
分包单位	××装饰装修工程有限公司	分包项目经理	×××

序号	检验批名称及部位、区段	施工单位检查评定结果	监理(建设)单位验收结论
1	地下室人防门安装	√	
2	首层接待厅(自动门)、入口大厅(旋转门)安装	√	
3	二层办公室(全玻门)安装	√	
4	三层办公室(全玻门)安装	√	
			验收合格

说明：

检查结论	地下室人防门、首层接待厅自动门、入口大厅旋转门、二三层办公室全玻门安装施工质量符合《建筑装饰装修工程质量验收规范》(GB 50210—2001)的要求,特种门安装分项工程合格。 项目专业技术负责人：××× 　　　　　　　　　2015 年×月×日	验收结论	同意施工单位检查结论,验收合格。 监理工程师：××× (建设单位项目专业技术负责人) 　　　　　　　2015 年×月×日

注:地基基础、主体结构工程的分项工程质量验收不填写"分包单位"、"分包项目经理"。

特种门安装质量分户验收记录表

单位工程名称	××高层住宅楼		结构类型	框架剪力墙	层数	地下2层,地上20层
验收部位(房号)	地下一层		户型	/	检查日期	2015年×月×日
建设单位	××房地产开发有限公司		参检人员姓名	×××	职务	建设单位代表
总包单位	××建设集团有限公司		参检人员姓名	×××	职务	质量检查员
分包单位	××装饰装修工程有限公司		参检人员姓名	×××	职务	质量检查员
监理单位	××建设监理有限公司		参检人员姓名	×××	职务	土建监理工程师
施工执行标准名称及编号	《建筑装饰装修工程施工工艺标准》(QB×××—2006)					

		施工质量验收规范的规定(GB 50210—2001)				施工单位检查评定记录	监理(建设)单位验收记录
主控项目	1	门质量和性能		第5.5.2条		/	/
	2	门品种规格、方向位置		第5.5.3条		进场验收记录、隐蔽工程验收记录(编号××),合格	合格
	3	机械、自动和智能化装置		第5.5.4条		启动机械,自动装置,观察符合设计要求	合格
	4	安装及预埋件		第5.5.5条		安装牢固,预埋件数量,位置等正确	合格
	5	配件、安装及功能		第5.5.6条		配件齐全,位置正确,安装牢固,满足使用要求	合格

		项目		留缝限值(mm)	允许偏值(mm)	实测值	
一般项目	1	表面装饰		第5.5.7条		符合设计要求	合格
	2	表面质量		第5.5.8条		表面洁净,无划痕、碰伤	合格
	3 推拉自动门留缝限值及允许偏差	门槽口宽度、高度	≤1500mm	—	1.5	0.51	合格
			>1500mm	—	2		
		门槽口对角线长度差	≤2000mm	—	2	1 1	合格
			>2000	—	2.5		
		门框的正、侧面垂直度		—	1	0.50	合格
		门构件装配间隙		—	0.3	0	合格
		门梁导轨水平度		—	1	0.5	合格
		下导轨与门梁导轨平行度		—	1.5	1	合格
		门扇与侧框间留缝		1.2~1.8	—	1.5 1.5	合格
		门扇对口缝		1.2~1.8	—	1 1	合格

		项目	感应时间限值(s)	实测值	
一般项目	4 推拉自动门感应时间限值	开门响应时间	≤0.5	0.20.3	合格
		堵门保护延时	16~20	17 17	合格
		门扇全开启后保持时间	13~17	15	合格

		项目	允许偏差(mm)		实测值	
			金属架玻璃旋转门	木质旋转门		
一般项目	5 旋转门安装允许偏差	门扇正、侧面垂直度	1.5	1.5		
		门对角线长度差	1.5	1.5		
		相邻扇高度差	1	1		
		扇与圆弧边留缝	1.5	2		
		扇与上顶间留缝	2	2.5		
		扇与地面间留缝	2	2.5		

复查记录	监理工程师(签章): 年 月 日 建设单位专业技术负责人(签章): 年 月 日
施工单位 检查评定结果	经检查,主控项目、一般项目均符合设计要求和《建筑装饰装修工程质量验收规范》(GB 50210—2001)的规定。 总包单位质量检查员(签章):××× 2015年×月×日 分包单位质量检查员(签章):××× 2015年×月×日
监理单位 验收结论	验收合格。 监理工程师(签章):××× 2015年×月×日
建设单位 验收结论	验收合格。 建设单位专业技术负责人(签章):××× 2015年×月×日

一册在手 表格全有 贴近现场 资料无忧

《特种门安装质量分户验收记录表》填写说明

【检查内容】

特种门安装工程分户质量验收内容,可根据竣工时观察到的观感和使用功能以及实测项目的质量进行确定,具体参照表4-15。

表 4-15　　　　　　　　　　特种门安装工程分户质量验收内容

		施工质量验收规范的规定(GB 50210－2001)				涉及的检查内容
主控项目	1	门质量和性能		第5.5.2条		＼
	2	门品种规格、方向位置		第5.5.3条		√
	3	机械、自动和智能化装置		第5.5.4条		√
	4	安装及预埋件		第5.5.5条		√
	5	配件、安装及功能		第5.5.6条		√
一般项目	1	表面装饰		第5.5.7条		√
	2	表面质量		第5.5.8条		√
	3	推拉自动门留缝限值及允许偏差	项目		留缝限值(mm)	允许偏差(mm)	
			门槽口宽度、高度	≤1500mm	—	1.5	√
				>1500mm	—	2	√
			门槽口对角线长度差	≤2000mm	—	2	√
				>2000mm	—	2.5	√
			门框的正、侧面垂直度		—	1	√
			门构件装配间隙		—	0.3	√
			门梁导轨水平度		—	1	√
			下导轨与门梁导轨平行度		—	1.5	√
			门扇与侧框间留缝		1.2~1.8	—	√
			门扇对口缝		1.2~1.8	—	√
	4	推拉自动门感应时间限值	项目		感应时间限值(s)		
			开门响应时间		≤0.5		√
			堵门保护延时		16~20		√
			门扇全开启后保持时间		13~17		√
	5	旋转门安装的允许偏差	项目		允许偏差(mm)		
					金属架玻璃旋转门	木质旋转门	
			门扇正、侧面垂直度		1.5	1.5	√
			门扇对角线长度差		1.5	1.5	√
			相邻扇高度差		1	1	√
			扇与圆弧边留缝		1.5	2	√
			扇与上顶间留缝		2	2.5	√
			扇与地面间留缝		2	2.5	√

注:"√"代表涉及的检查内容;"＼"代表不涉及的检查内容。

【质量标准、检查数量、方法】

(一)一般规定

1.特种门工程应符合施工图、设计说明及其他设计文件要求。

2.特种门工程验收应按每户住宅划分为一个检验批。当分户检验批具备条件时,可及时验收。每户应抽查不得少于 10 樘,不足 10 樘时应全数检查。

3.每户住宅特种门吊顶工程观感质量应全数检查。以房间为单位,检查并记录。

4.实测实量内容宜按照本说明规定的检查部位、检查数量,确定检查点。必要时确定实测值的基准值,记录在相应项目表格中第一个空格内,实测值或与基准值相减的差值在允许偏差范围内判为合格,当超出允许偏差时应在此实测值记录上画圈做出不合格记号,以便判断不合格点是否超出允许偏差 1.5 倍和不合格点率。实测值应全数记录。

5.当分户检验批的主控项目的质量经检查全部合格,一般项目的合格点率达到 80％及以上,且没有严重缺陷时(不合格点实测偏差,应小于允许偏差的 1.5 倍),判为合格。

6.当实测偏差大于允许偏差 1.5 倍,或不合格点率超出 20％时,应整改并重新验收,记录整改项目测量结果。

(二)主控项目

1.特种门的品种、类型、规格、尺寸、开启方向、安装位置及防腐处理应符合设计要求。

检验方法:观察;尺量检查。

2.带有机械装置、自动装置或智能化装置的特种门,其机械装置、自动装置或智能化装置的功能应符合设计要求和有关标准的规定。

检验方法:启动机械装置、自动装置或智能化装置,观察。

3.特种门的安装必须牢固。

检验方法:观察;手扳检查。

4.特种门的配件应齐全,位置应正确,安装应牢固。

检验方法:观察;手扳检查。

(三)一般项目

1.特种门的表面装饰应符合设计要求。

检验方法:观察。

2.特种门的表面应洁净,无划痕、碰伤。

检验方法:观察。

3.推拉自动门安装的留缝限值、允许偏差和检验方法应符合表 4-12 的规定。

4.推拉自动门的感应时间限值和检验方法应符合表 4-13 的规定。

5.旋转门安装的允许偏差和检验方法应符合表 4-14 规定。

(四)实测项目说明

1.推拉自动门安装分户质量验收实测内容分别是:门槽口宽度、高度;门扇对角线长度差;门框的正、侧面垂直度;门构件装配间隙;门梁导轨水平度;下导轨与门梁导轨平行度;门扇与侧框间留缝;门扇对口缝。检查时,宜对分户验收抽查点分布图中规定的推拉自动门,按照上述实测内容,使用相关测量工具,参照下列测量位置和数量进行检查,并全数记录。

(1)检查门槽口宽度、高度时,使用钢尺等测量工具,距门槽口上下 300mm 位置,水平测量各 1 点;距门槽口左右 200mm 位置,竖向测量各 1 点。(计算基准值)

(2)检查门窗槽口对角线长度差时,使用钢尺等测量工具,在门窗槽口的企口方向,分别量取槽口对角线长度,两个方向长度分别记录。

(3)检查门框的正、侧面垂直度时,使用 1m 垂直检测尺等测量工具,在一侧门窗竖框中部的正、侧面,各测量 1 点。

(4)检查门构件装配间隙时,使用塞尺等测量工具,在门构件装配间隙最大处,测量 1 点。

（5）检查门梁导轨水平度时，使用 1m 水平尺和塞尺等测量工具，在门梁导轨下口中心位置，测量 1 点。

（6）检查下导轨与门梁导轨平行度时，使用钢尺等测量工具，在下导轨与门梁导轨两端设置测量点，且测量点不少于 2 点。

（7）检查门扇与侧框间留缝时，使用塞尺等测量工具，在门扇与侧框间最大、最小缝隙处，各测量 1 点。

（8）检查门扇对口缝时，使用塞尺等测量工具，在门扇对口缝最大、最小处，各测量 1 点。

2.旋转门安装工程分户质量验收实测内容分别是：门扇正、侧面垂直度；门扇对角线长度差；相邻扇高度差；旋转门扇与圆弧边留缝；旋转门扇与上顶间留缝；旋转门扇与地面间留缝。检查时，宜对分户验收抽查点分布图中规定的旋转门，按照上述实测内容，使用相关测量工具，参照下列测量位置和数量进行检查，并全数记录。

（1）检查门扇正、侧面垂直度时，使用 1m 垂直检测尺等测量工具，在一侧门扇中部的正、侧面，各测量 1 点。

（2）检查门窗槽口对角线长度差时，使用钢尺等测量工具，在门窗企口方向，分别量取槽口对角线长度，两个方向长度分别记录。

（3）检查相邻扇高度差时，使用钢尺和塞尺等测量工具，在旋转门相邻扇接缝下端，测量 1 点。

（4）检查旋转门扇与圆弧边留缝、旋转门扇与上顶间留缝、旋转门扇与地面间留缝时，使用塞尺等测量工具，在旋转门扇与圆弧边、上顶间、地面间最大、最小缝隙处，各测量 1 点。

4.5 门窗玻璃安装

4.5.1 门窗玻璃安装工程资料列表

(1)施工技术资料

1)门窗玻璃安装分项工程技术交底记录

2)设计变更通知单、工程洽商记录

(2)施工物资资料

1)玻璃(平板、吸热、反射、中空、夹层、夹丝、磨砂、钢化、压花玻璃等)产品合格证书、性能检测报告

2)装饰装修用安全玻璃复试报告

3)密封材料(密封条、密封膏及油灰等)出厂合格证、性能检测报告和环保检测报告

4)材料进场检验记录

5)工程物资进场报验表

(3)施工记录

施工检查记录

(4)施工质量验收记录

1)门窗玻璃安装检验批质量验收记录

2)门窗玻璃安装分项工程质量验收记录

3)分项/分部工程施工报验表

(5)分户验收记录

门窗玻璃安装质量分户验收记录表

4.5.2 门窗玻璃安装工程资料填写范例及说明

门窗玻璃安装检验批质量验收记录

03040501001

单位（子单位）工程名称		××大厦	分部（子分部）工程名称	建筑装饰装修/门窗	分项工程名称	门窗玻璃安装
施工单位		××建筑有限公司	项目负责人	赵斌	检验批容量	80樘
分包单位		××建筑装饰工程有限公司	分包单位项目负责人	王阳	检验批部位	三层1～10/A～E轴门窗
施工依据		××大厦装饰装修施工方案		验收依据	《建筑装饰装修工程质量验收规范》GB50210-2001	

		验收项目	设计要求及规范规定	最小/实际抽样数量	检查记录	检查结果
主控项目	1	玻璃质量	第5.6.2条	/	质量证明文件齐全，试验合格，报告编号××××	√
	2	玻璃裁割与安装质量	第5.6.3条	4/4	抽查4处，合格4处	√
	3	安装方法	第5.6.4条	4/4	抽查4处，合格4处	√
		钉子或钢丝卡		4/4	抽查4处，合格4处	√
	4	木压条	第5.6.5条	4/4	抽查4处，合格4处	√
	5	密封条	第5.6.6条	4/4	抽查4处，合格4处	√
	6	带密封条的玻璃压条	第5.6.7条	4/4	抽查4处，合格4处	√
一般项目	1	玻璃表面	第5.6.8条	4/4	抽查4处，合格4处	100%
	2	玻璃与型材	第5.6.9条	4/4	抽查4处，合格4处	100%
		镀膜层及磨砂层		4/4	抽查4处，合格4处	100%
	3	腻子	第5.6.10条	4/4	抽查4处，合格4处	100%

施工单位检查结果	符合要求 专业工长： 项目专业质量检查员：高爱云 王世浩 2015 年××月××日
监理单位验收结论	合格 专业监理工程师：刘东 2015 年××月××日

一册在手 表格全有 贴近现场 资料无忧

《门窗玻璃安装检验批质量验收记录》填写说明

1. 填写依据

(1)《建筑装饰装修工程质量验收规范》GB 50210－2001。

(2)《建筑工程施工质量验收统一标准》GB 50300－2013。

2. 规范摘要

以下内容摘录自《建筑装饰装修工程质量验收规范》GB 50210－2001。

(1)验收要求

检验批的划分及检查数量参见"木门窗制作检验批质量验收记录"表格验收要求的相关内容。

(2)门窗玻璃安装工程

本节适用于平板、吸热、反射、中空、夹层、夹丝、磨砂、钢化、压花玻璃等玻璃安装工程的质量验收。

主控项目

1)玻璃的品种、规格、尺寸、色彩、图案和涂膜朝向应符合设计要求。单块玻璃大于1.5m时应使用安全玻璃。

检验方法:观察;检查产品合格证书、性能检测报告和进场验收记录。

2)门窗玻璃裁割尺寸应正确。安装后的玻璃应牢固,不得有裂纹、损伤和松动。

检验方法:观察;轻敲检查。

3)玻璃的安装方法应符合设计要求。固定玻璃的钉子或钢丝卡的数量、规格应保证玻璃安装牢固。

检验方法:观察;检查施工记录。

4)镶钉木压条接触玻璃处,应与裁口边缘平齐。木压条应互相紧密连接,并与裁口边缘紧贴,割角应整齐。

检验方法:观察。

5)密封条与玻璃、玻璃槽口的接触应紧密、平整。密封胶与玻璃、玻璃槽口的边缘应粘结牢固、接缝平齐。

检验方法:观察。

6)带密封条的玻璃压条,其密封条必须与玻璃全部贴紧,压条与型材之间应无明显缝隙,压条接缝应不大于0.5mm。

检验方法:观察;尺量检查。

一般项目

1)玻璃表面应洁净,不得有腻子、密封胶、涂料等污渍。中空玻璃内外表面均应洁净,玻璃中空层内不得有灰尘和水蒸气。

检验方法:观察。

2)门窗玻璃不应直接接触型材。单面镀膜玻璃的镀膜层及磨砂玻璃的磨砂面应朝向室内。中空玻璃的单面镀膜玻璃应在最外层,镀膜层应朝向室内。

检验方法:观察。

3)腻子应填抹饱满、粘结牢固;腻子边缘与裁口应平齐。固定玻璃的卡子不应在腻子表面显露。

检验方法:观察。

一册在手　表格全有　贴近现场　资料无忧

<u>门窗玻璃安装</u> 分项工程质量验收记录

单位(子单位)工程名称	××工程	结构类型	框架剪力墙
分部(子分部)工程名称	门窗	检验批数	8
施工单位	××建设工程有限公司	项目经理	×××
分包单位	××装饰装修工程有限公司	分包项目经理	×××

序号	检验批名称及部位、区段	施工单位检查评定结果	监理(建设)单位验收结论
1	首层门窗玻璃安装	√	
2	二层门窗玻璃安装	√	
3	三层门窗玻璃安装	√	
4	四层门窗玻璃安装	√	
5	五层门窗玻璃安装	√	验收合格
6	六层门窗玻璃安装	√	
7	七层门窗玻璃安装	√	
8	八层门窗玻璃安装	√	

说明:

检查结论	首层至八层门窗玻璃安装施工质量符合《建筑装饰装修工程质量验收规范》(GB 50210－2001)的要求,门窗玻璃安装分项工程合格。 项目专业技术负责人:××× 　　　　　　　　　　2015 年×月×日	验收结论	同意施工单位检查结论,验收合格。 监理工程师:××× (建设单位项目专业技术负责人) 　　　　　　　　2015 年×月×日

注:地基基础、主体结构工程的分项工程质量验收不填写"分包单位"、"分包项目经理"。

门窗玻璃安装质量分户验收记录表

单位工程名称	××小区6#楼	结构类型	框架	层数	地下1层,地上12层
验收部位(房号)	3单元802室	户型	三室两厅两卫	检查日期	2015年×月×日
建设单位	××房地产开发有限公司	参检人员姓名	×××	职务	建设单位代表
总包单位	××建设集团有限公司	参检人员姓名	×××	职务	质量检查员
分包单位	××装饰装修工程有限公司	参检人员姓名	×××	职务	质量检查员
监理单位	××建设监理有限公司	参检人员姓名	×××	职务	土建监理工程师

施工执行标准名称及编号			《建筑装饰装修工程施工工艺标准》(QB×××－2006)		

施工质量验收规范的规定(GB 50210－2001)				施工单位检查评定记录	监理(建设)单位验收记录
主控项目	1	玻璃质量	第5.6.2条	玻璃有合格证,各项指标符合要求	合格
	2	玻璃裁割与安装质量	第5.6.3条	观察门窗玻璃无裂纹、损伤,轻敲无松动	合格
	3	安装方法	第5.6.4条	/	/
		钉子或钢丝卡		钉子、钢丝卡数量、规格可保证玻璃安装牢固	合格
	4	木压条	第5.6.5条	经观察,符合设计要求	合格
	5	密封条	第5.6.6条	密封条与玻璃、玻璃槽口接触紧密、平整	合格
	6	带密封条的玻璃压条	第5.6.7条	压条与型材之间无明显缝隙	合格
一般项目	1	玻璃表面	第5.6.8条	表面洁净、无腻子、密封胶、涂料等污渍	合格
	2	玻璃与型材	第5.6.9条	玻璃未直接接触型材	合格
		镀膜层及磨砂层		磨砂玻璃磨砂面朝向室内	合格
	3	腻子	第5.6.10条	腻子填抹饱满、粘结牢固;边缘与裁口平齐	合格

复查记录	监理工程师(签章): 年 月 日 建设单位专业技术负责人(签章): 年 月 日
施工单位 检查评定结果	经检查,主控项目、一般项目均符合设计要求和《建筑装饰装修工程质量验收规范》(GB 50210－2001)的规定。 总包单位质量检查员(签章):××× 2015年×月×日 分包单位质量检查员(签章):××× 2015年×月×日
监理单位 验收结论	验收合格。 监理工程师(签章):××× 2015年×月×日
建设单位 验收结论	验收合格。 建设单位专业技术负责人(签章):××× 2015年×月×日

一册在手 表格全有 贴近现场 资料无忧

《门窗玻璃安装质量分户验收记录表》填写说明

【检查内容】

门窗玻璃安装工程分户质量验收内容,可根据竣工时观察到的观感和使用功能以及实测项目的质量进行确定,具体参照表 4-16。

表 4-16　门窗玻璃安装工程分户质量验收内容

		施工质量验收规范的规定(GB 50210—2001)		涉及的检查内容
主控项目	1	玻璃质量	第 5.6.2 条	√
	2	玻璃裁割与安装质量	第 5.6.3 条	√
	3	安装方法	第 5.6.4 条	\
	4	木压条	第 5.6.5 条	√
	5	密封条	第 5.6.6 条	√
	6	带密封条的玻璃压	第 5.6.7 条	√
一般项目	1	玻璃表面	第 5.6.8 条	√
	2	玻璃与型材 镀膜层及磨砂层	第 5.6.9 条	√
	3	腻子	第 5.6.10 条	√

注:"√"代表涉及的检查内容;"\"代表不涉及的检查内容。

【质量标准、检查数量、方法】

（一）一般规定

1.门窗玻璃安装工程验收时应检查施工图、设计说明及其他设计文件。

2.门窗玻璃安装工程分户验收应按每户住宅划分为一个检验批。当分户检验批具备验收条件时,可及时验收。除高层建筑的外窗,每户应抽查不得少于 3 樘,不足 3 樘时应全数检查;高层建筑的外窗,每户应抽查不得少于 6 樘,不足 6 樘时应全数检查。

3.门窗玻璃安装工程观感质量应全数检查。以房间为单位,检查并记录。

4.当分户检验批的主控项目的质量经检查全部合格,一般项目的合格点率达到 80% 及以上,且没有严重缺陷时,判为合格。

5.当不合格点率超出 20% 时,应整改并重新验收,记录整改项目测量结果。

（二）主控项目

1.玻璃的品种、规格、尺寸、色彩、图案和涂膜朝向应符合设计要求。单块玻璃大于 1.5m²时应使用安全玻璃。

检验方法:观察。

2.门窗玻璃裁割尺寸应正确。安装后的玻璃应牢固,不得有裂纹、损伤和松动。

检验方法:观察;轻敲检查。

3.镶钉木压条接触玻璃处,应与裁口边缘平齐。木压条应互相紧密连接,并与裁口边缘紧贴,割角应整齐。

检验方法:观察。

4.密封条与玻璃、玻璃槽口的接触应紧密、平整。密封胶与玻璃、玻璃槽口的边缘应粘结牢固、接缝平齐。

检验方法:观察。

5.带密封条的玻璃压条,其密封条必须与玻璃全部贴紧,压条与型材之间应无明显缝隙,压条接缝应不大于 0.5mm。

检验方法:观察;尺量检查。

(三)一般项目

1.玻璃表面应洁净,不得有腻子、密封胶、涂料等污渍。中空玻璃内外表面均应洁净,玻璃中空层内不得有灰尘和水蒸气。

检验方法:观察。

2.门窗玻璃不应直接接触型材。单面镀膜玻璃的镀膜层及磨砂玻璃的磨砂面应朝向室内。中空玻璃的单面镀膜玻璃应在最外层,镀膜层应朝向室内。

检验方法:观察。

3.腻子应填抹饱满、粘结牢固;腻子边缘与裁口应平齐。固定玻璃的卡子不应在腻子表面显露。

检验方法:观察。

第 5 章

吊顶工程

5.0 吊顶工程资料应参考的标准及规范清单

1.《建筑装饰装修工程质量验收规范》GB 50210－2001

2.《建筑工程施工质量验收统一标准》GB 50300－2013

3.《住宅装饰装修工程施工规范》GB 50327－2001

4.《木结构工程施工质量验收规范》GB 50206－2012

5.《建筑用轻钢龙骨》GB/T 11981－2008

6.《室内装饰装修材料 人造板及其制品中甲醛释放限量》GB 18580－2001

7.《室内装饰装修材料 胶粘剂中有害物质限量》GB 18583－2008

8.《建筑内部装修设计防火规范》GB50222－1995(2001 年修订版)

9.《民用建筑工程室内环境污染控制规范(2013 版)》GB 50325－2010

10.《建筑设计防火规范》GB 50016－2014

11.《紧固件机械性能 不锈钢螺栓、螺钉和螺柱》GB/T 3098.6－2014

12.《紧固件机械性能 不锈钢螺母》GB/T 3098.15－2014

13.《北京市建筑工程施工安全操作》DBJ01－62－2002

14.《建筑工程资料管理规程》DBJ 01－51－2003

15.《建筑安装分项工程施工工艺流程》DBJ/T 01－26－2003

16.《高级建筑装饰工程质量验收标准》DBJ/T 01－27－2003

17.《施工现场临时用电安全技术规范》JGJ 46－2005

18.《建筑工程冬期施工规程》JGJ/T 104－2011

19.《建筑机械使用安全技术规程》JGJ 33－2012

37.《建筑施工高处作业安全技术规范》JGJ 80－1991

38.《建筑工程资料管理规程》JGJ/T 185－2009

一册在手 表格全有 贴近现场 资料无忧

5.1 整体面层吊顶

5.1.1 整体面层吊顶工程资料列表

1. 暗龙骨吊顶

(1)设计文件

吊顶工程的施工图、设计说明及其他设计文件

(2) 施工技术资料

1)暗龙骨吊顶分项工程技术交底记录

2)图纸会审记录、设计变更通知单、工程洽商记录

(3) 施工物资资料

1)轻钢龙骨产品合格证、性能检测报告

2)铝合金龙骨产品合格证、性能检测报告,型材产品合格证、检验报告,进口型材的国家商检部门的商检证明

3)木材的等级质量证明和烘干试验资料

4)饰面材料(石膏板、金属板、矿棉板、木板等)产品合格证、性能检测报告

5)装饰装修用人造木板的甲醛含量复试报告

6)胶粘剂产品合格证、性能检测报告,胶粘剂相容性试验报告

7)防火涂料的产品合格证书及使用说明书,辅材(龙骨连接件、吊杆等)产品合格证 8)材料、构配件进场检验记录

9)工程物资进场报验表

(4)施工记录

1)暗龙骨吊顶隐蔽工程验收记录

　　注:暗龙骨吊顶应对下列隐蔽工程项目进行验收:(1)吊顶内管道、设备的安装及水管试压;(2)木龙骨防火、防腐处理;(3)预埋件或拉结筋;(4)吊杆安装;(5)龙骨安装;(6)填充材料的设置。

2)施工检查记录

3)与相关各专业的交接检查记录

(5)施工质量验收记录

1)暗龙骨吊顶检验批质量验收记录

2)整体面层吊顶分项工程质量验收记录

3)分项/分部工程施工报验表

2. 明龙骨吊顶

(1)设计文件

吊顶工程的施工图、设计说明及其他设计文件

(2)施工技术资料

1)明龙骨吊顶分项工程技术交底记录

2)图纸会审记录、设计变更通知单、工程洽商记录

(3)施工物资资料

1)轻钢龙骨产品合格证、性能检测报告

2)铝合金龙骨产品合格证、性能检测报告,型材产品合格证、检验报告,进口型材的国家商检部门的商检证明

3)木材的等级质量证明和烘干试验资料

4)饰面材料(石膏板、金属板、矿棉板、玻璃板等)产品合格证、性能检测报告

5)装饰装修用安全玻璃复试报告

6)胶粘剂产品合格证、性能检测报告,胶粘剂相容性试验报告

7)防火涂料的产品合格证书及使用说明书,辅材(龙骨连接件、吊杆等)产品合格证 8)材料、构配件进场检验记录

9)工程物资进场报验表

(4)施工记录

1)明龙骨吊顶的骨架施工等隐蔽工程验收记录

注:明龙骨吊顶应对下列隐蔽工程项目进行验收:(1)吊顶内管道、设备的安装及水管试压;(2)木龙骨防火、防腐处理;(3)预埋件或拉结筋;(4)吊杆安装;(5)龙骨安装;(6)填充材料的设置。

2)施工检查记录

3)与相关各专业的交接检查记录

(5)施工质量验收记录

1)明龙骨吊顶检验批质量验收记录

2)整体面层吊顶分项工程质量验收记录

3)分项/分部工程施工报验表

5.1.2　整体面层吊顶工程资料填写范例及说明

材料、构配件进场检验记录					编　号		×××	
工程名称			×× 工程		检验日期		2015 年×月×日	
序号	名　称	规格型号(mm)	进场数量	生产厂家 / 合格证号	检验项目		检验结果	备　注
1	木龙骨	50×40×300	××m³	××木材厂 ×××	查验木材的等级质量证明和烘干试验资料，外观检查		合格	
2	纸面石膏板	1200×3000×12	××张	××建材有限公司 ×××	查验产品合格证和性能检测报告；外观检查		合格	

检验结论：

外观经目测合格无损坏，木龙骨规格符合设计要求，木结虫眼数量满足规范规定；纸面石膏板完整，无受潮、翘起等缺陷。

签字栏	建设(监理)单位	施工单位	××建筑装饰装修工程有限公司	
		专业质检员	专业工长	检验员
	×××	×××	×××	×××

本表由施工单位填写并保存。

工程物资进场报验表			编　号	×××

工程名称	××大厦	日　期	2015年6月26日

现报上关于 _____吊顶_____ 工程的物资进场检验记录,该批物资经我方检验符合设计、规范及合约要求,请予以批准使用。

物资名称	主要规格	单位	数量	选样报审表编号	使用部位
木龙骨	50×40×3000	m³	××	××××	地上2~4层
纸面石膏板	1200×3000×12	张	××	××××	地上2~4层

附件:　　名　称　　　　　　　　页　数　　　　　　　　编　号

1. ☑ 出厂合格证　　　　　×　页　　　　　　×××
2. ☑ 厂家质量检验报告　　×　页　　　　　　×××
3. □ 厂家质量保证书　　　____页　　　　　____
4. □ 商检证　　　　　　　____页　　　　　____
5. ☑ 进场检验记录　　　　×　页　　　　　　×××
6. □ 进场复试报告　　　　____页　　　　　____
7. □ 备案情况　　　　　　____页　　　　　____
8. □ 　　　　　　　　　　____页

申报单位名称:××建筑装饰装修工程有限公司　　　申报人(签字):×××

施工单位检验意见:

　　报验的工程材料的质量证明文件齐全,外观检查合格,同意报项目监理部审批。

☑有 / □无　附页

施工单位名称:××建筑装饰装修工程有限公司　技术负责人(签字):×××　审核日期:2015年6月27日

验收意见:

　　1. 物资质量控制资料齐全、有效。

　　2. 材料合格。

　　同意承包单位检验意见,该批物资可以进场使用于本工程指定部位。

审定结论:　　☑同意　　□补报资料　　□重新检验　　□退场

监理单位名称:××建设监理有限公司　监理工程师(签字):×××　验收日期:2015年6月28日

本表由施工单位填报,建设单位、监理单位、施工单位各存一份。

	隐蔽工程验收记录	编　号	×××

工程名称	××工程		
隐检项目	吊顶工程	隐检日期	2015 年×月×日
隐检部位	Ⅱ区三层　　⑫～⑲/Ⓑ～Ⓒ轴线　　10.500m 标高		

隐检依据:施工图图号　建施28,设计变更/洽商(编号　　/　　)及有关国家现行标准等。
主要材料名称规格/型号:30mm×50mm 木方、φ8 膨胀螺栓

隐检内容:

1. 木龙骨呈方格状布置,间距 300mm×300mm。
2. 木龙骨材料干燥,已全部涂刷防火涂料。
3. 木龙骨用企口连接,座钉、刷胶固定;与顶棚用膨胀螺栓和射钉连接固定。
4. 吊顶内各种电线管已穿完,喷淋头、烟感器已安装完毕,请予以封板。

隐蔽内容已做完,请予以检查。

申报人:×××

检查意见:

经检查:木龙骨材料干燥,防火涂料涂刷均匀,龙骨平直稳定,方格尺寸准确,符合设计要求和《建筑装饰装修工程质量验收规范》(GB 50210－2001)的规定,同意进行下道工序。

检查结论:　☑同意隐蔽　　□不同意,修改后进行复查

复查结论:

复查人:　　　　　　　　　　复查日期:

签字栏	建设(监理)单位	施工单位	××建设工程有限公司	
		专业技术负责人	专业质检员	专业工长
	×××	×××	×××	×××

本表由施工单位填写,建设单位、施工单位、城建档案馆各保存一份。

隐蔽工程验收记录	编　号	×××

工程名称	××工程		
隐检项目	吊顶工程	隐检日期	2015 年×月×日
隐检部位	一层Ⅰ区　　⑪～⑬/Ⓕ～Ⓖ轴线　　2.600m 标高		

隐检依据:施工图图号　　　建施－01　　　　　,设计变更/洽商(编号　　/　　　)及有关国家现行标准等。

　　主要材料名称及规格/型号:　　U 形 38 轻钢烤漆龙骨 38mm×12mm　、T 形铝合金喷漆龙骨 DT30×16×8、φ6 镀锌专用吊杆　　。

隐检内容:

　　1. 吊杆采用 φ6 镀锌专用吊杆,固定间距≤1200mm,灯具和风扇均另加吊杆安装。

　　2. 矿棉吸声板吊顶主龙骨采用 U 形 38 轻钢烤漆龙骨,铝合金吊顶采用 U 形 38 轻钢烤漆主龙骨,间距≤1200mm。

　　3. 矿棉吸声板 T 形主次龙骨采用铝合金喷漆龙骨,间距≤600mm。

　　4. 吊顶内各种电线管已穿完,喷淋头、烟感器等已安装完毕,请求封板。

申报人:×××

检查意见:

　　上述项目检查均符合设计要求和《建筑装饰装修工程质量验收规范》(GB 50210－2001)的规定。同意进行下道工序施工。

检查结论:　　☑同意隐蔽　　□不同意,修改后进行复查

复查结论:

复查人:　　　　　　　　　　　　　　　　　　　　复查日期:

签字栏	建设(监理)单位	施工单位	××建设工程有限公司	
		专业技术负责人	专业质检员	专业工长
	×××	×××	×××	×××

本表由施工单位填写,建设单位、施工单位、城建档案馆各保存一份。

一册在手　表格全有　贴近现场　资料无忧

整体面层暗龙骨吊顶检验批质量验收记录

03050101 001

单位（子单位）工程名称		××大厦	分部（子分部）工程名称	建筑装饰装修/吊顶	分项工程名称	整体面层吊顶
施工单位		××建筑有限公司	项目负责人	赵斌	检验批容量	20 间
分包单位		××建筑装饰工程有限公司	分包单位项目负责人	王阳	检验批部位	四层 1～10/A～E 轴吊顶
施工依据		××大厦装饰装修施工方案	验收依据	《建筑装饰装修工程质量验收规范》GB50210-2001		

		验收项目	设计要求及规范规定	最小/实际抽样数量	检查记录	检查结果
主控项目	1	标高、尺寸、起拱、造型	第6.2.2条	3/5	抽查5处，合格5处	√
	2	饰面材料	第6.2.3条	/	质量证明文件齐全，试验合格，报告编号×××	√
	3	吊杆、龙骨、饰面材料安装	第6.2.4条	3/5	抽查5处，合格5处	√
	4	吊杆、龙骨材质间距及连接方式	第6.2.5条	3/5	抽查5处，合格5处	√
	5	石膏板接缝	第6.2.6条	3/5	抽查5处，合格5处	√
一般项目	1	材料表面质量	第6.2.7条	3/5	抽查5处，合格5处	100%
	2	灯具等设备	第6.2.8条	3/5	抽查5处，合格5处	100%
	3	龙骨、吊杆接缝	第6.2.9条	3/5	抽查5处，合格5处	100%
	4	填充材料	第6.2.10条	3/5	抽查5处，合格5处	100%

		项目	允许偏差(mm)				最小/实际抽样数量	检查记录	检查结果
一般项目	5 安装允许偏差		纸面石膏 ☑	金属板 ☐	矿棉板 ☐	木板、塑料板、格栅 ☐			
		表面平整度	3	2	2	2	3/5	抽查5处，合格5处	100%
		接缝直线度	3	1.5	3	3	3/5	抽查5处，合格5处	100%
		接缝高低差	1	1	1.5	1	3/5	抽查5处，合格5处	100%

施工单位检查结果	符合要求 专业工长：高爱云 项目专业质量检查员：张伟峰 2015 年××月××日
监理单位验收结论	合格 专业监理工程师：刘东 2015 年××月××日

《整体面层暗龙骨吊顶检验批质量验收记录》填写说明

1. 填写依据

(1)《建筑装饰装修工程质量验收规范》GB 50210－2001。

(2)《建筑工程施工质量验收统一标准》GB 50300－2013。

2. 规范摘要

以下内容摘录自《建筑装饰装修工程质量验收规范》GB 50210－2001。

(1)验收要求

1)各分项工程的检验批应按下列规定划分:同一品种的吊顶工程每50间(大面积房间和走廊按吊顶面积30m² 为一间)应划分为一个检验批,不足50间也应划分为一个检验批。

2)检查数量应符合下列规定:每个检验批应至少抽查10％,并不得少于3间;不足3间时应全数检查。

(2)暗龙骨吊顶工程

本节适用于以轻钢龙骨、铝合金龙骨、木龙骨等为骨架,以石膏板、金属板、矿棉板、木板、塑料板或格栅等为饰面材料的暗龙骨吊顶工程的质量验收。

主控项目

1)吊顶标高、尺寸、起拱和造型应符合设计要求。

检验方法:观察;尺量检查。

2)饰面材料的材质、品种、规格、图案和颜色应符合设计要求。

检验方法:观察;检查产品合格证书、性能检测报告、进场验收记录和复验报告。

3)暗龙骨吊顶工程的吊杆、龙骨和饰面材料的安装必须牢固。

检验方法:观察;手扳检查;检查隐蔽工程验收记录和施工记录。

4)吊杆、龙骨的材质、规格、安装间距及连接方式应符合设计要求。金属吊杆、龙骨应经过表面防腐处理;木吊杆、龙骨应进行防腐、防火处理。

检验方法:观察;尺量检查;检查产品合格证书、性能检测报告、进场验收记录和隐蔽工程验收记录。

5)石膏板的接缝应按其施工工艺标准进行板缝防裂处理。安装双层石膏板时,面层板与基层板的接缝应错开,并不得在同一根龙骨上接缝。

检验方法:观察。

一般项目

1)饰面材料表面应洁净、色泽一致,不得有翘曲、裂缝及缺损。压条应平直、宽窄一致。

检验方法:观察;尺量检查。

2)饰面板上的灯具、烟感器、喷淋头、风口箅子等设备的位置应合理、美观,与饰面板的交接应吻合、严密。

检验方法:观察。

3)金属吊杆、龙骨的接缝应均匀一致,角缝应吻合,表面应平整,无翘曲、锤印。木质吊杆、龙骨应顺直,无劈裂、变形。

检验方法:检查隐蔽工程验收记录和施工记录。

4)吊顶内填充吸声材料的品种和铺设厚度应符合设计要求,并应有防散落措施。

检验方法:检查隐蔽工程验收记录和施工记录。

5) 暗龙骨吊顶工程安装的允许偏差和检验方法应符合表 5-1 的规定。

表 5-1　　　　　　　暗龙骨吊顶工程安装的允许偏差和检验方法

项次	项目	允许偏差（mm）				检验方法
		纸面石膏板	金属板	矿棉板	木板、塑料板、格栅	
1	表面平整度	3	2	2	2	用 2m 靠尺和塞尺检查
2	接缝直线度	3	1.5	3	3	拉 5m 线,不足 5m 拉通线,用钢直尺检查
3	接缝高低差	1	1	1.5	1	用钢直尺和塞尺检查

整体面层明龙骨吊顶检验批质量验收记录

03050102 001

单位(子单位)工程名称	××大厦	分部(子分部)工程名称	建筑装饰装修/吊顶	分项工程名称	整体面层吊顶
施工单位	××建筑有限公司	项目负责人	赵斌	检验批容量	20 间
分包单位	××建筑装饰工程有限公司	分包单位项目负责人	王阳	检验批部位	四层1~10/A~E轴吊顶
施工依据	××大厦装饰装修施工方案		验收依据	《建筑装饰装修工程质量验收规范》GB50210-2001	

		验收项目	设计要求及规范规定	最小/实际抽样数量	检查记录	检查结果
主控项目	1	吊顶标高起拱及造型	第6.3.2条	3/5	抽查5处,合格5处	✓
	2	饰面材料	第6.3.3条	/	质量证明文件齐全,通过进场验收	✓
	3	饰面材料安装	第6.3.4条	3/5	抽查5处,合格5处	✓
	4	吊杆、龙骨材质	第6.3.5条	/	质量证明文件齐全,通过进场验收	✓
	5	吊杆、龙骨安装	第6.3.6条	3/5	抽查5处,合格5处	✓
一般项目	1	饰面材料表面质量	第6.3.7条	3/5	抽查5处,合格5处	100%
	2	灯具等设备	第6.3.8条	3/5	抽查5处,合格5处	100%
	3	龙骨接缝	第6.3.9条	3/5	抽查5处,合格5处	100%
	4	填充吸声材料	第6.3.10条	/	质量证明文件齐全,通过进场验收	✓

			允许偏差(mm)				最小/实际抽样数量	检查记录	检查结果
一般项目	5	安装允许偏差	项目	石膏板 ☑	金属板 ☐	矿棉板 ☐	塑料板、玻璃板 ☐		
			表面平整度	3	2	2	2	3/5	抽查5处,合格4处	80%
			接缝直线度	3	1.5	3	3	3/5	抽查5处,合格5处	100%
			接缝高低差	1	1	1.5	1	3/5	抽查5处,合格5处	100%

施工单位检查结果	符合要求 专业工长: 高爱云 项目专业质量检查员: 张海 2015 年××月××日
监理单位验收结论	合格 专业监理工程师: 刘东 2015 年××月××日

一册在手 表格全有 贴近现场 资料无忧

《整体面层明龙骨吊顶检验批质量验收记录》填写说明

1. 填写依据

(1)《建筑装饰装修工程质量验收规范》GB 50210－2001。

(2)《建筑工程施工质量验收统一标准》GB 50300－2013。

2. 规范摘要

以下内容摘录自《建筑装饰装修工程质量验收规范》GB 50210－2001。

(1)验收要求

1)各分项工程的检验批应按下列规定划分:同一品种的吊顶工程每50间(大面积房间和走廊按吊顶面积30m² 为一间)应划分为一个检验批,不足50间也应划分为一个检验批。

2)检查数量应符合下列规定:每个检验批应至少抽查10％,并不得少于3间;不足3间时应全数检查。

(2)明龙骨吊顶工程

本节适用于以轻钢龙骨、铝合金龙骨、木龙骨等为骨架,以石膏板、金属板、矿棉板、木板、塑料板或格栅等为饰面材料的明龙骨吊顶工程的质量验收。

主控项目

1)吊顶标高、尺寸、起拱和造型应符合设计要求。

检验方法:观察;尺量检查。

2)饰面材料的材质、品种、规格、图案和颜色应符合设计要求。当饰面材料为玻璃板时,应使用安全玻璃或采取可靠的安全措施。

检验方法:观察;检查产品合格证书、性能检测报告和进场验收记录。

3)饰面材料的安装应稳固严密。饰面材料与龙骨的搭接宽度应大于龙骨受力面宽度的2/3。

检验方法:观察;手扳检查;尺量检查。

4)吊杆、龙骨的材质、规格、安装间距及连接方式应符合设计要求。金属吊杆、龙骨应进行表面防腐处理;木龙骨应进行防腐、防火处理。

检验方法:观察;尺量检查;检查产品合格证书、进场验收记录和隐蔽工程验收记录。

5)明龙骨吊顶工程的吊杆和龙骨安装必须牢固。

检验方法:手扳检查;检查隐蔽工程验收记录和施工记录。

一般项目

1)饰面材料表面应洁净、色泽一致,不得有翘曲、裂缝及缺损。饰面板与明龙骨的搭接应平整、吻合,压条应平直、宽窄一致。

检验方法:观察;尺量检查。

2)饰面板上的灯具、烟感器、喷淋头、风口箅子等设备的位置应合理、美观,与饰面板的交接应吻合、严密。

检验方法:观察。

3)金属龙骨的接缝应平整、吻合、颜色一致,不得有划伤、擦伤等表面缺陷。木质龙骨应平整、顺直,无劈裂。

检验方法:观察。

4)吊顶内填充吸声材料的品种和铺设厚度应符合设计要求,并应有防散落措施。

检验方法:检查隐蔽工程验收记录和施工记录。

5)明龙骨吊顶工程安装的允许偏差和检验方法应符合表 5-2 的规定。

表 5-2 明龙骨吊顶工程安装的允许偏差和检验方法

项次	项目	允许偏差(mm)				检验方法
		石膏板	矿棉板	金属板	塑料板、玻璃板	
1	表面平整度	3.0	3.0	2.0	2.0	用 2m 靠尺和塞尺检查
2	接缝直线度	3.0	3.0	2.0	3.0	拉 5m 线,不足 5m 拉通线,用钢直尺检查
3	接缝高低差	1.0	2.0	1.0	1.0	用钢直尺和塞尺检查

<u>　整体面层吊顶　</u>分项工程质量验收记录

单位(子单位)工程名称	××工程	结构类型	框架剪力墙
分部(子分部)工程名称	吊顶	检验批数	6
施工单位	××建设工程有限公司	项目经理	×××
分包单位	××建筑装饰装修工程有限公司	分包项目经理	×××

序号	检验批名称及部位、区段	施工单位检查评定结果	监理(建设)单位验收结论
1	首层整体面层暗龙骨吊顶	√	
2	二层整体面层暗龙骨吊顶	√	
3	三层整体面层暗龙骨吊顶	√	
4	四层整体面层暗龙骨吊顶	√	
5	五层整体面层暗龙骨吊顶	√	
6	六层整体面层暗龙骨吊顶	√	
			验收合格

说明：

检查结论	首层至六层整体面层暗龙骨吊顶施工质量符合《建筑装饰装修工程质量验收规范》(GB 50210—2001)的要求，整体面层吊顶分项工程合格。 项目专业技术负责人：××× 　　　　　　　　　　2015 年 10 月 12 日	验收结论	同意施工单位检查结论，验收合格。 监理工程师：××× (建设单位项目专业技术负责人) 　　　　　2015 年 10 月 12 日

注：地基基础、主体结构工程的分项工程质量验收不填写"分包单位"、"分包项目经理"。

分项/分部工程施工报验表	编　号	×××
工程名称　　　　×× 工程	日　期	2015 年 6 月 28 日

现我方已完成＿＿＿＿＿／＿＿＿＿(层)＿＿＿／＿＿＿轴(轴线或房间)＿＿＿／＿＿＿(高程)＿＿＿＿＿／＿＿＿＿(部位)的＿＿＿＿整体面层吊顶＿＿＿＿工程,经我方检验符合设计、规范要求,请予以验收。

附件:　　　名　称　　　　　　　　　　　页　数　　　　　　　　　编　号

1.□质量控制资料汇总表　　　　　　　＿＿＿页　　　　＿＿＿＿＿＿＿＿

2.□隐蔽工程验收记录　　　　　　　　＿＿＿页　　　　＿＿＿＿＿＿＿＿

3.□预检记录　　　　　　　　　　　　＿＿＿页　　　　＿＿＿＿＿＿＿＿

4.□施工记录　　　　　　　　　　　　＿＿＿页　　　　＿＿＿＿＿＿＿＿

5.□施工试验记录　　　　　　　　　　＿＿＿页　　　　＿＿＿＿＿＿＿＿

6.□分部(子分部)工程质量验收记录　　＿＿＿页　　　　＿＿＿＿＿＿＿＿

7.☑分项工程质量验收记录　　　　　　＿1＿页　　　　＿×××＿

8.□＿＿＿＿＿＿＿＿＿＿＿＿＿　　　＿＿＿页　　　　＿＿＿＿＿＿＿＿

9.□＿＿＿＿＿＿＿＿＿＿＿＿＿　　　＿＿＿页　　　　＿＿＿＿＿＿＿＿

10.□＿＿＿＿＿＿＿＿＿＿＿＿　　　＿＿＿页　　　　＿＿＿＿＿＿＿＿

质量检查员(签字):×××

施工单位名称:××建筑装饰装修工程有限公司　　　　技术负责人(签字):×××

审查意见:

　1. 所报附件材料真实、齐全、有效。

　2. 所报分项工程实体工程质量符合规范和设计要求。

审查结论:　　　　☑合格　　　　　　　□不合格

监理单位名称:××建设监理有限公司　　(总)监理工程师(签字):×××　审查日期:2015 年 6 月 29 日

　　本表由施工单位填报,监理单位、施工单位各存一份。分项、分部工程不合格,应填写《不合格项处置记录》,分部工程应由总监理工程师签字。

一册在手　表格全有　贴近现场　资料无忧

5.2 板块面层吊顶

5.2.1 板块面层吊顶工程资料列表

1. 暗龙骨吊顶

(1)设计文件

吊顶工程的施工图、设计说明及其他设计文件

(2)施工技术资料

1)暗龙骨吊顶分项工程技术交底记录

2)图纸会审记录、设计变更通知单、工程洽商记录

(3)施工物资资料

1)轻钢龙骨产品合格证、性能检测报告

2)铝合金龙骨产品合格证、性能检测报告,型材产品合格证、检验报告,进口型材的国家商检部门的商检证明

3)木材的等级质量证明和烘干试验资料

4)饰面材料(石膏板、金属板、矿棉板、木板等)产品合格证、性能检测报告

5)装饰装修用人造木板的甲醛含量复试报告

6)胶粘剂产品合格证、性能检测报告,胶粘剂相容性试验报告

7)防火涂料的产品合格证书及使用说明书,辅材(龙骨连接件、吊杆等)产品合格证

8)材料、构配件进场检验记录

9)工程物资进场报验表

(4)施工记录

1)暗龙骨吊顶隐蔽工程验收记录

注:暗龙骨吊顶应对下列隐蔽工程项目进行验收:(1)吊顶内管道、设备的安装及水管试压;(2)木龙骨防火、防腐处理;(3)预埋件或拉结筋;(4)吊杆安装;(5)龙骨安装;(6)填充材料的设置。

2)施工检查记录

3)与相关各专业的交接检查记录

(5)施工质量验收记录

1)暗龙骨吊顶检验批质量验收记录

2)板块面层吊顶分项工程质量验收记录

3)分项/分部工程施工报验表

2. 明龙骨吊顶

(1)设计文件

吊顶工程的施工图、设计说明及其他设计文件

(2)施工技术资料

1)明龙骨吊顶分项工程技术交底记录

2)图纸会审记录、设计变更通知单、工程洽商记录

(3)施工物资资料

1)轻钢龙骨产品合格证、性能检测报告

2)铝合金龙骨产品合格证、性能检测报告,型材产品合格证、检验报告,进口型材的国家商检部门的商检证明

3)木材的等级质量证明和烘干试验资料

4)饰面材料(石膏板、金属板、矿棉板、玻璃板等)产品合格证、性能检测报告

5)装饰装修用安全玻璃复试报告

6)胶粘剂产品合格证、性能检测报告,胶粘剂相容性试验报告

7)防火涂料的产品合格证书及使用说明书,辅材(龙骨连接件、吊杆等)产品合格证 8)材料、构配件进场检验记录

9)工程物资进场报验表

(4)施工记录

1)明龙骨吊顶的骨架施工等隐蔽工程验收记录

注:明龙骨吊顶应对下列隐蔽工程项目进行验收:(1)吊顶内管道、设备的安装及水管试压;(2)木龙骨防火、防腐处理;(3)预埋件或拉结筋;(4)吊杆安装;(5)龙骨安装;(6)填充材料的设置。

2)施工检查记录

3)与相关各专业的交接检查记录

(5)施工质量验收记录

1)明龙骨吊顶检验批质量验收记录

2)板块面层吊顶分项工程质量验收记录

3)分项/分部工程施工报验表

一册在手 表格全有 贴近现场 资料无忧

5.2.2　板块面层吊顶工程资料填写范例及说明

板块面层暗龙骨吊顶检验批质量验收记录

03050201 **001**

单位（子单位）工程名称	××大厦		分部（子分部）工程名称	建筑装饰装修/吊顶		分项工程名称	板块面层吊顶
施工单位	××建筑有限公司		项目负责人	赵斌		检验批容量	20间
分包单位	××建筑装饰工程有限公司		分包单位项目负责人	王阳		检验批部位	五层1～10/A～E轴吊顶
施工依据	××大厦装饰装修施工方案			验收依据	《建筑装饰装修工程质量验收规范》GB50210-2001		

		验收项目	设计要求及规范规定	最小/实际抽样数量	检查记录	检查结果
主控项目	1	标高、尺寸、起拱、造型	第6.2.2条	3/5	抽查5处，合格5处	√
	2	饰面材料	第6.2.3条	/	质量证明文件齐全，试验合格，报告编号××××	√
	3	吊杆、龙骨、饰面材料安装	第6.2.4条	3/5	抽查5处，合格5处	√
	4	吊杆、龙骨材质间距及连接方式	第6.2.5条	3/5	抽查5处，合格5处	√
	5	石膏板接缝	第6.2.6条	/	/	/
一般项目	1	材料表面质量	第6.2.7条	3/5	抽查5处，合格5处	100%
	2	灯具等设备	第6.2.8条	3/5	抽查5处，合格5处	100%
	3	龙骨、吊杆接缝	第6.2.9条	3/5	抽查5处，合格5处	100%
	4	填充材料	第6.2.10条	3/5	抽查5处，合格5处	100%

			允许偏差(mm)				最小/实际抽样数量	检查记录	检查结果
一般项目	5	安装允许偏差	项目	纸面石膏 ☐	金属板 ☑	矿棉板 ☐	木板、塑料板、格栅 ☐		
			表面平整度	3	2	2	2	3/5	抽查5处，合格5处	100%
			接缝直线度	3	1.5	3	3	3/5	抽查5处，合格5处	100%
			接缝高低差	1	1	1.5	1	3/5	抽查5处，合格5处	100%

施工单位检查结果	符合要求　　　　　专业工长： 项目专业质量检查员：高爱云　张代荣 2015年××月××日
监理单位验收结论	合格　　　　　专业监理工程师：刘东 2015年××月××日

一册在手　表格全有　贴近现场　资料无忧

板块面层明龙骨吊顶检验批质量验收记录

03050202 **001**

单位(子单位)工程名称	××大厦	分部(子分部)工程名称	建筑装饰装修/吊顶	分项工程名称	板块面层吊顶
施工单位	××建筑有限公司	项目负责人	赵斌	检验批容量	20间
分包单位	××建筑装饰工程有限公司	分包单位项目负责人	王阳	检验批部位	五层1～10/A～E轴吊顶
施工依据	××大厦装饰装修施工方案		验收依据	《建筑装饰装修工程质量验收规范》GB50210-2001	

		验收项目	设计要求及规范规定	最小/实际抽样数量	检查记录	检查结果
主控项目	1	吊顶标高起拱及造型	第6.3.2条	3/5	抽查5处,合格5处	√
	2	饰面材料	第6.3.3条	/	质量证明文件齐全,通过进场验收	√
	3	饰面材料安装	第6.3.4条	3/5	抽查5处,合格5处	√
	4	吊杆、龙骨材质	第6.3.5条	/	质量证明文件齐全,通过进场验收	√
	5	吊杆、龙骨安装	第6.3.6条	3/5	抽查5处,合格5处	√
一般项目	1	饰面材料表面质量	第6.3.7条	3/5	抽查5处,合格5处	100%
	2	灯具等设备	第6.3.8条	3/5	抽查5处,合格5处	100%
	3	龙骨接缝	第6.3.9条	3/5	抽查5处,合格5处	100%
	4	填充吸声材料	第6.3.10条	/	质量证明文件齐全,通过进场验收	√

			允许偏差(mm)				最小/实际抽样数量	检查记录	检查结果
一般项目	5	安装允许偏差	项目	石膏板 □	金属板 ☑	矿棉板 □	塑料板、玻璃板 □		
			表面平整度	3	2	2	2	3/5	抽查5处,合格4处	80%
			接缝直线度	3	1.5	3	3	3/5	抽查5处,合格5处	100%
			接缝高低差	1	1	1.5	1	3/5	抽查5处,合格5处	100%

施工单位检查结果	符合要求 专业工长:高爱云 项目专业质量检查员:张浩 2015年××月××日
监理单位验收结论	合格 专业监理工程师:刘东 2015年××月××日

<u>板块面层吊顶</u> 分项工程质量验收记录

单位(子单位)工程名称	××工程		结构类型	框架剪力墙
分部(子分部)工程名称	吊顶		检验批数	6
施工单位	××建设工程有限公司		项目经理	×××
分包单位	××建筑装饰装修工程有限公司		分包项目经理	×××

序号	检验批名称及部位、区段	施工单位检查评定结果	监理(建设)单位验收结论
1	首层板块面层暗龙骨吊顶	√	
2	二层板块面层暗龙骨吊顶	√	
3	三层板块面层暗龙骨吊顶	√	
4	四层板块面层暗龙骨吊顶	√	
5	五层板块面层暗龙骨吊顶	√	
6	六层板块面层暗龙骨吊顶	√	
			验收合格

说明：

检查结论	首层至六层板块面层暗龙骨吊顶施工质量符合《建筑装饰装修工程质量验收规范》(GB 50210－2001)的要求,板块面层吊顶分项工程合格。 项目专业技术负责人:××× 　　　　　　　　2015 年×月×日	验收结论	同意施工单位检查结论,验收合格。 监理工程师:××× (建设单位项目专业技术负责人) 　　　　　　　2015 年×月×日

注:地基基础、主体结构工程的分项工程质量验收不填写"分包单位"、"分包项目经理"。

5.3　格栅吊顶

5.3.1　格栅吊顶工程资料列表

1. 暗龙骨吊顶

(1)设计文件

吊顶工程的施工图、设计说明及其他设计文件

(2)施工技术资料

1)格栅吊顶分项工程技术交底记录

2)图纸会审记录、设计变更通知单、工程洽商记录

(3)施工物资资料

1)轻钢龙骨产品合格证、性能检测报告

2)铝合金龙骨产品合格证、性能检测报告,型材产品合格证、检验报告,进口型材的国家商检部门的商检证明

3)木材的等级质量证明和烘干试验资料

4)格栅材料产品合格证、性能检测报告

5)辅材(龙骨连接件、吊杆等)产品合格证 6)材料、构配件进场检验记录

7)工程物资进场报验表

(4)施工记录

1)暗龙骨吊顶隐蔽工程验收记录

注:暗龙骨吊顶应对下列隐蔽工程项目进行验收:(1)吊顶内管道、设备的安装及水管试压;(2)木龙骨防火、防腐处理;(3)预埋件或拉结筋;(4)吊杆安装;(5)龙骨安装;(6)填充材料的设置。

2)施工检查记录

3)与相关各专业的交接检查记录

(5)施工质量验收记录

1)格栅暗龙骨吊顶检验批质量验收记录

2)格栅吊顶分项工程质量验收记录

3)分项/分部工程施工报验表

2. 明龙骨吊顶

(1)设计文件

吊顶工程的施工图、设计说明及其他设计文件

(2)施工技术资料

1)格栅吊顶分项工程技术交底记录

2)图纸会审记录、设计变更通知单、工程洽商记录

(3)施工物资资料

1)轻钢龙骨产品合格证、性能检测报告

2)铝合金龙骨产品合格证、性能检测报告,型材产品合格证、检验报告,进口型材的国家商检部门的商检证明

3)木材的等级质量证明和烘干试验资料

4)格栅材料产品合格证、性能检测报告

5)辅材(龙骨连接件、吊杆等)产品合格证

6)材料、构配件进场检验记录

7)工程物资进场报验表

(4)施工记录

1)明龙骨吊顶隐蔽工程验收记录

注:明龙骨吊顶应对下列隐蔽工程项目进行验收:(1)吊顶内管道、设备的安装及水管试压;(2)木龙骨防火、防腐处理;(3)预埋件或拉结筋;(4)吊杆安装;(5)龙骨安装;(6)填充材料的设置。

2)施工检查记录

3)与相关各专业的交接检查记录

(5)施工质量验收记录

1)格栅明龙骨吊顶检验批质量验收记录

2)格栅吊顶分项工程质量验收记录

3)分项/分部工程施工报验表

一册在手 表格全有 贴近现场 资料无忧

5.3.2 格栅吊顶工程资料填写范例及说明

格栅暗龙骨吊顶检验批质量验收记录

03050301 **001**

单位(子单位)工程名称	××大厦	分部(子分部)工程名称	建筑装饰装修/吊顶	分项工程名称	格栅吊顶
施工单位	××建筑有限公司	项目负责人	赵斌	检验批容量	20间
分包单位	××建筑装饰工程有限公司	分包单位项目负责人	王阳	检验批部位	一层1~10/A~E轴吊顶
施工依据	××大厦装饰装修施工方案		验收依据	《建筑装饰装修工程质量验收规范》GB50210-2001	

		验收项目	设计要求及规范规定	最小/实际抽样数量	检查记录	检查结果
主控项目	1	标高、尺寸、起拱、造型	第6.2.2条	3/5	抽查5处,合格5处	√
	2	饰面材料	第6.2.3条	/	质量证明文件齐全,试验合格,报告编号×××	√
	3	吊杆、龙骨、饰面材料安装	第6.2.4条	3/5	抽查5处,合格5处	√
	4	吊杆、龙骨材质间距及连接方式	第6.2.5条	3/5	抽查5处,合格5处	√
	5	石膏板接缝	第6.2.6条	/	/	/
一般项目	1	材料表面质量	第6.2.7条	3/5	抽查5处,合格5处	100%
	2	灯具等设备	第6.2.8条	3/5	抽查5处,合格5处	100%
	3	龙骨、吊杆接缝	第6.2.9条	3/5	抽查5处,合格5处	100%
	4	填充材料	第6.2.10条	3/5	抽查5处,合格5处	100%

			允许偏差(mm)				最小/实际抽样数量	检查记录	检查结果
一般项目	5 安装允许偏差	项目	纸面石膏板 ☐	金属板 ☐	矿棉板 ☐	木板、塑料板、格栅 ☑			
		表面平整度	3	2	2	2	3/5	抽查5处,合格5处	100%
		接缝直线度	3	1.5	3	3	3/5	抽查5处,合格5处	100%
		接缝高低差	1	1	1.5	1	3/5	抽查5处,合格5处	100%

施工单位检查结果	符合要求 专业工长:高爱云 项目专业质量检查员:王世清 2015年××月××日
监理单位验收结论	合格 专业监理工程师:刘东 2015年××月××日

格栅明龙骨吊顶检验批质量验收记录

03050302 <u>001</u>

单位（子单位）工程名称	××大厦	分部（子分部）工程名称	建筑装饰装修/吊顶	分项工程名称	格栅吊顶
施工单位	××建筑有限公司	项目负责人	赵斌	检验批容量	20 间
分包单位	××建筑装饰工程有限公司	分包单位项目负责人	王阳	检验批部位	一层 1～10/A～E 轴吊顶
施工依据	××大厦装饰装修施工方案		验收依据	《建筑装饰装修工程质量验收规范》GB50210-2001	

<table>
<tr><td colspan="2"></td><td>验收项目</td><td>设计要求及规范规定</td><td>最小/实际抽样数量</td><td>检查记录</td><td>检查结果</td></tr>
<tr><td rowspan="5">主控项目</td><td>1</td><td>吊顶标高起拱及造型</td><td>第 6.3.2 条</td><td>3/5</td><td>抽查 5 处，合格 5 处</td><td>√</td></tr>
<tr><td>2</td><td>饰面材料</td><td>第 6.3.3 条</td><td>/</td><td>质量证明文件齐全，通过进场验收</td><td>√</td></tr>
<tr><td>3</td><td>饰面材料安装</td><td>第 6.3.4 条</td><td>3/5</td><td>抽查 5 处，合格 5 处</td><td>√</td></tr>
<tr><td>4</td><td>吊杆、龙骨材质</td><td>第 6.3.5 条</td><td>/</td><td>质量证明文件齐全，通过进场验收</td><td>√</td></tr>
<tr><td>5</td><td>吊杆、龙骨安装</td><td>第 6.3.6 条</td><td>3/5</td><td>抽查 5 处，合格 5 处</td><td>√</td></tr>
</table>

<table>
<tr><td rowspan="11">一般项目</td><td>1</td><td colspan="5">饰面材料表面质量</td><td>第 6.3.7 条</td><td>3/5</td><td>抽查 5 处，合格 5 处</td><td>100%</td></tr>
</table>

		验收项目	设计要求及规范规定	最小/实际抽样数量	检查记录	检查结果
一般项目	1	饰面材料表面质量	第 6.3.7 条	3/5	抽查 5 处，合格 5 处	100%
	2	灯具等设备	第 6.3.8 条	3/5	抽查 5 处，合格 5 处	100%
	3	龙骨接缝	第 6.3.9 条	3/5	抽查 5 处，合格 5 处	100%
	4	填充吸声材料	第 6.3.10 条	/	质量证明文件齐全，通过进场验收	√

<table>
<tr><td rowspan="5">一般项目</td><td rowspan="5">5</td><td rowspan="5">安装允许偏差</td><td colspan="4">允许偏差（mm）</td><td rowspan="2">最小/实际抽样数量</td><td rowspan="2">检查记录</td><td rowspan="2">检查结果</td></tr>
<tr><td>石膏板</td><td>金属板</td><td>矿棉板</td><td>塑料板、玻璃板</td></tr>
<tr><td>项目</td><td>□</td><td>□</td><td>□</td><td>□</td><td></td><td></td><td></td></tr>
<tr><td>表面平整度</td><td>3</td><td>2</td><td>2</td><td>2</td><td>/</td><td>/</td><td>/</td></tr>
<tr><td>接缝直线度</td><td>3</td><td>1.5</td><td>3</td><td>3</td><td>/</td><td>/</td><td>/</td></tr>
</table>

接缝高低差	1	1	1.5	1	/	/	/

施工单位检查结果	符合要求 专业工长： 项目专业质量检查员： 高爱云 张代涛 2015 年××月××日
监理单位验收结论	合格 专业监理工程师： 刘东 2015 年××月××日

一册在手 表格全有 贴近现场 资料无忧

《格栅明龙骨吊顶检验批质量验收记录》填写说明

1. 填写依据

(1)《建筑装饰装修工程质量验收规范》GB 50210－2001。

(2)《建筑工程施工质量验收统一标准》GB 50300－2013。

2. 规范摘要

以下内容摘录自《建筑装饰装修工程质量验收规范》GB 50210－2001。

(1)验收要求

检验批的划分及检查数量参见"木门窗制作检验批质量验收记录"表格验收要求的相关内容。

(2)明龙骨吊顶工程

本节适用于以轻钢龙骨、铝合金龙骨、木龙骨等为骨架，以石膏板、金属板、矿棉板、木板、塑料板或格栅等为饰面材料的明龙骨吊顶工程的质量验收。

主控项目

1)吊顶标高、尺寸、起拱和造型应符合设计要求。

检验方法：观察；尺量检查。

2)饰面材料的材质、品种、规格、图案和颜色应符合设计要求。当饰面材料为玻璃板时，应使用安全玻璃或采取可靠的安全措施。

检验方法：观察；检查产品合格证书、性能检测报告和进场验收记录。

3)饰面材料的安装应稳固严密。饰面材料与龙骨的搭接宽度应大于龙骨受力面宽度的 2/3。

检验方法：观察；手扳检查；尺量检查。

4)吊杆、龙骨的材质、规格、安装间距及连接方式应符合设计要求。金属吊杆、龙骨应进行表面防腐处理；木龙骨应进行防腐、防火处理。

检验方法：观察；尺量检查；检查产品合格证书、进场验收记录和隐蔽工程验收记录。

5)明龙骨吊顶工程的吊杆和龙骨安装必须牢固。

检验方法：手扳检查；检查隐蔽工程验收记录和施工记录。

一般项目

1)饰面材料表面应洁净、色泽一致，不得有翘曲、裂缝及缺损。饰面板与明龙骨的搭接应平整、吻合，压条应平直、宽窄一致。

检验方法：观察；尺量检查。

2)饰面板上的灯具、烟感器、喷淋头、风口蓖子等设备的位置应合理、美观，与饰面板的交接应吻合、严密。

检验方法：观察。

3)金属龙骨的接缝应平整、吻合、颜色一致，不得有划伤、擦伤等表面缺陷。木质龙骨应平整、顺直，无劈裂。

检验方法：观察。

4)吊顶内填充吸声材料的品种和铺设厚度应符合设计要求，并应有防散落措施。

检验方法：检查隐蔽工程验收记录和施工记录。

5)明龙骨吊顶工程安装的允许偏差和检验方法应符合表 5-3 的规定。

一册在手 表格全有 贴近现场 资料无忧

表 5-3 明龙骨吊顶工程安装的允许偏差和检验方法

项次	项目	允许偏差（mm）				检验方法
		石膏板	矿棉板	金属板	塑料板、玻璃板	
1	表面平整度	3.0	3.0	2.0	2.0	用 2m 靠尺和塞尺检查
2	接缝直线度	3.0	3.0	2.0	3.0	拉 5m 线，不足 5m 拉通线，用钢直尺检查
3	接缝高低差	1.0	2.0	1.0	1.0	用钢直尺和塞尺检查

一册在手 表格全有 贴近现场 资料无忧

格栅吊顶 分项工程质量验收记录

单位(子单位)工程名称	××工程	结构类型	框架剪力墙
分部(子分部)工程名称	吊顶	检验批数	6
施工单位	××建设工程有限公司	项目经理	×××
分包单位	××建筑装饰装修工程有限公司	分包项目经理	×××

序号	检验批名称及部位、区段	施工单位检查评定结果	监理(建设)单位验收结论
1	首层格栅吊顶	√	
2	二层格栅吊顶	√	
3	三层格栅吊顶	√	
4	四层格栅吊顶	√	
5	五层格栅吊顶	√	
6	六层格栅吊顶	√	验收合格

说明:

检查结论	首层至六层格栅吊顶施工质量符合《建筑装饰装修工程质量验收规范》(GB 50210—2001)的要求,格栅吊顶分项工程合格。 项目专业技术负责人:××× 　　　　　　　　　　　　2015年×月×日	验收结论	同意施工单位检查结论,验收合格。 监理工程师:××× (建设单位项目专业技术负责人) 　　　　　　　　　　　　2015年×月×日

注:地基基础、主体结构工程的分项工程质量验收不填写"分包单位"、"分包项目经理"。

第6章

轻质隔墙工程

6.0 轻质隔墙工程资料应参考的标准及规范清单

1.《建筑装饰装修工程质量验收规范》GB 50210—2001

2.《建筑工程施工质量验收统一标准》GB 50300—2013

3.《住宅装饰装修工程施工规范》GB 50327—2001

4.《通用硅酸盐水泥》GB 175—2007

5.《民用建筑工程室内环境污染控制规范(2013 版)》GB 50325—2010

6.《建筑用轻钢龙骨》GB/T 11981—2008

7.《室内装饰装修材料 人造板及其制品中甲醛释放限量》GB 18580—2001

8.《建筑内部装修设计防火规范》GB50222—1995(2001 年修订版)

9.《建筑设计防火规范》GB 50016—2014

10.《建筑幕墙用铝塑复合板》GB/T 17748—2008

11.《一般工业用铝及铝合金板、带材》GB/T 3880.1～3—2012

12.《铝合金建筑型材》GB 5237.1～5—2008 / GB 5237.6—2012

13.《变形铝及铝合金状态代号》GB/T 16475—2008

14.《不锈钢冷轧钢板和钢带》GB/T 3280—2007

15.《不锈钢热轧钢板和钢带》GB/T 4237—2007

16.《紧固件机械性能 不锈钢螺栓、螺钉和螺柱》GB/T 3098.6—2014

17.《紧固件机械性能 不锈钢螺母》GB/T 3098.15—2014

18.《北京市建筑工程施工安全操作》DBJ01—62—2002

19.《建筑工程资料管理规程》DBJ 01—51—2003

20.《建筑安装分项工程施工工艺流程》DBJ/T 01—26—2003

21.《施工现场临时用电安全技术规范》JGJ 46—2005

22.《建筑玻璃应用技术规程》JGJ 113—2009

23.《普通混凝土用砂、石质量及检验方法标准》JGJ 52—2006

24.《混凝土用水标准》JGJ 63—2006

25.《建筑工程冬期施工规程》JGJ/T 104—2011

26.《建筑机械使用安全技术规程》JGJ 33—2012

27.《建筑施工高处作业安全技术规范》JGJ 80—1991

28.《建筑工程资料管理规程》JGJ/T 185—2009

一册在手 表格全有 贴近现场 资料无忧

6.1　板材隔墙

6.1.1　板材隔墙工程资料列表

（1）设计文件

轻质隔墙工程的施工图、设计说明及其他设计文件

（2）施工技术资料

1）工程技术文件报审表

2）轻质隔墙工程施工方案

3）轻质隔墙工程施工方案技术交底记录

4）板材隔墙分项工程技术交底记录

5）图纸会审记录、设计变更通知单、工程洽商记录

（3）施工物资资料

1）复合轻质墙板（金属夹芯板、其他复合板）产品合格证、性能检测报告

2）石膏空心板产品合格证、性能检测报告

3）预制的钢丝网水泥板产品合格证、性能检测报告

4）接缝材料产品合格证

5）水泥产品合格证、出厂检验报告、水泥试验报告，砂试验报告

6）材料、构配件进场检验记录

7）工程物资进场报验表

（4）施工记录

1）预埋件、连接件的位置、数量及连接方法等隐蔽工程验收记录

2）施工检查记录

（5）施工质量验收记录

1）板材隔墙检验批质量验收记录

2）板材隔墙分项工程质量验收记录

3）分项/分部工程施工报验表

一册在手　表格全有　贴近现场　资料无忧

6.1.2 板材隔墙工程资料填写范例及说明

材料、构配件进场检验记录					编　号	×××	
工程名称		××商住楼工程			**检验日期**	2015年×月×日	
序号	名　称	规格型号	进场数量	生产厂家 合格证号	检验项目	检验结果	备　注
1	增强水泥条板	3000×595×60mm	×m²	××建材有限公司 07－1052	查验合格证和性能检测报告;外观检查;尺量规格型号	合格	
2	玻璃纤维网格布	6×6mm	×m²	××建材有限公司 WA57530	查验合格证;外观检查	合格	
3	胶粘剂	SP－2	×kg	××建材有限公司 JC0327	查验合格证和环保检测报告	合格	

检验结论:
　　经尺量检查板材、网格布规格尺寸符合设计、规范要求,观察检查板材、网格布外观完好,无缺损,胶粘剂品种符合设计要求。同意验收。

签字栏	建设(监理)单位	施工单位	××建筑装饰装修工程有限公司	
		专业质检员	专业工长	检验员
	×××	×××	×××	×××

本表由施工单位填写并保存。

一册在手　表格全有　贴近现场　资料无忧

工程物资进场报验表

	编　　号	×××

工 程 名 称	××工程	日　　期	2015 年 6 月 8 日

现报上关于＿＿＿＿＿＿板材隔墙＿＿＿＿＿＿工程的物资进场检验记录,该批物资经我方检验符合设计、规范及合约要求,请予以批准使用。

物资名称	主要规格	单 位	数 量	选样报审表编号	使用部位
增强水泥条板	3000×595×60mm	m²	××	×××	二层隔墙
网格布	6×6mm	m²	××	×××	二层隔墙
胶粘剂	SP－2	kg	××	×××	二层隔墙

附件：　　　　名　　称　　　　　　　　页　数　　　　　　　　编　号

1. ☑ 出厂合格证　　　　　　　　　×　页　　　　　　　×××
2. ☑ 厂家质量检验报告　　　　　　×　页　　　　　　　×××
3. ☐ 厂家质量保证书　　　　　　　＿＿页
4. ☐ 商检证　　　　　　　　　　　＿＿页
5. ☑ 进场检验记录　　　　　　　　×　页　　　　　　　×××
6. ☐ 进场复试报告　　　　　　　　＿＿页
7. ☐ 备案情况　　　　　　　　　　＿＿页
8. ☐　　　　　　　　　　　　　　＿＿页

申报单位名称:××建筑装饰装修工程有限公司　　　申报人(签字):×××

施工单位检验意见：

　　报验的工程材料的质量证明文件齐全,同意报项目监理部审批。

☑有 / ☐无 附页

施工单位名称:××建设工程有限公司　技术负责人(签字):×××　审核日期:2015 年 6 月 9 日

验收意见：

　　1. 物资质量控制资料齐全、有效。

　　2. 材料合格。

　　同意承包单位检验意见,该批物资可以进场使用于本工程指定部位。

审定结论：　　　☑同意　　　☐补报资料　　　☐重新检验　　　☐退场

监理单位名称:××建设监理有限公司　监理工程师(签字):×××　验收日期:2015 年 6 月 12 日

本表由施工单位填报,建设单位、监理单位、施工单位各存一份。

一册在手　表格全有　贴近现场　资料无忧

耐碱玻璃纤维网格布试验报告

委托编号	2015－××		试验编号	2015－××
委托单位	××建设集团有限公司		委托日期	2015 年×月×日
工程名称	××工程		试验日期	2015 年×月×日
使用部位	内墙		品种规格	6mm×6mm
生产厂家	××建材有限公司		代表批量	1000m²
主要仪器设备	仪器名称:×××× 检定证书编号:××××			
见证员	单位:××建设监理有限公司	姓名:×××		编号:××××
执行标准	《玻璃纤维拉伸断裂强力和断裂伸长的测定》(GB/T 7689.5－2013)			
试验室条件	温度: 23℃		相对湿度: 60%	

试验项目		标准要求	试验结果
耐碱断裂强力 (N/50mm)	径向	≥750	1046
	纬向	≥750	1375
耐碱断裂强力 保留率(%)	径向	≥50	67
	纬向	≥50	84
断裂应变(%)	径向	≤5.0	4.1
	纬向	≤5.0	3.7
单位面积质量(g/m²)		≥130	147

结论	送检样品检测结果符合 GB/T 7689.5－2013 标准指标要求,按照 GB/T 7689.5－2013 标准判定,送检样品为合格品。 试验单位(章):××检测中心 2015 年×月×日	备注	在 5%NaOH 溶液中浸 28 天后保留值

试验人:×××	审核人:×××	技术负责人:×××

施工技术 监理工程师:×××

负责人:××× (建设单位代表)

隐蔽工程验收记录		编　号	×××

工程名称		××工程	
隐检项目	板材隔墙	隐检日期	2015 年×月×日
隐检部位	二层　　②～⑧/①～⑭轴线		−7.500m 标高

隐检依据:施工图图号　<u>建施−1、建施−32</u>　,设计变更/洽商(编号 <u>　/　</u>)及有关国家现行标准等。

主要材料名称及规格/型号:　<u>空心条板、水泥类胶粘剂、50mm 宽玻纤布、U 形钢板卡、C20 干硬性混凝土。</u>

隐检内容:

1. 墙面弹出±0.5m 水平标高线,地面弹出隔墙控制线。

2. 安装隔墙板,条板对准预先在顶板和地板上弹好的定位线用 2m 靠尺及塞尺测量墙面的平整度,用 2m 托线板检查板的垂直度符合要求。

3. 门头板和相邻板连接符合图集要求。在两块条板顶端拼缝之间用射钉将 U 形钢板卡固定在梁和板上。随安随固定 U 形钢板卡。板缝处粘贴无纺布和玻纤网格布,并用专用粘结剂挤严抹平。

4. 专用胶粘剂要随配随用。配制的胶粘剂在 30min 内用完。

5. 粘结完毕的墙体,立即用 C20 干硬性混凝土将板下口堵严,三天后,撤去板下楔,并用同等强度的干硬性砂浆灌实。

6. 空心条板内设备管线安装按施工图纸要求完毕。设备管卡已固定牢固。

申报人:×××

检查意见:

经检查,上述内容均符合设计要求和《建筑装饰装修工程质量验收规范》(GB 50210−2001)的规定,同意隐检,可以进行下道工序。

检查结论:　☑同意隐蔽　　□不同意,修改后进行复查

复查结论:

复查人:　　　　　　　　　　　　　　　　复查日期:

签字栏	建设(监理)单位	施工单位	××建设工程有限公司	
		专业技术负责人	专业质检员	专业工长
	×××	×××	×××	×××

本表由施工单位填写,建设单位、施工单位、城建档案馆各保存一份。

板材隔墙检验批质量验收记录

03060101001

单位(子单位)工程名称	××大厦	分部(子分部)工程名称	建筑装饰装修/轻质隔墙	分项工程名称	板材隔墙
施工单位	××建筑有限公司	项目负责人	赵斌	检验批容量	20 间
分包单位	××建筑装饰工程有限公司	分包单位项目负责人	王阳	检验批部位	四层1～10/A～E轴隔墙
施工依据	××大厦装饰装修施工方案		验收依据	《建筑装饰装修工程质量验收规范》GB50210-2001	

		验收项目	设计要求及规范规定	最小/实际抽样数量	检查记录	检查结果
主控项目	1	板材品种、规格、质量	第7.2.3条	/	质量证明文件齐全,通过进场验收	√
	2	预埋件、连接件	第7.2.4条	3/5	抽查5处,合格5处	√
	3	安装质量	第7.2.5条	3/5	抽查5处,合格5处	√
	4	接缝材料、方法	第7.2.6条	/	质量证明文件齐全,通过进场验收	√
一般项目	1	安装位置	第7.2.7条	3/5	抽查5处,合格5处	100%
	2	表面质量	第7.2.8条	3/5	抽查5处,合格5处	100%
	3	孔洞、槽、盒	第7.2.9条	3/5	抽查5处,合格5处	100%

			项目	复合轻质墙板		石膏空心板	钢丝网水泥	最小/实际抽样数量	检查记录	检查结果
一般项目	4	板材隔墙安装允许偏差(mm)		金属夹芯	其他复合板					
			立面垂直度	□2	□3	☑3	□3	3/5	抽查5处,合格5处	100%
			表面平整度	□2	□3	☑3	□3	3/5	抽查5处,合格5处	100%
			阴阳角方正	□3	□3	☑3	□4	3/5	抽查5处,合格5处	100%
			接缝高低差	□1	□2	☑2	□3	3/5	抽查5处,合格5处	100%

施工单位检查结果	符合要求 专业工长:高爱云 项目专业质量检查员:张增 2015年××月××日
监理单位验收结论	合格 专业监理工程师:刘东 2015年××月××日

一册在手 表格全有 贴近现场 资料无忧

《板材隔墙检验批质量验收记录》填写说明

1. 填写依据

(1)《建筑装饰装修工程质量验收规范》GB 50210－2001。

(2)《建筑工程施工质量验收统一标准》GB 50300－2013。

2. 规范摘要

以下内容摘录自《建筑装饰装修工程质量验收规范》GB 50210－2001。

板材隔墙工程验收要求

(1)本节适用于复合轻质墙板石膏空心板预制或现制的钢丝网水泥板等板材隔墙工程的质量验收。

(2)板材隔墙工程的检查数量应符合下列规定：

每个检验批应至少抽查10％并不得少于3间不足3间时应全数检查。

主控项目

(1)隔墙板材的品种、规格、性能、颜色应符合设计要求。有隔声、隔热、阻燃、防潮等特殊要求的工程,板材应有相应性能等级的检测报告。

检验方法:观察;检查产品合格证书、进场验收记录和性能检测报告。

(2)安装隔墙板材所需预埋件、连接件的位置、数量及连接方法应符合设计要求。

检验方法:观察;尺量检查;检查隐蔽工程验收记录。

(3)隔墙板材安装必须牢固。现制钢丝网水泥隔墙与周边墙体的连接方法应符合设计要求,并应连接牢固。

检验方法:观察;手扳检查。

(4)隔墙板材所用接缝材料的品种及接缝方法应符合设计要求。

检验方法:观察;检查产品合格证书和施工记录。

一般项目

(1)隔墙板材安装应垂直、平整、位置正确,板材不应有裂缝或缺损。

检验方法:观察;尺量检查。

(2)板材隔墙表面应平整光滑、色泽一致、洁净,接缝应均匀、顺直。

检验方法:观察;

(3)隔墙上的孔洞、手摸检查。槽、盒应位置正确、套割方正、边缘整齐。

检验方法:观察。

(4)板材隔墙安装的允许偏差和检验方法应符合表6-1的规定。

表 6-1　　　　　　　　　　　板材隔墙安装的允许偏差和检验方法

项次	项目	允许偏差(mm)				检验方法
		复合轻质墙板		石膏空心板	钢丝网水泥板	
		金属夹芯板	其他复合板			
1	立面垂直度	2	3	3	3	用2m垂直检测尺检查
2	表面平整度	2	3	3	3	用2m靠尺和塞尺检查
3	阴阳角方正	3	3	3	4	用直角检测尺检查
4	接缝高低差	1	2	2	3	用钢直尺和塞尺检查

板材隔墙 分项工程质量验收记录

单位(子单位)工程名称	××工程		结构类型	框架
分部(子分部)工程名称	隔墙		检验批数	10
施工单位	××建设工程有限公司		项目经理	×××
分包单位	××建筑装饰装修工程有限公司		分包项目经理	×××
序号	检验批名称及部位、区段		施工单位检查评定结果	监理(建设)单位验收结论
1	首层隔墙		√	
2	二层隔墙		√	
3	三层隔墙		√	
4	四层隔墙		√	
5	五层隔墙		√	
6	六层隔墙		√	
7	七层隔墙		√	验收合格
8	八层隔墙		√	
9	九层隔墙		√	
10	十层隔墙		√	
说明:				
检查结论	首层至十层隔墙工程施工质量符合《建筑装饰装修工程质量验收规范》(GB 50210—2001)的要求,板材隔墙分项工程合格。 项目专业技术负责人:××× 2015年7月5日		验收结论	同意施工单位检查结论,验收合格。 监理工程师:××× (建设单位项目专业技术负责人) 2015年7月6日

注:地基基础、主体结构工程的分项工程质量验收不填写"分包单位"、"分包项目经理"。

一册在手 表格全有 贴近现场 资料无忧

分项/分部工程施工报验表	编　号	×× ×
工　程　名　称　　　　××工程	日　期	2015 年 7 月 6 日

现我方已完成＿＿＿＿＿＿／＿＿＿＿＿＿(层)＿＿＿／＿＿＿轴(轴线或房间)＿＿＿＿＿／＿＿＿＿＿(高程)＿＿＿＿＿／＿＿＿＿＿(部位)的＿＿＿＿板材隔墙＿＿＿＿工程,经我方检验符合设计、规范要求,请予以验收。

附件:　　　　名　　称　　　　　　　页　　数　　　　　　　　编　　号

1. □质量控制资料汇总表　　　　　　　＿＿＿＿页　　　　＿＿＿＿＿＿＿
2. □隐蔽工程验收记录　　　　　　　　＿＿＿＿页　　　　＿＿＿＿＿＿＿
3. □预检记录　　　　　　　　　　　　＿＿＿＿页　　　　＿＿＿＿＿＿＿
4. □施工记录　　　　　　　　　　　　＿＿＿＿页　　　　＿＿＿＿＿＿＿
5. □施工试验记录　　　　　　　　　　＿＿＿＿页　　　　＿＿＿＿＿＿＿
6. □分部(子分部)工程质量验收记录　　＿＿＿＿页　　　　＿＿＿＿＿＿＿
7. ☑分项工程质量验收记录　　　　　　＿＿1＿＿页　　　　＿×× ×＿
8. □＿＿＿＿＿＿＿＿＿＿＿＿＿＿＿＿＿＿＿＿页　　　　＿＿＿＿＿＿＿
9. □＿＿＿＿＿＿＿＿＿＿＿＿＿＿＿＿＿＿＿＿页　　　　＿＿＿＿＿＿＿
10. □＿＿＿＿＿＿＿＿＿＿＿＿＿＿＿＿＿＿＿页　　　　＿＿＿＿＿＿＿

质量检查员(签字):×× ×

施工单位名称:×× 建筑装饰装修工程有限公司　　　技术负责人(签字):×× ×

审查意见:

1. 所报附件材料真实、齐全、有效。
2. 所报分项工程实体工程质量符合规范和设计要求。

审查结论:　　　　　　☑合格　　　　　　□不合格

监理单位名称:×× 建设监理有限公司　(总)监理工程师(签字):×× ×　审查日期:2015 年 7 月 7 日

本表由施工单位填报,监理单位、施工单位各存一份。分项、分部工程不合格,应填写《不合格项处置记录》,分部工程应由总监理工程师签字。

一册在手　表格全有　贴近现场　资料无忧

6.2 骨架隔墙

6.2.1 骨架隔墙工程资料列表

(1)设计文件

轻质隔墙工程的施工图、设计说明及其他设计文件

(2)施工技术资料

1)工程技术文件报审表

2)轻质隔墙工程施工方案

3)轻质隔墙工程施工方案技术交底记录

4)骨架隔墙分项工程技术交底记录

5)图纸会审记录、设计变更通知单、工程洽商记录

(3)施工物资资料

1)轻钢龙骨、配件(连接件等)的产品合格证、性能检测报告

2)墙面板(纸面石膏板、人造木板、水泥纤维板等)产品合格证书、性能检测报告

3)装饰装修用人造木板的甲醛含量复试报告

4)填充材料及嵌缝材料产品合格证书,防火涂料的产品合格证书及使用说明书

5)材料、构配件进场检验记录

6)工程物资进场报验表

(4)施工记录

1)骨架隔墙施工隐蔽工程验收记录

注:骨架隔墙应对下列隐蔽工程项目进行验收:(1)龙骨安装;(2)骨架隔墙中设备管线的安装及水管试压;(3)填充材料的设置;(4)木龙骨及木墙面板的防火和防腐处理等。

2)施工检查记录

(5)施工质量验收记录

1)骨架隔墙检验批质量验收记录

2)骨架隔墙分项工程质量验收记录

3)分项/分部工程施工报验表

一册在手 表格全有 贴近现场 资料无忧

6.2.2 骨架隔墙工程资料填写范例及说明

<table>
<tr><td colspan="2" rowspan="2"><h1 style="text-align:center">隐蔽工程验收记录</h1></td><td>编 号</td><td>×××</td></tr>
</table>

工程名称	××工程

隐检项目	骨架隔墙	**隐检日期**	2015 年×月×日

| **隐检部位** | 五层隔墙　　①～⑦/Ⓑ～Ⓖ轴线　　15.600m 标高 | | |

隐检依据:施工图图号＿＿建施1、建施49、技术交底＿＿＿＿,设计变更/洽商(编号＿＿/＿＿)及有关国家现行标准等。

　　主要材料名称及规格/型号:＿＿轻钢龙骨、连接件、岩棉、隔墙石膏板＿＿。

隐检内容:

　　1. 按墙顶龙骨位置边线,安装顶龙骨和地龙骨,用射钉固定于主体结构上,其固定间距 500mm。

　　2. 按门窗位置进行竖龙骨分档,竖龙骨中心距尺寸为 453mm。

　　3. 根据设计要求布置支撑卡式横向龙骨三道,卡距 500mm,支撑卡安装在竖向龙骨的开口上,与竖向龙骨采用抽芯铆钉固定。

　　4. 骨架内设备管线安装按施工图纸要求完毕,固定牢固,并采取局部加强措施。

　　5. 骨架内的隔声保温材料(岩棉)已铺满、铺平、固定。

　　经自查,骨架隔墙各项测量值均在允许偏差范围内,符合要求,请求封板。

申报人:×××

检查意见:

　　经检查,符合设计要求和《装饰装修工程质量验收规范》(GB 50210－2001)的规定,可以进行下道工序。

检查结论:　☑同意隐蔽　　□不同意,修改后进行复查

复查结论:

复查人:　　　　　　　　　　　　　　　　　　　　复查日期:

签字栏	建设(监理)单位	施工单位	××建设工程有限公司	
		专业技术负责人	专业质检员	专业工长
	×××	×××	×××	×××

本表由施工单位填写,建设单位、施工单位、城建档案馆各保存一份。

一册在手　表格全有　贴近现场　资料无忧

骨架隔墙检验批质量验收记录

03060201001

单位(子单位)工程名称	××大厦		分部(子分部)工程名称	建筑装饰装修/轻质隔墙	分项工程名称	骨架隔墙
施工单位	××建筑有限公司		项目负责人	赵斌	检验批容量	20 间
分包单位	××建筑装饰工程有限公司		分包单位项目负责人	王阳	检验批部位	四层 1~10/A~E 轴隔墙
施工依据	××大厦装饰装修施工方案			验收依据	《建筑装饰装修工程质量验收规范》GB50210-2001	

		验收项目	设计要求及规范规定	最小/实际抽样数量	检查记录	检查结果
主控项目	1	板材品种、规格、质量	第7.3.3条	/	质量证明文件齐全,通过进场验收	✓
	2	龙骨连接	第7.3.4条	3/5	抽查5处,合格5处	✓
	3	龙骨间距及构造连接	第7.3.5条	3/5	抽查5处,合格5处	✓
	4	防火、防腐	第7.3.6条	3/5	抽查5处,合格5处	✓
	5	墙面板安装	第7.3.7条	3/5	抽查5处,合格5处	✓
	6	墙面板接缝材料及方法	第7.3.8条	3/5	抽查5处,合格5处	✓
一般项目	1	表面质量	第7.3.9条	3/5	抽查5处,合格5处	100%
	2	孔洞、槽、盒	第7.3.10条	3/5	抽查5处,合格5处	100%
	3	填充材料	第7.3.11条	3/5	抽查5处,合格5处	100%

			允许偏差(mm)		最小/实际抽样数量	检查记录	检查结果
一般项目	4	骨架隔墙安装允许偏差	项目	纸面石膏板 / 人造木板、水泥纤维板			
			立面垂直度	☐3 / ☑4	3/5	抽查5处,合格5处	100%
			表面平整度	☐3 / ☑3	3/5	抽查5处,合格5处	100%
			阴阳角方正	☐3 / ☑3	3/5	抽查5处,合格5处	100%
			接缝直线度	☐– / ☑3	3/5	抽查5处,合格5处	100%
			压条直线度	☐– / ☑3	3/5	抽查5处,合格5处	100%
			接缝高低差	☐1 / ☑1	3/5	抽查5处,合格5处	100%

施工单位检查结果	符合要求 专业工长: 项目专业质量检查员: 高爱云 张浩 2015 年××月××日
监理单位验收结论	合格 专业监理工程师: 刘东 2015 年××月××日

《骨架隔墙检验批质量验收记录》填写说明

1. 填写依据

(1)《建筑装饰装修工程质量验收规范》GB 50210－2001。

(2)《建筑工程施工质量验收统一标准》GB 50300－2013。

2. 规范摘要

以下内容摘录自《建筑装饰装修工程质量验收规范》GB 50210－2001。

骨架隔墙工程验收要求

(1)本节适用于以轻钢龙骨木龙骨等为骨架以纸面石膏板人造木板水泥纤维板等为墙面板的隔墙工程的质量验收。

(2)骨架隔墙工程的检查数量应符合下列规定:

每个检验批应至少抽查10%并不得少于3间不足3间时应全数检查。

主控项目

(1)骨架隔墙所用龙骨、配件、墙面板、填充材料及嵌缝材种、规格、性能和木材的含水率应符合设计要求。有隔隔热、阻燃、防潮等特殊要求的工程,材料应有相应性能等级的检测报告。

检验方法:观察;检查产品合格证书、进场验收记录、性能检测报告和复验报告。

(2)骨架隔墙工程边框龙骨必须与基体结构连接牢固,并应平整、垂直、位置正确。

检验方法:手扳检查;尺量检查;检查隐蔽工程验收记录。

(3)骨架隔墙中龙骨间距和构造连接方法应符合设计要求。骨架内设备管线的安装、门窗洞口等部位加强龙骨应安装牢固、位置正确,填充材料的设置应符合设计要求。

检验方法:检查隐蔽工程验收记录。

(4)木龙骨及木墙面板的防火和防腐处理必须符合设计要求。

检验方法:检查隐蔽工程验收记录。

(5)骨架隔墙的墙面板应安装牢固,无脱层、翘曲、折裂及缺损。

检验方法:观察;手扳检查。

(6)墙面板所用接缝材料的接缝方法应符合设计要求。

检验方法:观察。

一般项目

(1)骨架隔墙表面应平整光滑、色泽一致、洁净、无裂缝,接缝应均匀、顺直。

检验方法:观察;手摸检查。

(2)骨架隔墙上的孔洞、槽、盒应位置正确、套割吻合、边缘整齐。

检验方法:观察。

(3)骨架隔墙内的填充材料应干燥,填充应密实、均匀、无下坠。

检验方法:轻敲检查;检查隐蔽工程验收记录。

(4)骨架隔墙安装的允许偏差和检验方法应符合表6-2。

表 6-2 骨架隔墙安装的允许偏差和检验方法

项次	项目	允许偏差(mm)		检验方法
		纸面石膏板	人造木板、水泥纤维板	
1	立面垂直度	3	4	用 2m 垂直检测尺检查
2	表面平整度	3	3	用 2m 靠尺和塞尺检查
3	阴阳角方正	3	3	用直角检测尺检查
4	接缝直线度	—	3	拉 5m 线,不足 5m 拉通线,用钢直尺检查
5	压条直线度	—	3	拉 5m 线,不足 5m 拉通线,用钢直尺检查
6	接缝高低差	1	1	用钢直尺和塞尺检查

一册在手 表格全有 贴近现场 资料无忧

6.3　活动隔墙

6.3.1　活动隔墙工程资料列表

（1）设计文件

轻质隔墙工程的施工图、设计说明及其他设计文件

（2）施工技术资料

1）工程技术文件报审表

2）轻质隔墙工程施工方案

3）轻质隔墙工程施工方案技术交底记录

4）活动隔墙分项工程技术交底记录

5）图纸会审记录、设计变更通知单、工程洽商记录

（3）施工物资资料

1）隔墙板材产品合格证书、性能检测报告

2）装饰装修用人造木板的甲醛含量复试报告

3）活动隔墙导轨槽、滑轮及其他五金配件出厂合格证

4）防腐材料、填缝材料、密封材料等的产品合格证书及性能检测报告

5）材料、构配件进场检验记录

6）工程物资进场报验表

（4）施工记录

1）预埋件、框、骨架安装、防腐等隐蔽工程验收记录

2）施工检查记录

3）框、骨架、隔扇、轨道、导轨等安装的预检记录

（5）施工质量验收记录

1）活动隔墙检验批质量验收记录

2）活动隔墙分项工程质量验收记录

3）分项/分部工程施工报验表

6.3.2 活动隔墙工程资料填写范例及说明

隐蔽工程验收记录	编 号	×××

工程名称	××工程		
隐检项目	活动隔墙	隐检日期	2015 年×月×日
隐检部位	二层隔墙 ⑥~⑫/Ⓓ~Ⓖ轴线 7.00m 标高		

隐检依据:施工图图号___建施 1、建施 27___,设计变更/洽商(编号___/___)及有关国家现行标准等。

主要材料名称及规格/型号:___铝合金骨架 ×××,轨道及五金配件___。

隐检内容:

1. 活动隔墙所用墙板、配件的品种、规格符合设计要求。所用金属件均已做防锈处理。

2. 隔墙位置线和隔墙高度控制线在地面、墙面分别用墨斗弹线。

3. 轨道已用膨胀螺栓固定在预埋件上。

4. 活动隔扇采用铝合金骨架,安装无偏差,符合质量要求。

申报人:×××

检查意见:

经检查,符合设计要求和《建筑装饰装修工程质量验收规范》(GB 50210—2001)的规定,可以进行下道工序。

检查结论: ☑同意隐蔽 □不同意,修改后进行复查

复查结论:

复查人: 复查日期:

签字栏	建设(监理)单位	施工单位	××建设工程有限公司	
		专业技术负责人	专业质检员	专业工长
	×××	×××	×××	×××

本表由施工单位填写,建设单位、施工单位、城建档案馆各保存一份。

一册在手 表格全有 贴近现场 资料无忧

活动隔墙检验批质量验收记录

03060301001

单位（子单位） 工程名称		××大厦	分部（子分部） 工程名称	建筑装饰装修/ 轻质隔墙	分项工程名 称	活动隔墙
施工单位		××建筑有限公司	项目负责人	赵斌	检验批容量	20 间
分包单位		××建筑装饰工程 有限公司	分包单位项目 负责人	王阳	检验批部位	四层1～10/A～E 轴隔墙
施工依据		××大厦装饰装修施工方案		验收依据	《建筑装饰装修工程质量验收 规范》GB50210-2001	

		验收项目	设计要求及规范规定	最小/实际抽 样数量	检查记录	检查结果
主控项目	1	板材品种、规格、质量	第7.4.3条	/	质量证明文件齐全，试验合格，报告编号×××××	√
	2	轨道安装	第7.4.4条	6/6	抽查6处，合格6处	√
	3	构配件安装	第7.4.5条	6/6	抽查6处，合格6处	√
	4	制作方法，组合方式	第7.4.6条	6/6	抽查6处，合格6处	√
一般项目	1	表面质量	第7.4.7条	6/10	抽查10处，合格10处	100%
	2	孔洞、槽、盒	第7.4.8条	6/10	抽查10处，合格10处	100%
	3	隔墙推拉	第7.4.9条	6/10	抽查10处，合格10处	100%
	4 允许偏差	垂直度(mm)	3	6/10	抽查10处，合格10处	100%
		表面平整度(mm)	2	6/10	抽查10处，合格10处	100%
		接缝直线度(mm)	3	6/10	抽查10处，合格10处	100%
		接缝高低差(mm)	2	6/10	抽查10处，合格10处	100%
		接缝宽度(mm)	2	6/10	抽查10处，合格10处	100%

施工单位检查结果	符合要求 专业工长： 项目专业质量检查员： 2015 年××月××日
监理单位验收结论	合格 专业监理工程师： 2015 年××月××日

《活动隔墙检验批质量验收记录》填写说明

1. 填写依据

(1)《建筑装饰装修工程质量验收规范》GB 50210－2001。

(2)《建筑工程施工质量验收统一标准》GB 50300－2013。

2. 规范摘要

以下内容摘录自《建筑装饰装修工程质量验收规范》GB 50210－2001。

活动隔墙工程验收要求

(1)本节适用于各种活动隔墙工程的质量验收。

(2)活动隔墙工程的检查数量应符合下列规定:

每个检验批应至少抽查 20％并不得少于 6 间,不足 6 间时应全数检查。

主控项目

(1)活动隔墙所用墙板、配件等材料的品种、规格、性能和木材的含水率应符合设计要求。有阻燃、防潮等特性要求的工程,材料应有相应性能等级的检测报告。

检验方法:观察;检查产品合格证书、进场验收记录、性能检测报告和复验报告。

(2)活动隔墙轨道必须怀基体结构连接牢固,并应位置正确。

检验方法:尺量检查;手扳检查。

(3)活动隔墙用于组装、推拉和制动的构配件必须安装牢固、位置正确,推拉必须安全、平稳、灵活。

检验方法:尺量检查;手扳检查;推拉检查。

(4)活动隔墙制作方法、组合方式应符合设计要求。

检验方法:观察。

一般项目

(1)活动隔墙表面应色泽一致、平整光滑、洁净,线条应顺直、清晰。

检验方法:观察;手摸检查。

(2)活动隔墙上的孔洞、槽、盒应位置正确、套割吻合、边缘整齐。

检验方法:观察;尺量检查。

(3)活动隔墙推拉应无噪声。

检验方法:推拉检查。

(4)活动隔墙安装的允许偏差和检验方法应符合表 6-3 的规定。

表 6-3　　活动隔墙安装的允许偏差和检验方法

项次	项目	允许偏差(mm)	检验方法
1	立面垂直度	3	用 2m 垂直检测尺检查
2	表面平整度	2	用 2m 靠尺和塞尺检查
3	接缝直线度	3	拉 5m 线,不足 5m 拉通线,用钢直尺检查
4	接缝高低差	2	用钢直尺和塞尺检查
5	接缝宽度	2	用钢直尺检查

一册在手 表格全有 贴近现场 资料无忧

6.4　玻璃隔墙

6.4.1　玻璃隔墙工程资料列表

（1）设计文件

轻质隔墙工程的施工图、设计说明及其他设计文件

（2）施工技术资料

1）工程技术文件报审表

2）轻质隔墙工程施工方案

3）轻质隔墙工程施工方案技术交底记录

4）玻璃隔墙分项工程技术交底记录

5）图纸会审记录、设计变更通知单、工程洽商记录

（3）施工物资资料

1）（玻璃砖隔墙）玻璃砖产品合格证、性能检测报告，金属型材（铝合金型材或槽钢）产品合格证、性能检测报告，水泥产品合格证、出厂检验报告，钢筋产品合格证或质量证明书等

2）（玻璃板隔墙）压花玻璃、夹层玻璃等产品合格证、性能检测报告，玻璃连接件、转接件出厂合格证等

3）玻璃板隔墙用安全玻璃复试报告

4）材料、构配件进场检验记录

5）工程物资进场报验表

（4）施工记录

1）玻璃砖隔墙埋设拉结筋、玻璃框骨架安装、防腐等隐蔽工程验收记录

2）施工检查记录

（5）施工质量验收记录

1）玻璃隔墙检验批质量验收记录

2）玻璃隔墙分项工程质量验收记录

3）分项/分部工程施工报验表

一册在手　表格全有　贴近现场　资料无忧

6.4.2 玻璃隔墙工程资料填写范例及说明

隐蔽工程验收记录		编 号	×××
工程名称	××工程		
隐检项目	玻璃隔墙	隐检日期	2015 年×月×日
隐检部位	四层隔墙 ③～⑧/ⓒ～ⓖ轴线 12.500m 标高		

隐检依据:施工图图号　　建施1、建施35　　　,设计变更/洽商(编号　　/　　)及有关国家现行标准等。

主要材料名称及规格/型号:　　钢化玻璃、铝合金型材、支撑吊架　　　。

隐检内容:

1. 玻璃板隔墙的主材、框架、边框用金属材料,其品种、规格、性能符合设计要求和现行标准规定,有合格证、性能检测报告,合格。

2. 隔墙安装位置线和高度线已在地面与墙面用墨斗弹出。

3. 隔墙面积较大时,则直接将隔墙的沿地,沿顶型材,靠墙及中间位置的竖向型材按控制线位置固定在墙、地、顶上。

4. 面积较大的玻璃隔墙采用吊挂式安装时,已先在建筑结构梁或板下做出吊挂玻璃支撑架,并已装好吊挂玻璃的夹具及上框。

5. 边框装饰符合要求,饰面材料采用不锈钢。

6. 玻璃幕墙采用玻璃胶嵌缝,胶缝宽度一致,表面平整。

申报人:×××

检查意见:

经检查,符合设计要求和《建筑装饰装修工程质量验收规范》(GB 50210—2001)的规定。

检查结论:　　☑同意隐蔽　　□不同意,修改后进行复查

复查结论:

复查人:　　　　　　　　　　　　　　　　　　复查日期:

签字栏	建设(监理)单位	施工单位	××建设工程有限公司	
		专业技术负责人	专业质检员	专业工长
	×××	×××	×××	×××

本表由施工单位填写,建设单位、施工单位、城建档案馆各保存一份。

一册在手 表格全有 贴近现场 资料无忧

玻璃隔墙检验批质量验收记录

03060401001

单位（子单位）工程名称		××大厦	分部（子分部）工程名称	建筑装饰装修/轻质隔墙	分项工程名称		玻璃隔墙
施工单位		××建筑有限公司	项目负责人	赵斌	检验批容量		20 间
分包单位		××建筑装饰工程有限公司	分包单位项目负责人	王阳	检验批部位		四层1～10/A～E轴隔墙
施工依据		××大厦装饰装修施工方案		验收依据	《建筑装饰装修工程质量验收规范》GB50210-2001		

		验收项目		设计要求及规范规定	最小/实际抽样数量	检查记录	检查结果
主控项目	1	板材品种、规格、质量		第7.5.3条	/	质量证明文件齐全，试验合格，报告编号××××	√
	2	砌筑或安装		第7.5.4条	6/6	抽查6处，合格6处	√
	3	砖墙隔拉结筋		第7.5.5条	6/6	抽查6处，合格6处	√
	4	板隔墙安装		第7.5.6条	6/6	抽查6处，合格6处	√
一般项目	1	表面质量		第7.5.7条	6/10	抽查10处，合格10处	100%
	2	接缝		第7.5.8条	6/10	抽查10处，合格10处	100%
	3	嵌缝及勾缝		第7.5.9条	6/10	抽查10处，合格10处	100%

			项目	玻璃砖	玻璃板	最小/实际抽样数量	检查记录	检查结果
一般项目	4	安装允许偏差	立面垂直度	□3	☑2	6/10	抽查10处，合格10处	100%
			表面平整度	□3	☑—	6/10	抽查10处，合格10处	100%
			阴阳角方正	□—	☑2	6/10	抽查10处，合格10处	100%
			接缝直线度	□—	☑2	6/10	抽查10处，合格10处	100%
			接缝高低差	□3	☑2	6/10	抽查10处，合格10处	100%
			接缝宽度	□—	☑1	6/10	抽查10处，合格10处	100%

施工单位检查结果	符合要求 专业工长：高凌云 项目专业质量检查员：张浩 2015 年××月××日
监理单位验收结论	合格 专业监理工程师：刘东 2015 年××月××日

一册在手 表格全有 贴近现场 资料无忧

《玻璃隔墙检验批质量验收记录》填写说明

1. 填写依据

(1)《建筑装饰装修工程质量验收规范》GB 50210－2001。

(2)《建筑工程施工质量验收统一标准》GB 50300－2013。

2. 规范摘要

以下内容摘录自《建筑装饰装修工程质量验收规范》GB 50210－2001。

玻璃隔墙工程验收要求

(1)本节适用于玻璃砖玻璃板隔墙工程的质量验收。

(2)玻璃隔墙工程的检查数量应符合下列规定:

每个检验批应至少抽查20％并不得少于6间,不足6间时应全数检查。

主控项目

(1)玻璃隔墙工程所用材料的品种、规格、性能、图案和颜色应符合设计要求。玻璃板隔墙应使用安全玻璃。

检验方法:观察;检查产品合格证书、进场验收记录和性能检测报告

(2)玻璃砖隔墙的砌筑或玻璃板隔墙的安装方法应符合设计要求。

检验方法:观察。

(3)玻璃砖隔墙砌筑中埋设的拉结筋必须与基体结构连接牢固,并应位置正确。

检验方法:手扳检查;尺量检查;检查隐蔽工程验收记录。

(3)玻璃板隔墙的安装必须牢固。玻璃板隔墙胶垫的安装应正确。

检验方法:观察;手推检查;检查施工记录。

一般项目

(1)玻璃隔墙表面应色泽一致、平整洁净、清晰美观。

检验方法:观察。

(2)玻璃隔墙接缝应横平竖直,玻璃应无裂痕、缺损和划痕。

检验方法:观察。

(3)玻璃板隔墙嵌缝及玻璃砖隔墙勾缝应密实平整、均匀顺直、深浅一致。

检验方法:观察。

(4)玻璃隔墙安装的允许偏差和检验方法应符合表6-4的规定。

表 6-4　　　　　　　　　　玻璃隔墙安装的允许偏差和检验方法

项次	项目	允许偏差(mm)		检验方法
		玻璃砖	玻璃板	
1	立面垂直度	3	2	用2m垂直检测尺检查
2	表面平整度	3	—	用2m靠尺和塞尺检查
3	阴阳角方正	—	2	用直角检测尺检查
4	接缝直线度	—	2	拉5m线,不足5m拉通线,用钢直尺检查
5	接缝高低差	3	2	用钢直尺和塞尺检查
6	接缝宽度	—	1	用钢直尺检查

一册在手 表格全有 贴近现场 资料无忧

第 7 章

饰面板工程

7.0 饰面板工程资料应参考的标准及规范清单

1.《建筑装饰装修工程质量验收规范》GB 50210—2001

2.《建筑工程施工质量验收统一标准》GB 50300—2013

3.《住宅装饰装修工程施工规范》GB 50327—2001

5.《建筑设计防火规范》GB 50016—2014

6.《通用硅酸盐水泥》GB 175—2007

7.《白色硅酸盐水泥》GB/T 2015—2005

8.《民用建筑工程室内环境污染控制规范(2013 版)》GB 50325—2010

9.《天然饰面石材试验方法》GB/T 9966.1～8—2001

10.《建筑内部装修设计防火规范》GB50222—1995(2001 年修订版)

11.《建筑幕墙用铝塑复合板》GB/T 17748—2008

12.《一般工业用铝及铝合金板、带材》GB/T 3880.1～3—2012

13.《变形铝及铝合金状态代号》GB/T 16475—2008

14.《铝合金建筑型材》GB 5237.1～6—2008

15.《不锈钢冷轧钢板和钢带》GB/T 3280—2007

16.《不锈钢热轧钢板和钢带》GB/T 4237—2007

17.《不锈钢棒》GB/T 1220—2007

18.《碳素结构钢》GB/T 700—2006

19.《合金结构钢》GB/T 3077—1999

20.《天然花岗石建筑板材》GB/T 18601—2009

21.《天然大理石建筑板材》GB/T 19766—2005

22.《施工现场临时用电安全技术规范》JGJ 46—2005

23.《混凝土用水标准》JGJ 63—2006

23.《建筑材料放射性核素限量》GB 6566—2010

24.《建筑装饰用水磨石》JC/T 507—2012

25.《北京市建筑工程施工安全操作》DBJ01—62—2002

26.《建筑安装分项工程施工工艺流程》DBJ/T 01—26—2003

27.《高级建筑装饰工程质量验收标准》DBJ/T 01—27—2003

28.《建筑工程资料管理规程》JGJ/T 185—2009

一册在手 表格全有 贴近现场 资料无忧

7.1　石板安装

7.1.1　石板安装工程资料列表

（1）设计文件

饰面板工程的施工图、设计说明及其他设计文件

（2）施工技术资料

1）工程技术文件报审表

2）饰面板安装工程施工方案

3）饰面板安装工程施工方案技术交底记录

4）石板安装分项工程技术交底记录

5）图纸会审记录、设计变更通知单、工程洽商记录

（3）施工物资资料

1）石材饰面板（天然大理石、天然花岗石、人造石材等）产品合格证、性能及环保检测报告

2）室内用花岗石的放射性复试报告

3）骨架、挂件及连接件出厂合格证

4）水泥产品合格证、出厂检验报告、水泥试验报告，砂试验报告

5）密封胶、胶粘剂的产品合格证、性能检测报告，胶粘剂相容性试验报告

6）防火涂料、防水剂、防腐剂等的产品合格证书及使用说明书

7）材料、构配件进场检验记录

8）工程物资进场报验表

（4）施工记录

1）（石材饰面板）基层处理、绑扎钢筋网等隐蔽工程验收记录

2）施工检查记录

（5）施工试验记录及检测报告

后置埋件的现场拉拔检测报告

（6）施工质量验收记录

1）石材安装检验批质量验收记录

2）石板安装分项工程质量验收记录

3）分项/分部工程施工报验表

7.1.2 石板安装工程资料填写范例及说明

	材料、构配件进场检验记录				编 号	×××	
工程名称		××工程			检验日期	2015 年 7 月 11 日	
序号	名 称	规格型号	进场数量	生产厂家 合格证号	检验项目	检验结果	备 注
1	中国红花岗石板材	600×500 ×18mm	××m²	××石材厂 ××××	查验合格证、性能检测报告；外观质量检查	合格	
2	中国红花岗石板材	600×120 ×18mm	××m²	××石材厂 ××××	查验合格证、性能检测报告；外观质量检查	合格	
3	普通水泥	P·O 42.5	××t	××水泥集团公司 ××××	查验合格证和出厂检验报告；抽样复试	合格	
4	砂	中砂	××t	××石材厂 ××××	抽样复试	合格	

检验结论：

　　经尺量检查花岗岩规格尺寸符合设计要求,经观察检查石材色差不明显、无污染;经抽样复试,水泥、砂子试验合格。同意验收。

签字栏	建设(监理)单位	施工单位	××建设工程有限公司	
			专业质检员	专业工长	检验员
	×××		×××	×××	×××

本表由施工单位填写并保存。

工程物资进场报验表

编 号	×××

工 程 名 称	××工程	日 期	2015 年 8 月 10 日

现报上关于　　　　　　饰面板　　　　　　工程的物资进场检验记录,该批物资经我方检验符合设计、规范及合约要求,请予以批准使用。

物资名称	主要规格	单 位	数 量	选样报审表编号	使用部位
中国红花岗石板材	600×500×18mm	m²	×	×××	一、二层外墙
普通水泥	P·O 42.5	t	×	×××	一、二层外墙
砂	中砂	t	×	×××	一、二层外墙

附件: 名 称	页 数	编 号
1.☑ 出厂合格证	× 页	×××
2.☑ 厂家质量检验报告	× 页	×××
3.□ 厂家质量保证书	页	
4.□ 商检证	页	
5.☑ 进场检验记录	× 页	×××
6.☑ 进场复试报告	× 页	×××
7.□ 备案情况	页	
8.□	页	

申报单位名称:××装饰装修工程有限公司　　　　申报人(签字):×××

施工单位检验意见:

　　报验的工程材料的质量证明文件齐全,进场复试合格,同意报项目监理部审批。

☑有 / □无 附页

施工单位名称:××建设工程有限公司　技术负责人(签字):×××　审核日期:2015 年 8 月 10 日

验收意见:

　　1. 物资质量控制资料齐全、有效。

　　2. 材料试验合格。

　　同意承包单位检验意见,该批物资可以进场使用于本工程指定部位。

审定结论:　☑同意　　□补报资料　　□重新检验　　□退场

监理单位名称:××建设监理有限公司　监理工程师(签字):×××　验收日期:2015 年 8 月 11 日

本表由施工单位填报,建设单位、监理单位、施工单位各存一份。

一册在手 表格全有 贴近现场 资料无忧

隐蔽工程验收记录		编　号	×××

工程名称	××工程		
隐检项目	饰面板(砖)工程(干挂石材)	隐检日期	2015 年×月×日
隐检部位	首层接待大厅东立面　　Ⓓ～Ⓖ轴线　　2.700m 标高		

隐检依据:施工图图号　　建施 1、建施 48、技术交底　　,设计变更/洽商(编号___/___)及有关国家现行标准等。

主要材料名称及规格/型号:角钢∟50mm×50mm,槽钢(80mm×40mm)。

隐检内容:

1. 干挂大理石槽钢、角铁龙骨按设计要求安装完毕,其安装尺寸如图:

2. 安装方法是:槽钢与角铁接触部位焊接,用 16cm 膨胀螺栓与 16cm 圆铁焊接穿墙将槽钢固定。并对槽钢、角钢龙骨进行防锈处理。

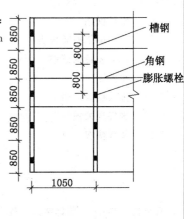

　　　　　　　　　　　　　申报人:×××

检查意见:

　　饰面板安装符合设计要求,锚固无松动,龙骨防锈漆涂刷均匀。焊接点满焊,符合《建筑装饰装修工程质量验收规范》(GB 50210—2001)的规定。同意进行下道工序。

检查结论:　　☑同意隐蔽　　□不同意,修改后进行复查

复查结论:

复查人:　　　　　　　　　　　　　　　　　复查日期:

签字栏	建设(监理)单位	施工单位	××建设工程有限公司	
		专业技术负责人	专业质检员	专业工长
	×××	×××	×××	×××

本表由施工单位填写,建设单位、施工单位、城建档案馆各保存一份。

一册在手　表格全有　贴近现场　资料无忧

石材安装检验批质量验收记录

03070101001

单位（子单位）工程名称	××大厦		分部（子分部）工程名称	建筑装饰装修/饰面板	分项工程名称	石板安装
施工单位	××建筑有限公司		项目负责人	赵斌	检验批容量	1000m²
分包单位	××建筑装饰工程有限公司		分包单位项目负责人	王阳	检验批部位	东立面室外饰面板
施工依据	××大厦装饰装修施工方案			验收依据	《建筑装饰装修工程质量验收规范》GB50210-2001	

		验收项目	设计要求及规范规定	最小/实际抽样数量	检查记录	检查结果
主控项目	1	饰面板品种、规格、质量	第8.2.2条	/	质量证明文件齐全，试验合格，报告编号×××	√
	2	饰面板孔、槽、位置、尺寸	第8.2.3条	10/10	抽查10处，合格10处	√
	3	饰面板安装	第8.2.4条	10/10	抽查10处，合格10处	√
一般项目	1	饰面板表面质量	第8.2.5条	10/10	抽查10处，合格10处	100%
	2	饰面板嵌缝	第8.2.6条	10/10	抽查10处，合格10处	100%
	3	湿作业施工	第8.2.7条	10/10	抽查10处，合格10处	100%
	4	饰面板孔洞套割	第8.2.8条	10/10	抽查10处，合格10处	100%

		项目	光面 ☐	剁斧石 ☑	蘑菇石 ☐	最小/实际抽样数量	检查记录	检查结果
一般项目	5 安装允许偏差	立面垂直度	2	3	3	10/10	抽查10处，合格10处	100%
		表面平整度	2	3	1	10/10	抽查10处，合格10处	100%
		阴阳角方正	2	4	4	10/10	抽查10处，合格10处	100%
		接缝直线度	2	4	4	10/10	抽查10处，合格10处	100%
		墙裙勒角上口直线度	2	3	3	10/10	抽查10处，合格10处	100%
		接缝高低差	0.5	3	—	10/10	抽查10处，合格10处	100%
		接缝宽度	1	2	2	10/10	抽查10处，合格10处	100%

施工单位检查结果	符合要求 专业工长：高爱云 项目专业质量检查员：张伟 2015 年××月××日
监理单位验收结论	合格 专业监理工程师：刘东 2015 年××月××日

一册在手　表格全有　贴近现场　资料无忧

《石材安装检验批质量验收记录》填写说明

1. 填写依据

(1)《建筑装饰装修工程质量验收规范》GB 50210—2001。

(2)《建筑工程施工质量验收统一标准》GB 50300—2013。

2. 规范摘要

以下内容摘录自《建筑装饰装修工程质量验收规范》GB 50210—2001。

(1)验收要求

1)各分项工程的检验批的划分

①相同材料、工艺和施工条件的室内饰面板(砖)工程每 50 间(大面积房间和走廊按施工面积 30m 为一间)应划分为一个检验批,不足 50 间也应划分为一个检验批。

②相同材料、工艺和施工条件的室外饰面板(砖)工程每 500～1000m² 应划分为一个检验批,不足 500m² 也应划分为一个检验批。

2)检查数量

①室内每个检验批应至少抽查 10%,并不得少于 3 间;不足 3 间时应全数检查。

②室外每个检验批每 100m² 应至少抽查一处,每处不得小于 10m²。

(2)饰面板安装工程

本节适用于内墙饰面板安装工程和高度不大于 24m、抗震设防烈度不大于 7 度的外墙饰面板安装工程。

主控项目

1)饰面板的品种、规格、颜色和性能应符合设计要求,木龙骨、木饰面板和塑料饰面板的燃烧性能等级应符合设计要求。

检验方法:观察;检查产品合格证书、进场验收记录和性能检测报告。

2)饰面板孔、槽的数量、位置和尺寸应符合设计要求。

检验方法:检查进场验收记录和施工记录。

3)饰面板安装工程的预埋件(或后置埋件)、连接件的数量、规格、位置、连接方法和防腐处理必须符合设计要求。后置埋件的现场拉拔强度必须符合设计要求。饰面板安装必须牢固。

检验方法:手扳检查;检查进场验收记录、现场拉拔检测报告、隐蔽工程验收记录和施工记录。

一般项目

1)饰面板表面应平整、洁净、色泽一致,无裂痕和缺损。石材表面应无泛碱等污染。

检验方法:观察。

2)饰面板嵌缝应密实、平直,宽度和深度应符合设计要求,嵌填材料色泽应一致。

检验方法:观察;尺量检查。

3)采用湿作业法施工的饰面板工程,石材应进行防碱背涂处理。饰面板与基体之间的灌注材料应饱满、密实。

检验方法:用小锤轻击检查;检查施工记录。

4)饰面板上的孔洞应套割吻合,边缘应整齐。

检验方法:观察。

5)饰面板安装的允许偏差和检验方法应符合表 7-1 的规定。

表 7-1   饰面板安装的允许偏差和检验方法

项次	项目	允许偏差（mm）							检验方法
		石材			瓷板	木材	塑料	金属	
		光面	剁斧石	蘑菇石					
1	立面垂直度	2	3	3	2	1.5	2	2	用 2m 垂直检测尺检查
2	表面平整度	2	3	—	1.5	1	3	3	用 2m 靠尺和塞尺检查
3	阴阳角方正	2	4	4	2	1.5	3	3	用直角检测尺检查
4	接缝直线度	2	4	4	2	1	1	1	拉 5m 线,不足 5m 拉通线,用钢直尺检查
5	墙裙、勒脚上口直线度	2	3	3	2	2	2	2	拉 5m 线,不足 5m 拉通线,用钢直尺检查
6	接缝高低差	0.5	3	—	0.5	0.5	1	1	用钢直尺和塞尺检查
7	接缝宽度	1	2	2	1	1	1	1	用钢直尺检查

<u>石板安装</u> 分项工程质量验收记录

单位(子单位)工程名称	××工程		结构类型	框架剪力墙
分部(子分部)工程名称	饰面板		检验批数	4
施工单位	××建设工程有限公司		项目经理	×××
分包单位	××建筑装饰装修工程有限公司		分包项目经理	×××

序号	检验批名称及部位、区段	施工单位检查评定结果	监理(建设)单位验收结论
1	东立面外墙1～3层	√	
2	南立面外墙1～3层	√	
3	西立面外墙1～3层	√	
4	北立面外墙1～3层	√	
			验收合格

说明:

检查结论	1～3层外墙干挂石材施工质量符合《建筑装饰装修工程质量验收规范》(GB 50210－2001)的要求,饰面板安装分项工程合格。 项目专业技术负责人:××× 2015 年×月×日	验收结论	同意施工单位检查结论,验收合格。 监理工程师:××× (建设单位项目专业技术负责人) 2015 年×月×日

注:地基基础、主体结构工程的分项工程质量验收不填写"分包单位"、"分包项目经理"。

一册在手 表格全有 贴近现场 资料无忧

分项/分部工程施工报验表

分项/分部工程施工报验表	编　号	×××
工程名称　　×× 工程	日　期	2015 年 7 月 21 日

现我方已完成＿＿＿＿＿／＿＿＿＿（层）＿＿＿／＿＿＿轴（轴线或房间）＿＿＿＿／＿＿＿＿（高程）＿＿＿＿＿＿／＿＿＿＿（部位）的＿＿＿石板安装＿＿＿工程,经我方检验符合设计、规范要求,请予以验收。

附件:　　　名　　称　　　　　　　页　数　　　　　　　编　号

1. □质量控制资料汇总表　　　　＿＿＿页　　　＿＿＿＿＿＿＿＿
2. □隐蔽工程验收记录　　　　　＿＿＿页　　　＿＿＿＿＿＿＿＿
3. □预检记录　　　　　　　　　＿＿＿页　　　＿＿＿＿＿＿＿＿
4. □施工记录　　　　　　　　　＿＿＿页　　　＿＿＿＿＿＿＿＿
5. □施工试验记录　　　　　　　＿＿＿页　　　＿＿＿＿＿＿＿＿
6. □分部(子分部)工程质量验收记录　＿＿＿页　　　＿＿＿＿＿＿＿＿
7. ☑分项工程质量验收记录　　　＿1＿页　　　＿×××＿＿
8. □＿＿＿＿＿＿＿＿＿＿＿＿＿＿＿＿页　　　＿＿＿＿＿＿＿＿
9. □＿＿＿＿＿＿＿＿＿＿＿＿＿＿＿＿页　　　＿＿＿＿＿＿＿＿
10. □＿＿＿＿＿＿＿＿＿＿＿＿＿＿＿＿页　　　＿＿＿＿＿＿＿＿

质量检查员(签字):×××

施工单位名称:××建筑装饰装修工程有限公司　　　技术负责人(签字):×××

审查意见:

1. 所报附件材料真实、齐全、有效。
2. 所报分项工程实体工程质量符合规范和设计要求。

审查结论:　　　　　　☑合格　　　　　　□不合格

监理单位名称:××建设监理有限公司　　(总)监理工程师(签字):×××　审查日期:2015 年 7 月 21 日

本表由施工单位填报,监理单位、施工单位各存一份。分项、分部工程不合格,应填写《不合格项处置记录》,分部工程应由总监理工程师签字。

一册在手　表格全有　贴近现场　资料无忧

7.2 陶瓷板安装

7.2.1 陶瓷板安装工程资料列表

（1）设计文件

饰面板工程的施工图、设计说明及其他设计文件

（2）施工技术资料

1）工程技术文件报审表

2）饰面板安装工程施工方案

3）饰面板安装工程施工方案技术交底记录

4）陶瓷板安装分项工程技术交底记录

5）图纸会审记录、设计变更通知单、工程洽商记录

（3）施工物资资料

1）陶瓷板的产品合格证、性能检测报告

2）骨架、挂件及连接件出厂合格证

3）水泥产品合格证、出厂检验报告、水泥试验报告，砂试验报告

4）密封胶、胶粘剂的产品合格证、性能检测报告，胶粘剂相容性试验报告

7）防火涂料、防水剂、防腐剂等的产品合格证书及使用说明书

8）材料、构配件进场检验记录

9）工程物资进场报验表

（4）施工记录

1）（陶瓷饰面板）挂件安装、密封胶灌缝等隐蔽工程验收记录

2）施工检查记录

（5）施工试验记录及检测报告

后置埋件的现场拉拔检测报告

（6）施工质量验收记录

1）陶瓷板安装检验批质量验收记录

2）陶瓷板安装分项工程质量验收记录

4）分项/分部工程施工报验表

7.2.2　陶瓷板安装工程资料填写范例及说明

陶瓷板安装检验批质量验收记录

03070201001

单位（子单位）工程名称		××大厦	分部（子分部）工程名称	建筑装饰装修/饰面板	分项工程名称	陶瓷板安装
施工单位		××建筑有限公司	项目负责人	赵斌	检验批容量	1000m²
分包单位		××建筑装饰工程有限公司	分包单位项目负责人	王阳	检验批部位	东立面室外饰面板
施工依据		××大厦装饰装修施工方案		验收依据	《建筑装饰装修工程质量验收规范》GB50210-2001	

		验收项目	设计要求及规范规定	最小/实际抽样数量	检查记录	检查结果
主控项目	1	饰面板品种、规格、质量	第8.2.2条	/	质量证明文件齐全，试验合格，报告编号××××	√
	2	饰面板孔、槽、位置、尺寸	第8.2.3条	10/10	抽查10处，合格10处	√
	3	饰面板安装	第8.2.4条	10/10	抽查10处，合格10处	√
一般项目	1	饰面板表面质量	第8.2.5条	10/10	抽查10处，合格10处	100%
	2	饰面板嵌缝	第8.2.6条	10/10	抽查10处，合格10处	100%
	3	湿作业施工	第8.2.7条	10/10	抽查10处，合格10处	100%
	4	饰面板孔洞套割	第8.2.8条	10/10	抽查10处，合格8处	80%
	5	陶瓷板安装允许偏差	项目	允许偏差（mm）	最小/实际抽样数量	检查记录	检查结果

		项目	允许偏差（mm）	最小/实际抽样数量	检查记录	检查结果
一般项目	5 陶瓷板安装允许偏差	立面垂直度	2	10/10	抽查10处，合格10处	100%
		表面平整度	1.5	10/10	抽查10处，合格9处	90%
		阴阳角方正	2	10/10	抽查10处，合格10处	100%
		接缝直线度	2	10/10	抽查10处，合格10处	100%
		墙裙勒角上口直线度	2	10/10	抽查10处，合格8处	80%
		接缝高低差	0.5	10/10	抽查10处，合格10处	100%
		接缝宽度	1	10/10	抽查10处，合格10处	100%

施工单位检查结果	符合要求 专业工长：高爱云 项目专业质量检查员：张浩 2015 年××月××日
监理单位验收结论	合格 专业监理工程师：刘东 2015 年××月××日

一册在手　表格全有　贴近现场　资料无忧

《陶瓷板安装检验批质量验收记录》填写说明

1. 填写依据

(1)《建筑装饰装修工程质量验收规范》GB 50210－2001。

(2)《建筑工程施工质量验收统一标准》GB 50300－2013。

2. 规范摘要

以下内容摘录自《建筑装饰装修工程质量验收规范》GB 50210－2001。

验收要求

参见"石材安装检验批质量验收记录"验收要求的相关内容。

一册在手 表格全有 贴近现场 资料无忧

7.3 木板安装

7.3.1 木板安装工程资料列表

（1）设计文件

饰面板工程的施工图、设计说明及其他设计文件

（2）施工技术资料

1）工程技术文件报审表

2）饰面板安装工程施工方案

3）饰面板安装工程施工方案技术交底记录

4）木板安装分项工程技术交底记录

5）图纸会审记录、设计变更通知单、工程洽商记录

（3）施工物资资料

1）木板的产品合格证、性能检测报告

2）骨架、挂件及连接件出厂合格证

3）密封胶、胶粘剂的产品合格证、性能检测报告，胶粘剂相容性试验报告

4）防火涂料、防水剂、防腐剂等的产品合格证书及使用说明书

5）材料、构配件进场检验记录

6）工程物资进场报验表

（4）施工记录

1）（木材饰面板）墙体表面涂防潮（水）层、安装木龙骨等隐蔽工程验收记录

2）施工检查记录

（5）施工试验记录及检测报告

后置埋件的现场拉拔检测报告

（6）施工质量验收记录

1）木板安装检验批质量验收记录

2）木板安装分项工程质量验收记录

3）分项/分部工程施工报验表

一册在手 表格全有 贴近现场 资料无忧

7.3.2　木板安装工程资料填写范例及说明

木板安装检验批质量验收记录

03070301001

单位（子单位）工程名称		××大厦	分部（子分部）工程名称	建筑装饰装修/饰面板	分项工程名称		木板安装
施工单位		××建筑有限公司	项目负责人	赵斌	检验批容量		20 间
分包单位		××建筑装饰工程有限公司	分包单位项目负责人	王阳	检验批部位		二层1～10/A～E轴室内饰面板
施工依据		××大厦装饰装修施工方案		验收依据	《建筑装饰装修工程质量验收规范》GB50210-2001		

		验收项目	设计要求及规范规定	最小/实际抽样数量	检查记录	检查结果
主控项目	1	饰面板品种、规格、质量	第8.2.2条	/	质量证明文件齐全，试验合格，报告编号××××	✓
	2	饰面板孔、槽、位置、尺寸	第8.2.3条	3/5	抽查5处，合格5处	✓
	3	饰面板安装	第8.2.4条	3/5	抽查5处，合格5处	✓
一般项目	1	饰面板表面质量	第8.2.5条	3/5	抽查5处，合格5处	100%
	2	饰面板嵌缝	第8.2.6条	3/5	抽查5处，合格5处	100%
	3	湿作业施工	第8.2.7条	/		
	4	饰面板孔洞套割	第8.2.8条	3/5	抽查5处，合格5处	100%
	5	木板安装允许偏差	项目	允许偏差（mm）	最小/实际抽样数量	检查记录	检查结果

		项目	允许偏差（mm）	最小/实际抽样数量	检查记录	检查结果
一般项目	5 木板安装允许偏差	立面垂直度	1.5	3/5	抽查5处，合格5处	100%
		表面平整度	1	3/5	抽查5处，合格4处	80%
		阴阳角方正	1.5	3/5	抽查5处，合格5处	100%
		接缝直线度	1	3/5	抽查5处，合格5处	100%
		墙裙勒角上口直线度	2	3/5	抽查5处，合格5处	100%
		接缝高低差	0.5	3/5	抽查5处，合格5处	100%
		接缝宽度	1	3/5	抽查5处，合格5处	100%

施工单位检查结果	符合要求 专业工长：高爱云 项目专业质量检查员：张强 2015 年××月××日
监理单位验收结论	合格 专业监理工程师：刘东 2015 年××月××日

《木板安装检验批质量验收记录》填写说明

1. 填写依据

(1)《建筑装饰装修工程质量验收规范》GB 50210－2001。

(2)《建筑工程施工质量验收统一标准》GB 50300－2013。

2. 规范摘要

以下内容摘录自《建筑装饰装修工程质量验收规范》GB 50210－2001。

验收要求

参见"石材安装检验批质量验收记录"验收要求的相关内容。

7.4 金属板安装

7.4.1 金属板安装工程资料列表

(1)设计文件

饰面板工程的施工图、设计说明及其他设计文件

(2)施工技术资料

1)工程技术文件报审表

2)饰面板安装工程施工方案

3)饰面板安装工程施工方案技术交底记录

4)金属板安装分项工程技术交底记录

5)图纸会审记录、设计变更通知单、工程洽商记录

(3)施工物资资料

1)金属饰面板的产品合格证、性能检测报告

2)骨架、挂件及连接件出厂合格证

3)密封胶、胶粘剂的产品合格证、性能检测报告,胶粘剂相容性试验报告

4)防火涂料、防水剂、防腐剂等的产品合格证书及使用说明书

8)材料、构配件进场检验记录

9)工程物资进场报验表

(4)施工记录

1)(金属饰面板)安装预埋件(或后置埋件)、连接件、安装龙骨等隐蔽工程验收记录

2)施工检查记录

(5)施工试验记录及检测报告

后置埋件的现场拉拔检测报告

(6)施工质量验收记录

1)金属板安装检验批质量验收记录

2)金属板安装分项工程质量验收记录

4)分项/分部工程施工报验表

7.4.2 金属板安装工程资料填写范例及说明

金属板安装检验批质量验收记录

03070401<u>001</u>

单位（子单位）工程名称		××大厦		分部（子分部）工程名称	建筑装饰装修/饰面板	分项工程名称	金属板安装
施工单位		××建筑有限公司		项目负责人	赵斌	检验批容量	1000m²
分包单位		××建筑装饰工程有限公司		分包单位项目负责人	王阳	检验批部位	东立面室外饰面板
施工依据		××大厦装饰装修施工方案		验收依据		《建筑装饰装修工程质量验收规范》GB50210-2001	

		验收项目	设计要求及规范规定	最小/实际抽样数量	检查记录	检查结果
主控项目	1	饰面板品种、规格、质量	第8.2.2条	/	质量证明文件齐全，试验合格，报告编号××××	√
	2	饰面板孔、槽、位置、尺寸	第8.2.3条	10/10	抽查10处，合格10处	√
	3	饰面板安装	第8.2.4条	10/10	抽查10处，合格10处	√
一般项目	1	饰面板表面质量	第8.2.5条	10/10	抽查10处，合格10处	100%
	2	饰面板嵌缝	第8.2.6条	10/10	抽查10处，合格10处	100%
	3	湿作业施工	第8.2.7条	/	/	
	4	饰面板孔洞套割	第8.2.8条	10/10	抽查10处，合格9处	90%
	5	金属板安装允许偏差	项目	允许偏差（mm）	最小/实际抽样数量	检查记录	检查结果
			立面垂直度	2	10/10	抽查10处，合格8处	80%
			表面平整度	3	10/10	抽查10处，合格10处	100%
			阴阳角方正	3	10/10	抽查10处，合格10处	100%
			接缝直线度	1	10/10	抽查10处，合格9处	90%
			墙裙勒角上口直线度	2	10/10	抽查10处，合格10处	100%
			接缝高低差	1	10/10	抽查10处，合格10处	100%
			接缝宽度	1	10/10	抽查10处，合格10处	100%

施工单位检查结果	符合要求 专业工长：高爱云 项目专业质量检查员：张浩 2015 年××月××日
监理单位验收结论	合格 专业监理工程师：刘东 2015 年××月××日

一册在手 表格全有 贴近现场 资料无忧

《金属板安装检验批质量验收记录》填写说明

1. 填写依据

(1)《建筑装饰装修工程质量验收规范》GB 50210—2001。

(2)《建筑工程施工质量验收统一标准》GB 50300—2013。

2. 规范摘要

以下内容摘录自《建筑装饰装修工程质量验收规范》GB 50210—2001。

验收要求

参见"石材安装检验批质量验收记录"验收要求的相关内容。

7.5　塑料板安装

7.5.1　塑料板安装工程资料列表

（1）设计文件

饰面板工程的施工图、设计说明及其他设计文件

（2）施工技术资料

1）工程技术文件报审表

2）饰面板安装工程施工方案

3）饰面板安装工程施工方案技术交底记录

4）塑料板安装分项工程技术交底记录

5）图纸会审记录、设计变更通知单、工程洽商记录

（3）施工物资资料

1）塑料饰面板的产品合格证、性能检测报告

2）骨架、挂件及连接件出厂合格证

3）密封胶、胶粘剂的产品合格证、性能检测报告，胶粘剂相容性试验报告

4）防火涂料、防水剂、防腐剂等的产品合格证书及使用说明书

5）材料、构配件进场检验记录

6）工程物资进场报验表

（4）施工记录

1）（塑料饰面板）墙体表面涂防潮（水）层、安装木龙骨等隐蔽工程验收记录

2）施工检查记录

（5）施工试验记录及检测报告

后置埋件的现场拉拔检测报告

（6）施工质量验收记录

1）塑料板安装检验批质量验收记录

2）塑料板安装分项工程质量验收记录

3）分项/分部工程施工报验表

7.5.2 塑料板安装工程资料填写范例及说明

塑料板安装检验批质量验收记录

03070501001

单位(子单位)工程名称	××大厦	分部(子分部)工程名称	建筑装饰装修/饰面板	分项工程名称	塑料板安装
施工单位	××建筑有限公司	项目负责人	赵斌	检验批容量	20间
分包单位	××建筑装饰工程有限公司	分包单位项目负责人	王阳	检验批部位	二层1～10/A～E轴室内饰面层
施工依据	××大厦装饰装修施工方案		验收依据	《建筑装饰装修工程质量验收规范》GB50210-2001	

		验收项目	设计要求及规范规定	最小/实际抽样数量	检查记录	检查结果
主控项目	1	饰面板品种、规格、质量	第8.2.2条	/	质量证明文件齐全,试验合格,报告编号××××	√
	2	饰面板孔、槽、位置、尺寸	第8.2.3条	3/5	抽查5处,合格5处	√
	3	饰面板安装	第8.2.4条	3/5	抽查5处,合格5处	√
一般项目	1	饰面板表面质量	第8.2.5条	3/5	抽查5处,合格5处	100%
	2	饰面板嵌缝	第8.2.6条	3/5	抽查5处,合格5处	100%
	3	湿作业施工	第8.2.7条	3/5	抽查5处,合格5处	100%
	4	饰面板孔洞套割	第8.2.8条	3/5	抽查5处,合格5处	100%
	5	塑料板安装允许偏差	项目	允许偏差(mm)	最小/实际抽样数量	检查记录	检查结果
			立面垂直度	2	3/5	抽查5处,合格5处	100%
			表面平整度	3	3/5	抽查5处,合格5处	100%
			阴阳角方正	3	3/5	抽查5处,合格4处	80%
			接缝直线度	1	3/5	抽查5处,合格5处	100%
			墙裙勒角上口直线度	2	3/5	抽查5处,合格5处	100%
			接缝高低差	1	3/5	抽查5处,合格5处	100%
			接缝宽度	1	3/5	抽查5处,合格5处	100%

施工单位检查结果	符合要求 专业工长: 高爱云 项目专业质量检查员: 张浩 2015年××月××日
监理单位验收结论	合格 专业监理工程师: 刘东 2015年××月××日

一册在手 表格全有 贴近现场 资料无忧

《塑料板安装检验批质量验收记录》填写说明

1. 填写依据

(1)《建筑装饰装修工程质量验收规范》GB 50210－2001。

(2)《建筑工程施工质量验收统一标准》GB 50300－2013。

2. 规范摘要

以下内容摘录自《建筑装饰装修工程质量验收规范》GB 50210－2001。

验收要求

参见"石材安装检验批质量验收记录"验收要求的相关内容。

一册在手　表格全有　贴近现场　资料无忧

第 8 章

饰面砖工程

8.0 饰面砖工程资料应参考的标准及规范清单

1.《建筑装饰装修工程质量验收规范》GB 50210—2001

2.《建筑工程施工质量验收统一标准》GB 50300—2013

3.《住宅装饰装修工程施工规范》GB 50327—2001

4.《建筑设计防火规范》GB 50016—2014

5.《通用硅酸盐水泥》GB 175—2007

6.《白色硅酸盐水泥》GB/T 2015—2005

7.《民用建筑工程室内环境污染控制规范(2013 版)》GB 50325—2010

8.《建筑内部装修设计防火规范》GB50222—1995(2001 年修订版)

9.《一般工业用铝及铝合金板、带材》GB/T 3880.1~3—2012

10.《陶瓷砖》GB/T 4100—2006

11.《建筑工程饰面砖粘结强度检验标准》JGJ 110—2008

12.《外墙饰面砖工程施工及验收规程》JGJ 126—2015

13.《混凝土用水标准》JGJ 63—2006

14.《建筑材料放射性核素限量》GB 6566—2010

15.《变形铝及铝合金状态代号》GB/T 16475—2008

16.《铝合金建筑型材》GB 5237.1~6—2008

17.《不锈钢冷轧钢板和钢带》GB/T 3280—2007

18.《不锈钢热轧钢板和钢带》GB/T 4237—2007

19.《不锈钢棒》GB/T 1220—2007

20.《碳素结构钢》GB/T 700—2006

21.《合金结构钢》GB/T 3077—1999

22.《施工现场临时用电安全技术规范》JGJ 46—2005

23.《北京市建筑工程施工安全操作》DBJ01—62—2002

24.《建筑安装分项工程施工工艺流程》DBJ/T 01—26—2003

25.《高级建筑装饰工程质量验收标准》DBJ/T 01—27—2003

26.《建筑工程资料管理规程》JGJ/T 185—2009

8.1　外墙饰面砖粘贴

8.1.1　外墙饰面砖粘贴工程资料列表

（1）设计文件

饰面砖工程的施工图、设计说明及其他设计文件

（2）施工技术资料

1）工程技术文件报审表

2）饰面砖粘贴工程施工方案

3）饰面砖粘贴工程施工方案技术交底记录

4）外墙饰面砖粘贴分项工程技术交底记录

5）图纸会审记录、设计变更通知单、工程洽商记录

（3）施工物资资料

1）饰面砖（陶瓷面砖、玻璃面砖）产品合格证、性能检测报告

2）外墙陶瓷面砖的吸水率、寒冷地区外墙陶瓷面砖的抗冻性复试报告

3）水泥产品合格证、出厂检验报告、粘贴用水泥的凝结时间、安定性和抗压强度试验报告，砂试验报告

4）界面剂、粘结剂、勾缝剂等产品合格证、性能检测报告

5）材料、构配件进场检验记录

6）工程物资进场报验表

（4）施工记录

1）基层处理等隐蔽工程验收记录

2）施工检查记录

（5）施工试验记录及检测报告

外墙饰面砖样板件的粘结强度检测报告

（6）施工质量验收记录

1）饰面砖粘贴检验批质量验收记录

2）外墙饰面砖粘贴分项工程质量验收记录

3）分项/分部工程施工报验表

8.1.2 外墙饰面砖粘贴工程资料填写范例及说明

		编　号	2015-×× ×
干压陶瓷砖试验报告		试验编号	2015-×× ×
		委托编号	2015-×× ×
工程名称及部位	×× 工程 二层厨房内墙面①~⑨/Ⓐ~Ⓖ轴	试样编号	001
委托单位	×× 建设工程有限公司　×× 项目部	试验委托人	×× ×
材料名称及规格	干压陶瓷砖 200×100×12mm	产地、厂别	北京, ×× 陶瓷有限公司
代表数量	20 块	来样日期	2015 年×月×日	试验日期	2015 年×月×日

要求试验项目及说明:

　　吸水率　　　抗冻性

试验结果:

　　吸水率:平均值 0.5%,单个最大值 0.6%

　　抗冻性:无裂纹、无剥落

结论:

　　依据 GB/T 4100-2006 标准,所检项目符合干压陶瓷砖瓷质砖要求。

批　准	×× ×	审　核	××	试　验	×× ×
试验单位	×× 建设工程有限公司试验室				
报告日期	2015 年×月×日				

本表由试验单位提供,建设单位、施工单位各保存一份。

一册在手　表格全有　贴近现场　资料无忧

	编 号	
粉状瓷砖粘结剂试验报告	试验编号	2015－×××
	委托编号	2015－×××
工程名称及 部位	××工程 墙面①～⑥/Ⓐ～Ⓗ轴	试样编号	001
委托单位	×××建设工程有限公司××项目部	试验委托人	×××
材料名称及 规格	粉状瓷砖粘结剂 RC－201	产地、厂别	北京， ××建材有限公司
代表数量	×t	来样日期	2015 年×月×日	试验日期	2015 年×月×日

要求试验项目及说明：

　　原强度、耐温、耐水

试验结果：

　　原强度：1.13MPa

　　耐水 7 天强度比：80％

　　耐温 7 天强度比：78％

结论：

　　依据 GB/T 12954.2008 规范，所检项目符合陶瓷砖外墙用复合胶粘剂 A 型要求。

批　准	×××	审　核	××	试　验	×××
试验单位	××建设工程有限公司试验室				
报告日期	2015 年×月×日				

本表由试验单位提供，建设单位、施工单位各保存一份。

彩色釉面陶瓷墙地砖试验报告		编　号	
		试验编号	2015—××
		委托编号	2015—××
工程名称及部位	××工程 1～2层外墙	试样编号	004
委托单位	××建设工程有限公司　××项目部	试验委托人	×××
材料名称及规格	彩色釉面陶瓷墙地砖 330mm×250mm×6.5mm	产地、厂别	北京， ××陶瓷制品有限公司
代表数量	12块	来样日期	2015年9月22日	试验日期	2015年9月23日

要求试验项目及说明：
　　吸水率(%)、耐急冷、急热、抗冻性、表面质量、尺寸偏差、变形、耐污染性

试验结果：
　　吸水率(%)：3%
　　耐急冷、急热：合格
　　抗冻性：经抗冻性试验，无裂纹和剥落
　　表面质量：表面无缺陷
　　尺寸偏差：合格
　　变形：优等品
　　耐污染性：5级

结论：
　　该样品经检验，其检的项目符合《陶瓷砖》GB/T 4100的要求，评定合格。

批　准	×××	审　核	××	试　验	×××
试验单位	××建设工程有限公司试验室				
报告日期	2015年9月26日				

本表由试验单位提供，建设单位、施工单位各保存一份。

一册在手　表格全有　贴近现场　资料无忧

饰面砖粘结强度试验报告

(2007) 量认 (国) 字 (U0376) 号

试验编号：SMZ08－0014

工程名称	××办公楼工程			试件编号	001
委托单位	××建设集团有限公司××项目部			试验委托人	×××
饰面砖品种及牌号	条形砖　××牌			粘贴层次	1 层
饰面砖生产厂及规格	××陶瓷有限公司　　60×240mm			粘贴面积 (m²)	300
基体材料	外墙外保温	粘结材料	水泥砂浆	粘结剂	HY－914
抽样部位	2#楼梯间外墙	龄期(d)	50	施工日期	2015 年×月×日
检验类型	批量检验	环境温度(℃)	28	试验日期	2015 年×月×日
仪器及编号	数显示粘接强度检测仪　0238				

序号	试件尺寸(mm)		受力面积 (mm²)	拉力 (kN)	粘结强度 (MPa)	破坏状态 (序号)	平均强度 (MPa)
	长	宽					
1	96.5	46.5	4487.25	2.57	0.57	3	
2	97.0	45.5	4413.50	3.18	0.72	3	0.6
3	97.0	46.0	4462.00	2.26	0.51	3	

结论：

依据 JGJ 110－2008 标准，粘结强度符合要求。

批　　准	×××	审　　核	×××	试　　验	×××
试验单位	××工程检测试验有限公司				
报告日期					

试验专用章

隐蔽工程验收记录		编　号	×××
工程名称		××工程	
隐检项目	饰面砖粘贴	隐检日期	2015 年×月×日
隐检部位	二层　　①~⑩/Ⓐ~Ⓖ轴线　　4.100m 标高		

隐检依据:施工图图号 　　建施1、建施30　　 ,设计变更/洽商(编号　　　/　　　)及有关国家现行标准等。

主要材料名称及规格/型号: 　陶瓷锦砖××牌　　　　 。

隐检内容:

1. 陶瓷锦砖规格符合设计要求。

2. 墙面混凝土剔平、油污清洗干净。

3. 1:1聚合物水泥砂浆甩点均匀。

4. 不同材质基层交接处钉钢板网。

申报人:×××

检查意见:

经检查,陶瓷锦砖基层处理符合设计要求及《建筑装饰装修工程质量验收规范》(GB 50210-2001)的规定。

检查结论:　☑同意隐蔽　　□不同意,修改后进行复查

复查结论:

复查人:　　　　　　　　　　　　　　　复查日期:

签字栏	建设(监理)单位	施工单位	××建设工程有限公司	
		专业技术负责人	专业质检员	专业工长
	×××	×××	×××	×××

本表由施工单位填写,建设单位、施工单位、城建档案馆各保存一份。

外墙饰面砖粘贴检验批质量验收记录

03080101001

单位（子单位）工程名称		××大厦	分部（子分部）工程名称	建筑装饰装修/饰面砖	分项工程名称		外墙饰面砖粘贴
施工单位		××建筑有限公司	项目负责人	赵斌	检验批容量		1000m²
分包单位		××建筑装饰工程有限公司	分包单位项目负责人	王阳	检验批部位		东立面室外饰面砖
施工依据		××大厦装饰装修施工方案		验收依据	《建筑装饰装修工程质量验收规范》GB50210-2001		
		验收项目	设计要求及规范规定	最小/实际抽样数量	检查记录		检查结果
主控项目	1	饰面砖品种、规格、质量	第8.3.2条	/	质量证明文件齐全，通过进场验收		√
	2	饰面砖粘贴材料	第8.3.3条	/	质量证明文件齐全，通过进场验收		√
	3	饰面砖粘贴	第8.3.4条	/	质量证明文件齐全，通过进场验收		√
	4	满粘法施工	第8.3.5条	10/10	抽查10处，合格10处		√
一般项目	1	饰面砖表面质量	第8.3.6条	10/10	抽查10处，合格10处		100%
	2	阴阳角及非整砖	第8.3.7条	10/10	抽查10处，合格10处		100%
	3	墙面突出物周围	第8.3.8条	10/10	抽查10处，合格9处		90%
	4	饰面砖接缝、填嵌、宽深	第8.3.9条	10/10	抽查10处，合格10处		100%
	5	滴水线(槽)	第8.3.10条	10/10	抽查10处，合格8处		80%
	6 粘贴允许偏差	项目	允许偏差(mm)	最小/实际抽样数量	检查记录		检查结果
		立面垂直度	3	10/10	抽查10处，合格10处		100%
		表面平整度	4	10/10	抽查10处，合格9处		90%
		阴阳角方正	3	10/10	抽查10处，合格10处		100%
		接缝直线度	3	10/10	抽查10处，合格10处		100%
		接缝高低差	1	10/10	抽查10处，合格10处		100%
		接缝宽度	1	10/10	抽查10处，合格8处		80%
施工单位检查结果		符合要求　　　　　　　　　专业工长：高凌云　　　　项目专业质量检查员：张伟　　　　　　　　　　　　　　　2015年××月××日					
监理单位验收结论		合格　　　　　　　　　　专业监理工程师：刘东　　　　　　　　　　　　　　　　　　　　　2015年××月××日					

一册在手　表格全有　贴近现场　资料无忧

《外墙饰面砖粘贴检验批质量验收记录》填写说明

1. 填写依据

(1)《建筑装饰装修工程质量验收规范》GB 50210－2001。

(2)《建筑工程施工质量验收统一标准》GB 50300－2013。

2. 规范摘要

以下内容摘录自《建筑装饰装修工程质量验收规范》GB 50210－2001。

(1)验收要求

检验批的划分及检查数量参见"石材安装检验批质量验收记录"验收要求的相关内容。

(2)饰面砖粘贴工程

本节适用于内墙饰面砖粘贴工程和高度不大于100m、抗震设防烈度不大于8度、采用满粘法施工的外墙饰面砖粘贴工程的质量验收。

主控项目

1)饰面砖的品种、规格、图案、颜色和性能应符合设计要求。

检验方法:观察;检查产品合格证书、进场验收记录、性能检测报告和复验报告。

2)饰面砖粘贴工程的找平、防水、粘结和勾缝材料及施工方法应符合设计要求及国家现行产品标准和工程技术标准的规定。

检验方法:检查产品合格证书、复验报告和隐蔽工程验收记录。

3)饰面砖粘贴必须牢固。

检验方法:检查样板件粘结强度检测报告和施工记录。

4)满粘法施工的饰面砖工程应无空鼓、裂缝。

检验方法:观察;用小锤轻击检查。

一般项目

1)饰面砖表面应平整、洁净、色泽一致,无裂痕和缺损。

检验方法:观察。

2)阴阳角处搭接方式、非整砖使用部位应符合设计要求。

检验方法:观察。

3)墙面突出物周围的饰面砖应整砖套割吻合,边缘应整齐。墙裙、贴脸突出墙面的厚度应一致。

检验方法:观察;尺量检查。

4)饰面砖接缝应平直、光滑,填嵌应连续、密实;宽度和深度应符合设计要求。

检验方法:观察;尺量检查。

5)有排水要求的部位应做滴水线(槽)。滴水线(槽)应顺直,流水坡向应正确,坡度应符合设计要求。

检验方法:观察;用水平尺检查。

6)饰面砖粘贴的允许偏差和检验方法应符合表8-1的规定。

一册在手 表格全有 贴近现场 资料无忧

表 8-1　　　　　　　　　　　　饰面砖粘贴的允许偏差和检验方法

项次	项目	允许偏差(mm)		检验方法
		外墙面砖	内墙面砖	
1	立面垂直度	3	2	用 2m 垂直检测尺检查
2	表面平整度	4	3	用 2m 靠尺和塞尺检查
3	阴阳角方正	3	3	用直角检测尺检查
4	接缝直线度	3	2	拉 5m 线,不足 5m 拉通线,用钢直尺检查
5	接缝高低差	1	0.5	用钢直尺和塞尺检查
6	接缝宽度	1	1	用钢直尺检查

外墙饰面砖粘贴 分项工程质量验收记录

单位(子单位)工程名称	××工程		结构类型	框架剪力墙
分部(子分部)工程名称	饰面		检验批数	8
施工单位	××建设集团有限公司		项目经理	×××
分包单位	××建筑装饰装修工程有限公司		分包项目经理	×××

序号	检验批名称及部位、区段	施工单位检查评定结果	监理(建设)单位验收结论
1	一层外墙饰面砖粘贴	√	
2	二层外墙饰面砖粘贴	√	
3	三层外墙饰面砖粘贴	√	
4	四层外墙饰面砖粘贴	√	
5	五层外墙饰面砖粘贴	√	
6	六层外墙饰面砖粘贴	√	
7	七层外墙饰面砖粘贴	√	验收合格
8	八层外墙饰面砖粘贴	√	

说明:

检查结论	一层至九层外墙饰面砖粘贴施工质量符合《建筑装饰装修工程质量验收规范》(GB 50210—2001)的要求,外墙饰面砖粘贴分项工程合格。 项目专业技术负责人:××× 2015 年×月×日	验收结论	同意施工单位检查结论,验收合格。 监理工程师:××× (建设单位项目专业技术负责人) 2015 年×月×日

注:地基基础、主体结构工程的分项工程质量验收不填写"分包单位"、"分包项目经理"。

8.2　内墙饰面砖粘贴

8.2.1　内墙饰面砖粘贴工程资料列表

(1)设计文件

饰面砖工程的施工图、设计说明及其他设计文件

(2)施工技术资料

1)工程技术文件报审表

2)饰面砖粘贴工程施工方案

3)饰面砖粘贴工程施工方案技术交底记录

4)内墙饰面砖粘贴分项工程技术交底记录

5)图纸会审记录、设计变更通知单、工程洽商记录

(3)施工物资资料

1)饰面砖(陶瓷面砖、玻璃面砖)产品合格证、性能检测报告

2)水泥产品合格证、出厂检验报告、粘贴用水泥的凝结时间、安定性和抗压强度试验报告,砂试验报告

3)界面剂、粘结剂、勾缝剂等产品合格证、性能检测报告

4)材料、构配件进场检验记录

5)工程物资进场报验表

(4)施工记录

1)基层处理等隐蔽工程验收记录

2)施工检查记录

(5)施工试验记录及检测报告

内墙饰面砖样板件的粘结强度检测报告

(6)施工质量验收记录

1)内墙饰面砖粘贴检验批质量验收记录

2)内墙饰面砖粘贴分项工程质量验收记录

3)分项/分部工程施工报验表

(7)分户验收记录

墙面饰面砖粘贴质量分户验收记录表

8.2.2 内墙饰面砖粘贴工程资料填写范例及说明

内墙饰面砖粘贴检验批质量验收记录

03080201001

单位(子单位)工程名称	××大厦	分部(子分部)工程名称	建筑装饰装修/饰面砖	分项工程名称	内墙饰面砖粘贴
施工单位	××建筑有限公司	项目负责人	赵斌	检验批容量	20间
分包单位	××建筑装饰工程有限公司	分包单位项目负责人	王阳	检验批部位	二层1~10/A~E轴室内饰面砖
施工依据	××大厦装饰装修施工方案	验收依据	《建筑装饰装修工程质量验收规范》GB50210-2001		

<table>
<tr><td colspan="2" rowspan="2"></td><td rowspan="2">验收项目</td><td rowspan="2">设计要求及规范规定</td><td rowspan="2">最小/实际抽样数量</td><td>检查记录</td><td>检查结果</td></tr>
<tr><td></td><td></td></tr>
<tr><td rowspan="4">主控项目</td><td>1</td><td>饰面砖品种、规格、质量</td><td>第8.3.2条</td><td>/</td><td>质量证明文件齐全,通过进场验收</td><td>√</td></tr>
<tr><td>2</td><td>饰面砖粘贴材料</td><td>第8.3.3条</td><td>/</td><td>质量证明文件齐全,通过进场验收</td><td>√</td></tr>
<tr><td>3</td><td>饰面砖粘贴</td><td>第8.3.4条</td><td>3/5</td><td>抽查5处,合格5处</td><td>√</td></tr>
<tr><td>4</td><td>满粘法施工</td><td>第8.3.5条</td><td>3/5</td><td>抽查5处,合格5处</td><td>√</td></tr>
<tr><td rowspan="12">一般项目</td><td>1</td><td>饰面砖表面质量</td><td>第8.3.6条</td><td>3/5</td><td>抽查5处,合格5处</td><td>100%</td></tr>
<tr><td>2</td><td>阴阳角及非整砖</td><td>第8.3.7条</td><td>3/5</td><td>抽查5处,合格5处</td><td>100%</td></tr>
<tr><td>3</td><td>墙面突出物周围</td><td>第8.3.8条</td><td>3/5</td><td>抽查5处,合格4处</td><td>80%</td></tr>
<tr><td>4</td><td>饰面砖接缝、填嵌、宽深</td><td>第8.3.9条</td><td>3/5</td><td>抽查5处,合格5处</td><td>100%</td></tr>
<tr><td>5</td><td>滴水线(槽)</td><td>第8.3.10条</td><td>3/5</td><td>抽查5处,合格5处</td><td>100%</td></tr>
<tr><td rowspan="7">6</td><td rowspan="7">粘贴允许偏差</td><td>项目</td><td>允许偏差(mm)</td><td>最小/实际抽样数量</td><td>检查记录</td><td>检查结果</td></tr>
<tr><td>立面垂直度</td><td>2</td><td>3/5</td><td>抽查5处,合格5处</td><td>100%</td></tr>
<tr><td>表面平整度</td><td>3</td><td>3/5</td><td>抽查5处,合格4处</td><td>80%</td></tr>
<tr><td>阴阳角方正</td><td>3</td><td>3/5</td><td>抽查5处,合格5处</td><td>100%</td></tr>
<tr><td>接缝直线度</td><td>2</td><td>3/5</td><td>抽查5处,合格5处</td><td>100%</td></tr>
<tr><td>接缝高低差</td><td>0.5</td><td>3/5</td><td>抽查5处,合格5处</td><td>100%</td></tr>
<tr><td>接缝宽度</td><td>1</td><td>3/5</td><td>抽查5处,合格5处</td><td>100%</td></tr>
<tr><td colspan="2">施工单位检查结果</td><td colspan="5">符合要求

专业工长: 高爱云
项目专业质量检查员: 张浩

2015年××月××日</td></tr>
<tr><td colspan="2">监理单位验收结论</td><td colspan="5">合格

专业监理工程师: 刘东

2015年××月××日</td></tr>
</table>

《内墙饰面砖粘贴检验批质量验收记录》填写说明

1. 填写依据

(1)《建筑装饰装修工程质量验收规范》GB 50210－2001。

(2)《建筑工程施工质量验收统一标准》GB 50300－2013。

2. 规范摘要

以下内容摘录自《建筑装饰装修工程质量验收规范》GB 50210－2001。

(1)验收要求

检验批的划分及检查数量参见"石材安装检验批质量验收记录"验收要求的相关内容。

(2)饰面砖粘贴工程

本节适用于内墙饰面砖粘贴工程和高度不大于 100m、抗震设防烈度不大于 8 度、采用满粘法施工的外墙饰面砖粘贴工程的质量验收。

主控项目

1)饰面砖的品种、规格、图案、颜色和性能应符合设计要求。

检验方法:观察;检查产品合格证书、进场验收记录、性能检测报告和复验报告。

2)饰面砖粘贴工程的找平、防水、粘结和勾缝材料及施工方法应符合设计要求及国家现行产品标准和工程技术标准的规定。

检验方法:检查产品合格证书、复验报告和隐蔽工程验收记录。

3)饰面砖粘贴必须牢固。

检验方法:检查样板件粘结强度检测报告和施工记录。

4)满粘法施工的饰面砖工程应无空鼓、裂缝。

检验方法:观察;用小锤轻击检查。

一般项目

1)饰面砖表面应平整、洁净、色泽一致,无裂痕和缺损。

检验方法:观察。

2)阴阳角处搭接方式、非整砖使用部位应符合设计要求。

检验方法:观察。

3)墙面突出物周围的饰面砖应整砖套割吻合,边缘应整齐。墙裙、贴脸突出墙面的厚度应一致。

检验方法:观察;尺量检查。

4)饰面砖接缝应平直、光滑,填嵌应连续、密实;宽度和深度应符合设计要求。

检验方法:观察;尺量检查。

5)有排水要求的部位应做滴水线(槽)。滴水线(槽)应顺直,流水坡向应正确,坡度应符合设计要求。

检验方法:观察;用水平尺检查。

6)饰面砖粘贴的允许偏差和检验方法应符合表 8-2 的规定。

表 8-2   饰面砖粘贴的允许偏差和检验方法

项次	项目	允许偏差（mm）		检验方法
		外墙面砖	内墙面砖	
1	立面垂直度	3	2	用 2m 垂直检测尺检查
2	表面平整度	4	3	用 2m 靠尺和塞尺检查
3	阴阳角方正	3	3	用直角检测尺检查
4	接缝直线度	3	2	拉 5m 线，不足 5m 拉通线，用钢直尺检查
5	接缝高低差	1	0.5	用钢直尺和塞尺检查
6	接缝宽度	1	1	用钢直尺检查

一册在手 表格全有 贴近现场 资料无忧

内墙饰面砖粘贴 分项工程质量验收记录

单位(子单位)工程名称	××工程		结构类型	框架剪力墙
分部(子分部)工程名称	饰面砖		检验批数	8
施工单位	××建设集团有限公司		项目经理	×××
分包单位	××建筑装饰装修工程有限公司		分包项目经理	×××

序号	检验批名称及部位、区段	施工单位检查评定结果	监理(建设)单位验收结论
1	一层内墙饰面砖粘贴	√	
2	二层内墙饰面砖粘贴	√	
3	三层内墙饰面砖粘贴	√	
4	四层内墙饰面砖粘贴	√	
5	五层内墙饰面砖粘贴	√	
6	六层内墙饰面砖粘贴	√	
7	七层内墙饰面砖粘贴	√	验收合格
8	八层内墙饰面砖粘贴	√	

说明：

检查结论	一层至九层内墙饰面砖粘贴施工质量符合《建筑装饰装修工程质量验收规范》(GB 50210—2001)的要求,内墙饰面砖粘贴分项工程合格。 项目专业技术负责人：××× 2015 年×月×日	验收结论	同意施工单位检查结论,验收合格。 监理工程师：××× (建设单位项目专业技术负责人) 2015 年×月×日

注:地基基础、主体结构工程的分项工程质量验收不填写"分包单位"、"分包项目经理"。

墙面饰面砖粘贴质量分户验收记录表

单位工程名称	××小区10#楼		结构类型	框架	层数	地下2层,地上16层
验收部位(房号)	5单元601室		户型	三室两厅一卫	检查日期	2015年×月×日
建设单位	××房地产开发有限公司		参检人员姓名	×××	职务	建设单位
总包单位	××建设集团有限公司		参检人员姓名	×××	职务	质量检查员
分包单位	××建筑装饰装修工程有限公司		参检人员姓名	×××	职务	质量检查员
监理单位	××建设监理有限公司		参检人员姓名	×××	职务	土建监理工程师
施工执行标准名称及编号			《建筑装饰装修工程施工工艺标准》(QB×××-2006)			

施工质量验收规范的规定(GB 50210-2001)				施工单位检查评定记录	监理(建设)单位验收记录
主控项目	1	饰面砖质量	第8.3.2条	有出厂合格证和复验报告(编号××)各1份,合格	合格
	2	饰面砖粘贴材料	第8.3.3条	/	/
	3	饰面砖粘贴	第8.3.4条	/	/
	4	满粘法施工	第8.3.5条	无空鼓、裂缝	合格
一般项目	1	饰面板表面质量	第8.3.6条	表面平整、洁净、色泽一致,无裂痕、缺损	合格
	2	阴阳角及非套砖	第8.3.7条	阴阳角处搭接方式、非整砖使用部位符合设计要求	合格
	3	墙面突出物周围	第8.3.8条	墙面突出物周围套割吻合,边缘整齐	合格
	4	饰面砖接缝、填嵌、宽度	第8.3.9条	接缝平直、光滑,填嵌连续、密实;宽度、深度符合设计要求	合格
	5	滴水线	第8.3.10条	滴水线(槽)顺直,流水坡向正确,坡度	合格

	6	饰面砖粘贴允许偏差	项目	允许偏差(mm) 内墙面砖	实测值					合格
			立面垂直度	2	1	1	②	1	1	合格
			表面平整度	3	1	2	2	2	1	合格
			阴阳角方正	3	1	1	2	1	2	合格
			接缝直线度	2	1	1	1	1	0	合格
			接缝高低差	0.5	0.1	0.1	0.1	0.1	0.2	合格
			接缝宽度	1	0.2	0.2	0.5	0.1		合格

复查记录	监理工程师(签章): 年 月 日
	建设单位专业技术负责人(签章): 年 月 日

施工单位检查评定结果	经检查,主控项目、一般项目均符合设计和《建筑装饰装修工程质量验收规范》(GB 50210-2001)的规定。
	总包单位质量检查员(签章):××× 2015年×月×日
	分包单位质量检查员(签章):××× 2015年×月×日

监理单位验收结论	验收合格。
	监理工程师(签章):××× 2015年×月×日

建设单位验收结论	验收合格。
	建设单位专业技术负责人(签章):××× 2015年×月×日

《墙面饰面砖粘贴质量分户验收记录表》填写说明

【检查内容】

饰面砖粘贴工程分户质量验收内容,可根据竣工时观察到的观感和使用功能以及实测项目的质量进行确定,具体参照表 8-3。

表 8-3　　　　　　　　　　墙面饰面砖粘贴工程分户质量验收内容

<table>
<tr><td colspan="3">施工质量验收规范的规定(GB50210—2001)</td><td>涉及的检查项目</td></tr>
<tr><td rowspan="4">主控项目</td><td>1</td><td>饰面砖质量</td><td>第 8.3.2 条</td><td>√</td></tr>
<tr><td>2</td><td>饰面砖粘贴材料</td><td>第 8.3.3 条</td><td>\</td></tr>
<tr><td>3</td><td>饰面砖粘贴</td><td>第 8.3.4 条</td><td>\</td></tr>
<tr><td>4</td><td>满粘法施工</td><td>第 8.3.5 条</td><td>√</td></tr>
<tr><td rowspan="11">一般项目</td><td colspan="2">1</td><td>饰面板表面质量</td><td>第 8.3.6 条</td><td>√</td></tr>
</table>

项目	允许偏差(mm)		涉及
	外墙面砖	内墙面砖	

			施工质量验收规范的规定(GB50210—2001)			涉及的检查项目
主控项目	1		饰面砖质量		第 8.3.2 条	√
	2		饰面砖粘贴材料		第 8.3.3 条	\
	3		饰面砖粘贴		第 8.3.4 条	\
	4		满粘法施工		第 8.3.5 条	√
一般项目	1		饰面板表面质量		第 8.3.6 条	√
	2		阴阳角及非套砖		第 8.3.7 条	√
	3		墙面突出物周围		第 8.3.8 条	√
	4		饰面砖接缝、填嵌、宽度		第 8.3.9 条	√
	5		滴水线		第 8.3.10 条	√
	6	饰面砖粘贴允许偏差	项目	允许偏差(mm) 外墙面砖	允许偏差(mm) 内墙面砖	
			立面垂直度	3	2	√
			表面平整度	4	3	√
			阴阳角方正	3	3	√
			接缝直线度	3	2	√
			接缝高低差	1	0.5	√
			接缝宽度	1	1	√

注:"√"代表涉及的检查内容;"\"代表不涉及的检查内容。

【质量标准、检查数量、方法】

(一)一般规定

1. 饰面砖粘贴工程应符合施工图、设计说明及其他设计文件的要求。

2. 饰面砖粘贴工程分户验收应按每户住宅划分为一个检验批。当分户检验批具备验收条件时,可及时验收。每户应抽查不得少于 3 间,不足 3 间时应全数检查。

3. 每户住宅饰面砖粘贴工程观感质量应全数检查。以房间为单位,检查并记录。

4. 实测实量内容宜按照本说明规定的检查部位、检查数量,确定检查点。必要时确定实测值的基准值,记录在相应项目表格中第一个空格内,实测值或与基准值相减的差值在允许偏差范围内判为合格,当超出允许偏差时应在此实测值记录上画圈做出不合格记号,以便判断不合格点是否超出允许偏差 1.5 倍和不合格点率。实测值应全数记录。

5. 当分户检验批的主控项目的质量经检查全部合格,一般项目的合格点率达到 80% 及以上,且没有严重缺陷时(不合格点实测偏差,应小于允许偏差的 1.5 倍),判为合格。

6. 当实测偏差大于允许偏差 1.5 倍,或不合格点率超出 20% 时,应整改并重新验收,记录整改项目测量结果。

(二)主控项目

1.饰面砖的品种、规格、图案、颜色应符合设计要求。

检验方法:观察。

2.满粘法施工的饰面砖工程应无空鼓、裂缝。

检验方法:观察;用小锤轻击检查。

(三)一般项目

1.饰面砖表面应平整、洁净、色泽一致,无裂痕和缺损。

检验方法:观察。

2.满粘法施工的饰面砖工程应无空鼓、裂缝。

检验方法:观察;用小锤轻击检查。

(三)一般项目

1.饰面砖表面应平整、洁净、色泽一致,无裂痕和缺损。

检验方法:观察。

2.阴阳角处搭接方式、非整砖使用部位应符合设计要求。

检验方法:观察。

3.墙面突出物周围的饰面砖应整砖套割吻合,边缘应整齐。墙裙、贴脸突出墙面的厚度应一致。

检验方法:观察;尺量检查。

4.饰面砖接缝应平直、光滑,填嵌应连续、密实;宽度和深度应符合设计要求。

检验方法:观察;尺量检查。

5.有排水要求的部位应做滴水线(槽)。滴水线(槽)应顺直,流水坡向应正确,坡度应符合设计要求。

检验方法:观察;用水平尺检查。

6.饰面砖粘贴的允许偏差和检验方法应符合表 8-2 的规定。

(四)实测项目说明

饰面砖粘贴工程实测内容分别是:立面垂直度、表面平整度、阴阳角方正、接缝直线度、接缝高低差、接缝宽度。检查时,宜在分户验收抽查点分布图中规定的房间,按照上述实测内容,使用相关测量工具,参照下列测量位置和数量,对饰面砖粘贴实测内容进行检查,并全数记录。

1.检查饰面砖立面垂直度时,使用 2m 垂直检测尺检查等测量工具,对房间每面墙体进行测量,测量点宜设置在距墙角水平距离 500mm,距地 300mm 位置,且每面墙不少于 1 点。

2.检查饰面砖立面表面平整度时,使用 2m 靠尺和塞尺等测量工具,对房间每面墙体进行测量,测量点宜设在墙面中间区域,按横、竖方向测量,且各不少于 1 点,记录最大值。

3.检查饰面砖阴阳角方正时,使用边长为 20 厘米的直角检测尺等测量工具,对房间每个阴阳角进行测量,测量点宜设在墙角距地高 1 米处,且不少于 1 点。

4.检查饰面砖接缝直线度时,采取拉 5m 线,不足 5m 拉通线,用钢直尺等测量工具,对房间每面墙进行测量。测量点宜设在墙面中间区域,按横、竖方向测量,且各不少于 1 点,记录最大值。

5.检查饰面砖接缝高低差时,使用钢直尺和塞尺等有关测量工具,对房间每面墙进行测量,测量点宜设在墙面中间区域,按横竖方向测量,且各不少于 1 点,记录最大值。

6.检查饰面砖接缝宽度时,使用钢直尺等有关测量工具,对房间每面墙体进行测量,测量点宜设在墙面中间区域,按横、竖方向测量,且各不少于 1 点,记录最大值。(确定基准值)

第 9 章

幕墙工程

9.0 幕墙工程资料应参考的标准及规范清单

1.《建筑装饰装修工程质量验收规范》GB 50210—2001

2.《建筑工程施工质量验收统一标准》GB 50300—2013

3.《住宅装饰装修工程施工规范》GB 50327—2001

5.《建筑设计防火规范》GB 50016—2014

6.《建筑用硅酮结构密封胶》GB 16776—2005

7.《半钢化玻璃》GB/T 17841—2008

8.《建筑用安全玻璃》GB 15763.1～4—2009

9.《中空玻璃》GB/T 11944—2012

10.《平板玻璃》GB 11614—2009

11.《冷弯薄壁型钢结构技术规范》GB 50018—2002

12.《建筑幕墙气密、水密、抗风压性能检测方法》GB/T 15227—2007

13.《建筑幕墙平面内变形性能检测方法》GB/T 18250—2000

14.《碳素结构钢》GB/T 700—2006

15.《合金结构钢》GB/T 3077—1999

16.《铝合金建筑型材》GB 5237.1～5—2008 / GB 5237.6—2012

17.《紧固件机械性能 不锈钢螺栓、螺钉和螺柱》GB/T 3098.6—2014

18.《紧固件机械性能 不锈钢螺母》GB/T 3098.15—2014

19.《天然花岗石建筑板材》GB/T 18601—2009

20.《一般工业用铝及铝合金板、带材》GB/T 3880.1～3—2012

21.《变形铝及铝合金状态代号》GB/T 16475—2008

22.《建筑幕墙用铝塑复合板》GB/T 17748—2008

23.《不锈钢冷轧钢板和钢带》GB/T 3280—2007

24.《不锈钢热轧钢板和钢带》GB/T 4237—2007

25.《不锈钢冷加工钢棒》GB/T 4226—2009

26.《吊挂式玻璃幕墙支承装置》JG 139—2001

27.《施工现场临时用电安全技术规范》JGJ 46—2005

28.《玻璃幕墙工程技术规范》JGJ 102—2003

29.《金属与石材幕墙工程技术规范》JGJ 133—2001

30.《玻璃幕墙工程质量检验标准》JGJ/T 139—2001

31.《建筑工程冬期施工规程》JGJ/T 104—2011

32.《建筑机械使用安全技术规程》JGJ 33—2012

33.《建筑施工高处作业安全技术规范》JGJ 80—1991

34.《平板玻璃》GB 11614—2009

35.《夹丝玻璃(1996 版)》JC 433—1991

36.《天然花岗石荒料》JC/T 204—2011

37.《北京市建筑工程施工安全操作》DBJ01—62—2002

38.《建筑工程资料管理规程》DBJ 01—51—2003

39.《建筑安装分项工程施工工艺流程》DBJ/T 01—26—2003

40.《高级建筑装饰工程质量验收标准》DBJ/T 01—27—2003

41.《建筑工程资料管理规程》JGJ/T 185—2009

9.1 玻璃幕墙安装

9.1.1 玻璃幕墙安装工程资料列表

(1)设计文件

1)玻璃幕墙工程的竣工图或施工图、结构计算书、设计变更文件及其他设计文件

2)建筑设计单位对幕墙工程设计的确认文件

(2)施工管理资料

1)工程概况表

2)施工现场质量管理检查记录

3)专业承包单位资质证明文件及专业人员岗位证书

4)分包单位资质报审表

5)玻璃幕墙施工检测计划

6)硅酮结构胶、后置埋件、幕墙性能检测的取样试验见证记录

7)见证试验检测汇总表

8)施工日志

(3)施工技术资料

1)工程技术文件报审表

2)玻璃幕墙(隐框玻璃幕墙、半隐框玻璃幕墙、明框玻璃幕墙、全玻幕墙及点支承玻璃幕墙)工程施工组织设计或施工方案

3)玻璃幕墙(隐框玻璃幕墙、半隐框玻璃幕墙、明框玻璃幕墙、全玻幕墙及点支承玻璃幕墙)工程施工组织设计或施工方案技术交底记录

4)玻璃幕墙(隐框玻璃幕墙、半隐框玻璃幕墙、明框玻璃幕墙、全玻幕墙及点支承玻璃幕墙)分项工程技术交底记录

5)图纸会审记录、设计变更通知单、工程洽商记录

(4)施工物资资料

1)(铝合金型材)型材的产品合格证、力学性能检验报告,进口型材的国家商检部门的商检证

2)(钢材)钢材的产品合格证、力学性能检验报告,进口钢材的国家商检部门的商检证

3)(玻璃)玻璃的产品合格证,中空玻璃的检验报告,热反射玻璃的光学性能检验报告,进口玻璃的国家商检部门的商检证,幕墙用安全玻璃复试报告

4)(硅酮结构胶)幕墙用硅酮结构胶的质量保证书、产品合格证、认定证书和抽查合格证明,进口硅酮结构胶的商检证,国家指定检测机构出具的硅酮结构胶相容性和剥离粘结性试验报告

5)玻璃幕墙用结构胶的邵氏硬度、标准条件拉伸粘结强度、相容性试验报告

6)(建筑密封材料)密封胶与实际工程用基材的相容性检验报告,密封材料及衬垫材料的产品合格证

7)(五金件及其他配件)钢材产品合格证,连接件产品合格证,镀锌工艺处理质量证书,螺栓、螺母、滑撑、限位器等产品合格证,门窗配件的产品合格证,铆钉力学性能检验报告防火材料产品合格证或材料耐火检验报告

一册在手 表格全有 贴近现场 资料无忧

8)幕墙组件出厂质量合格证书

9)材料、构配件进场检验记录

10)工程物资进场报验表

11)玻璃幕墙安装施工隐蔽工程验收记录

注:玻璃幕墙工程验收前,应在安装施工中完成下列隐蔽项目的现场验收:(1)预埋件或后置螺栓连接件;(2)构件与主体结构的连接节点;(3)幕墙四周、幕墙内表面与主体结构之间的封堵;(4)幕墙伸缩缝、沉降缝、防震缝及墙面转角节点;(5)隐框玻璃板块的固定;(6)幕墙防雷连接节点;(7)幕墙防火、隔烟节点;(8)单元式幕墙的封口节点。

(5)施工记录

1)交接检查记录

2)施工测量记录

3)幕墙注胶检查记录

4)幕墙注胶养护环境的温度、湿度记录

5)幕墙构件和组件的加工制作记录

6)幕墙安装施工记录

7)张拉杆索体系预拉力张拉记录

8)幕墙淋水试验记录

9)玻璃幕墙安装施工自检记录

(6)施工试验记录及检测报告

1)后置埋件的现场拉拔强度检测报告

2)幕墙双组分硅酮结构密封胶混匀性及拉断试验报告

3)玻璃幕墙的抗风压性能、空气渗透性能、雨水渗漏性能及平面内变形性能检测报告

4)防雷装置测试记录

5)玻璃幕墙支承装置力学性能检验报告

(7)施工质量验收记录

1)玻璃幕墙安装检验批质量验收记录

2)玻璃幕墙安装分项工程质量验收记录

3)分项/分部工程施工报验表

一册在手 表格全有 贴近现场 资料无忧

9.1.2 玻璃幕墙安装工程资料填写范例及说明

<table>
<tr><th colspan="7">材料、构配件进场检验记录</th><th>编 号</th><th>×××</th></tr>
<tr><td colspan="3">工程名称</td><td colspan="4">××大厦外幕墙工程</td><td>检验日期</td><td>2015 年 5 月 21 日</td></tr>
<tr><td rowspan="2">序号</td><td rowspan="2">名 称</td><td rowspan="2">规格型号</td><td rowspan="2">进场数量</td><td colspan="2">生产厂家</td><td rowspan="2">检验项目</td><td rowspan="2">检验结果</td><td rowspan="2">备 注</td></tr>
<tr><td colspan="2">合格证号</td></tr>
<tr><td>1</td><td>铝型材</td><td>6063－T6
126mm×60mm</td><td>××t</td><td colspan="2">××铝材公司
××××</td><td>查验质量证明文件;外观检查,规格尺寸涂膜厚度</td><td>合格</td><td></td></tr>
<tr><td>2</td><td>螺纹钢</td><td>Φ20</td><td>××t</td><td colspan="2">首钢
××××</td><td>查验质量证明书,取样复试</td><td>合格</td><td></td></tr>
<tr><td>3</td><td>钢化中空玻璃</td><td>5mm＋9A＋5mm
内片钢化</td><td>××m²</td><td colspan="2">××建材有限公司
××××</td><td>查验合格证和性能验收报告,处理检查</td><td>合格</td><td></td></tr>
<tr><td>4</td><td>硅酮结构胶</td><td>SSG 4400</td><td>××kg</td><td colspan="2">××建材有限公司
××××</td><td>品种,复试</td><td>合格</td><td></td></tr>
<tr><td>5</td><td>幕墙螺栓组件</td><td>M 10×10</td><td>××件</td><td colspan="2">××建材有限公司
××××</td><td>查验合格证,抽查规格</td><td>合格</td><td></td></tr>
<tr><td></td><td></td><td></td><td></td><td colspan="2"></td><td></td><td></td><td></td></tr>
<tr><td></td><td></td><td></td><td></td><td colspan="2"></td><td></td><td></td><td></td></tr>
<tr><td></td><td></td><td></td><td></td><td colspan="2"></td><td></td><td></td><td></td></tr>
<tr><td></td><td></td><td></td><td></td><td colspan="2"></td><td></td><td></td><td></td></tr>
<tr><td colspan="9">检验结论:
　　经尺量检查,铝型材、螺纹钢、钢化中空玻璃的规格尺寸符合设计要求,硅酮结构胶及螺栓组件的品种、规格型号符合设计要求,螺纹钢和结构胶的复试结果均合格,同意验收。</td></tr>
<tr><td rowspan="3">签字栏</td><td colspan="2" rowspan="2">建设(监理)单位</td><td colspan="6">施工单位　××幕墙装饰工程有限公司</td></tr>
<tr><td colspan="2">专业质检员</td><td colspan="2">专业工长</td><td colspan="2">检验员</td></tr>
<tr><td colspan="2">×××</td><td colspan="2">×××</td><td colspan="2">×××</td><td colspan="2">×××</td></tr>
</table>

本表由施工单位填写并保存。

工程物资进场报验表		编　号	×××

工程名称	××大厦外幕墙工程	日　期	2015 年 5 月 18 日

现报上关于＿＿＿＿＿＿＿玻璃幕墙＿＿＿＿＿＿＿工程的物资进场检验记录,该批物资经我方检验符合设计、规范及合约要求,请予以批准使用。

物资名称	主要规格	单　位	数　量	选样报审表编号	使用部位
铝型材	6063－T6/126mm×60mm	m²	×	×××	4～6 层外幕墙
螺纹钢	Φ2	t	××	×××	4～6 层外幕墙
中空钢化玻璃	5m＋9A＋5mm 内片钢化	m²	××	×××	4～6 层外幕墙
螺栓组件	M10×110	件	×	×××	4～6 层外幕墙
硅酮结构胶	SSG4400	kg	×	×××	4～6 层外幕墙

附件:

	名　称	页　数	编　号
1.☑	出厂合格证	× 页	×××
2.☑	厂家质量检验报告	× 页	×××
3.☐	厂家质量保证书	＿ 页	＿＿＿
4.☐	商检证	＿ 页	＿＿＿
5.☑	进场检验记录	× 页	×××
6.☑	进场复试报告	× 页	×××
7.☐	备案情况	＿ 页	＿＿＿
8.☐		＿ 页	＿＿＿

申报单位名称:××幕墙装饰工程有限公司　　　　申报人(签字):×××

施工单位检验意见:

　　报验的工程材料的质量证明文件齐全,进场复试合格,同意报项目监理部审批。

☑有 / ☐无 附页

施工单位名称:××幕墙装饰工程有限公司　　技术负责人(签字):×××　审核日期:2015 年 5 月 18 日

验收意见:

　　1. 物资质量控制资料齐全、有效。

　　2. 材料试验合格。

　　同意承包单位检验意见,该批物资可以进场使用于本工程指定部位。

审定结论:　　☑同意　　　☐补报资料　　　☐重新检验　　　☐退场

监理单位名称:××建设监理有限公司　　监理工程师(签字):×××　验收日期:2015 年 5 月 19 日

本表由施工单位填报,建设单位、监理单位、施工单位各存一份。

产品质量保证书

批　号：0001622303

客户名称：××幕墙装饰工程有限公司

工程名称：××办公楼工程

产品名称：DC791 硅酮建筑耐候密封胶

产品规格：500mL/支（软包装）

生产日期：2015 年 9 月 1 日

数　量：2600 支

检验员：×××

备　注：合格

上述产品经测试其品质符合国家标准。

××幕墙材料有限公司　质检合格章

产品合格证

编　号：2015—101

合同号：××—2010

客户名称：××幕墙装饰工程有限公司

工程名称：××办公楼工程

产品名称：8mm,12mm 钢化玻璃

产品规格：1930×864×8.0mm,300×300×12.0mm

生产日期：2015 年 10 月 21 日

数　量：××m²

检验员：×××

备　注：合格

上述产品经检验钢化指标符合国家标准。

××幕墙玻璃有限公司　质检合格章

一册在手　表格全有　贴近现场　资料无忧

钢化玻璃检验报告

生产厂家:××玻璃幕墙有限公司　　生产日期:2015 年 3 月 25 日　　生产批号:×××××××

工程名称:××大厦外幕墙工程　　规　格:784×1284mm　　检测日期:2015 年 3 月 28 日

检测依据:GB 15763.2－2005　　样品描述:6mm 厚单片

外观尺寸(mm)

厚度	长宽尺寸偏差(mm)						厚度偏差(mm)	
	尺寸≤1000		1000＜尺寸≤2000		2000＜尺寸≤3000		允许偏差	实测
	允许偏差	实测	允许偏差	实测				
4,5,6	1≥L≥-2	0.5	3	1.5	——		±0.3	0.2
8,10,12	2≥L≥-3	——			±4		±0.6	——
15	±4	——	±4	——			±0.8	——
19	±5	——	±5	——	±6		±1.2	——

外 观 质 量

缺陷名称	说　明	允许缺陷数			
		优等品个数	实际个数	合格品个数	实际个数
爆边	每片玻璃每米边长上允许有长度不超过 10mm,自玻璃边部向玻璃板表面延伸深度不超过 2mm,自板面向玻璃厚度延伸不超过厚度 1/3 的爆边	不允许	无	1 个	——
划伤	宽度在 0.1mm 以下的轻微划伤,每平方米面积允许存在条数	长≥50mm 的允许有 4 条	1	长≤100mm 的允许有 4 条	——
	宽度在大于 0.1mm 以下的轻微划伤,每平方米面积允许存在条数	宽 0.1~0.5mm,长≤50mm 允许有 1 条	无	宽 0.1~1mm,长≤100mm 允许有 4 条	——
夹钳印	夹钳印中心与玻璃边缘的距离	玻璃厚度≤9.5mm,允许≤13mm	无	玻璃厚度≤9.5mm,允许≤13mm	——
		玻璃厚度＞9.5mm,允许≤19mm	——	玻璃厚度＞9.5mm,允许≤19mm	——
结石、裂纹、缺角	均不允许存在	实际:合格			
波筋(光学变形)、气泡	优等品不得低于 GB 11614－2009 一等品的规定,合格品不得低于 GB 11614－2009 合格品的规定	实际:合格			

检验结论:符合国家标准和企业内控标准要求。

备注:1.平型钢化玻璃的弯曲度,弓形时应不超过 0.5%,波形时应不超过 0.3%。
　　　2.抗冲击性、碎片状态、需弹袋冲击性能、透射比、抗风压性能等按 GB 15763.2－2005 的规定进行。

生产单位(盖章):×××××××　　　　主检:×××　　　　审核:×××　　　　批准:×××

单、双组份硅酮结构胶性能检测

工程名称：××大厦外幕墙工程　　　　　　　客户名称：××市××幕墙装饰有限公司

产品名称	××硅酮结构密封胶		产品批号		××××××	
生产厂家	××市硅酮胶制作有限公司		检测依据		GB/T 16776－2005	
检测条件	室温23℃±2℃相对湿度50％±5％		抽样日期		××年×月×日	
序号	检测项目		技术指标		检测结果	单项评定
1	外观		细腻、均匀膏状物、无结块、凝胶、结皮及不易迅速分散的折出物，双组分颜色应有明显区别		√	合格
2	下垂度	水平放置	不变化		√	合格
		垂直放置	≤3		2	合格
3	挤出性(s)		≤10		6	合格
4	适用期(min)		≥20		22	合格
5	表干时间		≤3		2.8	合格
6	邵氏硬度		30～60		45	合格
7	热老化	热失重(％)	≤10		4	合格
		龟裂	无		无	合格
		粉化	无		无	合格
8	拉伸粘结性	标准状态	≥0.45			合格
			≤5		1.5	合格
		90℃	≥0.45			合格
			≤5		2	合格
		－30℃	≥0.45		0.2	合格
			≤5		1.5	合格
		浸水	≥0.45			合格
			≤5		2.2	合格
		水－紫外线光照300h	≥0.45			合格
			≤5		2.6	合格

检验结论：经检测符合 GB/T16776－2005 标准中的性能要求。

测试单位(盖章)：××××××　　　　　测试人：×××　　　审核：×××　　　批准：×××

一册在手　表格全有　贴近现场　资料无忧

硅酮结构胶相容性试验报告

检验类别:送样

委托单编号:×××

委托单位名称:××市××幕墙装饰有限公司				
委托单位地址:××市××路××号		电话		
样品名称	SSG4400 硅酮结构胶	型材表面处理		氟碳喷涂
玻璃:南方玻璃公司 6mm 镀膜玻璃		双面胶条		9mm×10mm
工程名称	××工程	样品数量		一组
生产厂家	美国 GE 公司	代表批量		10000m²
样品状态	无异常			
送样日期:2015 年×月×日	检验日期:2015 年×月×日		报告日期:2015 年×月×日	
检验依据	《建筑用硅酮结构密封胶》GB 16776—2005			
检验项目(单位)	本产品技术指标	检验结果		单项判定
硅酮胶与双面 胶条的相容性	硅胶颜色及外观无明显变化 硅胶与玻璃基面粘着良好 硅胶与双面胶条无明显化学变化	颜色及外观无明显变化,与玻璃基面粘着良好,与双面胶条无明显化学变化		
硅酮胶与玻璃 的相容性	剥离强度≥22.2N 粘结损失 25%	198.0N 无粘结变化		
硅酮胶与铝型材 的相容性	剥离强度≥22.2N 粘结损失 25%	198.9N 无粘结变化		
双面胶条:××铝塑				
玻璃:××玻璃				
铝型材:××				
(以下空白)				
检验结论	本样品以上检验项目合格			
说明:	1. 未经本检验机构同意,不得部分复制报告。 2. 以上检验结果委托单位如有异议,请在报告收到之日起 15 日内提出。 3. 以上检验项目为非全性能检验。 4. 样品见证人:××建设监理有限公司,×××(编号) 5. 基材底面涂刷美国 GE 公司底漆。			

测试单位(盖章):××××× 测试人:××× 审核:××× 批准:×××

一册在手 表格全有 贴近现场 资料无忧

防水工程试水检查记录		资料编号		×××
工程名称		××办公楼外幕墙工程		
检查部位	F03～F09 层北立面	检查日期		2015 年×月×日
检查方式	□ 第一次蓄水　　□ 第二次蓄水	蓄水时间		从　年　月　日　　　　时 至　年　月　日　　　　时
	☑ 淋水　　□ 雨期观察			

检查方法及内容：

　　在玻璃幕墙中取三处(北立面⑨～⑥/Ｆ轴 F03 层、F06 层、F09 层)做现场淋水试验,具体如下：

　　采用喷淋器具在距离幕墙＞530mm,并在被检幕墙表面形成连续水幕,每一检测区域面积为 2500×2500mm,喷水量＞4L/(m² · min),喷淋时间每处持续 5min 以上。

检查结果：

　　经室内详细观察,无渗漏现象,符合要求。

复查意见：

复查人：　　　　　　　　　　　　　　　复查日期：

签字栏	施工单位	××幕墙装饰工程有限公司	专业技术负责人	专业质检员	专业工长
			×××	×××	×××
	监理(建设)单位	××工程建设监理有限公司	专业工程师		×××

本表由施工单位填写。

一册在手　表格全有　贴近现场　资料无忧

幕墙注胶检查记录		资料编号	×××
工程名称	××办公楼外幕墙工程	检查项目	幕墙注胶
检查部位	F06～F09 层北立面玻璃幕墙	检查日期	2015 年×月×日

检查依据:

1.《建筑装饰装修工程质量验收规范》(GB 50210)

2.《玻璃幕墙工程质量检验标准》(JGJ/T 139)

3.《玻璃幕墙工程技术规范》(JGJ 102)

检查内容:

1. DC791 硅酮建筑耐候密封胶现场复试报告编号为:BETC—HJ—2010—J—64。

2. 密封胶表面光滑,无裂缝现象,接口处厚度和颜色一致。

3. 注胶饱满、平整、密实、无缝隙。

4. 密封胶粘结形式、宽度符合设计要求,厚度不小于 3.5mm。

检查结构:

经检查,幕墙注胶符合设计及施工规范的要求。

复查意见:

复查人: 复查日期:

施工单位	××幕墙装饰工程有限公司	
专业技术负责人	专业质检员	专业工长
×××	×××	×××

本表由施工单位填写。

一册在手 表格全有 贴近现场 资料无忧

幕墙注胶养护环境的温度、湿度记录						资料编号			×××｜		

工程名称			××办公楼外幕墙工程			部　位			F02 层石材幕墙		
测温时间			养　护			测温时间			养　护		
月	日	时	大气温度 (℃)	环境温度 (℃)	湿度(%)	月	日	时	大气温度 (℃)	环境温度 (℃)	湿度(%)
10	28	6	18	19	49	10	30	10	22	23	50
10	28	10	24	24	56	10	30	14	23	23	49
10	28	14	26	28	55	10	30	18	20	21	52
10	28	18	20	20	51	10	30	22	13	13	52
10	28	22	16	17	51	10	31	6	17	17	52
10	29	6	18	18	50	10	31	10	22	22	55
10	29	10	23	25	55	10	31	14	25	26	56
10	29	14	25	26	55	10	31	18	20	20	53
10	29	18	21	20	51	10	31	22	16	16	51
10	29	22	15	15	50						
10	30	6	18	19	48						

施工单位	××幕墙装饰工程有限公司		
专业技术负责人	专业工长		测温员
×××	×××		×××

双组分硅酮结构胶混匀性 及拉断试验记录		资料编号	×××
工程名称	××办公楼外幕墙工程	施工单位	××建设集团有限公司
幕墙形式	铝合金中空玻璃幕墙	分包单位	××幕墙装饰工程有限公司
品种规格	2980×4490×175mm	生产单位	××幕墙材料有限公司
检验依据	《建筑用硅酮结构密封胶》 (GB 16776—2005)	生产日期	2015 年 9 月 17 日

混匀性试验情况:
用混胶注胶机将胶挤注在纸中间,折合纸将胶压平,打开纸检查胶的混匀性,结构胶无异色条纹。

拉断性试验情况:
按图所示从胶条一端以垂直或大于 90°方向用力剥离结构胶,结构胶发生断裂,粘结良好。

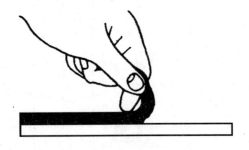

施工单位检查结果:	分包单位检查结果:
试验结果符合《建筑用硅酮结构密封胶》(GB 16776—2005)的性能要求	各项指标均符合《建筑用硅酮结构密封胶》(GB 16776—2005)的要求
项目专业负责人:××× 　　　　　　　　　　2015 年 9 月 30 日	项目专业负责人:××× 　　　　　　　　　　2015 年 9 月 30 日

交接检查记录		资料编号	×××
工程名称		××办公楼外幕墙工程	
移交单位名称	××建设集团有限公司	**接收单位名称**	××幕墙装饰工程有限公司
交接部位	幕墙工程	**检查日期**	2015 年 9 月 2 日

交接内容:

　　结构施工单位移交的(平面、高程)基准线误差复核;预埋件位置、偏差是否符合设计和规范要求;相关施工测量、施工记录是否齐全等。

检查结果:

　　经双方检查,各项交接内容均符合设计、规范和施工技术方案要求,具备进行幕墙工程施工的条件。

复查意见:

　　　　　　　　　复查人:　　　　　　　　　复查日期:

签字栏	移交单位	接收单位
	×××	×××

本表由移交单位填写。

一册在手　表格全有　贴近现场　资料无忧

<table>
<tr><td colspan="2" rowspan="2" style="text-align:center">隐蔽工程验收记录</td><td>资料编号</td><td>×××</td></tr>
<tr><td></td><td></td></tr>
</table>

工程名称	××办公楼外幕墙工程

隐检项目	玻璃幕墙玻璃安装	隐检日期	2015 年 1 月 2 日

隐检部位	F06～F09 层北立面

隐检依据:施工图图号___装施－1、装施－25___,设计变更/洽商(编号___/___)及有关国家现行标准等。

主要材料名称及规格/型号:___6＋12＋6mm 钢化玻璃、DC791 硅酮建筑密封胶___。

隐检内容:

1. 玻璃幕墙立柱、横梁安装完毕,氟碳喷涂色泽均匀。
2. 隐蔽节点的遮封装修牢固、美观。
3. 密封胶横平竖直、深浅一致、宽窄均匀、光滑顺直。

影像资料的部位、数量:

以上隐蔽内容已完成,请予以检查。

申报人:×××

检查意见:

经检查,符合设计要求和《建筑装饰装修工程质量验收规范》(GB 50210)的规定。

检查结论: ☑同意隐蔽 □不同意,修改后进行复查

复查结论:

复查人:　　　　　　　　　　　　　　　　　　　复查日期:

签字栏	施工单位	××幕墙装饰工程有限公司	专业技术负责人	专业质检员	专业工长
			×××	×××	×××
	监理(建设)单位	××工程建设监理有限公司	专业工程师		×××

本表由施工单位填写,并附影像资料。

一册在手 表格全有 贴近现场 资料无忧

隐蔽工程验收记录		资料编号	×××
工程名称		××办公楼外幕墙工程	
隐检项目	玻璃幕墙(立柱、横梁安装)	隐检日期	2015 年×月×日
隐检部位		F09 层　①～⑬/Ⓕ轴	

隐检依据:施工图图号　　装施－1、装施－22　　,设计变更/洽商(编号　　／　　)及有关国家现行标准等。

主要材料名称及规格/型号:120 铝合金立柱、隐框铝合金横梁 H3393、转换型材 H3395、镀锌角钢 JG－01、不锈钢螺栓(M12×120,M6×120)、钢插芯 JG－02、橡胶垫块、后置埋件 MJ－01/02、化学锚栓 M12×160、膨胀螺栓 M12×100、横梁连接角码　　　　　

隐检内容:

1. 后置埋件(MJ01、MJ02)使用 M12×160 的化学锚栓及 M12×100 的膨胀螺栓固定在主体结构上,化学锚栓与膨胀螺栓对角布置。

2. 连接件与后置埋件连接固定,上方连接件(镀锌角钢 JG－01)使用 M12×120 不锈钢螺栓与幕墙铝合金立柱可靠连接,下方连接件(钢插芯 JG－02)插在幕墙立柱中固定立柱,连接件与幕墙铝合金立柱之间加设橡胶垫块做绝缘处理,螺栓加设平弹垫片,以防止松脱,连接件、绝缘片及紧固件的规格、数量符合设计要求。焊缝长度为 50mm,高度为 5mm。

3. 铝横梁与铝立柱之间垫防噪胶垫并用 2 支 M6×120 不锈钢螺栓进行固定。

4. 连接件、后置埋件表面防腐完整,焊缝进行防腐处理(防锈漆二遍),符合设计及施工规范要求。

5. 膨胀螺栓的拉拔力试验合格(检测报告编号:××),化学锚栓的抗拉拔力试验合格(检测报告编号:××),符合要求。

影像资料的部位、数量:

以上隐检内容已做完,请予以检查。　　　　　　　　　　　　　申报人:×××

检查意见:

经检查,材料规格、厚度符合设计要求,各项施工安装、焊接等均符合有关施工质量验收规范规定。

检查结论:　　☑同意隐蔽　　□不同意,修改后进行复查

复查结论:

复查人:　　　　　　　　　　　　　　　　　　　　　复查日期:

签字栏	施工单位	××幕墙装饰工程有限公司	专业技术负责人	专业质检员	专业工长
			×××	×××	×××
	监理(建设)单位	××工程建设监理有限公司	专业工程师		×××

本表由施工单位填写,并附影像资料。

幕墙防火构造隐蔽工程验收记录

	编　号	

工程名称	××工程		
隐检项目	点支玻璃幕墙	隐检日期	2015年×月×日
隐检部位	十层　　⑤～⑧轴线　　27.200m标高		

隐检依据:施工图图号　　建施127　　　,设计变更/洽商(编号　　/　　)及有关国家现行标准等。

主要材料名称及规格/型号:　　幕墙玻璃、镀锌钢板、防火棉　　　　。

隐检内容:

　　1.防火材料的品种采用防火棉,规格型号符合设计要求。

　　2.防火封堵安装时将防火棉填塞于楼板与幕墙之间的空隙中,上、下用镀锌钢板封盖严密并固定牢固。防火棉填塞连续严密,中间不得有空隙。符合要求。

申报人:×××

检查意见:

　　经检查,上述项目均符合设计要求及《建筑装饰装修工程质量验收规范》(GB 50210-2001)的规定,同意进行下一道工序。

检查结论:　☑同意隐蔽　　□不同意,修改后进行复查

复查结论:

复查人:　　　　　　　　　　　　　　　　复查日期:

签字栏	建设(监理)单位	施工单位	××幕墙装饰工程有限公司	
		专业技术负责人	专业质检员	专业工长
	×××	×××	×××	×××

本表由施工单位填写,建设单位、施工单位、城建档案馆各保存一份。

一册在手　表格全有　贴近现场　资料无忧

| | 隐蔽工程验收记录 | 资料编号 | ×××　|

工程名称	××办公楼外幕墙工程
隐检项目	幕墙避雷安装	隐检日期	2015 年×月×日
隐检部位	F11 层东立面

隐检依据:施工图图号　　装施－1、装施－26　　,设计变更/洽商(编号　　/　　)及有关国家现行标准等。

主要材料名称及规格/型号:　钢龙骨:50×25×3mm、扁钢:40×5mm、圆钢:φ12　　。

隐检内容:

1. 幕墙避雷工程所需各种材料的质量、数量、规格符合设计及施工规范要求。
2. 采用 40×5mm 扁钢及 φ12 圆钢与主体结构避雷预留点搭接,搭接量符合设计及避雷施工规范要求。
3. 扁钢搭接双面施焊,搭接倍数>2d,圆钢与扁钢搭接>6d,双面施焊焊接处做防锈处理。
4. 焊缝刷防锈漆两遍,焊缝质量符合设计及规范要求,表面未出现裂缝、夹渣、气孔等缺陷。
5. 幕墙的防雷装置与主体结构的防雷装置连接可靠,符合设计及避雷施工规范要求。

影像资料的部位、数量:

以上隐检内容已做完,请予以检查。

申报人:×××

检查意见:

经检查,符合设计要求和《建筑装饰装修工程质量验收规范》(GB 50210)的规定。

检查结论:　　☑同意隐蔽　　□不同意,修改后进行复查

复查结论:

复查人:　　　　　　　　　　　　　复查日期:

签字栏	施工单位	××幕墙装饰工程有限公司	专业技术负责人	专业质检员	专业工长
			×××	×××	×××
	监理(建设)单位	××工程建设监理有限公司	专业工程师		×××

本表由施工单位填写,并附影像资料。

幕墙防雷装置连接测试记录

××年×月×日   编号:××

工程名称		××工程	幕墙类别	玻璃幕墙
幕墙框架类别		明框玻璃幕墙	测试仪器	××

部位		检测项目	标准要求	实测结果
幕墙金属框架连接	1	金属框架互相连接	形成导电通路,连接电阻值不大于1Ω	符合要求,$\times\times\Omega$
	2	连接材料	材质、截面尺寸,连接长度符合设计要求	合格
	3	连接接触面	紧密可靠,不松动	紧密可靠,不松动
幕墙与主体结构防雷装置连接	1	连接材料	材质、截面尺寸和连接方式必须符合设计要求	符合要求
	2	金属框架与防雷装置的连接	紧密可靠、焊接或机械连接,形成导电通路。连接点水平间距不应大于防雷引下线间距,垂直间距不应大于均压环的间距	符合要求 $\times\times\Omega$
	3	女儿墙部位幕墙构架与防雷装置连接	连接节点宜明露,连接应符合设计规定。女儿墙压顶罩板宜与女儿墙幕墙构架连接	符合要求
	4	玻璃幕墙与主体结构防雷装置的连接	在连接部位采用接地电阻仪或兆欧表测量和观察检查。要求同上	符合要求 $\times\times\Omega$

结论:

　　检测合格

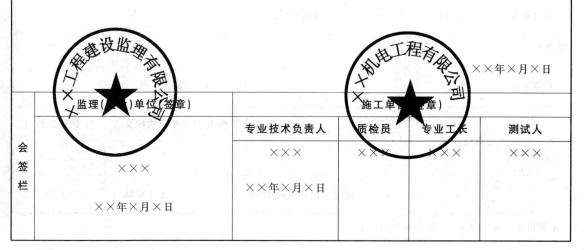

会签栏	监理(建设)单位(签章) ××× ××年×月×日	施工单位(签章)　　　　　　　××年×月×日			
		专业技术负责人	质检员	专业工长	测试人
		××× ××年×月×日	×××	×××	×××

玻璃幕墙检验批质量验收记录

03090101001

单位（子单位）工程名称	××大厦	分部（子分部）工程名称	建筑装饰装修/幕墙	分项工程名称	玻璃幕墙
施工单位	××建筑有限公司	项目负责人	赵斌	检验批容量	1000m^2
分包单位	××建筑装饰工程有限公司	分包单位项目负责人	王阳	检验批部位	西立面幕墙
施工依据	××大厦幕墙施工方案		验收依据	《建筑装饰装修工程质量验收规范》GB50210-2001	

	验收项目	设计要求及规范规定	最小/实际抽样数量	检查记录	检查结果
	1　各种材料、构件、组件	第9.2.2条	/	质量证明文件齐全，试验合格，报告编号××××	√
	2　造型和立面分格	第9.2.3条	10/10	抽查10处，合格10处	√
	3　玻璃	第9.2.4条	/	质量证明文件齐全，试验合格，报告编号××××	√
	4　与主体结构连接件	第9.2.5条	10/10	抽查10处，合格10处	√
	5　连接紧件螺栓	第9.2.6条	10/10	抽查10处，合格10处	√
	6　玻璃下端托条	第9.2.7条	10/10	抽查10处，合格10处	√
主控项目	7　明框幕墙玻璃幕墙安装	第9.2.8条	10/10	抽查10处，合格10处	√
	8　超过4m高全玻璃幕墙安装	第9.2.9条	10/10	抽查10处，合格10处	√
	9　点支承幕墙安装	第9.2.10条	10/10	抽查10处，合格10处	√
	10　细部	第9.2.11条	10/10	抽查10处，合格10处	√
	11　幕墙防水	第9.2.12条	10/10	抽查10处，合格10处	√
	12　结构胶、密封胶钉打注	第9.2.13条	10/10	抽查10处，合格10处	√
	13　幕墙开启窗	第9.2.14条	10/10	抽查10处，合格10处	√
	14　防雷装置	第9.2.15条	10/10	抽查10处，合格10处	√

		验收项目		设计要求及规范规定	最小/实际抽样数量	检查记录	检查结果
	1	表面质量		第9.2.16条	10/10	抽查10处,合格10处	100%
	2	玻璃表面质量		第9.2.17条	10/10	抽查10处,合格10处	100%
	3	铝合金型材表面质量		第9.2.18条	10/10	抽查10处,合格10处	100%
	4	明框外露框或压条		第9.2.19条	10/10	抽查10处,合格10处	100%
	5	密封胶缝		第9.2.20条	10/10	抽查10处,合格10处	100%
	6	防火保温材料		第9.2.21条	10/10	抽查10处,合格10处	100%
	7	隐蔽节点		第9.2.22条	10/10	抽查10处,合格10处	100%
一般项目	8	明框幕墙安装允许偏差(mm)	幕墙垂直度	幕墙高度≤30m	10	10/10	抽查10处,合格8处	80%
				30m<幕墙高度	15	/	/
				60m<幕墙高度	20	/	/
				幕墙高度>90m	25	/	/
			幕墙水平	幕墙幅宽≤35m	5	/	/
				幕墙幅宽>35m	7	10/10	抽查10处,合格9处	90%
			构件直线度		2	10/10	抽查10处,合格10处	100%
			构件水平	构件长度≤2m	2	/	/
				构件长度>2m	3	10/10	抽查10处,合格10处	100%
			相邻构件错位		1	10/10	抽查10处,合格10处	100%
			分格框对角线长	对角线长度≤2m	3	/	/
				对角线长度>2m	4	10/10	抽查10处,合格10处	100%
	9	隐框、半隐框幕墙安装允许偏差(mm)	幕墙垂直度	幕墙高度≤30m	10	10/10	抽查10处,合格9处	90%
				30m<幕墙高度≤60m	15	/	/
				60m<幕墙高度≤90m	20	/	/
				幕墙高度>90m	25	/	/
			幕墙水平度	层高≤3m	3	/	/
				层高>3m	5	10/10	抽查10处,合格9处	90%
			幕墙表面平整度		2	10/10	抽查10处,合格10处	100%
			板材立面垂直度		2	10/10	抽查10处,合格10处	100%
			板材上沿水平度		2	10/10	抽查10处,合格10处	100%
			相邻板材板角错位		1	10/10	抽查10处,合格10处	100%
			阳角方正		2	10/10	抽查10处,合格10处	100%
			接缝直线度		3	10/10	抽查10处,合格10处	100%
			接缝高低差		1	10/10	抽查10处,合格10处	100%
			接缝宽度		1	10/10	抽查10处,合格10处	100%

施工单位检查结果	符合要求 专业工长:高爱云 项目专业质量检查员:张洁清 2015年××月××日
监理单位验收结论	合格 专业监理工程师:刘东 2015年××月××日

<h1 style="text-align:center">《玻璃幕墙检验批质量验收记录》填写说明</h1>

1. 填写依据

(1)《建筑装饰装修工程质量验收规范》GB 50210－2001。

(2)《建筑工程施工质量验收统一标准》GB 50300－2013。

2. 规范摘要

以下内容摘录自《建筑装饰装修工程质量验收规范》GB 50210－2001。

验收要求

(1)各分项工程的检验批应按下列规定划分：

1)相同设计、材料、工艺和施工条件的幕墙工程每 500～1000m² 应划分为一个检验批,不足 500m² 也应划分为一个检验批。

2)同一单位工程的不连续的幕墙工程应单独划分检验批。

3)对于异型或有特殊要求的幕墙,检验批的划分应根据幕墙的结构、工艺特点及幕墙工程规模,由监理单位(或建设单位)和施工单位协商确定。

(2)检查数量应符合下列要求：

1)每个检验批每 100m² 应至少抽查一处,每处不得小于 10m²。

2)对于异型或有特殊要求的幕墙工程,应根据幕墙的结构和工艺特点,由监理单位(或建设单位)和施工单位协商确定。

主控项目

(1)玻璃幕墙工程所使用的各种材料、构件和组件的质量,应符合设计要求及国家现行产品标准和工程技术规范的规定。

检验方法：检查材料、构件、组件的产品合格证书、进场验收记录、性能检测报告和材料的复验报告。

(2)玻璃幕墙的造型和立面分格应符合设计要求。

检验方法：观察；尺量检查。

(3)玻璃幕墙使用的玻璃应符合下列规定：

1)幕墙应使用安全玻璃,玻璃的品种、规格、颜色、光学性能及安装方向应符合设计要求。

2)幕墙玻璃的厚度不应小于 6.0mm。全玻幕墙肋玻璃的厚度不应小于 12mm。

3)幕墙的中空玻璃应采用双道密封。明框幕墙的中空玻璃应采用聚硫密封胶及丁基密封胶；隐框和半隐框幕墙的中空玻璃应采用硅酮结构密封胶及丁基密封胶；镀膜面应在中空玻璃的第 2 或第 3 面上。

4)幕墙的夹层玻璃应采用聚乙烯醇缩丁醛(PVB)胶片干法加工合成的夹层玻璃。点支承玻璃幕墙夹层玻璃的夹层胶片(PVB)厚度不应小于 0.76mm。

5)钢化玻璃表面不得有损伤；8.0mm 以下的钢化玻璃应进行引爆处理。

6)所有幕墙玻璃均应进行边缘处理。

检验方法：观察；尺量检查；检查施工记录。

(4)玻璃幕墙与主体结构连接的各种预埋件、连接件、紧固件必须安装牢固,其数量、规格、位置、连接方法和防腐处理应符合设计要求。

检验方法：观察；检查隐蔽工程验收记录和施工记录。

一册在手 表格全有 贴近现场 资料无忧

（5）各种连接件、紧固件的螺栓应有防松动措施；焊接连接应符合设计要求和焊接规范的规定。

检验方法：观察；检查隐蔽工程验收记录和施工记录。

（6）隐框或半隐框玻璃幕墙，每块玻璃下端应设置两个铝合金或不锈钢托条，其长度不应小于100mm，厚度不应小于2mm，托条外端应低于玻璃外表面2mm。

检验方法：观察；检查施工记录。

（7）明框玻璃幕墙的玻璃安装应符合下列规定：

1）玻璃槽口与玻璃的配合尺寸应符合设计要求和技术标准的规定。

2）玻璃与构件不得直接接触，玻璃四周与构件凹槽底部应保持一定的空隙，每块玻璃下部应至少放置两块宽度与槽口宽度相同、长度不小于100mm的弹性定位垫块；玻璃两边嵌入量及空隙应符合设计要求。

3）玻璃四周橡胶条的材质、型号应符合设计要求，镶嵌应平整，橡胶条长度应比边框内槽长1.5%～2.0%，橡胶条在转角处应斜面断开，并应用粘结剂粘结牢固后嵌入槽内。

检验方法：观察；检查施工记录。

（8）高度超过4m的全玻幕墙应吊挂在主体结构上，吊夹具应符合设计要求，玻璃与玻璃、玻璃与玻璃肋之间的缝隙，应采用硅酮结构密封胶填嵌严密。

检验方法：观察；检查隐蔽工程验收记录和施工记录。

（9）点支承玻璃幕墙应采用带万向头的活动不锈钢爪，其钢爪间的中心距离应大于250mm。

检验方法：观察；尺量检查。

（10）玻璃幕墙四周、玻璃幕墙内表面与主体结构之间的连接节点、各种变形缝、墙角的连接节点应符合设计要求和技术标准的规定。

检验方法：观察；检查隐蔽工程验收记录和施工记录。

（11）玻璃幕墙应无渗漏。

检验方法：在易渗漏部位进行淋水检查。

（12）玻璃幕墙结构胶和密封胶的打注应饱满、密实、连续、均匀、无气泡，宽度和厚度应符合设计要求和技术标准的规定。

检验方法：观察；尺量检查；检查施工记录。

（13）玻璃幕墙开启窗的配件应齐全，安装应牢固，安装位置和开启方向、角度应正确；开启应灵活，关闭应严密。

检验方法：观察；手扳检查；开启和关闭检查。

（14）玻璃幕墙的防雷装置必须与主体结构的防雷装置可靠连接。

检验方法：观察；检查隐蔽工程验收记录和施工记录。

一般项目

（1）玻璃幕墙表面应平整、洁净；整幅玻璃的色泽应均匀一致；不得有污染和镀膜损坏。

检验方法：观察。

（2）每平方米玻璃的表面质量和检验方法应符合表9-1的规定。

表 9-1   每平方米玻璃的表面质量和检验方法

项次	项目	质量要求	检验方法
1	明显划伤和长度>100mm的轻微划伤	不允许	观察

项次	项目	质量要求	检验方法
2	长度≤100mm 的轻微划伤	≤8 条	用钢尺检查
3	擦伤总面积	≤500mm²	用钢尺检查

（3）一个分格铝合金型材的表面质量和检验方法应符合表 9-2 的规定。

表 9-2　　　　　　　　　　一个分格铝合金型材的表面质量和检验方法

项次	项目	质量要求	检验方法
1	明显划伤和长度＞100mm 的轻微划伤	不允许	观察
2	长度≤100mm 的轻微划伤	≤2 条	用钢尺检查
3	擦伤总面积	≤500mm²	用钢尺检查

（4）明框玻璃幕墙的外露框或压条应横平竖直，颜色、规格应符合设计要求，压条安装应牢固。单元玻璃幕墙的单元拼缝或隐框玻璃幕墙的分格玻璃拼缝应横平竖直、均匀一致。

检验方法：观察；手扳检查；检查进场验收记录。

（5）玻璃幕墙的密封胶缝应横平竖直、深浅一致、宽窄均匀、光滑顺直。

检验方法：观察；手摸检查。

（6）防火、保温材料填充应饱满、均匀，表面应密实、平整。

检验方法：检查隐蔽工程验收记录。

（7）玻璃幕墙隐蔽节点的遮封装修应牢固、整齐、美观。

检验方法：观察；手扳检查。

（8）明框玻璃幕墙安装的允许偏差和检验方法应符合表 9-3 的规定。

表 9-3　　　　　　　　　　明框玻璃幕墙安装的允许偏差和检验方法

项次	项目		允许偏差（mm）	检验方法
1	幕墙垂直度	幕墙高度≤30m	10	用经纬仪检查
		30m＜幕墙高度≤60m	15	
		60m＜幕墙高度≤90m	20	
		幕墙高度＞90m	25	
2	幕墙水平度	幕墙幅宽≤35m	5	用水平仪检查
		幕墙幅宽＞35m	7	
3	构件直线度		2	用 2m 靠尺和塞尺检查
4	构件水平度	构件长度≤2m	2	用水平仪检查
		构件长度＞2m	3	
5	相邻构件错位		1	用钢直尺检查
6	分格框对角线长度差	对角线长度≤2m	3	用钢尺检查
		对角线长度＞2m	4	

(9)隐框、半隐框玻璃幕墙安装的允许偏差和检验方法应符合表9-4的规定。

表 9-4 　　　　　　　　　　**隐框、半隐框玻璃幕墙安装的允许偏差和检验方法**

项次	项目		允许偏差(mm)	检验方法
1	幕墙垂直度	幕墙高度≤30m	10	用经纬仪检查
		30m<幕墙高度≤60m	15	
		60m<幕墙高度≤90m	20	
		幕墙高度>90m	25	
2	幕墙水平度	层高≤3m	3	用水平仪检查
		层高>3m	5	
3	幕墙表面平整度		2	用2m靠尺和塞尺检查
4	板材立面垂直度		2	用垂直检测尺检查
5	板材上沿水平度		2	用1m水平尺和钢直尺检查
6	相邻板材板角错位		1	用钢直尺检查
7	阳角方正		2	用直角检测尺检查
8	接缝直线度		3	拉5m线,不足5m拉通线,用钢直尺检查
9	接缝高低差		1	用钢直尺和塞尺检查
10	接缝宽度		1	用钢直尺检查

一册在手　表格全有　贴近现场　资料无忧

玻璃幕墙安装 分项工程质量验收记录

单位(子单位)工程名称	××办公楼外幕墙工程		结构类型	框架剪力墙
分部(子分部)工程名称	幕墙		检验批数	8
施工单位	××建设集团有限公司		项目经理	×××
分包单位	××幕墙装饰工程有限公司		分包项目经理	×××
序号	检验批名称及部位、区段		施工单位检查评定结果	监理(建设)单位验收意见
1	F06~F09 层北立面		√	
2	F03~F05 层北立面		√	
3	F06~F09 层南立面		√	
4	F03~F05 层南立面		√	
5	F06~F09 层东立面		√	
6	F03~F05 层东立面		√	
7	F06~F09 层西立面		√	验收合格
8	F03~F05 层西立面		√	
说明:				
检查结论	玻璃幕墙分项工程合格 项目专业技术负责人:××× 2015 年 3 月 20 日		验收结论	同意施工单位检查结论,验收合格 监理工程师:××× (建设单位项目专业技术负责人) 2015 年 3 月 20 日

1. 地基基础、主体结构工程的分项工程质量验收不填写"分包单位"和"分包项目经理"。

2. 当同一分项工程存在多项检验批时,应填写检验批名称。

一册在手 表格全有 贴近现场 资料无忧

分项/分部工程施工报验表	编　号	×××
工程名称　　　　×× 综合楼	日　期	2015 年×月×日

现我方已完成_____/_____(层)____/____轴(轴线或房间)_____/_____(高程)_____/_____(部位)的_____玻璃幕墙_____工程,经我方检验符合设计、规范要求,请予以验收。

附件：　　　名　称　　　　　　　　　　页　数　　　　　　　　编　号

1. □质量控制资料汇总表　　　　　　　_____页　　　　_____

2. □隐蔽工程验收记录　　　　　　　　_____页　　　　_____

3. □预检记录　　　　　　　　　　　　_____页　　　　_____

4. □施工记录　　　　　　　　　　　　_____页　　　　_____

5. □施工试验记录　　　　　　　　　　_____页　　　　_____

6. □分部(子分部)工程质量验收记录　　_____页　　　　_____

7. ☑分项工程质量验收记录　　　　　　__1__页　　　　___×××___

8. □_____　　　　　　　_____页　　　　_____

9. □_____　　　　　　　_____页　　　　_____

10. □_____　　　　　　_____页　　　　_____

质量检查员(签字)：×××

施工单位名称：××建筑装饰装修工程有限公司　　　　　技术负责人(签字)：×××

审查意见：

　1. 所报附件材料真实、齐全、有效。

　2. 所报分项工程实体工程质量符合规范和设计要求。

审查结论：　　　　　　　☑合格　　　　　　　　□不合格

监理单位名称：××建设监理有限公司　　(总)监理工程师(签字)：×××　　审查日期：2015 年×月×日

本表由施工单位填报,监理单位、施工单位各存一份。分项、分部工程不合格,应填写《不合格项处置记录》,分部工程应由总监理工程师签字。

9.2　金属幕墙安装

9.2.1　金属幕墙安装工程资料列表

（1）设计文件

1）金属幕墙工程的设计图纸、计算书、文件、设计更改的文件等

2）建筑设计单位对幕墙工程设计的确认文件

（2）施工管理资料

1）工程概况表

2）施工现场质量管理检查记录

3）专业承包单位资质证明文件及专业人员岗位证书

4）分包单位资质报审表

5）金属幕墙施工检测计划

6）硅酮结构胶、后置埋件、幕墙性能检测的取样试验见证记录

7）见证试验检测汇总表

8）施工日志

（3）施工技术资料

1）工程技术文件报审表

2）金属幕墙工程施工组织设计或施工方案

3）金属幕墙工程施工组织设计或施工方案技术交底记录

4）金属幕墙分项工程技术交底记录

5）图纸会审记录、设计变更通知单、工程洽商记录

（4）施工物资资料

1）金属板材（单层铝板、铝塑复合板、蜂窝铝板、不锈钢板等）产品合格证、性能检测报告

2）铝塑复合板的剥离强度复试报告

3）（构架材料）钢材的产品合格证、力学性能检验报告，进口钢材的国家商检部门的商检证，幕墙用钢材复试报告

4）（构架材料）铝合金型材的产品合格证、力学性能检验报告，进口型材的国家商检部门的商检证

5）幕墙用非标准五金件、各种卡件、螺栓、螺钉、螺母等紧固件出厂合格证

6）（建筑密封材料）密封胶与实际工程用基材的相容性检验报告，密封材料产品合格证，密封胶条试验报告

7）（硅酮结构胶）幕墙用硅酮结构胶的产品合格证、性能检测报告、认定证书和抽查合格证明，进口硅酮结构胶的商检证，国家指定检测机构出具的硅酮结构胶相容性和剥离粘结性试验报告

8）幕墙用结构胶的拉伸粘结强度、相容性试验报告

9）防火材料产品合格证或材料耐火检验报告，保温材料产品合格证、性能检测报告

10）（其他材料）脱胶剂、清洗剂等出厂合格证

11)金属幕墙构件出厂质量合格证书

12)材料、构配件进场检验记录

13)工程物资进场报验表

(5) 施工记录

1)金属幕墙安装施工隐蔽工程验收记录

注:金属幕墙工程验收前,应在安装施工中完成下列隐蔽项目的现场验收:(1)金属幕墙主体结构上的预埋件、后置埋件;(2)金属幕墙的金属框架立柱与主体结构预埋件的连接、立柱与横梁的连接;(3)金属幕墙的防火、保温、防潮材料的设置;(4)金属框架及连接件的防腐处理;(5)金属幕墙的防雷装置;(6)各种变形缝、墙角的连接节点。

2)交接检查记录

3)施工测量记录

4)幕墙注胶检查记录

5)幕墙注胶养护环境的温度、湿度记录

6)幕墙构件和金属板的加工制作记录

7)金属幕墙安装施工记录

8)金属幕墙淋水试验记录

9)金属幕墙安装施工自检记录

(6)施工试验记录及检测报告

1)后置埋件的拉拔力检测报告

2)幕墙双组分硅酮结构密封胶混匀性及拉断试验报告

3)金属幕墙的抗风压性能、空气渗透性能、雨水渗漏性能及平面内变形性能检测报告

4)防雷装置测试记录

(7)施工质量验收记录

1)金属幕墙安装检验批质量验收记录

2)金属幕墙安装分项工程质量验收记录

3)分项/分部工程施工报验表

一册在手 表格全有 贴近现场 资料无忧

9.2.2 金属幕墙安装工程资料填写范例及说明

幕墙用铝塑板试验报告

委托编号	2015－××	试验编号	2015－××
委托单位	××幕墙装饰工程有限公司	委托日期	2015 年×月×日
工程名称	××大厦外幕墙工程	试验日期	2015 年×月×日
使用部位	南立面外墙	产品名称	××铝塑板
生产厂家	××建材有限公司	品种规格	2440×1220×4mm
主要仪器设备	××× 检定证书编号:××××	代表批量	420m²
见证员	单位:××建设监理有限公司　　姓名:×××		编号:××××
执行标准	《铝塑复合板》(GB/T 17748－1999)		

试 验 项 目	标 准 要 求	试 验 结 果
涂层厚度(μm)	≥25	28
涂层柔韧	≤2	0
光泽度偏差(T)		
耐冲击性		
耐溶剂性	无变化	无变化
面密度(kg/m²)		
铅笔硬度	≥HB	3H
附着力(级)		
180°剥离强度(N/mm)	≥7.0	9.6

结论	所抽检样品的检验结果符合《铝塑复合板》(GB/T 17748－1999)标准中外墙板优等品的技术指标要求。 试验单位(章):××检测中心　　2015 年×月×日	备注	

试验人:×××	审核人:×××	技术负责人:×××

施工技术
负责人:×××

监理工程师:×××
(建设单位代表)

隐蔽工程验收记录	编　号	×××

工程名称	××大厦外幕墙工程		
隐检项目	金属板幕墙	隐检日期	2015 年×月×日
隐检部位	二层　　④～⑩轴线　　4.500m 标高		

隐检依据:施工图图号　　建施 47、施工方案　　　,设计变更/洽商(编号　　　/　　　)及有关国家现行标准等。

主要材料名称及规格/型号:　　铝合金型材、角码、螺栓　　。

隐检内容:

　1. 铝合金型材及紧固件等合格证、检测报告齐全,其物理力学性能符合设计要求,合格。

　2. 构架采用铝合金型材,先安立柱后安横梁,横梁与立柱间已采用螺栓连接或通过角码后用螺栓连接牢固。

　3. 各种不同金属材料的接触面均已采用绝缘垫片分隔。

　4. 骨架固定节点示意见右图。

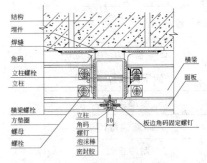

申报人:×××

检查意见:

　经检查,符合设计要求和《建筑装饰装修工程质量验收规范》(GB 50210-2001)的规定,同意进行下一道工序。

检查结论:　　☑同意隐蔽　　□不同意,修改后进行复查

复查结论:

复查人:　　　　　　　　　　　　　　　　　复查日期:

签字栏	建设(监理)单位	施工单位	××幕墙装饰工程有限公司	
		专业技术负责人	专业质检员	专业工长
	×××	×××	×××	×××

本表由施工单位填写,建设单位、施工单位、城建档案馆各保存一份。

一册在手　表格全有　贴近现场　资料无忧

隐蔽工程验收记录		资料编号	×××

工程名称	××办公楼外幕墙工程		
隐检项目	铝塑板、保温板安装	隐检日期	2015 年×月×日
隐检部位	F11 层东立面		

隐检依据:施工图图号___装施－1、装施－26___,设计变更/洽商(编号___/___)及有关国家现行标准等。

主要材料名称及规格/型号:___铝塑板(黑色):1220×2440×4mm、挤塑保温板:1.8×0.6×0.03、自攻自钻钉:4.2×22、密封胶:500mL/支___。

隐检内容:

1. 铝塑板背面距边缘 60mm,满贴 30mm 挤塑保温板,钢龙骨位置在钢龙骨与结构之间也满贴 30mm 挤塑保温板,使其与铝塑板背面挤塑保温板形成一个整体,从而达到保温作用。

2. 铝塑板与钢龙骨之间垫 7×18mmPVC 胶条(大面)、7×50mmPVC 胶条(挂点处)。

3. 铝塑板采用 4mm 厚氟碳喷涂,铝塑板与钢龙骨之间采用 ST4.2×22 自攻自钻钉连接固定,自攻钉横向间距不大于 600mm,竖向间距不大于 350mm,符合设计要求及施工规范要求。

4. 铝塑板折边为 10mm,相邻两张铝塑板之间宽度为 6mm、厚度为 4mm 胶缝,并贴有 5×5mm 单面贴,深浅一致、宽窄均匀、光滑顺直,符合设计及施工规范要求。

影像资料的部位、数量:

以上隐检内容已做完,请予以检查。

申报人:×××

检查意见:

经检查,符合设计要求和《建筑装饰装修工程质量验收规范》(GB 50210)的规定。

检查结论: ☑同意隐蔽 □不同意,修改后进行复查

复查结论:

复查人: 复查日期:

签字栏	施工单位	××幕墙装饰工程有限公司	专业技术负责人	专业质检员	专业工长
			×××	×××	×××
	监理(建设)单位	××工程建设监理有限公司	专业工程师		×××

本表由施工单位填写,并附影像资料。

一册在手 表格全有 贴近现场 资料无忧

金属幕墙检验批质量验收记录

03090201001

单位(子单位)工程名称	××大厦	分部(子分部)工程名称	建筑装饰装修/幕墙	分项工程名称	金属幕墙
施工单位	××建筑有限公司	项目负责人	赵斌	检验批容量	1000m²
分包单位	××建筑装饰工程有限公司	分包单位项目负责人	王阳	检验批部位	西立面幕墙
施工依据	××大厦幕墙施工方案		验收依据	《建筑装饰装修工程质量验收规范》GB50210-2001	

		验收项目	设计要求及规范规定	最小/实际抽样数量	检查记录	检查结果
主控项目	1	材料、配件质量	第9.3.2条	/	质量证明文件齐全,试验合格,报告编号×××	√
	2	造型和立面分格	第9.3.3条	10/10	抽查10处,合格10处	√
	3	金属面板质量	第9.3.4条	10/10	抽查10处,合格10处	√
	4	预埋件、后置件	第9.3.5条	10/10	抽查10处,合格10处	√
	5	立柱与预埋件与横梁连接,面板安装	第9.3.6条	10/10	抽查10处,合格10处	√
	6	防火、保温、防潮材料	第9.3.7条	/	质量证明文件齐全,试验合格,报告编号×××	√
	7	框架及连接件防腐	第9.3.8条	10/10	抽查10处,合格10处	√
	8	防雷装置	第9.3.9条	10/10	抽查10处,合格10处	√
	9	连接节点	第9.3.10条	10/10	抽查10处,合格10处	√
	10	板缝注胶	第9.3.11条	10/10	抽查10处,合格10处	√
	11	防水	第9.3.12条	10/10	抽查10处,合格10处	√

一册在手 表格全有 贴近现场 资料无忧

续表

				验收项目	设计要求及规范规定	最小/实际抽样数量	检查记录	检查结果
一般项目	1			金属板表面要质量平整、洁净、色泽一致	第9.3.13条	10/10	抽查10处，合格10处	100%
	2			压条平直、洁净、接口严密、安装牢固	第9.3.14条	10/10	抽查10处，合格10处	100%
	3			密封胶缝横平竖直、深浅一致、宽窄均匀、光滑顺直	第9.3.15条	10/10	抽查10处，合格10处	100%
	4			滴水线坡向正确、顺直	第9.3.16条	10/10	抽查10处，合格9处	90%
	5			表面质量	第9.3.17条	10/10	抽查10处，合格10处	100%
	6	安装允许偏差	幕墙垂直度	幕墙高度≤30m	10	10/10	抽查10处，合格10处	100%
				30m<幕墙高度≤60m	15	/	/	
				60m<幕墙高度≤90m	20	/	/	
				幕墙高度>90m	25	/	/	
			幕墙水平	层高≤3m	3	/	/	
				层高>3m	5	10/10	抽查10处，合格10处	100%
			幕墙表面平整度		2	10/10	抽查10处，合格8处	80%
			板材立面垂直度		3	10/10	抽查10处，合格10处	100%
			板材上沿水平度		2	10/10	抽查10处，合格10处	100%
			相邻板材板角错位		1	10/10	抽查10处，合格10处	100%
			阳角方正		2	10/10	抽查10处，合格9处	90%
			接缝直线度		3	10/10	抽查10处，合格10处	100%
			接缝高低差		1	10/10	抽查10处，合格9处	90%
			接缝宽度		1	10/10	抽查10处，合格10处	100%

施工单位检查结果	符合要求 专业工长： 项目专业质量检查员： 2015年××月××日
监理单位验收结论	合格 专业监理工程师： 2015年××月××日

《金属幕墙检验批质量验收记录》填写说明

1. 填写依据

 建筑装饰装修工程质量验收规范》GB 50210－2001。

（2） 建筑工程施工质量验收统一标准》GB 50300－2013。

2. 规范摘要

以下内容摘录自《建筑装饰装修工程质量验收规范》GB 50210－2001。

（1）验收要求

检验批的划分及检查数量参见《玻璃幕墙安装检验批质量验收记录》的填写说明的相关要求。

（2）金属幕墙工程

本节适用于建筑高度不大于150m的金属幕墙工程的质量验收。

主控项目

1)金属幕墙工程所使用的各种材料和配件,应符合设计要求及国家现行产品标准和工程技术规范的规定。

检验方法:检查产品合格证书、性能检测报告、材料进场验收记录和复验报告。

2)金属幕墙的造型和立面分格应符合设计要求。

检验方法:观察;尺量检查。

3)金属面板的品种、规格、颜色、光泽及安装方向应符合设计要求。

检验方法:观察;检查进场验收记录。

4)金属幕墙主体结构上的预埋件、后置埋件的数量、位置及后置埋件的拉拔力必须符合设计要求。

检验方法:检查拉拔力检测报告和隐蔽工程验收记录。

5)金属幕墙的金属框架立柱与主体结构预埋件的连接、立柱与横梁的连接、金属面板的安装必须符合设计要求,安装必须牢固。

检验方法:手扳检查;检查隐蔽工程验收记录。

6)金属幕墙的防火、保温、防潮材料的设置应符合设计要求,并应密实、均匀、厚度一致。

检验方法:检查隐蔽工程验收记录。

7)金属框架及连接件的防腐处理应符合设计要求。

检验方法检查隐蔽工程验收记录和施工记录。

8)金属幕墙的防雷装置必须与主体结构的防雷装置可靠连接。

检验方法:检查隐蔽工程验收记录。

9)各种变形缝、墙角的连接节点应符合设计要求和技术标准的规定。

检验方法:观察;检查隐蔽工程验收记录。

10)金属幕墙的板缝注胶应饱满、密实、连续、均匀、无气泡,宽度和厚度应符合设计要求和技术标准的规定。

检验方法:观察;尺量检查;检查施工记录．

11)金属幕墙应无渗漏。

检验方法:在易渗漏部位进行淋水检查。

一般项目

1)金属板表面应平整、洁净、色泽一致。

检验方法:观察。

2)金属幕墙的压条应平直、洁净、接口严密、安装牢固。

检验方法:观察;手扳检查。

3)金属幕墙的密封胶缝应横平竖直、深浅一致、宽窄均匀、光滑顺直。

检验方法:观察。

4)金属幕墙上的滴水线、流水坡向应正确、顺直。

检验方法;观察;用水平尺检查。

5) 每平方米金属板的表面质量和检验方法应符合表 9-5 的规定。

表 9-5　　　　　　　　　　　**每平方米金属板的表面质量和检验方法**

项次	项目	质量要求	检验方法
1	明显划伤和长度>100mm 的轻微划伤	不允许	观察
2	长度≤100mm 的轻微划伤	≤8 条	用钢尺检查
3	擦伤总面积	≤500mm²	用钢尺检查

9.3.18 金属幕墙安装的允许偏差和检验方法应符合表 9-6 的规定。

表 9-6　　　　　　　　　　　**金属幕墙安装的允许偏差和检验方法**

项次	项目		允许偏差(mm)	检验方法
1	幕墙垂直度	幕墙高度≤30m	10	用经纬仪检查
		30m<幕墙高度≤60m	15	
		60m<幕墙高度≤90m	20	
		幕墙高度>90m	25	
2	幕墙水平度	层高≤3m	3	用水平仪检查
		层离>3m	5	
3	幕墙表面平整度		2	用 2m 靠尺和塞尺检查
4	板材立面垂直度		3	用垂直检测尺检查
5	板材上沿水平度		2	用 1m 水平尺和钢直尺检查
6	相邻板材板角错位		1	用钢直尺检查
7	阳角方正		2	用直角检测尺检查
8	接缝直线度		3	拉 5m 线,不足 5m 拉通线,用钢直尺检查
9	接缝高低差		1	用钢直尺和塞尺检查
10	接缝宽度		1	用钢直尺检查

<u>金属幕墙安装</u> 分项工程质量验收记录

单位(子单位)工程名称	××大厦外幕墙工程		结构类型	全现浇剪力墙
分部(子分部)工程名称	幕墙		检验批数	4
施工单位	××建设工程有限公司		项目经理	×××
分包单位	××幕墙装饰工程有限公司		分包项目经理	×××
序号	检验批名称及部位、区段	施工单位检查评定结果	监理(建设)单位验收结论	
1	Ⅰ段东立面21～23层金属幕墙	√		
2	Ⅱ段南立面21～23层金属幕墙	√		
3	Ⅰ段西立面21～23层金属幕墙	√		
4	Ⅱ段北立面21～23层金属幕墙	√	验收合格	
说明:				
检查结论	21～23层外立面金属幕墙工程施工质量符合《建筑装饰装修工程质量验收规范》(GB 50210－2001)的要求,金属幕墙分项工程合格。 项目专业技术负责人:××× 　　　　　　　　　2015年×月×日		验收结论	同意施工单位检查结论,验收合格。 监理工程师:××× (建设单位项目专业技术负责人) 　　　　　　　　　2015年×月×日

注:地基基础、主体结构工程的分项工程质量验收不填写"分包单位"、"分包项目经理"。

一册在手 表格全有 贴近现场 资料无忧

9.3　石材幕墙安装

9.3.1　石材幕墙安装工程资料列表

(1)设计文件

1)石材幕墙工程的设计图纸、计算书、文件、设计更改的文件等

2)建筑设计单位对幕墙工程设计的确认文件

(2)施工管理资料

1)工程概况表

2)施工现场质量管理检查记录

3)专业承包单位资质证明文件及专业人员岗位证书

4)分包单位资质报审表

5)石材幕墙施工检测计划

6)硅酮结构胶、后置埋件、幕墙性能检测的取样试验见证记录

7)见证试验检测汇总表

8)施工日志

(3)施工技术资料

1)工程技术文件报审表

2)石材幕墙工程施工组织设计或施工方案

3)石材幕墙工程施工组织设计或施工方案技术交底记录

4)石材幕墙分项工程技术交底记录

5)图纸会审记录、设计变更通知单、工程洽商记录

(4)施工物资资料

1)幕墙石材板出厂合格证、性能检测报告

2)石材的弯曲强度,寒冷地区石材的耐冻融性,室内用花岗石的放射性的复试报告

3)(构架材料)钢材的产品合格证、力学性能检验报告,进口钢材的国家商检部门的商检证,幕墙用钢材复试报告

4)(构架材料)铝合金型材的产品合格证、力学性能检验报告,进口型材的国家商检部门的商检证

5)幕墙用非标准五金件、各种卡件、螺栓、螺钉、螺母等紧固件出厂合格证

6)(建筑密封材料)密封胶与实际工程用基材的相容性检验报告,密封材料产品合格证,密封胶条试验报告,石材用密封胶的耐污染性试验报告

7)(硅酮结构胶)幕墙用硅酮结构胶的产品合格证、性能检测报告、认定证书和抽查合格证明,进口硅酮结构胶的商检证,国家指定检测机构出具的硅酮结构胶相容性和剥离粘结性试验报告

8)石材用结构胶的粘结强度试验报告

9)防火材料产品合格证或材料耐火检验报告,保温材料产品合格证、性能检测报告

10)(其他材料)石材防护剂、石材清洗剂等出厂合格证、性能检测报告

11)幕墙构件出厂质量合格证书

12)材料、构配件进场检验记录

13)工程物资进场报验表

(5)施工记录

1)石材幕墙安装施工隐蔽工程验收记录

注:石材幕墙工程验收前,应在安装施工中完成下列隐蔽项目的现场验收:(1)石材幕墙主体结构上的预埋件和后置埋件;(2)石材幕墙的金属框架立柱与主体结构预埋件的连接、立柱与横梁的连接;(3)金属框架和连接件的防腐处理;(4)石材幕墙的防雷装置;(5)石材幕墙的防火、保温、防潮材料的设置;(6)各种结构变形缝、墙角的连接节点。

2)交接检查记录

3)施工测量记录

4)幕墙注胶检查记录

5)幕墙注胶养护环境的温度、湿度记录

6)幕墙构件和石板的加工制作记录

7)石材幕墙安装施工记录

8)石材幕墙淋水试验记录

9)石材幕墙安装施工自检记录

(6)施工试验记录及检测报告

1)后置埋件的拉拔力检测报告

2)幕墙双组分硅酮结构密封胶混匀性及拉断试验报告

3)石材幕墙的抗风压性能、空气渗透性能、雨水渗漏性能及平面内变形性能检测报告

4)防雷装置测试记录

(7)施工质量验收记录

1)石材幕墙安装检验批质量验收记录

2)石材幕墙安装分项工程质量验收记录

3)分项/分部工程施工报验表

9.3.2 石材幕墙安装工程资料填写范例及说明

幕墙用石材检验报告

委托编号	2015－××	试验编号	2015－××
委托单位	××幕墙装饰工程有限公司	委托日期	2015 年×月×日
工程名称	××大厦外幕墙工程	试验日期	2015 年×月×日
使用部位	首层外墙	品种规格	600×600×20mm 300×300×20mm
石材名称	花岗石	代表批量	200m²
主要仪器设备	××× 检定证书编号：××××	生产厂家	××建材有限公司
见证员	单位:××建设监理有限公司　姓名:×××		编号:××××
执行标准	《天然饰面石材试验方法》(GB/T 9966)、《天然花岗石建筑板材》(GB/T 18601－2009)		

试 验 项 目		标 准 要 求	试 验 结 果
压缩强度 (MPa)	干燥状态	≥50	76
	水饱和		
	冻融循环后		
弯曲强度 (MPa)	干燥状态	≥7.0	9.0
	水饱和状态		
体积密度(g/cm³)		≥2.60	3.4
吸水率(%)		≤0.50	0.3
耐久性			
耐磨性			
镜向光泽度			
结论	经检验,各项指标均达到标准要求。 试验单位(章):××建设工程检测中心 　　　　　　2015 年×月×日	备注	

试验人:×××	审核人:×××	技术负责人:×××

施工技术
负责人:×××

监理工程师:×××
(建设单位代表)

隐蔽工程验收记录

		资料编号	×× ×

工程名称	××办公楼外幕墙工程		
隐检项目	石材背板与保温板安装	隐检日期	2015 年×月×日
隐检部位	F01 层西立面		

隐检依据:施工图图号___装施-1、装施-26___,设计变更/洽商(编号___/___)及有关国家现行标准等。

　　主要材料名称及规格/型号:___14 号工字钢、连接件、30×80mm 不锈钢螺栓、1438×523×1.5mm 镀锌背板、M12×57mm/M8×80mm 等镀锌螺栓、玻璃岩棉、镀锌钢框架、791 硅酮密封胶、聚氨酯光泽漆、聚氨酯防锈漆、铝合金型材___。

隐检内容:

　　1. 根据施工图纸分格尺寸及标高线,将连接件焊于埋件上,焊缝涂刷防锈漆。

　　2. 14 号工字钢与连接件之间用 30×80mm 不锈钢螺栓连接固定,工字钢与挂件用 M12×57mm 镀锌螺栓连接、调整高度,三面焊接。

　　3. 镀锌背板与工字钢用 M5×15mm 镀锌螺栓连接,间距为 40mm,并调节平整度。

　　4. 镀锌背板内侧安装玻璃岩棉,交接缝处用铝箔胶纸粘贴,以 400mm 间距粘贴棉钉;镀锌背板外侧接缝填塞泡沫棒,并用 791 硅酮密封胶注胶处理。

　　5. 镀锌背板喷涂红色防锈漆一道,12h 后喷涂黑色光泽漆一道,再过 12h 后喷涂黑色光泽漆一道。

　　6. 钢框架上口 2 个耳片与挂件 2 个角的切口紧靠嵌接,4 个角用 M8×80mm 镀锌螺栓定位并安装牢固。

　　7. 铝合金型材用 M6×16mm 不锈钢螺栓安装固定于钢框架上。

影像资料的部位、数量:

隐检内容已做完,请予以检查。　　　　　　　　　　　　　　申报人:×××

检查意见:

　　经检查,石材幕墙骨架材料品种、规格、数量、构造,防锈处理,安装牢固性等均符合设计要求和《建筑装饰装修工程质量验收规范》(GB 50210)的规定。

检查结论: ☑同意隐蔽　　□不同意,修改后进行复查

复查结论:

复查人:　　　　　　　　　　　　　　　　　　　复查日期:

签字栏	施工单位	××幕墙装饰工程有限公司	专业技术负责人	专业质检员	专业工长
			×××	×××	×××
	监理(建设)单位	××工程建设监理有限公司	专业工程师		×××

本表由施工单位填写,并附影像资料。

石材幕墙检验批质量验收记录

03090301<u>001</u>

单位（子单位）工程名称	××大厦	分部（子分部）工程名称	建筑装饰装修/幕墙	分项工程名称	石材幕墙
施工单位	××建筑有限公司	项目负责人	赵斌	检验批容量	1000m²
分包单位	××建筑装饰工程有限公司	分包单位项目负责人	王阳	检验批部位	西立面幕墙
施工依据	××大厦幕墙施工方案		验收依据	《建筑装饰装修工程质量验收规范》GB50210-2001	

		验收项目	设计要求及规范规定	最小/实际抽样数量	检查记录	检查结果
主控项目	1	材料质量	第9.4.2条	/	质量证明文件齐全，试验合格，报告编号××××	√
	2	造型、分格、颜色、光泽、花纹、图案	第9.4.3条	10/10	抽查10处，合格10处	√
	3	石材孔、槽	第9.4.4条	10/10	抽查10处，合格10处	√
	4	预埋件和后置埋件	第9.4.5条	10/10	抽查10处，合格10处	√
	5	各种构件连接	第9.4.6条	10/10	抽查10处，合格10处	√
	6	框架和连接件防腐	第9.4.7条	10/10	抽查10处，合格10处	√
	7	防雷装置	第9.4.8条	10/10	抽查10处，合格10处	√
	8	防火、保温、防潮材料	第9.4.9条	10/10	抽查10处，合格10处	√
	9	结构变形缝、墙角连接点	第9.4.10条	10/10	抽查10处，合格10处	√
	10	表面和板缝处理	第9.4.11条	10/10	抽查10处，合格10处	√
	11	板缝注胶	第9.4.12条	10/10	抽查10处，合格10处	√
	12	防水	第9.4.13条	10/10	抽查10处，合格10处	√

续表

		验收项目		设计要求及规范规定	最小/实际抽样数量	检查记录	检查结果
	1	表面质量		第9.4.14条	10/10	抽查10处,合格10处	100%
	2	压条		第9.4.15条	10/10	抽查10处,合格10处	100%
	3	细部质量		第9.4.16条	10/10	抽查10处,合格10处	100%
	4	密封胶缝		第9.4.17条	10/10	抽查10处,合格10处	100%
	5	滴水线		第9.4.18条	10/10	抽查10处,合格10处	100%
	6	石材表面质量		第9.4.19条	10/10	抽查10处,合格10处	100%
一般项目	7	安装允许偏差(mm)	幕墙垂直度	幕墙高度≤30m / 10	10/10	抽查10处,合格10处	100%
				30m<幕墙高度≤60m / 15	/	/	
				60m<幕墙高度≤90m / 20	/	/	
				幕墙高度>90m / 25	/	/	
			幕墙水平度	3	10/10	抽查10处,合格9处	90%
			幕墙表面平整度	☑光2 □麻3	10/10	抽查10处,合格8处	80%
			板材立面垂直度	3	10/10	抽查10处,合格10处	100%
			板材上沿水平度	2	10/10	抽查10处,合格10处	100%
			相邻板材板角错位	1	10/10	抽查10处,合格10处	100%
			阳角方正	☑光2 □麻4	10/10	抽查10处,合格9处	90%
			接缝直接度	☑光3 □麻4	10/10	抽查10处,合格10处	100%
			接缝高低差	☑光1 □-	10/10	抽查10处,合格10处	100%
			接缝宽度	☑光1 □麻2	10/10	抽查10处,合格9处	90%

施工单位检查结果	符合要求 专业工长: 项目专业质量检查员: 2015年××月××日
监理单位验收结论	合格 专业监理工程师: 2015年××月××日

《石材幕墙检验批质量验收记录》填写说明

1. 填写依据

(1)《建筑装饰装修工程质量验收规范》GB 50210—2001

(2)《建筑工程施工质量验收统一标准》GB 50300—2013。

2. 规范摘要

以下内容摘录自《建筑装饰装修工程质量验收规范》GB 50210—2001

(1)验收要求

检验批的划分及检查数量参见《玻璃幕墙安装检验批质量验收记录》的填写说明的相关要求。

(2)石材幕墙工程

本节适用于建筑高度不大于100m、抗震设防烈度不大于8度的石材幕墙工程的质量验收。

主控项目

1)石材幕墙工程所用材料的品种、规格、性能和等级,应符合设计要求及国家现行产品标准和工程技术规范的规定。石材的弯曲强度不应小于8.0MPa;吸水率应小于0.8%。石材幕墙的铝合金挂件厚度不应小于4.0mm,不锈钢挂件厚度不应小于3.0mm。

检验方法:观察;尺量检查;检查产品合格证书、性能检测报告、材料进场验收记录和复验报告。

2)石材幕墙的造型、立面分格、颜色、光泽、花纹和图案应符合设计要求。

检验方法:观察。

3)石材孔、槽的数量、深度、位置、尺寸应符合设计要求。

检验方法:检查进场验收记录或施工记录。

4)石材幕墙主体结构上的预埋件和后置埋件的位置、数量及后置埋件的拉拔力必须符合设计要求。

检验方法:检查拉拔力检测报告和隐蔽工程验收记录。

5)石材幕墙的金属框架立柱与主体结构预埋件的连接、立柱与横梁的连接、连接件与金属框架的连接、连接件与石材面板的连接必须符合设计要求,安装必须牢固。

检验方法:手扳检查;检查隐蔽工程验收记录。

6)金属框架和连接件的防腐处理应符合设计要求。

检验方法:检查隐蔽工程验收记录。

7)石材幕墙的防雷装置必须与主体结构防雷装置可靠连接。

检验方法:观察;检查隐蔽工程验收记录和施工记录。

8)石材幕墙的防火、保温、防潮材料的设置应符合设计要求,填充应密实、均匀、厚度一致。

检验方法:检查隐蔽工程验收记录。

9)各种结构变形缝、墙角的连接节点应符合设计要求和技术标准的规定。

检验方法:检查隐蔽工程验收记录和施工记录。

10)石材表面和板缝的处理应符合设计要求。

检验方法:观察。

11)石材幕墙的板缝注胶应饱满、密实、连续、均匀、无气泡,板缝宽度和厚度应符合设计要求和技术标准的规定。

检验方法:观察;尺量检查;检查施工记录。

12)石材幕墙应无渗漏。

检验方法:在易渗漏部位进行淋水检查。

一般项目

1)石材幕墙表面应平整、洁净,无污染、缺损和裂痕。颜色和花纹应协调一致,无明显色差,无明显修痕。

检验方法:观察。

2)石材幕墙的压条应平直、洁净、接口严密、安装牢固。

检验方法:观察;手板检查。

3)石材接缝应横平竖直、宽窄均匀;阴阳角石板压向应正确,板边合缝应顺直;凸凹线出墙厚度应一致,上下口应平直;石材面板上洞口、槽边应套割吻合,边缘应整齐。

检验方法:观察;尺量检查。.

4)石材幕墙的密封胶缝应横平竖直、深浅一致、宽窄均匀、光滑顺直。

检验方法:观察。

5)石材幕墙上的滴水线、流水坡向应正确、顺直。

检验方法:观察;用水平尺检查。

6)每平方米石材的表面质量和检验方法应符合表9-7的规定。

表 9-7　　　　　　　　　每平方米石材的表面质量和检验方法

项次	项目	质量要求	检验方法
1	裂痕、明显划伤和长度>100mm 的轻微划伤	不允许	观察
2	长度≤100mm 的轻微划伤	≤8 条	用钢尺检查
3	擦伤总面积	≤500mm2	用钢尺检查

9.4.20 石材幕墙安装的允许偏差和检验方法应符合表9-8的规定。

表 9-8　　　　　　　　　石材幕墙安装的允许偏差和检验方法

项次	项目		允许偏差(mm)		检验方法
			光面	麻面	
1	幕墙垂直度	幕墙高度≤30m	10		用经纬仪检查
		30m<幕墙高度≤60m	15		
		60m<幕墙高度≤90m	20		
		幕墙高度>90m	25		
2	幕墙水平度		3		用水平仪检查
3	板材立面垂直度		3		用水平仪检查
4	板材上沿水平度		2		用 1m 水平尺和钢直尺检查
5	相邻板材板角错位		1		用钢直尺检查
6	幕墙表面平整度		2	3	用垂直检测尺检查
7	阳角方正		2	4	用直角检测尺检查
8	接缝直线度		3	4	拉 5m 线,不足 5m 拉通线,用钢直尺检查
9	接缝高低差		1	—	用钢直尺和塞尺检查
10	接缝宽度		1	2	用钢直尺检查

<u>石材幕墙安装</u> 分项工程质量验收记录

单位(子单位)工程名称		××大厦外幕墙工程	结构类型	全现浇剪力墙
分部(子分部)工程名称		幕墙	检验批数	10
施工单位		××建设工程有限公司	项目经理	×××
分包单位		××幕墙装饰工程有限公司	分包项目经理	×××
序号	检验批名称及部位、区段		施工单位检查评定结果	监理(建设)单位验收结论
1	十层①～⑦/Ⓐ～Ⓖ轴石材幕墙		√	
2	九层①～⑦/Ⓐ～Ⓖ轴石材幕墙		√	
3	八层①～⑦/Ⓐ～Ⓖ轴石材幕墙		√	
4	七层①～⑦/Ⓐ～Ⓖ轴石材幕墙		√	
5	六层①～⑦/Ⓐ～Ⓖ轴石材幕墙		√	
6	五层①～⑦/Ⓐ～Ⓖ轴石材幕墙		√	
7	四层①～⑦/Ⓐ～Ⓖ轴石材幕墙		√	验收合格
8	三层①～⑦/Ⓐ～Ⓖ轴石材幕墙		√	
9	二层①～⑦/Ⓐ～Ⓖ轴石材幕墙		√	
10	一层①～⑦/Ⓐ～Ⓖ轴石材幕墙		√	

说明:

检查结论	十层①～⑦/Ⓐ～Ⓖ轴至一层①～⑦/Ⓐ～Ⓖ轴石材幕墙工程施工质量符合《建筑装饰装修工程质量验收规范》(GB 50210—2001)的要求,石材幕墙安装分项工程合格。 项目专业技术负责人:××× 2015 年×月×日	验收结论	同意施工单位检查结论,验收合格。 监理工程师:××× (建设单位项目专业技术负责人) 2015 年×月×日

注:地基基础、主体结构工程的分项工程质量验收不填写"分包单位"、"分包项目经理"。

一册在手 表格全有 贴近现场 资料无忧

9.4 陶板幕墙安装

9.4.1 陶板幕墙安装工程资料列表

(1)设计文件

1)陶板幕墙工程的设计图纸、计算书、文件、设计更改的文件等

2)建筑设计单位对幕墙工程设计的确认文件

(2)施工管理资料

1)工程概况表

2)施工现场质量管理检查记录

3)专业承包单位资质证明文件及专业人员岗位证书

4)分包单位资质报审表

5)陶板幕墙施工检测计划

6)硅酮结构胶、后置埋件、幕墙性能检测的取样试验见证记录

7)见证试验检测汇总表

8)施工日志

(3)施工技术资料

1)工程技术文件报审表

2)陶板幕墙工程施工组织设计或施工方案

3)陶板幕墙工程施工组织设计或施工方案技术交底记录

4)陶板幕墙分项工程技术交底记录

5)图纸会审记录、设计变更通知单、工程洽商记录

(4)施工物资资料

1)幕墙陶板出厂合格证、性能检测报告

2)(构架材料)钢材的产品合格证、力学性能检验报告,进口钢材的国家商检部门的商检证,幕墙用钢材复试报告

3)(构架材料)铝合金型材的产品合格证、力学性能检验报告,进口型材的国家商检部门的商检证

4)幕墙用非标准五金件、各种卡件、螺栓、螺钉、螺母等紧固件出厂合格证

5)(建筑密封材料)密封胶与实际工程用基材的相容性检验报告,密封材料产品合格证,密封胶条试验报告,陶板用密封胶的耐污染性试验报告

6)(硅酮结构胶)幕墙用硅酮结构胶的产品合格证、性能检测报告、认定证书和抽查合格证明,进口硅酮结构胶的商检证,国家指定检测机构出具的硅酮结构胶相容性和剥离粘结性试验报告

7)幕墙用结构胶的粘结强度试验报告

8)防火材料产品合格证或材料耐火检验报告,保温材料产品合格证、性能检测报告

9)(其他材料)防护剂、清洗剂等出厂合格证

10)幕墙构件出厂质量合格证书

一册在手 表格全有 贴近现场 资料无忧

11)材料、构配件进场检验记录

12)工程物资进场报验表

(5)施工记录

1)陶板幕墙安装施工隐蔽工程验收记录

注:陶板幕墙工程验收前,应在安装施工中完成下列隐蔽项目的现场验收:(1)陶板幕墙主体结构上的预埋件和后置埋件;(2)陶板幕墙的金属框架立柱与主体结构预埋件的连接、立柱与横梁的连接;(3)金属框架和连接件的防腐处理;(4)陶板幕墙的防雷装置;(5)陶板幕墙的防火、保温、防潮材料的设置;(6)各种结构变形缝、墙角的连接节点。

2)交接检查记录

3)施工测量记录

4)幕墙注胶检查记录

5)幕墙注胶养护环境的温度、湿度记录

6)幕墙构件和石板的加工制作记录

7)陶板幕墙安装施工记录

8)陶板幕墙淋水试验记录

9)陶板幕墙安装施工自检记录

(6)施工试验记录及检测报告

1)后置埋件的拉拔力检测报告

2)幕墙双组分硅酮结构密封胶混匀性及拉断试验报告

3)陶板幕墙的抗风压性能、空气渗透性能、雨水渗漏性能及平面内变形性能检测报告

4)防雷装置测试记录

(7)施工质量验收记录

1)陶板幕墙安装检验批质量验收记录

2)陶板幕墙安装分项工程质量验收记录

3)分项/分部工程施工报验表

一册在手　表格全有　贴近现场　资料无忧

第 10 章

涂饰工程

10.0　涂饰工程资料应参考的标准及规范清单

1.《建筑装饰装修工程质量验收规范》GB 50210—2001

2.《建筑工程施工质量验收统一标准》GB 50300—2013

3.《建筑设计防火规范》GB 50016—2014

4.《住宅装饰装修工程施工规范》GB 50327—2001

5.《室内装饰装修材料 内墙涂料中有害物质限量》GB 18582—2008

6.《民用建筑工程室内环境污染控制规范(2013版)》GB 50325—2010

7.《室内装饰装修材料 溶剂型木器涂料中有害物质限量》GB 18581—2009

8.《北京市建筑工程施工安全操作》DBJ01—62—2002

9.《建筑工程资料管理规程》DBJ 01—51—2003

10.《建筑安装分项工程施工工艺流程》DBJ/T 01—26—2003

11.《高级建筑装饰工程质量验收标准》DBJ/T 01—27—2003

12.《建筑涂饰工程施工及验收规程》JGJ/T 29—2003

13.《建筑工程冬期施工规程》JGJ/T 104—2011

14.《建筑机械使用安全技术规程》JGJ 33—2012

15.《施工现场临时用电安全技术规范》JGJ 46—2005

16.《建筑施工高处作业安全技术规范》JGJ 80—1991

17.《建筑工程资料管理规程》JGJ/T 185—2009

一册在手　表格全有　贴近现场　资料无忧

10.1　水性涂料涂饰

10.1.1　水性涂料涂饰工程资料列表

（1）设计文件

涂饰工程的施工图、设计说明及其他设计文件

（2）施工技术资料

1）工程技术文件报审表

2）涂饰工程施工方案

3）涂饰工程施工方案技术交底记录

4）水性涂料涂饰分项工程技术交底记录

5）图纸会审记录、设计变更通知单、工程洽商记录

（3）施工物资资料

1）水性涂料（乳液型涂料、无机涂料、水溶性涂料等）产品合格证、质量保证书、性能检测报告、使用说明书，内墙涂料中有害物质含量检测报告

注：乳液型涂料包括合成树脂乳液内墙涂料、合成树脂乳液外墙涂料、合成树脂砂壁状建筑涂料和复层建筑涂料，无机涂料主要用于外墙部位。

2）成品腻子、石膏、界面剂等产品合格证

3）水泥产品合格证、出厂检验报告

4）材料进场检验记录

5）工程物资进场报验表

（4）施工记录

1）内墙涂饰基层处理隐蔽工程验收记录

2）施工检查记录

（5）施工质量验收记录

1）水性涂料涂饰检验批质量验收记录

2）水性涂料涂饰分项工程质量验收记录

3）分项/分部工程施工报验表

（6）分户验收记录

水性涂料涂饰质量分户验收记录表

一册在手　表格全有　贴近现场　资料无忧

10.1.2 水性涂料涂饰工程资料填写范例及说明

材料、构配件进场检验记录				编　号		×××	
工程名称		××综合楼		检验日期		2015 年 5 月 23 日	
序号	名　称	规格型号	进场数量	生产厂家 合格证号	检验项目	检验结果	备　注
1	丙烯酸合成树脂乳液涂料	××	××桶	××建材有限公司 ×××	查验合格证,检测报告;外观检查	合格	
2	抗碱封闭底漆	××	××吨	××建材有限公司 ×××	查验产品合格证;外观检查	合格	

检验结论:
　　经检查,符合设计和规范要求,同意验收。

签字栏	建设(监理)单位	施工单位	××装饰装修工程有限公司	
		专业质检员	专业工长	检验员
	×××	×××	×××	×××

本表由施工单位填写并保存。

工程物资进场报验表				编　号	×××
工程名称	××综合楼			日　期	2015 年 5 月 23 日

现报上关于　　　　　涂饰　　　　　工程的物资进场检验记录,该批物资经我方检验符合设计、规范及合约要求,请予以批准使用。

物资名称	主要规格	单　位	数　量	选样报审表编号	使用部位
丙烯酸合成树脂乳液涂料	××	桶	××	×××	1～3 层室内墙面
抗碱封闭底漆	××	吨	××	×××	1～3 层室内墙面
821 腻子粉	××	吨	××	×××	1～3 层室内墙面

附件:　　　名　称　　　　　　　　　页　数　　　　　　　　　编　号
1. ☑ 出厂合格证　　　　　　　×　页　　　　　　　×××
2. ☑ 厂家质量检验报告　　　　×　页　　　　　　　×××
3. ☐ 厂家质量保证书　　　　　　　页
4. ☐ 商检证　　　　　　　　　　　页
5. ☑ 进场检验记录　　　　　　×　页　　　　　　　×××
6. ☐ 进场复试报告　　　　　　　　页
7. ☐ 备案情况　　　　　　　　　　页
8. ☐ 　　　　　　　　　　　　　　页

申报单位名称:××建筑装饰装修工程有限公司　　　　申报人(签字):×××

施工单位检验意见:

　　报验的工程材料的质量证明文件齐全,进场检验合格,同意报项目监理部审批。

☑有 / ☐无 附页

施工单位名称:××建设工程有限公司　　技术负责人(签字):×××　审核日期:2015 年 5 月 23 日

验收意见:

　　1. 物资质量控制资料齐全、有效。

　　2. 材料检验合格。

　　同意承包单位检验意见,该批物资可以进场使用于本工程指定部位。

审定结论:　　☑同意　　　☐补报资料　　　☐重新检验　　　☐退场

监理单位名称:××建设监理有限公司　　监理工程师(签字):×××　验收日期:2015 年 5 月 24 日

本表由施工单位填报,建设单位、监理单位、施工单位各存一份。

水溶性内墙涂料试验报告

委托编号	××××	试验编号	××××
委托单位	××建设工程有限公司	委托日期	2015 年×月×日
工程名称	××工程	试验日期	2015 年×月×日
使用部位	室内墙面	种类型号	Ⅰ类 5L/桶
生产厂家	××建材有限公司	代表批量	20桶
主要仪器设备	JTX－Ⅱ建筑涂料耐洗刷仪、百度测定仪、XQW 涂层耐沾污性冲洗装置 检定证书编号:××××、××××、××××		
见证员	单位:××建设监理有限公司	姓名:×××	编号:××××
执行标准	《水溶性内墙涂料》(JC/T 423)		
试验室条件	温度: 23℃	相对湿度:	60%
试验项目	标准要求	试验结果	
容器中状态	无硬块、沉淀和絮凝	合格	
粘度	30～75(用涂－4 粘度计测定)	55	
细度	≤100	96	
遮盖力	≤300	241	
白度	≥80	104	
涂膜外观	平整,色泽均匀	合格	
耐水性	无脱落、起泡和皱皮	合格	
耐干擦性	/	/	
耐洗刷性	≥300	370	
结论	符合《水溶性内墙涂料》(JC/T 423)的标准要求,合格 试验单位(章):××检测中心 2015 年×月×日	备注	
试验人:×××	审核人:×××	技术负责人:×××	

施工技术 负责人:×××	监理工程师:××× (建设单位代表)

水性涂料涂饰检验批质量验收记录

03100101001

单位（子单位）工程名称	××大厦	分部（子分部）工程名称	建筑装饰装修/涂饰	分项工程名称	水性涂料涂饰
施工单位	××建筑有限公司	项目负责人	赵斌	检验批容量	20 间
分包单位	××建筑装饰工程有限公司	分包单位项目负责人	王阳	检验批部位	一层室内墙面
施工依据	××大厦装饰装修施工方案		验收依据	《建筑装饰装修工程质量验收规范》GB50210-2001	

		验收项目		设计要求及规范规定	最小/实际抽样数量	检查记录	检查结果
主控项目	1	涂料品种、型号、性能		第10.2.2条	/	质量证明文件齐全，试验合格，报告编号×××	√
	2	涂饰颜色和图案		第10.2.3条	3/5	抽查5处，合格5处	√
	3	涂饰综合质量		第10.2.4条	3/5	抽查5处，合格5处	√
	4	基层处理		第10.2.5条	3/5	抽查5处，合格5处	√
一般项目	1	与其它材料和设备衔接处		第10.2.9条	3/5	抽查5处，合格5处	100%
	2	薄涂料涂饰质量允许偏差	颜色 普通涂饰	均匀一致	3/5	抽查5处，合格5处	100%
			颜色 高级涂饰	均匀一致	/	/	
			泛碱、咬色 普通涂饰	允许少量轻微	3/5	抽查5处，合格5处	100%
			泛碱、咬色 高级涂饰	不允许	/	/	
			流坠、疙瘩 普通涂饰	允许少量轻微	3/5	抽查5处，合格4处	80%
			流坠、疙瘩 高级涂饰	不允许	/	/	
			砂眼、刷纹 普通涂饰	允许少量细微砂眼、刷纹通顺	3/5	抽查5处，合格5处	100%
			砂眼、刷纹 高级涂饰	无砂眼、无刷纹	/	/	
			装饰线、分色线直线度 普通涂饰	2mm	3/5	抽查5处，合格5处	100%
			装饰线、分色线直线度 高级涂饰	1mm	/	/	
	3	厚涂料涂饰质量允许偏差	颜色 普通涂饰	均匀一致	/	/	
			颜色 高级涂饰	均匀一致	/	/	
			泛碱、咬色 普通涂饰	允许少量轻微	/	/	
			泛碱、咬色 高级涂饰	不允许	/	/	
			点状分布 普通涂饰	—	/	/	
			点状分布 高级涂饰	疏密均匀	/	/	
	4	复层涂饰质量允许偏差	颜色	均匀一致	/	/	
			泛碱、咬色	不允许	/	/	
			喷点疏密程度	均匀，不允许连片	/	/	

施工单位检查结果	符合要求 专业工长：高爱云 项目专业质量检查员：张伟 2015 年××月××日
监理单位验收结论	合格 专业监理工程师：刘东 2015 年××月××日

《水性涂料涂饰检验批质量验收记录》填写说明

1. 填写依据

(1)《建筑装饰装修工程质量验收规范》GB 50210－2001。

(2)《建筑工程施工质量验收统一标准》GB 50300－2013。

2. 规范摘要

以下内容摘录自《建筑装饰装修工程质量验收规范》GB 50210－2001

(1)验收要求

1)各分项工程的检验批应按下列规定划分:

①室外涂饰工程每一栋楼的同类涂料涂饰的墙面每 500～1000m² 应划分为一个检验批,不足 500m² 也应划分为一个检验批。

②室内涂饰工程同类涂料涂饰墙面每 50 间(大面积房间和走廊按涂饰面积 30m² 为一间)应划分为一个检验批,不足 50 间也应划分为一个检验批。

2)检查数量应符合下列规定:

①室外涂饰工程每 100m 应至少检查一处,每处不得小于 10m。

②室内涂饰工程每个检验批应至少抽查 10％,并不得少于 3 间;不足 3 间时应全数检查。

(2)水性涂料涂饰工程

本节适用于乳液型涂料、无机涂料、水溶性涂料等水性涂料涂饰工程的质量验收。

主控项目

1)水性涂料涂饰工程所用涂料的品种、型号和性能应符合设计要求。

检验方法:检查产品合格证书、性能检测报告和进场验收记录。

2)水性涂料涂饰工程的颜色、图案应符合设计要求。

检验方法:观察。

3)水性涂料涂饰工程应涂饰均匀、粘结牢固,不得漏涂、透底、起皮和掉粉。

检验方法:观察;手摸检查。

4)水性涂料涂饰工程的基层处理应符合《建筑地面工程施工质量验收规范》GB 50209－2010 第 10.1.5 条的要求。

检验方法:观察;手摸检查;检查施工记录。

一般项目

1)薄涂料的涂饰质量和检验方法应符合表 10-1 的规定。

表 10-1 　　　　　　　　　　薄涂料的涂饰质量和检验方法

项次	项目	普通涂饰	高级涂饰	检验方法
1	颜色	均匀一致	均匀一致	观察
2	泛碱、咬色	允许少量轻微	不允许	
3	流坠、疙瘩	允许少量轻微	不允许	
4	砂眼、刷纹	允许少量轻微砂眼、刷纹通顺	无砂眼,无刷纹	
5	装饰线、分色线直线度允许偏差	2	1	拉 5m 线,不足 5m 拉通线,用钢直尺检查

一册在手 表格全有 贴近现场 资料无忧

2)厚涂料的涂饰质量和检验方法应符合表 10-2 的规定。

表 10-2　　　　　　　　　　　　　厚涂料的涂饰质量和检验方法

项次	项目	普通涂饰	高级涂饰	检验方法
1	颜色	均匀一般	均匀一般	观察
2	泛碱、咬色	允许少量轻微	不允许	
3	点状分布	—	疏密均匀	

3)复合涂料的涂饰质量和检验方法应符合表 10-3 的规定。

表 10-3　　　　　　　　　　　　　复层涂料的涂饰质量和检验方法

项次	项目	质量要求	检验方法
1	颜色	均匀一致	观察
2	泛碱、咬色	不允许	
3	喷点疏密程度	均匀、不允许连片	

4)涂层与其他装修材料和设备衔接处应吻合,界面应清晰。

检验方法:观察。

<u>水性涂料涂饰</u> 分项工程质量验收记录

单位(子单位)工程名称	××工程	结构类型	框架剪力墙
分部(子分部)工程名称	涂饰	检验批数	10
施工单位	××建设工程有限公司	项目经理	×××
分包单位	××建筑装饰装修工程有限公司	分包项目经理	×××

序号	检验批名称及部位、区段	施工单位检查评定结果	监理(建设)单位验收结论
1	首层室内墙面涂饰	√	
2	二层室内墙面涂饰	√	
3	三层室内墙面涂饰	√	
4	四层室内墙面涂饰	√	
5	五层室内墙面涂饰	√	
6	六层室内墙面涂饰	√	验收合格
7	七层室内墙面涂饰	√	
8	八层室内墙面涂饰	√	
9	九层室内墙面涂饰	√	
10	十层室内墙面涂饰	√	

检查结论	首层至十层室内墙面水性涂料涂饰施工质量符合《建筑装饰装修工程质量验收规范》(GB 50210－2001)的要求,合格。 项目专业技术负责人:××× 2015 年×月×日	验收结论	同意施工单位检查结论,验收合格。 监理工程师:××× (建设单位项目专业技术负责人) 2015 年×月×日

一册在手 表格全有 贴近现场 资料无忧

分项/分部工程施工报验表	编　号	×××
工程名称　　　　　　××综合楼	日　期	2015 年 7 月 2 日

现我方已完成＿＿＿＿＿／＿＿＿＿＿(层)＿＿＿／＿＿＿轴(轴线或房间)＿＿＿＿＿／＿＿＿＿＿(高程)＿＿＿＿＿＿／＿＿＿＿＿＿(部位)的＿＿＿＿＿水性涂料涂饰＿＿＿＿＿工程,经我方检验符合设计、规范要求,请予以验收。

附件：　　　名　称　　　　　　　　　　页　数　　　　　　　　编　号

1. □质量控制资料汇总表　　　　　　　＿＿＿页　　　＿＿＿＿＿＿＿＿＿＿

2. □隐蔽工程验收记录　　　　　　　　＿＿＿页　　　＿＿＿＿＿＿＿＿＿＿

3. □预检记录　　　　　　　　　　　　＿＿＿页　　　＿＿＿＿＿＿＿＿＿＿

4. □施工记录　　　　　　　　　　　　＿＿＿页　　　＿＿＿＿＿＿＿＿＿＿

5. □施工试验记录　　　　　　　　　　＿＿＿页　　　＿＿＿＿＿＿＿＿＿＿

6. □分部(子分部)工程质量验收记录　　＿＿＿页　　　＿＿＿＿＿＿＿＿＿＿

7. ☑分项工程质量验收记录　　　　　　＿1＿页　　　＿＿＿×××＿＿＿＿

8. □＿＿＿＿＿＿＿＿＿＿＿　　　　　＿＿＿页　　　＿＿＿＿＿＿＿＿＿＿

9. □＿＿＿＿＿＿＿＿＿＿＿　　　　　＿＿＿页　　　＿＿＿＿＿＿＿＿＿＿

10. □＿＿＿＿＿＿＿＿＿＿　　　　　＿＿＿页

质量检查员(签字)：×××

施工单位名称：××建筑装饰装修工程有限公司　　　　　技术负责人(签字)：×××

审查意见：

　1. 所报附件材料真实、齐全、有效。

　2. 所报分项工程实体工程质量符合规范和设计要求。

审查结论：　　　　　　☑合格　　　　　　□不合格

监理单位名称：××建设监理有限公司　　(总)监理工程师(签字)：×××　审查日期：2015 年 7 月 2 日

本表由施工单位填报,监理单位、施工单位各存一份。分项、分部工程不合格,应填写《不合格项处置记录》,分部工程应由总监理工程师签字。

水性涂料涂饰质量分户验收记录表

单位工程名称	××小区10#楼	结构类型	框架剪力墙	层数	地下2层,地上20层
验收部位(房号)	6单元903室	户型	三室两厅一卫	检查日期	2015年×月×日
建设单位	××房地产开发有限公司	参检人员姓名	×××	职务	建设单位代表
总包单位	××建设集团有限公司	参检人员姓名	×××	职务	质量检查员
分包单位	××建筑装饰装修工程有限公司	参检人员姓名	×××	职务	质量检查员
监理单位	××建设监理有限公司	参检人员姓名	×××	职务	土建监理工程师
施工执行标准名称及编号	《建筑装饰装修工程施工工艺标准》(QB×××—2006)				

施工质量验收规范的规定(GB 50210—2001)				施工单位检查评定记录	监理(建设)单位验收记录
主控项目	1	材料质量	第10.2.2条	/	/
	2	涂饰颜色和图案	第10.2.3条	颜色、图案符合设计要求	合格
	3	涂饰综合质量	第10.2.4条	涂饰均匀、粘结牢固,无漏涂、透底、起皮和掉粉	合格
	4	基层处理	第10.2.5条	基层处理采用抗碱底漆,处理质量符合规范要求	合格
一般项目	1	与其他材料和设备衔接处	第10.2.9条	衔接处吻合、界面清晰	合格
	2 薄涂料涂饰质量允许偏差	颜色	普通涂饰 均匀一致	颜色均匀一致	合格
			高级涂饰 均匀一致	/	/
		泛碱、咬色	普通涂饰 允许少量轻微	无泛碱、咬色现象	合格
			高级涂饰 不允许	/	/
		流坠、疙瘩	普通涂饰 允许少量轻微	无流坠、疙瘩现象	合格
			高级涂饰 不允许	/	/
		砂眼、刷纹	普通涂饰 允许少量细微砂眼、刷纹通顺	无砂眼、刷纹	合格
			高级涂饰 无砂眼,无刷纹	/	/
		装饰线、分色线直线度	普通涂饰 2	1 0.5 1 1 0.5	合格
			高级涂饰 1		
	3 厚涂料涂饰质量允许偏差	颜色	普通涂饰 均匀一致		
			高级涂饰 均匀一致		
		泛碱、咬色	普通涂饰 允许少量轻微		
			高级涂饰 不允许		
		点状分布	普通涂饰 —		
			高级涂饰 疏密均匀		
	4 复层涂饰质量允许偏差	颜色	均匀一致		
		泛碱、咬色	不允许		
		喷点疏密程度	均匀,不允许连片		

复查记录	监理工程师(签章): 年 月 日
	建设单位专业技术负责人(签章): 年 月 日

施工单位检查评定结果	经检查,主控项目、一般项目均符合设计和《建筑装饰装修工程质量验收规范》(GB 50210—2001)的规定。
	总包单位质量检查员(签章):××× 2015年×月×日
	分包单位质量检查员(签章):××× 2015年×月×日

监理单位验收结论	验收合格。
	监理工程师(签章):××× 2015年×月×日

建设单位验收结论	验收合格。
	建设单位专业技术负责人(签章):××× 2015年×月×日

《水性涂料涂饰质量分户验收记录表》填写说明

【检查内容】

水性涂料涂饰工程质量分户验收内容可根据竣工时观察到的观感和使用功能以及实测项目的质量进行确定,具体参照表10-4。

10-4　　　　　　　　　　　水性涂料涂饰工程质量分户验收内容

		施工质量验收规范的规定(GB 50210—2001)			涉及的检查内容
主控项目	1	材料质量		第 10.2.2 条	＼
	2	涂饰颜色和图案		第 10.2.3 条	√
	3	涂饰综合质量		第 10.2.4 条	√
	4	基层处理		第 10.2.5 条	√
一般项目	1	与其他材料和设备衔接处		第 10.2.9 条	√
	2	薄涂料涂饰质量允许偏差	颜色	普通涂饰　均匀一致	√
				高级涂饰　均匀一致	√
			泛碱、咬色	普通涂饰　允许少量轻微	√
				高级涂饰　不允许	√
			流坠、疙瘩	普通涂饰　允许少量轻微	√
				高级涂饰　不允许	√
			砂眼、刷纹	普通涂饰　允许少量细微,砂眼、刷纹通顺	√
				高级涂饰　无砂眼、无刷纹	√
			装饰线、分色线直线度(mm)	普通涂饰　2	√
				高级涂饰　1	√
	3	厚涂料涂饰质量允许偏差	颜色	普通涂饰　均匀一致	√
				高级涂饰　均匀一致	√
			泛碱、咬色	普通涂饰　允许少量轻微	√
				高级涂饰　不允许	√
			点状分色	普通涂饰　——	＼
				高级涂饰　疏密均匀	√
	4	复层涂饰质量允许偏差	颜色	均匀一致	√
			泛碱、咬色	不允许	√
			喷点疏密程度	均匀,不允许连片	√

注:"√"代表涉及的检查内容;"＼"代表不涉及的检查内容。

【质量标准、检查数量、方法】

(一)一般规定

1.水性涂饰检验批项目应符合施工图、设计说明及其他设计文件的要求。

2.水性涂饰工程分户验收应按每户住宅划分为一个检验批。当分户检验批具备验收条件时,可及时验收。每户应抽查不得少于 3 间,不足 3 间时应全数检查。

3.每户住宅水性涂料涂饰工程观感质量应全数检查。

4.当分户检验批的主控项目的质量经检查全部合格,一般项目的合格点率达到 80% 及以上,且不得有严重缺陷时(不合格点实测偏差,应小于允许偏差的 1.5 倍),判为合格。

5.当实测偏差大于允许偏差 1.5 倍,或不合格点率超出 20% 时,应整改并重新验收,记录整改项目测量结果。

（二）主控项目

1.水性涂料涂饰工程的颜色、图案应符合设计要求。

检验方法:观察。

2.水性涂料涂饰工程应涂饰均匀、粘结牢固,不得漏涂、透底、起皮和掉粉。

检验方法:观察;手摸检查。

3.水性涂料涂饰工程的基层腻子应平整、坚实、牢固、无粉化、起皮和裂缝。

检验方法:观察;手摸检查。

（三）一般项目

1.涂层与其他装修材料和设备衔接处应吻合,界面应清晰。

检查方法:观察。

2.薄涂料、厚涂料、复层涂饰的涂饰质量和检验方法应符合表 10-1、表 10-2、表 10-3 的规定。

（四）实测项目说明

1.水性涂料涂饰工程质量分户验收实测内容,主要是装饰线、分色线直线度检查,上述实测内容应在分户验收抽查点分布图中规定的房间内进行。

2.检查装饰线、分色线直线度时,拉 5m 线,不足 5m 拉通线,使用钢直尺等测量工具,对每面墙测量且不少于 1 点。

10.2　溶剂型涂料涂饰

10.2.1　溶剂型涂料涂饰工程资料列表

（1）设计文件

涂饰工程的施工图、设计说明及其他设计文件

（2）施工技术资料

1）工程技术文件报审表

2）涂饰工程施工方案

3）涂饰工程施工方案技术交底记录

4）溶剂型涂料涂饰分项工程技术交底记录

5）图纸会审记录、设计变更通知单、工程洽商记录

（3）施工物资资料

1）溶剂型涂料（丙烯酸酯涂料、聚氨酯丙烯酸涂料、有机硅丙烯酸涂料等）产品合格证、质量保证书、性能检测报告、使用说明书，内墙涂料中有害物质含量检测报告

2）成品腻子、涂料配套使用的稀释剂等产品合格证

3）材料进场检验记录

4）工程物资进场报验表

（4）施工记录

1）内墙涂饰基层处理隐蔽工程验收记录

2）施工检查记录

（5）施工质量验收记录

1）溶剂型涂料涂饰检验批质量验收记录

2）溶剂型涂料涂饰分项工程质量验收记录

3）分项/分部工程施工报验表

（6）分户验收记录

溶剂型涂料涂饰工程质量分户验收记录表

10.2.2 溶剂型涂料涂饰工程资料填写范例及说明

溶剂型涂料涂饰检验批质量验收记录

0310020 1001

单位(子单位) 工程名称	××大厦		分部(子分部) 工程名称		建筑装饰装修/涂饰	分项工程名称		溶剂型涂料涂饰
施工单位	××建筑有限公司		项目负责人		赵斌	检验批容量		1000m²
分包单位	××建筑装饰工程有限公司		分包单位项目负责人		王阳	检验批部位		北立面涂饰
施工依据		××大厦装饰装修施工方案			验收依据		《建筑装饰装修工程质量验收规范》 GB50210-2001	

		验收项目		设计要求及规范规定	最小/实际抽样数量	检查记录	检查结果
主控项目	1	涂料品种、型号、性能		第10.3.2条	/	质量证明文件齐全,试验合格,报告编号××××	√
	2	颜色、光泽、图案		第10.3.3条	10/10	抽查10处,合格10处	√
	3	涂饰综合质量		第10.3.4条	10/10	抽查10处,合格10处	√
	4	基层处理		第10.3.5条	10/10	抽查10处,合格10处	√
一般项目	1	与其它材料、设备衔接处界面应清晰		第10.3.8条	10/10	抽查10处,合格10处	100%
	2	色漆涂饰质量	颜色 普通涂饰	均匀一致	/	/	
			颜色 高级涂饰	均匀一致	10/10	抽查10处,合格10处	100%
			光泽、光滑 普通涂饰	光泽基本均匀光滑无档手感	/	/	
			光泽、光滑 高级涂饰	光泽均匀一致光滑	10/10	抽查10处,合格10处	100%
			刷纹 普通涂饰	刷纹通顺	/	/	
			刷纹 高级涂饰	无刷纹	10/10	抽查10处,合格10处	100%
			裹棱、流坠、皱皮 普通涂饰	明显处不允许	/	/	
			裹棱、流坠、皱皮 高级涂饰	不允许	10/10	抽查10处,合格9处	90%
			装饰线、分色线直线度 普通涂饰	2mm	/	/	
			装饰线、分色线直线度 高级涂饰	1mm	10/10	抽查10处,合格10处	100%
	3	清漆涂饰质量	颜色 普通涂饰	基本一致	/	/	
			颜色 高级涂饰	均匀一致	/	/	
			木纹 普通涂饰	棕眼刮平、木纹清楚	/	/	
			木纹 高级涂饰	棕眼刮平、木纹清楚	/	/	
			光泽、光滑 普通涂饰	光泽基本均匀光滑无档手感	/	/	
			光泽、光滑 高级涂饰	光泽均匀一致光滑	/	/	
			刷纹 普通涂饰	无刷纹	/	/	
			刷纹 高级涂饰	无刷纹	/	/	
			裹棱、流坠、皱皮 普通涂饰	明显处不允许	/	/	
			裹棱、流坠、皱皮 高级涂饰	不允许	/	/	

施工单位检查结果	符合要求 专业工长: 高爱云 张浩 项目专业质量检查员: 2015 年××月××日
监理单位验收结论	合格 专业监理工程师: 刘东 2015 年××月××日

《溶剂型涂料涂饰检验批质量验收记录》填写说明

1. 填写依据

(1)《建筑装饰装修工程质量验收规范》GB 50210－2001

(2)《建筑工程施工质量验收统一标准》GB 50300－2013。

2. 规范摘要

以下内容摘录自《建筑装饰装修工程质量验收规范》GB 50210－2001

(1)验收要求

检验批的划分及检查数量参见《水性涂料涂饰检验批质量验收记录》的填写说明的相关要求。

(2)溶剂型涂料涂饰工程

本节适用于丙烯酸酯涂料、聚氨酯丙烯酸涂料、有机硅丙烯酸涂料等溶剂型涂料涂饰工程的质量验收。

主控项目

1)溶剂型涂料涂饰工程所选用涂料的品种、型号和性能应符合设计要求。

检验方法:检查产品合格证书、性能检测报告和进场验收记录。

2)溶剂型涂料涂饰工程的颜色、光泽、图案应符合设计要求。

检验方法:观察。

3)溶剂型涂料涂饰工程应涂饰均匀、粘结牢固,不得漏涂、透底、起皮和反锈。

检验方法:观察;手摸检查。

4)溶剂型涂料涂饰工程的基层处理应符合《建筑地面工程施工质量验收规范》GB 50209－2010 第 10.2.5 条的要求。

检验方法:观察;手摸检查;检查施工记录。

一般项目

1)色漆的涂饰质量和检验方法应符合表 10-5 的规定。

表 10-5　　　　　　　　　色漆的涂饰质量和检验方法

项次	项目	变通涂饰	高级涂饰	检验方法
1	颜色	均匀一致	均匀一致	观察
2	光泽、光滑	光泽基本均匀光滑无挡手感	光泽均匀一致光滑	观察、手摸检查
3	刷纹	刷纹通顺	无刷纹	观察
4	裹棱、流坠、皱皮	明显处不允许	不允许	观察
5	装饰线、分色线直线度允许偏差(mm)	2	1	拉 5m 线,不足 5m 拉通线,用钢直尺检查

注:无光色漆不检查光泽。

2)清漆的涂饰质量和检验方法应符合表 10-6 的规定。

表 10-6 漆的涂饰质量和检验方法

项次	项目	普通涂饰	高级涂饰	检验方法
1	颜色	基本一致	均匀一致	观察
2	木纹	棕眼刮平、木纹清楚	棕眼刮平、木纹清楚	观察
3	光泽、光滑	光泽基本均匀光滑无挡手感	光泽均匀一致光滑	观察、手摸检查
4	刷纹	无刷纹	无刷纹	观察
5	裹棱、流坠、皱皮	明显处不允许	不允许	观察

3)涂层与其他装修材料和设备衔接处应吻合,界面应清晰。

检验方法:观察。

一册在手 表格全有 贴近现场 资料无忧

溶剂型涂饰工程质量分户验收记录表

表 3-5

单位工程名称	××住宅小区 8# 楼		结构类型	框架剪力墙	层数	地下 2 层，地上 24 层
验收部位(房号)	1 单元 301 室		户型	三室两厅一卫	检查日期	2015 年×月×日
建设单位	××房地产开发有限公司	参检人员姓名	×××		职务	建设单位代表
总包单位	××建设集团有限公司	参检人员姓名	×××		职务	质量检查员
分包单位	××建筑装饰装修工程有限公司	参检人员姓名	×××		职务	质量检查员
监理单位	××建设监理有限公司	参检人员姓名	×××		职务	土建监理工程师
施工执行标准名称及编号	《建筑装饰装修工程施工工艺标准》(QB×××-2006)					

			施工质量验收规范的规定(GB 50210-2001)		施工单位检查评定记录	监理(建设)单位验收记录
主控项目	1		涂料质量	第 10.3.2 条	/	
	2		颜色、光泽、图案	第 10.3.3 条	颜色、图案符合设计要求	合格
	3		涂饰综合质量	第 10.3.4 条	涂饰均匀、粘结牢固，无漏涂、透底、起皮和掉粉	合格
	4		基层处理	第 10.3.5 条	基层处理采用抗碱底漆，处理质量符合规范要求	合格
一般项目	1		与其他材料和设备衔接处界面应清晰	第 10.3.8 条	涂层与其他材料和设备衔接处吻合，界面清晰	合格
	2	色漆涂饰质量	颜色　普通涂饰	均匀一致	颜色均匀一致	合格
			颜色　高级涂饰	均匀一致	/	/
			光泽、光滑　普通涂饰	光泽基本均匀光滑无挡手感	光泽均匀、光滑无挡手感	合格
			光泽、光滑　高级涂饰	光泽均匀一致光滑	/	/
			刷纹　普通涂饰	刷纹通顺	刷纹通顺	合格
			刷纹　高级涂饰	无刷纹	/	/
			裹棱、流坠、皱皮　普通涂饰	明显处不允许	无裹棱、流坠、皱皮	合格
			裹棱、流坠、皱皮　高级涂饰	不允许	/	/
			装饰线、分色线直线度　普通涂饰	2	1　0　1　1　1	合格
			装饰线、分色线直线度　高级涂饰	1		/
	3	清漆涂饰质量	颜色　普通涂饰	均匀一致	/	/
			颜色　高级涂饰	均匀一致	/	/
			木纹　普通涂饰	棕眼刮平、木纹清楚	/	/
			木纹　高级涂饰	棕眼刮平、木纹清楚	/	/
			光泽、光滑　普通涂饰	光泽基本均匀光滑无挡手感	/	/
			光泽、光滑　高级涂饰	疏密均匀	/	/
			刷纹　普通涂饰	无刷纹	/	/
			刷纹　高级涂饰	无刷纹	/	/
			裹棱、流坠、皱皮　普通涂饰	明显处不允许	/	/
			裹棱、流坠、皱皮　高级涂饰	不允许	/	/

复查记录	监理工程师(签章)：　　　　年　月　日
	建设单位专业技术负责人(签章)：　　　　年　月　日
施工单位检查评定结果	经检查，主控项目、一般项目均符合设计和《建筑装饰装修工程质量验收规范》(GB 50210-2001)的规定。 总包单位质量检查员(签章)：×××　2015 年×月×日 分包单位质量检查员(签章)：×××　2015 年×月×日
监理单位验收结论	验收合格。 监理工程师(签章)：×××　2015 年×月×日
建设单位验收结论	验收合格。 建设单位专业技术负责人(签章)：×××　2015 年×月×日

《溶剂型涂料涂饰质量分户验收记录表》填写说明

【检查内容】

溶剂型涂料涂饰工程分户质量验收内容,可根据竣工时观察到的观感和使用功能以及实测项目的质量进行确定,具体参照表 10-7。

表 10-7　　　　　　　　溶剂型涂料涂饰工程分户质量验收内容

施工质量验收规范的规定(GB 50210－2001)					涉及的检查内容
主控项目	1	涂料质量		第 10.3.2 条	\
	2	颜色、光泽、图案		第 10.3.3 条	√
	3	涂饰综合质量		第 10.3.4 条	√
	4	基层处理		第 10.3.5 条	√
一般项目	1	与其他材料、设备衔接处界面应清晰		第 10.3.8 条	√
	2	色漆涂饰质量	颜色	普通涂饰	均匀一致	√
				高级涂饰	均匀一致	√
			光泽、光滑	普通涂饰	光泽基本均匀光滑无档手感	√
				高级涂饰	光泽均匀一致光滑	√
			刷纹	普通涂饰	刷纹通顺	√
				高级涂饰	无刷纹	√
			裹棱、流坠、皱皮	普通涂饰	明显处不允许	√
				高级涂饰	不允许	√
			装饰线、分色线直线度(mm)	普通涂饰	2	√
				高级涂饰	1	√
	3	清漆涂饰质量	颜色	普通涂饰	基本一致	√
				高级涂饰	均匀一致	√
			木纹	普通涂饰	棕眼刮平、木纹清楚	√
				高级涂饰	棕眼刮平、木纹清楚	√
			光泽、光滑	普通涂饰	光泽基本均匀光滑无档手感	√
				高级涂饰	光泽均匀一致光滑	√
			刷纹	普通涂饰	无刷纹	√
				高级涂饰	无刷纹	√
			裹棱、流坠、皱皮	普通涂饰	明显处不允许	√
				高级涂饰	不允许	√

注:"√"代表涉及的检查内容;"\"代表不涉及的检查内容。

【质量标准、检查数量、方法】

(一)一般规定

1.溶剂型涂饰工程应符合施工图、设计说明及其他设计文件的要求。

2.溶剂型涂饰工程分户验收应按每户住宅划分为一个检验批。当分户检验批具备验收条件时,可及时验收。每户应抽查不得少于 3 间;不足 3 间时应全数检查。

3.每户住宅溶剂型涂料涂饰工程观感质量应全数检查。实测实量内容应按照表 10-7 规定的检查部位、检查数量,确定检查点,使用相关测量工具,认真测量全数记录。

4.当分户检验批的主控项目的质量经检查全部合格,一般项目的合格点率达到 80% 及以上,且不得有严重缺陷时(不合格点实测偏差,应小于允许偏差的 1.5 倍),判为合格。

5.当实测偏差大于允许偏差 1.5 倍,或不合格点率超出 20% 时,应整改并重新验收,记录整改项目测量结果。

（二）主控项目

1.溶剂型涂料涂饰工程的颜色、光泽、图案应符合设计要求。

检验方法：观察。

2.溶剂型涂料涂饰工程应涂饰均匀、粘结牢固，不得漏涂、透底、起皮和反锈。

检验方法：观察；手摸检查。

3.溶剂型涂料涂饰工程的基层腻子应平整、坚实、牢固、无粉化、起皮和裂缝。

检验方法：观察；手摸检查；检查施工记录。

（三）一般项目

1.涂层与其他装修材料和设备衔接处应吻合，界面应清晰。

检查方法：观察

2.色漆、清漆的涂饰质量和检验方法应符合表 10-5、表 10-6 的规定。

（四）实测项目说明

1.溶剂型涂料涂饰工程质量分户验收实测内容，主要是装饰线、分色线直线度检查，上述实测内容应在分户验收抽查点分布图中规定的房间内进行。

2.检查装饰线、分色线直线度时，采取拉 5m 线，不足 5m 拉通线，使用钢直尺等测量工具，对每面墙测量不少于 1 点。

一册在手　表格全有　贴近现场　资料无忧

10.3 美术涂饰

10.3.1 美术涂饰工程资料列表

(1)设计文件

涂饰工程的施工图、设计说明及其他设计文件

(2)施工技术资料

1)工程技术文件报审表

2)涂饰工程施工方案

3)涂饰工程施工方案技术交底记录

4)美术涂饰分项工程技术交底记录

5)图纸会审记录、设计变更通知单、工程洽商记录

(3)施工物资资料

1)美术涂饰所用材料的产品合格证、质量保证书、性能检测报告、使用说明书,内墙涂料中有害物质含量检测报告

2)材料进场检验记录

3)工程物资进场报验表

(4)施工记录

1)内墙美术涂饰基层处理隐蔽工程验收记录

2)施工检查记录

(5)施工质量验收记录

1)美术涂饰检验批质量验收记录

2)美术涂饰分项工程质量验收记录

3)分项/分部工程施工报验表

10.3.2　美术涂饰工程资料填写范例及说明

美术涂饰检验批质量验收记录

03100301<u>001</u>

单位（子单位）工程名称	××大厦	分部（子分部）工程名称	建筑装饰装修/涂饰	分项工程名称	美术涂饰
施工单位	××建筑有限公司	项目负责人	赵斌	检验批容量	1000m²
分包单位	××建筑装饰工程有限公司	分包单位项目负责人	王阳	检验批部位	北立面涂饰
施工依据	××大厦装饰装修施工方案		验收依据	《建筑装饰装修工程质量验收规范》GB50210-2001	

		验收项目	设计要求及规范规定	最小/实际抽样数量	检查记录	检查结果
主控项目	1	材料品种、型号、性能	第10.4.2条	/	质量证明文件齐全，试验合格，报告编号××××	√
	2	涂饰综合质量	第10.4.3条	10/10	抽查10处，合格10处	√
	3	基层处理	第10.4.4条	10/10	抽查10处，合格10处	√
	4	套色、花纹、图案	第10.4.5条	10/10	抽查10处，合格10处	√
一般项目	1	表面质量	第10.4.6条	10/10	抽查10处，合格10处	100%
	2	仿花纹涂饰表面质量	第10.4.7条	10/10	抽查10处，合格10处	100%
	3	套色涂饰图案	第10.4.8条	10/10	抽查10处，合格10处	100%
施工单位检查结果	符合要求 专业工长：高爱云 项目专业质量检查员：张浩 2015年××月××日					
监理单位验收结论	合格 专业监理工程师：刘东 2015年××月××日					

《美术涂饰检验批质量验收记录》填写说明

1. 填写依据

(1)《建筑装饰装修工程质量验收规范》GB 50210—2001。

(2)《建筑工程施工质量验收统一标准》GB 50300—2013。

2. 规范摘要

以下内容摘录自《建筑装饰装修工程质量验收规范》GB 50210—2001。

(1)验收要求

检验批的划分及检查数量参见《水性涂料涂饰检验批质量验收记录》的填写说明的相关要求。

(2)美术涂饰工程

本节适用于套色涂饰、滚花涂饰、仿花纹涂饰等室内外美术涂饰工程的质量验收。

主控项目

1)美术涂饰所用材料的品种、型号和性能应符合设计要求。

检验方法:观察;检查产品合格证书、性能检测报告和进场验收记录。

2)美术涂饰工程应涂饰均匀、粘结牢固,不得有漏涂、透底、起皮、掉粉和反诱。

检验方法:观察;手摸检查。

3)美术涂饰工程的基层处理应符合《建筑地面工程施工质量验收规范》GB 50209—2010第10.1.5条的要求。

检验方法:观察;手摸检查;检查施工记录。

4)美术涂饰的套色、花纹和图案应符合设计要求。

检验方法:观察。

一般项目

1)美术涂饰表面应洁净,不得有流坠现象。

检验方法:观察。

2)仿花纹涂饰的饰面应具有被模仿材料的纹理。

检验方法:观察。

3)套色涂饰的图案不得移位,纹理和轮廓应清晰。

检验方法:观察。

一册在手 表格全有 贴近现场 资料无忧

<u>　美术涂饰　</u>分项工程质量验收记录

单位(子单位)工程名称		××工程	结构类型	框架剪力墙
分部(子分部)工程名称		涂饰	检验批数	3
施工单位		××建设工程有限公司	项目经理	×××
分包单位		××建筑装饰装修工程有限公司	分包项目经理	×××
序号	检验批名称及部位、区段	施工单位检查评定结果	监理(建设)单位验收结论	
1	一层大堂室内墙面	√		
2	二层贵宾厅、休息厅室内墙面	√		
3	五层多功能厅室内墙面	√		
			验收合格	

说明:	

检查结论	一层大堂室内墙面、二层贵宾厅、休息厅室内墙面、五层多功能厅室内墙面美术涂饰工程施工质量符合《建筑装饰装修工程质量验收规范》(GB 50210－2001)的要求,美术涂饰分项工程合格。 项目专业技术负责人:××× 　　　　　　　　　　2015 年×月×日	验收结论	同意施工单位检查结论,验收合格。 监理工程师:××× (建设单位项目专业技术负责人) 　　　　　　　　　2015 年×月×日

注:地基基础、主体结构工程的分项工程质量验收不填写"分包单位"、"分包项目经理"。

一册在手　表格全有　贴近现场　资料无忧

第 11 章

裱糊与软包

11.0 裱糊与软包工程资料应参考的标准及规范清单

1.《建筑装饰装修工程质量验收规范》GB 50210—2001

2.《建筑工程施工质量验收统一标准》GB 50300—2013

3.《建筑设计防火规范》GB 50016—2014

4.《住宅装饰装修工程施工规范》GB 50327—2001

5.《室内装饰装修材料 胶粘剂中有害物质限量》GB 18583—2008

6.《室内装饰装修材料 壁纸中有害物质限量》GB 18585—2001

7.《民用建筑工程室内环境污染控制规范(2013 版)》GB 50325—2010

8.《建筑工程冬期施工规程》JGJ/T 104—2011

9.《建筑机械使用安全技术规程》JGJ 33—2012

10.《施工现场临时用电安全技术规范》JGJ 46—2005

11.《建筑施工高处作业安全技术规范》JGJ 80—1991

12.《北京市建筑工程施工安全操作》DBJ01—62—2002

13.《建筑工程资料管理规程》DBJ 01—51—2003

14.《建筑安装分项工程施工工艺流程》DBJ/T 01—26—2003

15.《高级建筑装饰工程质量验收标准》DBJ/T 01—27—2003

16.《建筑工程资料管理规程》JGJ/T 185—2009

一册在手 表格全有 贴近现场 资料无忧

11.1 裱糊

11.1.1 裱糊工程资料列表

（1）设计文件

裱糊工程的施工图、设计说明及其他设计文件

（2）施工技术资料

1）裱糊分项工程技术交底记录

2）图纸会审记录、设计变更通知单、工程洽商记录

（3）施工物资资料

1）饰面材料的样板及确认文件

2）壁纸（聚氯乙烯塑料壁纸、复合纸质壁纸）、墙布的产品合格证、性能检测报告，壁纸中有害物质含量检测报告

3）胶粘剂产品合格证、性能检测报告，水基型胶粘剂中有害物质含量检测报告

4）界面剂、防潮剂、玻璃丝网格布、清漆等的产品合格证、性能检测报告

5）材料进场检验记录

6）工程物资进场报验表

（4）施工记录

1）基层处理隐蔽工程验收记录

2）施工检查记录

（5）施工质量验收记录

1）裱糊检验批质量验收记录

2）裱糊分项工程质量验收记录

3）分项/分部工程施工报验表

（6）分户验收记录

裱糊工程质量分户验收记录表

11.1.2 裱糊工程资料填写范例及说明

裱糊检验批质量验收记录

03110101**001**

单位(子单位)工程名称	××大厦	分部(子分部)工程名称	建筑装饰装修/裱糊与软包	分项工程名称	裱糊
施工单位	××建筑有限公司	项目负责人	赵斌	检验批容量	20间
分包单位	××建筑装饰工程有限公司	分包单位项目负责人	王阳	检验批部位	四层1~10/A~E轴裱糊
施工依据	××大厦装饰装修施工方案		验收依据	《建筑装饰装修工程质量验收规范》GB50210-2001	

		验收项目	设计要求及规范规定	最小/实际抽样数量	检查记录	检查结果
主控项目	1	材料品种、型号、规格、性能	第11.2.2条	/	质量证明文件齐全,试验合格,报告编号××××	√
	2	基层处理	第11.2.3条	3/5	抽查5处,合格5处	√
	3	各幅拼接	第11.2.4条	3/5	抽查5处,合格5处	√
	4	壁纸、墙布粘贴	第11.2.5条	3/5	抽查5处,合格5处	√
一般项目	1	裱糊表面质量	第11.2.6条	3/5	抽查5处,合格5处	100%
	2	壁纸压痕及发泡层	第11.2.7条	3/5	抽查5处,合格5处	100%
	3	与装饰线、设备线盒交接	第11.2.8条	3/5	抽查5处,合格4处	80%
	4	壁纸、墙布边缘	第11.2.9条	3/5	抽查5处,合格5处	100%
	5	壁纸、墙布阴、阳角无接缝	第11.2.10条	3/5	抽查5处,合格5处	100%

施工单位检查结果	符合要求 专业工长:高爱云 项目专业质量检查员:张浩 2015年××月××日
监理单位验收结论	合格 专业监理工程师:刘东 2015年××月××日

《裱糊检验批质量验收记录》填写说明

1. 填写依据

(1)《建筑装饰装修工程质量验收规范》GB 50210－2001。

(2)《建筑工程施工质量验收统一标准》GB 50300－2013。

2. 规范摘要

以下内容摘录自《建筑装饰装修工程质量验收规范》GB 50210－2001。

(1)验收要求

1)各分项工程的检验批应按下列规定划分：

同一品种的裱糊或软包工程每 50 间(大面积房间和走廊按施工面积 30m² 为一间)应划分为一个检验批，不足 50 间也应划分为一个检验批。

2)检查数量应符合下列规定：

①裱糊工程每个检验批应至少抽查 10％，并不得少于 3 间，不足 3 间时应全数检查。

②软包工程每个检验批应至少抽查 20％，并不得少于 6 间，不足 6 间时应全数检查。

(2)裱糊工程

本章适用于聚氯乙烯塑料壁纸、复合纸质壁纸、墙布等裱糊工程的质量验收。

主控项目

1)壁纸、墙布的种类、规格、图案、颜色和燃烧性能等级必须符合设计要求及国家现行标准的有关规定。

检验方法：观察；检查产品合格证书、进场验收记录和性能检测报告。

2)裱糊工程基层处理质量应符合《建筑装饰装修工程质量验收规范》GB 50210 第 11.1.5 条的要求。

检验方法：观察；手摸检查；检查施工记录。

3)裱糊后各幅拼接应横平竖直，拼接处花纹、图案应吻合，不离缝，不搭接，不显拼缝。

检验方法：观察；拼缝检查距离墙面 1.5m 处正视。

4)壁纸、墙布应粘贴牢固，不得有漏贴、补贴、脱层、空鼓和翘边。

检验方法：观察；手摸检查。

一般项目

1)裱糊后的壁纸、墙布表面应平整，色泽应一致，不得有波纹起伏、气泡、裂缝、皱折及斑污，斜视时应无胶痕。

检验方法：观察；手摸检查。

2)复合压花壁纸的压痕及发泡壁纸的发泡层应无损坏。

检验方法：观察。

3)壁纸、墙布与各种装饰线、设备线盒应交接严密。

检验方法：观察。

4)壁纸、墙布边缘应平直整齐，不得有纸毛、飞刺。

检验方法：观察。

5)壁纸、墙布阴角处搭接应顺光，阳角处应无接缝。

检验方法：观察。

裱糊工程质量分户验收记录表

单位工程名称	××住宅楼		结构类型	框架	层数	地下1层、地上14层
验收部位(房号)	1单元101室		户型	三室两厅一卫	检查日期	2015年×月×日
建设单位	××房地产开发有限公司	参检人员姓名	×××	职务		建设单位代表
总包单位	××建设集团有限公司	参检人员姓名	×××	职务		质量检查员
分包单位	××建筑装饰装修工程有限公司	参检人员姓名	×××	职务		质量检查员
监理单位	××建设监理有限公司	参检人员姓名	×××	职务		土建监理工程师
施工执行标准名称及编号		《建筑装饰装修工程施工工艺标准》(QB×××-2006)				

施工质量验收规范的规定(GB 50210-2001)				施工单位检查评定记录	监理(建设)单位验收记录
主控项目	1	材料质量	第11.2.2条	产品合格证书(编号××)、性能检测报告(编号××),合格	合格
	2	基层处理	第11.2.3条	采用界面处理剂进行基层处理,质量符合规范要求	合格
	3	各幅拼接	第11.2.4条	拼接横平竖直,拼接处花纹、图案吻合,无离缝,不搭接,不显拼缝	合格
	4	壁纸、墙布粘贴	第11.2.5条	粘贴牢固,无漏贴、补贴、脱层、空鼓翘边	合格
一般项目	1	裱糊表面质量	第11.2.6条	表面平整,色泽一致,无波纹起伏、气泡、裂缝、皱褶及斑污,斜视时无胶痕	合格
	2	壁纸压痕及发泡层	第11.2.7条	发泡壁纸的发泡层无损坏	合格
	3	与装饰线、设备线盒交换	第11.2.8条	壁纸、墙布与各种装饰线、设备线盒交接严密	合格
	4	壁纸、墙布边缘	第11.2.9条	壁纸、墙布边缘平直整齐,无纸毛、飞刺	合格
	5	壁纸、墙布阴阳角无接缝	第11.2.10条	壁纸、墙布阴角处搭接顺光,阳角处无接缝	合格
复查记录		监理工程师(签章): 年 月 日 建设单位专业技术负责人(签章): 年 月 日			
施工单位 检查评定结果		经检查,主控项目、一般项目均符合设计和《建筑装饰装修工程质量验收规范》(GB 50210-2001)的规定。 总包单位质量检查员(签章):××× 2015年×月×日 分包单位质量检查员(签章):××× 2015年×月×日			
监理单位 验收结论		验收合格。 监理工程师(签章):××× 2015年×月×日			
建设单位 验收结论		验收合格。 建设单位专业技术负责人(签章):××× 2015年×月×日			

《裱糊工程质量分户验收记录表》填写说明

【检查内容】

裱糊工程分户质量验收内容,可根据竣工时观察到的观感和使用功能以及实测项目的质量进行确定,具体参照表 11-1。

表 11-1　　　　　　　　　　　　裱糊工程分户质量验收内容

		施工质量验收规范的规定(GB 50210－2001)		涉及的检查内容
主控项目	1	材料质量	第 11.2.2 条	√
	2	基层处理	第 11.2.3 条	√
	3	各幅拼接	第 11.2.4 条	√
	4	壁纸、墙布粘结	第 11.2.5 条	√
一般项目	1	裱糊表面质量	第 11.2.6 条	√
	2	壁纸压痕及发泡层	第 11.2.7 条	√
	3	与装饰线、设备线盒交接	第 11.2.8 条	√
	4	壁纸、墙布边缘	第 11.2.9 条	√
	5	壁纸、墙布阴阳角无接缝	第 11.2.10 条	√

注:"√"代表涉及的检查内容。

【质量标准、检查数量、方法】

(一)一般规定

1.裱糊工程应符合施工图、设计说明及其他设计文件的要求。

2.裱糊工程分户验收应按每户住宅划分为一个检验批。当分户检验批具备验收条件时,可及时验收。每户应抽查不得少于 3 间,不足 3 间时应全数检查。

3.每户住宅裱糊工程观感质量应全数检查。

4.当分户检验批的主控项目的质量经检查全部合格,一般项目的合格点率达到 80％及以上,且不得有严重缺陷时,判为合格。

5.当不合格点率超出 20％时,应整改并重新验收,记录整改项目测量结果。

6.基层表面平整度、立面垂直度及阴阳角方正均不得超出 3mm。

(二)主控项目

1.壁纸、墙布的种类、规格、图案、颜色必须符合设计要求。

检验方法:观察。

2.裱糊工程基层腻子应平整、坚实、牢固,无粉化、起皮和裂缝。

检验方法:观察;手摸检查。

3.裱糊后各幅拼接应横平竖直,拼接处花纹、图案应吻合,不离缝,不搭接,不显拼缝。

检验方法:观察;拼缝检查距离墙面 1.5m 处正视。

4.壁纸、墙布应粘贴牢固,不得有漏贴、补贴、脱层、空鼓和翘边。

检验方法:观察;手摸检查。

(三)一般项目

1.裱糊后的壁纸、墙布表面应平整,色泽应一致,不得有波纹起伏、气泡、裂缝、皱褶及斑污,斜视时应无胶痕。

　　检验方法:观察;手摸检查。

　　2.复合压花壁纸的压痕及发泡壁纸的发泡层应无损坏。

　　检验方法:观察。

　　3.壁纸、墙布与各种装饰线、设备线盒应交接严密。

　　检验方法:观察。

　　4.壁纸、墙布边缘应平直整齐,不得有纸毛、飞刺。

　　检验方法:观察。

　　5.壁纸、墙布阴角处搭接应顺光,阳角处应无接缝。

　　检验方法:观察。

11.2　软包

11.2.1　软包工程资料列表

（1）设计文件

软包工程的施工图、设计说明及其他设计文件

（2）施工技术资料

1）软包分项工程技术交底记录

2）图纸会审记录、设计变更通知单、工程洽商记录

（3）施工物资资料

1）饰面材料的样板及确认文件

2）（软包面料）织物产品合格证、阻燃性能检测报告，皮革、人造革产品合格证、性能检测报告

3）（内衬材料）泡沫塑料或矿渣棉产品合格证、性能检测报告

4）（底板用）玻镁板、石膏板、环保细木工板、环保多层板的产品合格证、性能检测报告，装饰装修用人造木板的甲醛含量复试报告

5）胶粘剂、防腐剂、防潮剂等产品合格证、性能检测报告，胶粘剂中有害物质含量检测报告

6）材料进场检验记录

7）工程物资进场报验表

（4）施工记录

1）基层处理隐蔽工程验收记录

2）施工检查记录

（5）施工质量验收记录

1）软包检验批质量验收记录

2）软包分项工程质量验收记录

3）分项/分部工程施工报验表

11.2.2 软包工程资料填写范例及说明

材料、构配件进场检验记录					编　号	×××	
工程名称		××综合楼			检验日期	2015 年×月×日	
序号	名　称	规格型号 (mm)	进场 数量	生产厂家 合格证号	检验项目	检验结果	备　注
1	木龙骨	25×35	××m³	××木材厂 ×××	查验合格性和检测 报告;外观检查	合格	
2	九厘板	2440×1220	××m²	××建材厂 ×××	查验合格性和检测 报告;外观检查	合格	
3	三合板	2440×1200	××m²	××建材厂 ×××	查验合格性和检测 报告;外观检查	合格	

检验结论:

　　经尺量检查,木龙骨、九厘板、三合板规格尺寸符合设计要求,无翘曲变形,环保复试合格。

签 字 栏	建设(监理)单位	施工单位	××装饰装修工程有限公司	
		专业质检员	专业工长	检验员
	×××	×××	×××	×××

本表由施工单位填写并保存。

工程物资进场报验表

| 编　号 | ××× |

| 工　程　名　称 | ××综合楼 | 日　期 | 2015 年×月×日 |

现报上关于＿＿＿＿＿＿＿软包工程＿＿＿＿＿＿＿工程的物资进场检验记录,该批物资经我方检验符合设计、规范及合约要求,请予以批准使用。

物资名称	主要规格(mm)	单　位	数　量	选样报审表编号	使用部位
木龙骨	25×35mm	××m³	×	×××	首层多功能厅 二至五层客房软包
九厘板	2440×1220	××m²	×	×××	首层多功能厅 二至五层客房软包
三合板	2440×1220	××m²	×	×××	首层多功能厅 二至五层客房软包

附件：

名　称	页　数	编　号
1.☑ 出厂合格证	× 页	×××
2.☑ 厂家质量检验报告	× 页	×××
3.☐ 厂家质量保证书	＿ 页	＿＿＿
4.☐ 商检证	＿ 页	＿＿＿
5.☑ 进场检验记录	× 页	×××
6.☐ 进场复试报告	＿ 页	＿＿＿
7.☐ 备案情况	＿ 页	＿＿＿
8.☐	＿ 页	＿＿＿

申报单位名称：××建筑装饰装修工程有限公司　　　申报人(签字)：×××

施工单位检验意见：

报验的工程材料的质量证明文件齐全,进场检验合格,同意报项目监理部审批。

☑有 / ☐无 附页

施工单位名称：××建设工程有限公司　技术负责人(签字)：×××　审核日期：2015 年×月×日

验收意见：

1. 物资质量控制资料齐全、有效。

2. 材料检验合格。

同意承包单位检验意见,该批物资可以进场使用于本工程指定部位。

审定结论：　☑同意　　☐补报资料　　☐重新检验　　☐退场

监理单位名称：××建设监理有限公司　监理工程师(签字)：×××　验收日期：2015 年×月×日

本表由施工单位填报,建设单位、监理单位、施工单位各存一份。

一册在手　表格全有　贴近现场　资料无忧

软包检验批质量验收记录

03110201001

单位(子单位)工程名称		××大厦	分部(子分部)工程名称		建筑装饰装修/裱糊与软包	分项工程名称		软包
施工单位		××建筑有限公司	项目负责人		赵斌	检验批容量		20间
分包单位		××建筑装饰工程有限公司	分包单位项目负责人		王阳	检验批部位		四层1~10/A~E轴软包
施工依据		××大厦装饰装修施工方案	验收依据			《建筑装饰装修工程质量验收规范》GB50210-2001		

		验收项目	设计要求及规范规定	最小/实际抽样数量	检查记录	检查结果
主控项目	1	材料质量	第11.3.2条	/	质量证明文件齐全,试验合格,报告编号×××	√
	2	安装位置、构造做法	第11.3.3条	6/10	抽查10处,合格10处	√
	3	龙骨、衬板、边框安装	第11.3.4条	6/10	抽查10处,合格10处	√
	4	单块面料	第11.3.5条	6/10	抽查10处,合格10处	√
一般项目	1	软包表面质量	第11.3.6条	6/10	抽查10处,合格10处	100%
	2	边框安装质量	第11.3.7条	6/10	抽查10处,合格10处	100%
	3	清漆涂饰	第11.3.8条	6/10	抽查10处,合格9处	90%
	4 安装允许偏差(mm)	垂直度	3	6/10	抽查10处,合格10处	100%
		边框宽度、高度	0,-2	6/10	抽查10处,合格8处	80%
		对角线长度差	3	6/10	抽查10处,合格10处	100%
		裁口、线条接缝高低差	1	6/10	抽查10处,合格10处	100%
施工单位检查结果		符合要求 专业工长: 高爱云 项目专业质量检查员: 张伟 2015年××月××日				
监理单位验收结论		合格 专业监理工程师: 刘东 2015年××月××日				

一册在手 表格全有 贴近现场 资料无忧

《软包检验批质量验收记录》填写说明

1. 填写依据

(1)《建筑装饰装修工程质量验收规范》GB 50210－2001

(2)《建筑工程施工质量验收统一标准》GB 50300－2013。

2. 规范摘要

以下内容摘录自《建筑装饰装修工程质量验收规范》GB 50210－2001

(1)验收要求

检验批的划分及检查数量参见《裱糊检验批质量验收记录》的填写说明的相关要求。

(2)软包工程

本节适用于墙面、门等软包工程的质量验收。

主控项目

1)软包面料、内衬材料及边框的材质、颜色、图案、燃烧性能等级和木材的含水率应符合设计要求及国家现行标准的有关规定。

检验方法:观察;检查产品合格证书、进场验收记录和性能检测报告。

2)软包工程的安装位置及构造做法应符合设计要求。

检验方法:观察;尺量检查;检查施工记录。

3)软包工程的龙骨、衬板、边框应安装牢固,无翘曲,拼缝应平直。

检验方法:观察;手扳检查。

4)单块软包面料不应有接缝,四周应绷压严密。

检验方法:观察;手摸检查。

一般项目

1)软包工程表面应平整、洁净,无凹凸不平及皱折;图案应清晰、无色差,整体应协调美观。

检验方法:观察。

2)软包边框应平整、顺直、接缝吻合。其表面涂饰质量应符合《建筑装饰装修工程质量验收规范》GB 50210 第 10 章的有关规定。

检验方法:观察;手摸检查。

3)清漆涂饰木制边框的颜色、木纹应协调一致。

检验方法:观察。

4)软包工程安装的允许偏差和检验方法应符合表 11-2 的规定。

表 11-2　　　　　　　　　　软包工程安装的允许偏差和检验方法

项次	项目	允许偏差(mm)	检验方法
1	垂直度	3	用 1m 垂直检测测尺检查
2	边框宽度、高度	0;－2	用钢尺检查
3	对角线长度差	3	用钢尺检查
4	裁口、线条接缝高低差	1	用钢直尺和塞尺检查

<u>软包</u> 分项工程质量验收记录

单位(子单位)工程名称	××工程	结构类型	框架剪力墙
分部(子分部)工程名称	裱糊、软包	检验批数	5
施工单位	××建设工程有限公司	项目经理	×××
分包单位	××装饰装修工程有限公司	分包项目经理	×××

序号	检验批名称及部位、区段	施工单位检查评定结果	监理(建设)单位验收结论
1	首层室内墙面	√	
2	二层室内墙面	√	
3	三层室内墙面	√	
4	四层室内墙面	√	
5	五层室内墙面	√	验收合格

检查结论	首层至四层室内墙面软包工程施工质量符合《建筑装饰装修工程质量验收规范》(GB 50210－2001)的要求,该分项工程合格。 项目专业技术负责人:××× 　　　　　　2015年×月×日	验收结论	同意施工单位检查结论,验收合格。 监理工程师:××× (建设单位项目专业技术负责人) 2015年×月×日

分项/分部工程施工报验表	编　号	×××
工程名称　　×××综合楼	日　期	2015 年×月×日

现我方已完成＿＿＿＿＿／＿＿＿＿＿（层）＿＿＿／＿＿＿轴（轴线或房间）＿＿＿＿／＿＿＿＿（高程）＿＿＿＿＿＿／＿＿＿＿＿＿（部位）的＿＿＿＿软包＿＿＿＿工程,经我方检验符合设计、规范要求,请予以验收。

附件：　　　名　　称　　　　　　　　　页　数　　　　　　　　　编　号

1.□质量控制资料汇总表　　　　　　　＿＿＿页　　　　＿＿＿＿＿＿＿

2.□隐蔽工程验收记录　　　　　　　　＿＿＿页　　　　＿＿＿＿＿＿＿

3.□预检记录　　　　　　　　　　　　＿＿＿页　　　　＿＿＿＿＿＿＿

4.□施工记录　　　　　　　　　　　　＿＿＿页　　　　＿＿＿＿＿＿＿

5.□施工试验记录　　　　　　　　　　＿＿＿页　　　　＿＿＿＿＿＿＿

6.□分部(子分部)工程质量验收记录　＿＿＿页　　　　＿＿＿＿＿＿＿

7.☑分项工程质量验收记录　　　　　　_1_页　　　　×××

8.□＿＿＿＿＿＿＿＿＿＿＿　　　　　＿＿＿页　　　　＿＿＿＿＿＿＿

9.□＿＿＿＿＿＿＿＿＿＿＿　　　　　＿＿＿页　　　　＿＿＿＿＿＿＿

10.□＿＿＿＿＿＿＿＿＿＿＿　　　　＿＿＿页　　　　＿＿＿＿＿＿＿

质量检查员(签字):×××

施工单位名称:××建筑装饰装修工程有限公司　　　技术负责人(签字):×××

审查意见：

1. 所报附件材料真实、齐全、有效。

2. 所报分项工程实体工程质量符合规范和设计要求。

审查结论：　　　　　　☑合格　　　　　　　□不合格

监理单位名称:××建设监理有限公司　(总)监理工程师(签字):×××　审查日期:2015 年×月×日

本表由施工单位填报,监理单位、施工单位各存一份。分项、分部工程不合格,应填写《不合格项处置记录》,分部工程应由总监理工程师签字。

一册在手　表格全有　贴近现场　资料无忧

第 12 章

细部工程

12.0　细部工程资料应参考的标准及规范清单

1.《建筑装饰装修工程质量验收规范》GB 50210—2001

2.《建筑工程施工质量验收统一标准》GB 50300—2013

3.《建筑设计防火规范》GB 50016—2014

4.《住宅装饰装修工程施工规范》GB 50327—2001

5.《室内装饰装修材料 胶粘剂中有害物质限量》GB 18583—2008

6.《民用建筑工程室内环境污染控制规范(2013 版)》GB 50325—2010

7.《建筑工程冬期施工规程》JGJ/T 104—2011

8.《建筑机械使用安全技术规程》JGJ 33—2012

9.《施工现场临时用电安全技术规范》JGJ 46—2005

10.《建筑施工高处作业安全技术规范》JGJ 80—1991

11.《北京市建筑工程施工安全操作》DBJ01—62—2002

12.《建筑工程资料管理规程》DBJ 01—51—2003

13.《建筑安装分项工程施工工艺流程》DBJ/T 01—26—2003

14.《高级建筑装饰工程质量验收标准》DBJ/T 01—27—2003

15.《建筑工程资料管理规程》JGJ/T 185—2009

一册在手　表格全有　贴近现场　资料无忧

12.1　橱柜制作与安装

12.1.1　橱柜制作与安装工程资料列表

(1)设计文件

施工图、设计说明及其他设计文件

(2)施工技术资料

1)橱柜制作与安装分项工程技术交底记录

2)图纸会审记录、设计变更通知单、工程洽商记录

(3)施工物资资料

1)木方材的等级质量证明和外观质量、含水率、强度等试验资料

2)人造木板(细木工板、胶合夹板等)产品合格证书、环保、燃烧性能等级检测报告

3)装饰装修用人造木板的甲醛含量复试报告

4)天然花岗石板材出厂合格证、性能检测报告、花岗石板材放射性限量检测报告

5)装饰装修用花岗石复试报告

6)玻璃、有机玻璃产品合格证、性能检测报告

7)胶粘剂、防腐剂产品合格证、环保检测报告、胶粘剂试验报告

8)五金配件(锁具、执手、铰链、柜门磁吸等)产品合格证

9)(由厂家加工的壁柜、吊柜)成品、半成品的产品合格证书、环保、燃烧性能等级检测报告

10)材料、构配件进场检验记录

11)工程物资进场报验表

(4)施工记录

1)各种预埋件或后置埋件、固定件和木砖、木龙骨的安装与防腐隐蔽工程验收记录

2)施工检查记录

(5)施工质量验收记录

1)橱柜制作与安装检验批质量验收记录

2)橱柜制作与安装分项工程质量验收记录

3)分项/分部工程施工报验表

(5)分户验收记录

橱柜制作与安装质量分户验收记录表

12.1.2 橱柜制作与安装工程资料填写范例及说明

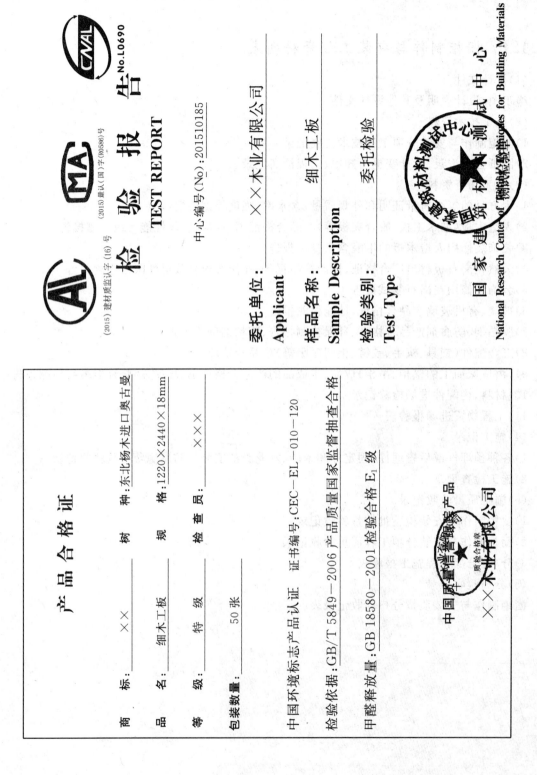

产 品 合 格 证

商　标：××

品　名：细木工板

等　级：特级

包装数量：50 张

树　种：东北杨木进口奥古曼

规　格：1220×2440×18mm

检查员：×××

CNAL No.L0690

（2015）量认（国）字（R0586）号

（2015）建材质监认字（16）号

检 验 报 告

TEST REPORT

中心编号（No.）201510185

委托单位：××木业有限公司
Applicant

样品名称：细木工板
Sample Description

检验类别：委托检验
Test Type

中国环境标志产品认证　证书编号：CEC—EL—010—120

检验依据：GB/T 5849—2006 产品质量国家监督抽查合格

甲醛释放量：GB 18580—2001 检验合格 E₁ 级

国家建筑材料测试中心
National Research Center of Testing Techniques for Building Materials

中国质量信誉查询产品

质检合格牌
××木业有限公司

国家建筑材料测试中心
National Research Center of Testing Techniques for Building Materials

检 验 报 告
（Test Report）

No.L0690

CMA
（2015）量认（国）字（R0586）号

中心编号：201508185　　　　　　　　　　　　　　　　　　第1页　共2页

样品名称	细木工板	检验类别	委托检验
委托单位	××木业有限公司	来样编号	
生产单位	××木业有限公司	商　标	×××
来样日期	2015 年 8 月 20 日	型号规格	1220×2440×18（mm）
检验依据	GB 18580－2001	产品类型	细木工板
检验项目	甲醛释放量	生产日期/批号	2015.8.10
检验结论	所送样品检验结果符合国家强制性标准 GB 18580－2001《室内装饰装修材料　人造板及其制品中甲醛释放限量》规定的 E₁ 级甲醛释放量限量指标。 综合结论：该样品甲醛释放量合格。 签发日期：2015 年 8 月 24 日 		
附注：			

批　准：×××　　　　　　　审　核：×××　　　　　　　主　检：×××

国 家 建 筑 材 料 测 试 中 心

National Research Center of Testing Techniques for Building Materials

检 验 报 告

(Test Report)

中心编号： 201508185　　　　　　　　　　　　　　　　　第 2 页　共 2 页

检验项目	实验方法	标准要求	使用范围	检验结果	单项结论	判断等级
甲醛释放量 （mg/L）	干燥器法	≤1.5	E₁级:可直接用于室内	0.8	合格	E₁

（以下空白）

备注：

批　准：×××　　　　　　审　核：×××　　　　　　主　检：×××

一册在手 表格全有 贴近现场 资料无忧

隐蔽工程验收记录		编 号	××××

工程名称	××工程		
隐检项目	细部工程	隐检日期	2015年×月×日
隐检部位	三层橱柜 ⑥～⑭/⑧～⑥轴线 7.200m～10.000m标高		

隐检依据:施工图图号 __建施21、技术交底__ ,设计变更/洽商(编号 __/__)及有关国家现行标准等。

主要材料名称及规格/型号:___杠板(大芯板)、铁钉、乳胶漆___。

隐检内容:
1. 橱柜用防腐木楔钉牢、位置正确。
2. 框架由大芯板作底板用铁钉连接而成,铁钉间距400mm,连接处刷乳胶漆。
3. 橱柜背面刷防腐涂料,用100mm铁钉将其固定在墙上。

申报人:×××

检查意见:

经检查,橱柜外观尺寸、观感质量符合设计要求,预埋件位置正确,施工符合《建筑装饰装修工程质量验收规范》(GB 50210－2001)的规定,可进行下道工序作业。

检查结论: ☑同意隐蔽 □不同意,修改后进行复查

复查结论:

复查人: 复查日期:

签字栏	建设(监理)单位	施工单位	××装饰装修工程有限公司	
		专业技术负责人	专业质检员	专业工长
	×××	×××	×××	×××

本表由施工单位填写,建设单位、施工单位、城建档案馆各保存一份。

一册在手 表格全有 贴近现场 资料无忧

橱柜制作与安装检验批质量验收记录

03120101_001_

单位（子单位）工程名称	××大厦	分部（子分部）工程名称	建筑装饰装修/细部	分项工程名称	橱柜制作与安装
施工单位	××建筑有限公司	项目负责人	赵斌	检验批容量	20间
分包单位	××建筑装饰工程有限公司	分包单位项目负责人	王阳	检验批部位	一层1～10/A～E轴橱柜
施工依据	××大厦装饰装修施工方案		验收依据	《建筑装饰装修工程施工质量验收规范》GB50210-2001	

		验收项目	设计要求及规范规定	最小/实际抽样数量	检查记录	检查结果
主控项目	1	材料质量	第12.2.3条	/	质量证明文件齐全，试验合格，报告编号××××	√
	2	预埋件或后置件	第12.2.4条	3/3	抽查3处，合格3处	√
	3	制作、安装、固定方法	第12.2.5条	3/3	抽查3处，合格3处	√
	4	橱柜配件	第12.2.6条	3/3	抽查3处，合格3处	√
	5	抽屉和柜门	第12.2.7条	3/3	抽查3处，合格3处	√
一般项目	1	橱柜表面质量	第12.2.8条	3/3	抽查3处，合格3处	100%
	2	橱柜裁口	第12.2.9条	3/3	抽查3处，合格3处	100%
	3 橱柜安装允许偏差	外形尺寸（mm）	3	3/3	抽查3处，合格3处	100%
		立面垂直度（mm）	2	3/3	抽查3处，合格3处	100%
		门与框架的平行度（mm）	2	3/3	抽查3处，合格3处	100%

施工单位检查结果	符合要求 专业工长： 项目专业质量检查员： 2015年××月××日
监理单位验收结论	合格 专业监理工程师： 2015年××月××日

《橱柜制作与安装检验批质量验收记录》填写说明

1. 填写依据

(1)《建筑装饰装修工程质量验收规范》GB 50210－2001。

(2)《建筑工程施工质量验收统一标准》GB 50300－2013。

2. 规范摘要

以下内容摘录自《建筑装饰装修工程质量验收规范》GB 50210－2001。

(1)验收要求

1)各分项工程的检验批应按下列规定划分：

①同类制品每 50 间(处)应划分为一个检验批,不足 50 间(处)也应划分为一个检验批。

②每部楼梯应划分为一个检验批。

(2)橱柜制作与安装工程

1)本节适用于位置固定的壁柜、吊柜等橱柜制作与安装工程的质量验收。

2)检查数量应符合下列规定:每个检验批至少抽查 3 间(处)不足 3 间(处)时应全数检查。

主控项目

1)橱柜制作与安装所用材料的材质和规格、木材的燃烧性能等级和含水率、花岗石的放射性及人造木板的甲醛含量应符合设计要求及国家现行标准的有关规定。

检验方法:观察;检查产品合格证书、进场验收记录、性能检测报告和复验报告。

2)橱柜安装预埋件或后置埋件的数量、规格、位置应符合设计要求。

检验方法:检查隐蔽工程验收记录和施工记录。

3)橱柜的造型、尺寸、安装位置、制作和固定方法应符合设计要求。橱柜安装必须牢固。

检验方法:观察;尺量检查;手扳检查。

4)橱柜配件的品种、规格应符合设计要求。配件应齐全,安装应牢固。

检验方法:观察;手扳检查;检查进场验收记录。

5)橱柜的抽屉和柜门应开关灵活、回位正确。

检验方法:观察;开启和关闭检查。

一般项目

1)橱柜表面应平整、洁净、色泽一致,不得有裂缝、翘曲及损坏。

检验方法:观察。

2)橱柜裁口应顺直、拼缝应严密。

检验方法:观察。

3)橱柜安装的允许偏差和检验方法应符合表 12-1 的规定。

表 12-1　　　　　　　　　　　橱柜安装的允许偏差和检验方法

项次	项目	允许偏差(mm)	检验方法
1	外型尺寸	3	用钢尺检查
2	立面垂直度	2	用 1m 垂直检测尺检查
3	门与框架的平行度	2	用钢尺检查

橱柜制作与安装 分项工程质量验收记录

单位(子单位)工程名称		××工程	结构类型	框架剪力墙
分部(子分部)工程名称		细部	检验批数	5
施工单位		××建设工程有限公司	项目经理	×××
分包单位		××装饰装修工程有限公司	分包项目经理	×××

序号	检验批名称及部位、区段	施工单位检查评定结果	监理(建设)单位验收结论
1	首层橱柜制作与安装	√	
2	二层橱柜制作与安装	√	
3	三层橱柜制作与安装	√	
4	四层橱柜制作与安装	√	
5	五层橱柜制作与安装	√	
			验收合格

检查结论	首层至四层室橱柜制作与安装工程施工质量符合《建筑装饰装修工程质量验收规范》(GB 50210－2001)的要求,该分项工程合格。 项目专业技术负责人:××× 2015年×月×日	验收结论	同意施工单位检查结论,验收合格。 监理工程师:××× (建设单位项目专业技术负责人) 2015年×月×日

一册在手 表格全有 贴近现场 资料无忧

分项/分部工程施工报验表		编 号	×××
工 程 名 称	××楼	日 期	2015 年×月×日

现我方已完成＿＿＿＿＿／＿＿＿＿＿（层）＿＿／＿＿轴（轴线或房间）＿＿＿＿＿／＿＿＿＿＿（高程）＿＿＿＿＿／＿＿＿＿＿（部位）的＿＿＿＿橱柜制作与安装＿＿＿＿工程，经我方检验符合设计、规范要求，请予以验收。

附件： 名 称 页 数 编 号

1.□质量控制资料汇总表 ＿＿＿＿页 ＿＿＿＿＿＿＿＿

2.□隐蔽工程验收记录 ＿＿＿＿页 ＿＿＿＿＿＿＿＿

3.□预检记录 ＿＿＿＿页 ＿＿＿＿＿＿＿＿

4.□施工记录 ＿＿＿＿页 ＿＿＿＿＿＿＿＿

5.□施工试验记录 ＿＿＿＿页 ＿＿＿＿＿＿＿＿

6.□分部(子分部)工程质量验收记录 ＿＿＿＿页 ＿＿＿＿＿＿＿＿

7.☑分项工程质量验收记录 ＿1＿页 ＿＿×××＿＿

8.□＿＿＿＿＿＿＿＿＿＿ ＿＿＿＿页 ＿＿＿＿＿＿＿＿

9.□＿＿＿＿＿＿＿＿＿＿ ＿＿＿＿页 ＿＿＿＿＿＿＿＿

10.□＿＿＿＿＿＿＿＿＿＿ ＿＿＿＿页 ＿＿＿＿＿＿＿＿

质量检查员(签字)：×××

施工单位名称：××建筑装饰装修工程有限公司 技术负责人(签字)：×××

审查意见：

1. 所报附件材料真实、齐全、有效。

2. 所报分项工程实体工程质量符合规范和设计要求。

审查结论： ☑合格 □不合格

监理单位名称：××建设监理有限公司 (总)监理工程师(签字)：××× 审查日期：2015 年×月×日

本表由施工单位填报，监理单位、施工单位各存一份。分项、分部工程不合格，应填写《不合格项处置记录》，分部工程应由总监理工程师签字。

橱柜制作与安装质量分户验收记录表

单位工程名称	××住宅小区8#楼		结构类型	框架剪力墙	层数	地下2层,地上16层
验收部位(房号)	2单元201室		户型	三室两厅两卫	检查日期	2015年×月×日
建设单位	××房地产开发有限公司	参检人员姓名	×××	职务		建设单位代表
总包单位	××建设工程有限公司	参检人员姓名	×××	职务		质量检查员
分包单位	××装饰装修工程有限公司	参检人员姓名	×××	职务		质量检查员
监理单位	××建设监理有限公司	参检人员姓名	×××	职务		土建监理工程师

施工执行标准名称及编号	《建筑装饰装修工程施工工艺标准》(QB×××-2006)

施工质量验收规范的规定(GB 50210-2001)				施工单位检查评定记录	监理(建设)单位验收记录
主控项目	1	材料质量	第12.3.3条	产品合格证书(编号××)、性能检测报告(编号××),进场验收记录(编号××)各1份,合格	合格
	2	预埋件或后置件	第12.3.4条	采用φ12膨胀螺丝后置埋件,其数量、规格、位置均符合设计要求	合格
	3	制作、安装、固定方法	第12.3.5条	造型、尺寸、安装位置、制作和固定方法均符合设计要求	合格
	4	橱柜配件	第12.3.6条	配件的品种、规格符合设计要求,配件齐全,安装牢固	合格
	5	抽屉和柜门	第12.3.7条	柜门开关灵活、回位正确	合格
一般项目	1	橱柜表面质量	第12.3.8条	橱柜表面平整、洁净、色泽一致,无裂缝、翘曲和损坏	合格
	2	橱柜裁口	第12.3.9条	橱柜裁口顺直,拼缝严密	合格
	3	橱柜安装允许偏差	外形尺寸 mm	2	② 1	合格
			立面垂直度 mm	2	1 1	合格
			门与框架的平行度 mm	2	1 1	合格

复查记录	监理工程师(签章):　　年　月　日
	建设单位专业技术负责人(签章):　　年　月　日

施工单位检查评定结果	经检查,主控项目、一般项目均符合设计和《建筑装饰装修工程质量验收规范》(GB 50210-2001)的规定。
	总包单位质量检查员(签章):×××　2015年×月×日
	分包单位质量检查员(签章):×××　2015年×月×日

监理单位验收结论	验收合格。
	监理工程师(签章):×××　2015年×月×日

建设单位验收结论	验收合格。
	建设单位专业技术负责人(签章):×××　2015年×月×日

一册在手 表格全有 贴近现场 资料无忧

12.2　窗帘盒和窗台板制作与安装

12.2.1　窗帘盒和窗台板制作与安装工程资料列表

(1)设计文件

施工图、设计说明及其他设计文件

(2)施工技术资料

1)窗帘盒、窗台板制作与安装分项工程技术交底记录

2)图纸会审记录、设计变更通知单、工程洽商记录

(3)施工物资资料

1)木方材的等级质量证明和外观质量、含水率、强度等试验资料

2)人造木板(细木工板、胶合夹板等)产品合格证书、环保、燃烧性能等级检测报告

3)装饰装修用人造木板的甲醛含量复试报告

4)天然花岗石等板材出厂合格证、性能检测报告、花岗石板材放射性限量检测报告

5)装饰装修用花岗石复试报告

6)玻璃、有机玻璃产品合格证、性能检测报告

7)胶粘剂、防腐剂产品合格证、环保检测报告、胶粘剂试验报告

8)五金配件(锁具、执手、铰链、柜门磁吸等)产品合格证

9)(由厂家加工的壁柜、吊柜)成品、半成品的产品合格证书、环保、燃烧性能等级检测报告

10)材料、构配件进场检验记录

11)工程物资进场报验表

(4)施工记录

1)各种预埋件、固定件和木砖、木龙骨的安装与防腐隐蔽工程验收记录

2)施工检查记录

(5)施工质量验收记录

1)窗帘盒和窗台板制作与安装检验批质量验收记录

2)窗帘盒和窗台板制作与安装分项工程质量验收记录

3)分项/分部工程施工报验表

(6)分户验收记录

窗帘盒和窗台板制作与安装质量分户验收记录表

12.2.2 窗帘盒和窗台板制作与安装工程资料填写范例及说明

窗帘盒、窗台板和散热器罩制作与安装检验批质量验收记录

03120201<u>001</u>

单位（子单位）工程名称	××大厦	分部（子分部）工程名称	建筑装饰装修/细部	分项工程名称	窗帘盒、窗台板和散热器罩制作与安装
施工单位	××建筑有限公司	项目负责人	赵斌	检验批容量	20间
分包单位	××建筑装饰工程有限公司	分包单位项目负责人	王阳	检验批部位	一层1～10/A～E轴窗帘
施工依据	北京××大厦装饰装修施工方案		验收依据	《建筑装饰装修工程施工质量验收规范》GB50210-2001	

		验收项目	设计要求及规范规定	最小/实际抽样数量	检查记录	检查结果
主控项目	1	材料质量	第12.3.3条	/	质量证明文件齐全，试验合格，报告编号	√
	2	造型尺寸、安装、固定	第12.3.4条	3/3	抽查3处，合格3处	√
	3	窗帘盒配件	第12.3.5条	3/3	抽查3处，合格3处	√
				/		
				/		
一般项目	1	表面质量	第12.3.6条	3/3	抽查3处，合格3处	100%
	2	与墙面、窗框衔接	第12.3.7条	3/3	抽查3处，合格3处	100%
	3	安装允许偏差(mm) 水平度	2	3/3	抽查3处，合格3处	100%
		上口、下口直线度	3	3/3	抽查3处，合格3处	100%
		两端距窗洞口长度差	2	3/3	抽查3处，合格3处	100%
		两端出大墙厚度差	3	3/3	抽查3处，合格3处	100%

施工单位检查结果	符合要求 专业工长：高爱云 项目专业质量检查员：张浩 2015年××月××日
监理单位验收结论	合格 专业监理工程师：刘东 2015年××月××日

一册在手 表格全有 贴近现场 资料无忧

《窗帘盒、窗台板和散热器罩制作与安装检验批质量验收记录》填写说明

1. 填写依据

(1)《建筑装饰装修工程质量验收规范》GB 50210－2001

(2)《建筑工程施工质量验收统一标准》GB 50300－2013。

(2)规范摘要

以下内容摘录自《建筑装饰装修工程质量验收规范》GB 50210－2001

(1)验收要求

检验批的划分及检查数量参见《橱柜制作与安装检验批质量验收记录》的填写说明的相关要求。

(2)窗帘盒、窗台板和散热器罩制作与安装工程

1)本节适用于窗帘盒、窗台板和散热器罩制作与安装工程的质量验收。

2)检查数量应符合下列规定:每个检验批应至少抽查 3 间(处),不足 3 间(处)时应全数检查。

主控项目

1)窗帘盒、窗台板和散热器罩制作与安装所使用材料的材质和规格、木材的燃烧性能等级和含水率、花岗石的放射性及人造木板的甲醛含量应符合设计要求及国家现行标准的有关规定。

检验方法:观察;检查产品合格证书、进场验收记录、性能检测报告和复验报告。

2)窗帘盒、窗台板和散热器罩的造型、规格、尺寸、安装位置和固定方法必须符合设计要求。窗帘盒、窗台板和散热器罩的安装必须牢固。

检验方法:观察;尺量检查;手扳检查。

3)窗帘盒配件的品种、规格应符合设计要求,安装应牢固。

检验方法:手扳检查;检查进场验收记录。

一般项目

1)窗帘盒、窗台板和散热器罩表面应平整、洁净、线条顺直、接缝严密、色泽一致,不得有裂缝、翘曲及损坏。

检验方法:观察。

2)窗帘盒、窗台板和散热器罩与墙面、窗框的衔接应严密封胶缝应顺直、光滑。

检验方法:观察。

3)窗帘盒、窗台板和散热器罩安装的允许偏差和检验方法应符合表 12-2 的规定。

表 12-2　　　　窗帘盒、窗台板和散热器罩安装的允许偏差和检验方法

项次	项目	允许偏差(mm)	检验方法
1	水平度	2	用 1m 水平尺和塞尺检查
2	上口、下口直线度	3	拉 5m 线,不足 5m 拉通线,用钢直尺检查
3	两端距窗洞口长度差	3	用钢直尺检查
4	两端出墙厚度差	3	用钢直尺检查

窗帘盒、窗台板和散热器罩制作与安装质量分户验收记录表

单位工程名称	××住宅小区 8#楼		结构类型	框架剪力墙	层数	地下2层,地上16层
验收部位(房号)	2单元201室		户 型	三室两厅两卫	检查日期	2015年×月×日
建设单位	××房地产开发有限公司	参检人员姓名	×××	职务		建设单位代表
总包单位	××建设工程有限公司	参检人员姓名	×××	职务		质量检查员
分包单位	××装饰装修工程有限公司	参检人员姓名	×××	职务		质量检查员
监理单位	××建设监理有限公司	参检人员姓名	×××	职务		土建监理工程师
施工执行标准名称及编号			《建筑装饰装修工程施工工艺标准》(QB×××－2006)			

施工质量验收规范的规定(GB 50210－2001)									施工单位检查评定记录	监理(建设)单位验收记录
主控项目	1	材料质量		第12.3.3条					产品合格证书(编号××)、性能检测报告(编号××),进场验收记录(编号××)各1份,合格	合格
	2	造型尺寸、安装、固定		第12.3.4条					造型、规格尺寸、安装位置和固定方法均符合设计要求,安装牢固	合格
	3	窗帘盒配件		第12.3.5条					符合设计要求,安装牢固	合格
一般项目	1	表面质量		第12.3.6条					表面平整、洁净,线条顺直、接缝严密、色泽一致,无裂缝、翘曲、损坏	合格
	2	与墙面、窗框衔接		第12.3.7条					符合设计及规范要求	合格
	3	安装允许偏差	水平度	2	1	1	1			合格
			上口、下口直线度	3	2	1	2	2		合格
			两端距窗洞口长度差 mm	2	1	0	1	②		合格
			两端出墙厚度差	3	2	1	1	0		合格

复查记录	监理工程师(签章):　　　年　月　日 建设单位专业技术负责人(签章):　　　年　月　日
施工单位 检查评定结果	经检查,主控项目、一般项目均符合设计和《建筑装饰装修工程质量验收规范》(GB 50210－2001)的规定。 　　　总包单位质量检查员(签章):×××　2015年×月×日 　　　分包单位质量检查员(签章):×××　2015年×月×日
监理单位 验收结论	验收合格。 　　　监理工程师(签章):×××　2015年×月×日
建设单位 验收结论	验收合格。 　　　建设单位专业技术负责人(签章):×××　2015年×月×日

一册在手 表格全有 贴近现场 资料无忧

12.3 门窗套制作与安装

12.3.1 门窗套制作与安装工程资料列表

（1）设计文件

施工图、设计说明及其他设计文件

（2）施工技术资料

1）门窗套制作与安装分项工程技术交底记录

2）图纸会审记录、设计变更通知单、工程洽商记录

（3）施工物资资料

1）木方材的等级质量证明和外观质量、含水率、强度等试验资料

2）人造木板（细木工板或密度板、胶合夹板等）产品合格证书、环保、燃烧性能等级检测报告

3）装饰装修用人造木板的甲醛含量复试报告

4）天然花岗石等板材出厂合格证、性能检测报告、花岗石板材放射性限量检测报告 5）装饰装修用花岗石复试报告

6）胶粘剂、防火、防腐涂料等产品合格证、性能检测报告，胶粘剂试验报告

7）材料、构配件进场检验记录

8）工程物资进场报验表

（4）施工记录

1）龙骨、底层板的安装固定和防腐隐蔽工程验收记录

2）施工检查记录

（5）施工质量验收记录

1）门窗套制作与安装检验批质量验收记录

2）门窗套制作与安装分项工程质量验收记录

3）分项/分部工程施工报验表

门窗套制作与安装质量分户验收记录表

一册在手 表格全有 贴近现场 资料无忧

12.3.2 门窗套制作与安装工程资料填写范例及说明

门窗套制作与安装检验批质量验收记录

03120301 <u>001</u>

单位（子单位） 工程名称	××大厦	分部（子分部） 工程名称	建筑装饰装修/ 细部	分项工程 名称	门窗套制作与安装
施工单位	××建筑有限公司	项目负责人	赵斌	检验批容量	20 间
分包单位	××建筑装饰工程 有限公司	分包单位项目 负责人	王阳	检验批部位	一层 1～10/A～E 轴门窗套
施工依据	××大厦装饰装修施工方案		验收依据	《建筑装饰装修工程施工质量验 收规范》GB50210-2001	

		验收项目		设计要求及 规范规定	最小/实际 抽样数量	检查记录	检查结果
主控项目	1	材料质量		第12.4.3条	/	质量证明文件齐全，试 验合格，报告编号	√
	2	造型、尺寸及固定		第12.4.4条	3/3	抽查3处，合格3处	√
					/		
					/		
一般项目	1	表面质量		第12.4.5条	3/3	抽查3处，合格3处	100%
	2	安装 允许 偏差	正、侧面垂直度 mm	3	3/3	抽查3处，合格3处	100%
			门窗套上口水平度 mm	1	3/3	抽查3处，合格3处	100%
			门窗套上口垂直度 mm	3	3/3	抽查3处，合格3处	100%

施工单位检查结果	符合要求 专业工长：高爱云 项目专业质量检查员：张利生 2015 年××月××日
监理单位验收结论	合格 专业监理工程师：刘东 2015 年××月××日

《门窗套制作与安装检验批质量验收记录》填写说明

1. 填写依据

(1)《建筑装饰装修工程质量验收规范》GB 50210—2001。

(2)《建筑工程施工质量验收统一标准》GB 50300—2013。

2. 规范摘要

以下内容摘录自《建筑装饰装修工程质量验收规范》GB 50210—2001。

(1)验收要求

检验批的划分及检查数量参见《橱柜制作与安装检验批质量验收记录》的填写说明的相关要求。

(2)门窗套制作与安装工程

1)本节适用于门窗套制作与安装工程的质量验收。

2)检查数量应符合下列规定:每个检验批应至少抽查 3 间(处),不足 3 间(处)时应全数检查。

主控项目

1)门窗套制作与安装所使用材料的材质、规格、花纹和颜色、木材的燃烧性能等级和含水率、花岗石的放射性及人造木板的甲醛含量应符合设计要求及国家现行标准的有关规定。

检验方法:观察;检查产品合格证书、进场验收记录、性能检测报告和复验报告。

2)门窗套的造型、尺寸和固定方法应符合设计要求,安装应牢固。

检验方法:观察;尺量检查;手扳检查。

一般项目

1)门窗套表面应平整、洁净、线条顺直、接缝严密、色泽一致,不得有裂缝、翘曲及损坏。

检验方法:观察。

2)门窗套安装的允许偏差和检验方法应符合表 12-3 的规定。

表 12-3　　　　　　　　　门窗套安装的允许偏差和检验方法

项次	项目	允许偏差(mm)	检验方法
1	正、侧面垂直度	3	用 1m 垂直检测尺检查
2	门窗套上口水平度	1	用 1m 水平尺和塞尺检查
3	门窗套上口直线度	3	拉 5m 线,不足 5m 拉通线,用钢直尺检查

一册在手　表格全有　贴近现场　资料无忧

门窗套制作与安装质量分户验收记录表

单位工程名称	××住宅小区 8#楼	结构类型	框架剪力墙	层数	地下 2 层,地上 16 层
验收部位(房号)	2 单元 201 室	户　　型	三室两厅两卫	检查日期	2015 年×月×日
建设单位	××房地产开发有限公司	参检人员姓名	×××	职务	建设单位代表
总包单位	××建设工程有限公司	参检人员姓名	×××	职务	质量检查员
分包单位	××装饰装修工程有限公司	参检人员姓名	×××	职务	质量检查员
监理单位	××建设监理有限公司	参检人员姓名	×××	职务	土建监理工程师

施工执行标准名称及编号	《建筑装饰装修工程施工工艺标准》(QB×××—2006)

施工质量验收规范的规定(GB 50210—2001)				施工单位检查评定记录	监理(建设)单位验收记录
主控项目	1	材料质量	第 12.4.3 条	产品合格证书(编号× ×),性能检测报告(编号 ××),进场验收记录(编 号××),各 1 份,合格	合格
	2	造型、尺寸及固定	第 12.4.4 条	符合设计要求	合格
一般项目	1	表面质量	第 12.4.5 条	表面平整洁净、线条顺 直、接缝严密、色泽一致	合格
	2	安装允许偏差	正、侧面垂直度 mm	3	2 1 1 2 2 2 2 1 1 0	合格
			门窗套上口水平度 mm	1	0 Q2Q7 0 0 Q5① Q4 Q1 Q3	合格
			门窗套上口直线度 mm	3	2 2 2 2 1 1 2 1 1 2	合格

复查记录	监理工程师(签章):　　　年　月　日 建设单位专业技术负责人(签章):　　　年　月　日
施工单位 检查评定结果	经检查,主控项目、一般项目均符合设计和《建筑装饰装修工程质量验收规范》(GB 50210—2001)的规定。 总包单位质量检查员(签章):×××　2015 年×月×日 分包单位质量检查员(签章):×××　2015 年×月×日
监理单位 验收结论	验收合格。 监理工程师(签章):×××　2015 年×月×日
建设单位 验收结论	验收合格。 建设单位专业技术负责人(签章):×××　2015 年×月×日

一册在手 表格全有 贴近现场 资料无忧

12.4 护栏和扶手制作与安装

12.4.1 护栏和扶手制作与安装工程资料列表

(1)设计文件

施工图、设计说明及其他设计文件

(2)施工技术资料

1)护栏和扶手制作与安装分项工程技术交底记录

2)图纸会审记录、设计变更通知单、工程洽商记录

(3)施工物资资料

1)(扶手材料)木扶手、塑料扶手原材料的产品合格证、环保、燃烧性能等级检测报告,金属扶手原材料产品合格证

2)人造合成木扶手的甲醛含量复试报告

3)(护栏材料)混凝土、金属护栏产品合格证,护栏钢化玻璃或钢化夹层玻璃产品合格证、性能检测报告

4)胶粘剂产品合格证、性能检测报告,焊条、焊丝等出厂合格证

5)材料、构配件进场检验记录

6)工程物资进场报验表

(4)施工记录

1)护栏和扶手安装预埋件及护栏与预埋件的连接节点等隐蔽工程验收记录

2)施工检查记录

(5)施工质量验收记录

1)护栏和扶手制作与安装检验批质量验收记录

2)护栏和扶手制作与安装分项工程质量验收记录

3)分项/分部工程施工报验表

(6)分户验收记录

护栏和扶手制作与安装质量分户验收记录表

一册在手 表格全有 贴近现场 资料无忧

12.4.2 护栏和扶手制作与安装工程资料填写范例及说明

隐蔽工程验收记录		编　号	×××
工程名称		××工程	
隐检项目	细部工程	隐检日期	2015 年×月×日
隐检部位	五层　　②~⑨/Ⓐ~Ⓓ轴线　　17.600m 标高		

隐检依据:施工图图号____建施 17　施工方案　技术交底____,设计变更/洽商(编号____/____)及有关国家现行标准等。

主要材料名称及规格/型号:____木质护栏____。

隐检内容:

1. 栏杆中心线符合设计图纸、施工规范要求。

2. 连接杆与预埋件焊接牢固。

3. 连接杆采用 φ8 钢筋,高度高于地面面层 60mm。

4. 连接杆插入直径 φ18、深 70mm 的孔洞中,符合要求。

5. 孔洞中注入结构胶。

申报人:×××

检查意见:

经检查,符合设计要求和《建筑装饰装修工程质量验收规范》(GB 50210-2001)的规定,同意进行下道工序。

检查结论:　☑同意隐蔽　　□不同意,修改后进行复查

复查结论:

复查人:　　　　　　　　　　　　　　　　　复查日期:

签字栏	建设(监理)单位	施工单位	××建设工程有限公司	
		专业技术负责人	专业质检员	专业工长
	×××	×××	×××	×××

本表由施工单位填写,建设单位、施工单位、城建档案馆各保存一份。

一册在手　表格全有　贴近现场　资料无忧

护栏和扶手制作与安装检验批质量验收记录

03120401<u>001</u>

单位（子单位）工程名称	××大厦	分部（子分部）工程名称	建筑装饰装修/细部	分项工程名称	护栏和扶手制作与安装
施工单位	××建筑有限公司	项目负责人	赵斌	检验批容量	20 间
分包单位	××建筑装饰工程有限公司	分包单位项目负责人	王阳	检验批部位	一层 1～10/A～E 轴护栏和扶手
施工依据	××大厦装饰装修施工方案		验收依据	《建筑装饰装修工程质量验收规范》GB50210-2001	

		验收项目	设计要求及规范规定	最小/实际抽样数量	检查记录	检查结果
主控项目	1	材料质量	第 12.5.3 条	/	质量证明文件齐全，试验合格，报告编号 ××××	√
	2	造型、尺寸	第 12.5.4 条	全/50	抽查 50 处，合格 50 处	√
	3	预埋件及连接	第 12.5.5 条	全/50	抽查 50 处，合格 50 处	√
	4	护栏高度、位置与安装	第 12.5.6 条	全/50	抽查 50 处，合格 50 处	√
	5	护栏玻璃	第 12.5.7 条	/	质量证明文件齐全，试验合格，报告编号 ××××	√
一般项目	1	转角、接缝及表面质量	第 12.5.8 条	全/50	抽查 50 处，合格 50 处	100%
	2 安装允许偏差(mm)	护栏垂直度	3	全/50	抽查 50 处，合格 50 处	100%
		栏杆间距	3	全/50	抽查 50 处，合格 50 处	100%
		扶手直线度	4	全/50	抽查 50 处，合格 50 处	100%
		扶手高度	5	全/50	抽查 50 处，合格 50 处	100%

施工单位检查结果	符合要求 专业工长：高爱云 项目专业质量检查员：张情 2015 年××月××日
监理单位验收结论	合格 专业监理工程师：刘东 2015 年××月××日

《护栏和扶手制作与安装检验批质量验收记录》填写说明

1. 填写依据

(1)《建筑装饰装修工程质量验收规范》GB 50210—2001。

(2)《建筑工程施工质量验收统一标准》GB 50300—2013。

2. 规范摘要

以下内容摘录自《建筑装饰装修工程质量验收规范》GB 50210—2001。

(1)验收要求

检验批的划分及检查数量参见《橱柜制作与安装检验批质量验收记录》的填写说明的相关要求。

(2)护栏和扶手制作与安装工程

1)本节适用于护栏和扶手制作与安装工程的质量验收。

2)检查数量应符合下列规定:每个检验批的护栏和扶手应全部检查。

主控项目

1)护栏和扶手制作与安装所使用材料的材质、规格、数量和木材、塑料的燃烧性能等级应符合设计要求。

检验方法:观察;检查产品合格证书、进场验收记录和性能检测报告。

2)护栏和扶手的造型、尺寸及安装位置应符合设计要求。

检验方法:观察;尺量检查;检查进场验收记录。

3)护栏和扶手安装预埋件的数量、规格、位置以及护栏与预埋件的连接节点应符合设计要求。

检验方法:检查隐蔽工程验收记录和施工记录。

4)护栏高度、栏杆间距、安装位置必须符合设计要求。护栏安装必须牢固。

检验方法:观察;尺量检查;手扳检查。

5)护栏玻璃应使用公称厚度不小于12mm的钢化玻璃或钢化夹层玻璃。当护栏一侧距楼地面高度为5m及以上时,应使用钢化夹层玻璃。

检验方法:观察;尺量检查;检查产品合格证书和进场验收记录。

一般项目

1)护栏和扶手转角弧度应符合设计要求,接缝应严密,表面应光滑,色泽应一致,不得有裂缝、翘曲及损坏。

检验方法:观察;手摸检查。

2)护栏和扶手安装的允许偏差和检验方法应符合表 12-4 的规定。

表 12-4　　护栏和扶手安装的允许偏差和检验方法

项次	项目	允许偏差(mm)	检验方法
1	护栏垂直度	3	用1m垂直检测尺检查
2	栏杆间距	3	用钢尺检查
3	扶手直线度	4	拉通线,用钢直尺检查
4	扶手高度	3	用钢尺检查

护栏和扶手制作与安装质量分户验收记录表

单位工程名称	××住宅小区 8#楼	结构类型	框架剪力墙	层数	地下 2 层,地上 16 层
验收部位(房号)	1#楼梯	户 型	三室两厅两卫	检查日期	2015 年×月×日
建设单位	××房地产开发有限公司	参检人员姓名	×××	职务	建设单位代表
总包单位	××建设工程有限公司	参检人员姓名	×××	职务	质量检查员
分包单位	××装饰装修工程有限公司	参检人员姓名	×××	职务	质量检查员
监理单位	××建设监理有限公司	参检人员姓名	×××	职务	土建监理工程师

施工执行标准名称及编号	《建筑装饰装修工程施工工艺标准》(QB×××−2006)

施工质量验收规范的规定(GB 50210−2001)				施工单位检查评定记录	监理(建设)单位验收记录
主控项目	1	材料质量	第 12.5.3 条	产品合格证书(编号××)、性能检测报告(编号××)各 1 份,合格	合格
	2	造型、尺寸	第 12.5.4 条	符合设计要求	合格
	3	预埋件及连接	第 12.5.5 条	预埋件的数量、规格位置及预埋件的连接点均符合设计要求	合格
	4	护栏高度、位置与安装	第 12.5.6 条	护栏高度、栏杆间距、安装位置符合设计要求,护栏安装牢固	合格
	5	护栏玻璃	第 12.5.7 条	/	
一般项目	1	转角、接缝及表面质量	第 12.5.8 条	接缝严密,表面光滑,色泽一般,无裂缝、翘曲及损坏,符合要求	合格
	2	安装允许偏差 护栏垂直度 mm	3	2 2 1 2 2 1		合格
		栏杆间距 mm	3	2 1 2 2 1 2		合格
		扶手直线度 mm	4	1 2 2 3 2 1		合格
		扶手高度 mm	3	2 2 1 1 2 1		合格

复查记录	监理工程师(签章): 年 月 日 建设单位专业技术负责人(签章): 年 月 日
施工单位 检查评定结果	经检查,主控项目、一般项目均符合设计和《建筑装饰装修工程质量验收规范》(GB 50210−2001)的规定。 总包单位质量检查员(签章):××× 2015 年×月×日 分包单位质量检查员(签章):××× 2015 年×月×日
监理单位 验收结论	验收合格。 监理工程师(签章):××× 2015 年×月×日
建设单位 验收结论	验收合格。 建设单位专业技术负责人(签章):××× 2015 年×月×日

12.5 花饰制作与安装

12.5.1 花饰制作与安装工程资料列表

（1）设计文件

施工图、设计说明及其他设计文件

（2）施工技术资料

1）花饰制作与安装分项工程技术交底记录

2）图纸会审记录、设计变更通知单、工程洽商记录

（3）施工物资资料

1）木质花饰所用木材的等级质量证明和烘干试验等资料

2）混凝土、石材、塑料、金属、玻璃、石膏等花饰所用材料的产品合格证、性能检测报告

3）胶粘剂产品合格证、性能检测报告

4）材料进场检验记录

5）工程物资进场报验表

（4）施工记录

1）花饰基层安装，预留、预埋件安装和花饰固定节点等隐蔽工程验收记录

2）施工检查记录

（5）施工质量验收记录

1）花饰制作与安装检验批质量验收记录

2）花饰制作与安装分项工程质量验收记录

3）分项/分部工程施工报验表

12.5.2 花饰制作与安装工程资料填写范例及说明
花饰制作与安装检验批质量验收记录

03120501001

单位（子单位）工程名称	××大厦	分部（子分部）工程名称	建筑装饰装修/细部	分项工程名称	花饰制作与安装
施工单位	××建筑有限公司	项目负责人	赵斌	检验批容量	20 间
分包单位	××装饰工程有限公司	分包单位项目负责人	王阳	检验批部位	一层 1～10/A～E 轴花饰
施工依据	××大厦装饰装修施工方案		验收依据	《建筑装饰装修工程施工质量验收规范》GB50210-2001	

		验收项目	设计要求及规范规定	最小/实际抽样数量	检查记录	检查结果
主控项目	1	材料质量、规格	第12.6.3条	/	质量证明文件齐全，试验合格，报告编号××××	/
	2	造型、尺寸	第12.6.4条	3/3	抽查3处，合格3处	√
	3	安装位置与固定方法	第12.6.5条	3/3	抽查3处，合格3处	√
				/		
				/		
一般项目	1	表面质量	第12.6.6条	3/3	抽查3处，合格3处	100%
	2 安装允许偏差	条型条花饰的水平度或垂直度 每米 室内 1		3/3	抽查3处，合格3处	100%
		室外 2		//	/	
		全长 室内 3		3/3	抽查3处，合格3处	100%
		室外 6		//	/	
		单独花饰中心位置偏移 室内 10		3/3	抽查3处，合格3处	100%
		室外 15		//	/	

施工单位检查结果	符合要求　　　专业工长：高爱云　项目专业质量检查员：张洁
监理单位验收结论	合格　　　专业监理工程师：刘东　2015 年××月××日

《花饰制作与安装检验批质量验收记录》填写说明

1. 填写依据

(1)《建筑装饰装修工程质量验收规范》GB 50210－2001。

(2)《建筑工程施工质量验收统一标准》GB 50300－2013。

2. 规范摘要

以下内容摘录自《建筑装饰装修工程质量验收规范》GB 50210－2001。

(1)验收要求

检验批的划分及检查数量参见《橱柜制作与安装检验批质量验收记录》的填写说明的相关要求。

(2)花饰制作与安装工程

1)本节适用于混凝土、石材、木材、塑料、金属、玻璃、石膏等花饰安装工程的质量验收。

2)检查数量应符合下列规定：

①室外每个检验批全部检查。

②室内每个检验批应至少抽查3间(处)；不足3间(处)时应全数检查。

主控项目

1)花饰制作与安装所使用材料的材质、规格应符合设计要求。

检验方法：观察；检查产品合格证书和进场验收记录。

2)花饰的造型、尺寸应符合设计要求。

检验方法：观察；尺量检查。

3)花饰的安装位置和固定方法必须符合设计要求，安装必须牢固。

检验方法：观察；尺量检查；手扳检查。

一般项目

1)花饰表面应洁净，接缝应严密吻合，不得有歪斜、裂缝、翘曲及损坏。

检验方法：观察。

2)花饰安装的允许偏差和检验方法应符合表12-5的规定。

表 12-5 　　　　　　　　　　　　花饰安装的允许偏差和检验方法

项次	项目		允许偏差(mm)		检验方法
			室内	室外	
1	条型花饰的水平度或垂直度	每米	1	2	拉线和用1m垂直检测尺检查
		全长	3	6	
2	单独花饰中心位置偏移		10	15	拉线和用钢直尺检查

附表 建筑工程的分部工程、分项工程划分

序号	分部工程	子分部工程	分项工程
1	地基与基础	地基	素土、灰土地基,砂和砂石地基,土工合成材料地基,粉煤灰地基,强夯地基,注浆地基,预压地基,砂石桩复合地基,高压旋喷注浆地基,水泥土搅拌桩地基,土和灰土挤密桩复合地基,水泥粉煤灰碎石桩复合地基,夯实水泥土桩复合地基
		基础	无筋扩展基础,钢筋混凝土扩展基础,筏形与箱形基础,钢结构基础,钢管混凝土结构基础,型钢混凝土结构基础,钢筋混凝土预制桩基础,泥浆护壁成孔灌注桩基础,干作业成孔桩基础,长螺旋钻孔压灌桩基础,沉管灌注桩基础,钢桩基础,锚杆静压桩基础,岩石锚杆基础,沉井与沉箱基础
		基坑支护	灌注桩排桩围护墙,板桩围护墙,咬合桩围护墙,型钢水泥土搅拌墙,土钉墙,地下连续墙,水泥土重力式挡墙,内支撑,锚杆,与主体结构相结合的基坑支护
		地下水控制	降水与排水,回灌
		土方	土方开挖,土方回填,场地平整
		边坡	喷锚支护,挡土墙,边坡开挖
		地下防水	主体结构防水,细部构造防水,特殊施工法结构防水,排水,注浆
2	主体结构	混凝土结构	模板,钢筋,混凝土,预应力,现浇结构,装配式结构
		砌体结构	砖砌体,混凝土小型空心砌块砌体,石砌体,配筋砌体,填充墙砌体
		钢结构	钢结构焊接,紧固件连接,钢零部件加工,钢构件组装及预拼装,单层钢结构安装,多层及高层钢结构安装,钢管结构安装,预应力钢索和膜结构,压型金属板,防腐涂料涂装,防火涂料涂装
		钢管混凝土结构	构件现场拼装,构件安装,钢管焊接,构件连接,钢管内钢筋骨架,混凝土
		型钢混凝土结构	型钢焊接,紧固件连接,型钢与钢筋连接,型钢构件组装及预拼装,型钢安装,模板,混凝土
		铝合金结构	铝合金焊接,紧固件连接,铝合金零部件加工,铝合金构件组装,铝合金构件预拼装,铝合金框架结构安装,铝合金空间网格结构安装,铝合金面板,铝合金幕墙结构安装,防腐处理
		木结构	方木与原木结构,胶合木结构,轻型木结构,木结构的防护
3	建筑装饰装修	建筑地面	基层铺设,整体面层铺设,板块面层铺设,木、竹面层铺设
		抹灰	一般抹灰,保温层薄抹灰,装饰抹灰,清水砌体勾缝
		外墙防水	外墙砂浆防水,涂膜防水,透气膜防水
		门窗	木门窗安装,金属门窗安装,塑料门窗安装,特种门安装,门窗玻璃安装
		吊顶	整体面层吊顶,板块面层吊顶,格栅吊顶

分部工程代号	分部工程	子分部工程	分项工程
3	建筑装饰装修	轻质隔墙	板材隔墙,骨架隔墙,活动隔墙,玻璃隔墙
		饰面板	石板安装,陶瓷板安装,木板安装,金属板安装,塑料板安装
		饰面砖	外墙饰面砖粘贴,内墙饰面砖粘贴
		幕墙	玻璃幕墙安装,金属幕墙安装,石材幕墙安装,陶板幕墙安装
		涂饰	水性涂料涂饰,溶剂型涂料涂饰,美术涂饰
		裱糊与软包	裱糊,软包
		细部	橱柜制作与安装,窗帘盒和窗台板制作与安装,门窗套制作与安装,护栏和扶手制作与安装,花饰制作与安装
4	屋面	基层与保护	找坡层和找平层,隔汽层,隔离层,保护层
		保温与隔热	板状材料保温层,纤维材料保温层,喷涂硬泡聚氨酯保温层,现浇泡沫混凝土保温层,种植隔热层,架空隔热层,蓄水隔热层
		防水与密封	卷材防水层,涂膜防水层,复合防水层,接缝密封防水
		瓦面与板面	烧结瓦和混凝土瓦铺装,沥青瓦铺装,金属板铺装,玻璃采光顶铺装
		细部构造	檐口,檐沟和天沟,女儿墙和山墙,水落口,变形缝,伸出屋面管道,屋面出入口,反梁过水孔,设施基座,屋脊,屋顶窗
5	建筑给水排水及供暖	室内给水系统	给水管道及配件安装,给水设备安装,室内消火栓系统安装,消防喷淋系统安装,防腐,绝热,管道冲洗、消毒,试验与调试
		室内排水系统	排水管道及配件安装,雨水管道及配件安装,防腐,试验与调试
		室内热水系统	管道及配件安装,辅助设备安装,防腐,绝热,试验与调试
		卫生器具	卫生器具安装,卫生器具给水配件安装,卫生器具排水管道安装,试验与调试
		室内供暖系统	管道及配件安装,辅助设备安装,散热器安装,低温热水地板辐射供暖系统安装,电加热供暖系统安装,燃气红外辐射供暖系统安装,热风供暖系统安装,热计量及调控装置安装,试验与调试,防腐,绝热
		室外给水管网	给水管道安装,室外消火栓系统安装,试验与调试
		室外排水管网	排水管道安装,排水管沟与井池,试验与调试
		室外供热管网	管道及配件安装,系统水压试验,土建结构,防腐,绝热,试验与调试
		建筑饮用水供应系统	管道及配件安装,水处理设备及控制设施安装,防腐,.绝热,试验与调试
		建筑中水系统及雨水利用系统	建筑中水系统、雨水利用系统管道及配件安装,水处理设备及控制设施安装,防腐,绝热,试验与调试
		游泳池及公共浴池水系统	管道及配件系统安装,水处理设备及控制设施安装,防腐,绝热,试验与调试

分部工程代号	分部工程	子分部工程	分项工程
5	建筑给水排水及供暖	水景喷泉系统	管道系统及配件安装,防腐,绝热,试验与调试
		热源及辅助设备	锅炉安装,辅助设备及管道安装,安全附件安装,换热站安装,防腐,绝热,试验与调试
		监测与控制仪表	检测仪器及仪表安装,试验与调试
6	通风与空调	送风系统	风管与配件制作,部件制作,风管系统安装,风机与空气处理设备安装,风管与设备防腐,旋流风口、岗位送风口、织物(布)风管安装,系统调试
		排风系统	风管与配件制作,部件制作,风管系统安装,风机与空气处理设备安装,风管与设备防腐,吸风罩及其他空气处理设备安装,厨房、卫生间排风系统安装,系统调试
		防排烟系统	风管与配件制作,部件制作,风管系统安装,风机与空气处理设备安装,风管与设备防腐,排烟风阀(口)、常闭正压风口、防火风管安装,系统调试
		除尘系统	风管与配件制作,部件制作,风管系统安装,风机与空气处理设备安装,风管与设备防腐,除尘器与排污设备安装,吸尘罩安装,高温风管绝热,系统调试
		舒适性空调系统	风管与配件制作,部件制作,风管系统安装,风机与空气处理设备安装,风管与设备防腐,组合式空调机组安装,消声器、静电除尘器、换热器、紫外线灭菌器等设备安装,风机盘管、变风量与定风量送风装置、射流喷口等末端设备安装,风管与设备绝热,系统调试
		恒温恒湿空调系统	风管与配件制作,部件制作,风管系统安装,风机与空气处理设备安装,风管与设备防腐,组合式空调机组安装,电加热器、加湿器等设备安装,精密空调机组安装,风管与设备绝热,系统调试
		净化空调系统	风管与配件制作,部件制作,风管系统安装,风机与空气处理设备安装,风管与设备防腐,净化空调机组安装,消声器、静电除尘器、换热器、紫外线灭菌器等设备安装,中、高效过滤器及风机过滤器单元等末端设备清洗与安装,洁净度测试,风管与设备绝热,系统调试
		地下人防通风系统	风管与配件制作,部件制作,风管系统安装,风机与空气处理设备安装,风管与设备防腐,过滤吸收器、防爆波活门、防爆超压排气活门等专用设备安装,系统调试
		真空吸尘系统	风管与配件制作,部件制作,风管系统安装,风机与空气处理设备安装,风管与设备防腐,管道安装,快速接口安装,风机与滤尘设备安装,系统压力试验及调试
		冷凝水系统	管道系统及部件安装,水泵及附属设备安装,管道冲洗,管道、设备防腐,板式热交换器,辐射板及辐射供热、供冷地埋管,热泵机组设备安装,管道、设备绝热,系统压力试验及调试

分部工程代号	分部工程	子分部工程	分项工程
6	通风与空调	空调(冷、热)水系统	管道系统及部件安装,水泵及附属设备安装,管道冲洗,管道、设备防腐,冷却塔与水处理设备安装,防冻伴热设备安装,管道、设备绝热,系统压力试验及调试
		冷却水系统	管道系统及部件安装,水泵及附属设备安装,管道冲洗,管道、设备防腐,系统灌水渗漏及排放试验,管道、设备绝热
		土壤源热泵换热系统	管道系统及部件安装,水泵及附属设备安装,管道冲洗,管道、设备防腐,埋地换热系统与管网安装,管道、设备绝热,系统压力试验及调试
		水源热泵换热系统	管道系统及部件安装,水泵及附属设备安装,管道冲洗,管道、设备防腐,地表水源换热管及管网安装,除垢设备安装,管道、设备绝热,系统压力试验及调试
		蓄能系统	管道系统及部件安装,水泵及附属设备安装,管道冲洗,管道、设备防腐,蓄水罐与蓄冰槽、罐安装,管道、设备绝热,系统压力试验及调试
		压缩式制冷(热)设备系统	制冷机组及附属设备安装,管道、设备防腐,制冷剂管道及部件安装,制冷剂灌注,管道、设备绝热,系统压力试验及调试
		吸收式制冷设备系统	制冷机组及附属设备安装,管道、设备防腐,系统真空试验,溴化锂溶液加灌,蒸汽管道系统安装,燃气或燃油设备安装,管道、设备绝热,试验及调试
		多联机(热泵)空调系统	室外机组安装,室内机组安装,制冷剂管路连接及控制开关安装,风管安装,冷凝水管道安装,制冷剂灌注,系统压力试验及调试
		太阳能供暖空调系统	太阳能集热器安装,其他辅助能源、换热设备安装,蓄能水箱、管道及配件安装,防腐,绝热,低温热水地板辐射采暖系统安装,系统压力试验及调试
		设备自控系统	温度、压力与流量传感器安装,执行机构安装调试,防排烟系统功能测试,自动控制及系统智能控制软件调试
7	建筑电气	室外电气	变压器、箱式变电所安装,成套配电柜、控制柜(屏、台)和动力、照明配电箱(盘)及控制柜安装,梯架、支架、托盘和槽盒安装,导管敷设,电缆敷设,管内穿线和槽盒内敷线,电缆头制作、导线连接和线路绝缘测试,普通灯具安装,专用灯具安装,建筑照明通电试运行,接地装置安装
		变配电室	变压器、箱式变电所安装,成套配电柜、控制柜(屏、台)和动力、照明配电箱(盘)安装,母线槽安装,梯架、支架、托盘和槽盒安装,电缆敷设,电缆头制作、导线连接和线路绝缘测试,接地装置安装,接地干线敷设
		供电干线	电气设备试验和试运行,母线槽安装,梯架、支架、托盘和槽盒安装,导管敷设,电缆敷设,管内穿线和槽盒内敷线,电缆头制作、导线连接和线路绝缘测试,接地干线敷设
		电气动力	成套配电柜、控制柜(屏、台)和动力配电箱(盘)安装,电动机、电加热器及电动执行机构检查接线,电气设备试验和试运行,梯架、支架、托盘和槽盒安装,导管敷设,电缆敷设,管内穿线和槽盒内敷线,电缆头制作、导线连接和线路绝缘测试

分部工程代号	分部工程	子分部工程	分项工程
7	建筑电气	电气照明	成套配电柜、控制柜(屏、台)和照明配电箱(盘)安装,梯架、支架、托盘和槽盒安装,导管敷设,管内穿线和槽盒内敷线,塑料护套线直敷布线,钢索配线,电缆头制作、导线连接和线路绝缘测试,普通灯具安装,专用灯具安装,开关、插座、风扇安装,建筑照明通电试运行
		备用和不间断电源	成套配电柜、控制柜(屏、台)和动力、照明配电箱(盘)安装,柴油发电机组安装,不间断电源装置及应急电源装置安装,母线槽安装,导管敷设,电缆敷设,管内穿线和槽盒内敷线,电缆头制作、导线连接和线路绝缘测试,接地装置安装
		防雷及接地	接地装置安装,防雷引下线及接闪器安装,建筑物等电位连接,浪涌保护器安装
8	智能建筑	智能化集成系统	设备安装,软件安装,接口及系统调试,试运行
		信息接入系统	安装场地检查
		用户电话交换系统	线缆敷设,设备安装,软件安装,接口及系统调试,试运行
		信息网络系统	计算机网络设备安装,计算机网络软件安装,网络安全设备安装,网络安全软件安装,系统调试,试运行
		综合布线系统	梯架、托盘、槽盒和导管安装,线缆敷设,机柜、机架、配线架安装,信息插座安装,链路或信道测试,软件安装,系统调试,试运行
		移动通信室内信号覆盖系统	安装场地检查
		卫星通信系统	安装场地检查
		有线电视及卫星电视接收系统	梯架、托盘、槽盒和导管安装,线缆敷设,设备安装,软件安装,系统调试,试运行
		公共广播系统	梯架、托盘、槽盒和导管安装,线缆敷设,设备安装,软件安装,系统调试,试运行
		会议系统	梯架、托盘、槽盒和导管安装,线缆敷设,设备安装,软件安装,系统调试,试运行
		信息导引及发布系统	梯架、托盘、槽盒和导管安装,线缆敷设,显示设备安装,机房设备安装,软件安装,系统调试,试运行
		时钟系统	梯架、托盘、槽盒和导管安装,线缆敷设,设备安装,软件安装,系统调试,试运行
		信息化应用系统	梯架、托盘、槽盒和导管安装,线缆敷设,设备安装,软件安装,系统调试,试运行
		建筑设备监控系统	梯架、托盘、槽盒和导管安装,线缆敷设,传感器安装,执行器安装,控制器、箱安装,中央管理工作站和操作分站设备安装,软件安装,系统调试,试运行
		火灾自动报警系统	梯架、托盘、槽盒和导管安装,线缆敷设,探测器类设备安装,控制器类设备安装,其他设备安装,软件安装,系统调试,试运行

分部工程代号	分部工程	子分部工程	分项工程
8	智能建筑	安全技术防范系统	梯架、托盘、槽盒和导管安装,线缆敷设,设备安装,软件安装,系统调试,试运行
		应急响应系统	设备安装,软件安装,系统调试,试运行
		机房	供配电系统,防雷与接地系统,空气调节系统,给水排水系统,综合布线系统,监控与安全防范系统,消防系统,室内装饰装修,电磁屏蔽,系统调试,试运行
		防雷与接地	接地装置,接地线,等电位联接,屏蔽设施,电涌保护器,线缆敷设,系统调试,试运行
9	建筑节能	围护系统节能	墙体节能,幕墙节能,门窗节能,屋面节能,地面节能
		供暖空调设备及管网节能	供暖节能,通风与空调设备节能,空调与供暖系统冷热源节能,空调与供暖系统管网节能
		电气动力节能	配电节能,照明节能
		监控系统节能	监测系统节能,控制系统节能
		可再生能源	地源热泵系统节能,太阳能光热系统节能,太阳能光伏节能
10	电梯	电力驱动的曳引式或强制式电梯	设备进场验收,土建交接检验,驱动主机,导轨,门系统,轿厢,对重,安全部件,悬挂装置,随行电缆,补偿装置,电气装置,整机安装验收
		液压电梯	设备进场验收,土建交接检验,液压系统,导轨,门系统,轿厢,对重,安全部件,悬挂装置,随行电缆,电气装置,整机安装验收
		自动扶梯、自动人行道	设备进场验收,土建交接检验,整机安装验收

参 考 文 献

1 中国建筑工业出版社.新版建筑工程施工质量验收规范汇编.2014年版,北京:中国建筑工业出版社.中国计划出版社,2014

2 中华人民共和国住房和城乡建设部.JGJ/T185－2009 建筑工程资料管理规程.北京:中国建筑工业出版社,2010

3 中华人民共和国住房和城乡建设部.GB/T 50328－2014 建设工程文件归档规范.北京:中国建筑工业出版社,2014

4 《建筑工程施工质量验收统一标准》GB50300－2013 编写组.建筑工程施工质量验收统一标准解读与资料编写指南.北京:中国建筑工业出版社,2014

5 中华人民共和国住房和城乡建设部.GB50327－2001 住宅装饰装修工程施工规范.北京:中国建筑工业出版社,2001

6 中华人民共和国住房和城乡建设部.JGJ/T 104－2011 建筑工程冬期施工规程.北京:中国建筑工业出版社,2011

7 中华人民共和国住房和城乡建设部.JGJ/T235－2011 建筑外墙防水工程技术规程.北京:中国建筑工业出版社,2011

8 中华人民共和国住房和城乡建设部.GB 50212－2014 建筑防腐蚀工程施工规范.北京:中国计划出版社,2014

9 中华人民共和国住房和城乡建设部.JGJ113－2009 建筑玻璃应用技术规程.北京:中国建筑工业出版社,2009

10 中华人民共和国住房和城乡建设部.JGJ103－2008 塑料门窗工程技术规程.北京:中国建筑工业出版社,2008

11 中华人民共和国住房和城乡建设部.JGJ126－2015 外墙饰面砖工程施工及验收规程.北京:中国建筑工业出版社,2015

12 中华人民共和国住房和城乡建设部.JGJ 102－2003 玻璃幕墙工程技术规范.北京:中国建筑工业出版社,2003